新工科建设·计算机类系列教材

Web 技术基础
（第 2 版）（含视频教学）

杨占胜　傅德谦　许作萍　编　著
孙晓燕　刘乃丽　参　编

电子工业出版社
Publishing House of Electronics Industry
北京·BEIJING

内 容 简 介

本书介绍了 Web 在整个网络体系架构中的位置、Web 与 Internet 的关系，引出了 Web 的 3 个基本要素：URL、HTTP、HTML。同时，系统、深入地介绍了 HTML 4.01、CSS 2.1、JavaScript 的全部内容，XML、XHTML、HTML 5、CSS 3 的基本原理与核心内容，以及 Web 编辑工具 Dreamweaver 的使用方法。按照知识关联和学习路线，本书对 Web 领域中大部分技术的概念进行了具有一定深度和特色的介绍。对于 Dreamweaver 软件，除了介绍其基本的功能，还着重介绍了其特色与实用性。

对于没有基础的初学者，本书系统、全面地介绍了原生的 Web 技术基础知识；对于有基础的技术人员，本书可以解答一些常见的疑难问题，有助于其建立系统的 Web 技术结构体系。本书可以作为本科、专科院校和各类培训学校计算机相关专业的教材，也可以供网页设计、网站开发、Web 应用程序编程技术人员参考。

未经许可，不得以任意方式复制或抄袭本书的部分或全部内容。
版权所有，侵权必究。

图书在版编目（CIP）数据

Web 技术基础：含视频教学 / 杨占胜，傅德谦，许作萍编著. —2 版. —北京：电子工业出版社，2023.2
ISBN 978-7-121-44728-0

Ⅰ. ①W… Ⅱ. ①杨… ②傅… ③许… Ⅲ. ①网页制作工具－程序设计－教材 Ⅳ. ①TP393.092.2

中国版本图书馆 CIP 数据核字（2022）第 245249 号

责任编辑：戴晨辰　　　　　　特约编辑：田学清
印　　刷：固安县铭成印刷有限公司
装　　订：固安县铭成印刷有限公司
出版发行：电子工业出版社
　　　　　北京市海淀区万寿路 173 信箱　　邮编：100036
开　　本：787×1092　1/16　　印张：21　　字数：578 千字
版　　次：2016 年 8 月第 1 版
　　　　　2023 年 2 月第 2 版
印　　次：2025 年 5 月第 3 次印刷
定　　价：69.00 元

凡所购买电子工业出版社图书有缺损问题，请向购买书店调换。若书店售缺，请与本社发行部联系，联系及邮购电话：（010）88254888，88258888。

质量投诉请发邮件至 zlts@phei.com.cn，盗版侵权举报请发邮件至 dbqq@phei.com.cn。
本书咨询联系方式：dcc@phei.com.cn。

第 2 版前言

近年来，Web 技术的发展日新月异。在产业界，大部分互联网企业中 Web 前端技术人员的薪酬水平与职业地位已超越 Web 后端技术人员。在技术领域，各种 Web 前端类库、工具包、组件、模版、框架层出不穷。早期有针对 DOM 操作的方法库 jQuery，针对 AJAX 操作的方法库 Prototype，针对数据操作的方法库 UnderScore 和 Lodash，针对事件操作的方法库 RxJS，还有 UI 组件库 YahooUI、ExtJS、jQueryUI、ElementUI、LayUi、EasyUI。后期各大互联网巨头纷纷推出全新的 Web 前端工具包、组件或框架，如 Twitter 的 Bootstrap、Google 的 Angular、Facebook 的 React、阿里巴巴的 Ant Design 等。

目前，尤雨溪开发的 Vue 广受欢迎。Vue 是一个构建数据驱动的 Web 界面的渐进式框架，采用 MVVM（Model View View-Model）模式实现了 View 和 Model 之间数据的双向绑定与自动同步，利用虚拟的 DOM 技术，极大地提高了更新 DOM 时的性能。Vue 的最新版本为 Vue 3.2，是当前非常重要与流行的 Web 前端框架。

在样式语言 CSS 方面，出现了 Sass（Syntactically Awesome Style Sheets）、Scss（Sassy CSS）、Less（Leaner Style Sheets）技术。利用这些技术可以编程实现 CSS 的预处理。在脚本语言方面，微软推出了具有静态语言功能的 TypeScript，它可以被看作 JavaScript 的超集。ECMA（European Computer Manufacturers Association）于 2015 年发布的 ES 6（ECMAScript 6）是新一代的 JavaScript 语言标准，对 JavaScript 语言的核心语法做了升级优化。

Flash 曾经是 Web 领域非常重要且应用非常广泛的技术，由于 Flash Player 存在闭源、安全性差、性能低、耗能大、不符合移动需求等问题，Adobe 公司已不再对 Flash Player 进行更新、维护，各浏览器与操作系统也纷纷放弃对 Flash Player 的支持，微软已于 2020 年年底在 Windows 10 中永久删除 Flash Player。作为替代 Flash 的 HTML 5 和 WebGL（Web Graphics Library）等开放标准得到了各浏览器的大力支持。

2020 年，微软推出了基于 Chromium 内核的全新浏览器 Edge。新 Edge 浏览器具有资源占用少、能耗低、速度快、浏览体验丰富等特点。曾经有过辉煌历史的 IE 浏览器逐渐退出了"历史舞台"，这在 Web 领域是一个重要的标志性事件。

Web 技术的发展与创新令人眼花缭乱，但其底层仍然是 HTML、CSS、JavaScript（ES 5）等基本的 Web 要素，浏览器最终识别、解析的也是这些基础语言。对于 ES 6，目前浏览器的支持并不全面，有时需要一个被称为 babel 的程序将其转化为 ES 5 才能被浏览器解析。由于篇幅所限，特别是考虑到知识结构的完整性和系统性，本书只专注于最基本的 Web 技术基础知识，不涉及 Web 前端的各种技术框架。第 2 版主要的修订之处为：更正了第 1 版中的一些错误，精减了 Flash 动画和视频播放的内容，删除了 IE 事件模型的介绍，特别是补充、完善了 CSS 3 和 HTML 5 的一些新内容，如弹性布局、网格布局、响应式设计、本地存储、离线应用、JavaScript 多线程、地理定位等。本书力求将原生的 Web 技术知识结构合理、条理清晰、系统全面地呈现给读者。

为了规范链接的使用，本书中部分网址使用***代替个别内容，但不会影响读者的理解与学习。特此说明，请读者知悉。本书包含配套教学资源，读者可以登录华信教育资源网（https://www.hxedu.com.cn），注册后免费下载。本书还录制了配套教学视频，读者可通过扫描以下二维码观看。

配套教学视频			
章 名	二 维 码	章 名	二 维 码
第 1 章 Internet 与 Web		第 6 章 Web 编程工具	
第 2 章 HTML		第 7 章 HTML 5	
第 3 章 CSS		第 8 章 CSS 3	
第 4 章 JavaScript		第 9 章 JavaScript 进阶	
第 5 章 XML			

  参加第 2 版修订的仍为原作者团队，写作分工基本与第 1 版相同。在本书的修订过程中，作者团队收集了使用本书第 1 版的兄弟院校反馈的信息，听取了近年来我校 Web 技术基础课程任课老师的意见，并多次商讨了教材具体内容的修改和取舍方案。本书中补充的关于 HTML 5 和 CSS 3 的新内容主要由杨占胜执笔，其他内容的修订由孙晓燕负责统稿。感谢电子工业出版社的编辑们为本书的出版所付出的辛勤工作，特别是对本书严谨、细致的校阅。即使只专注于原生的 Web 技术，知识点也非常多，正确地厘清这些知识点的关联，合理地组织、编排并解析这些知识点并非易事，加之作者水平有限，书中疏漏和不妥之处在所难免，真诚欢迎广大读者批评指正。作者 E-mail：670418190@qq.com。

作 者

第1版前言

Web 赋予了互联网靓丽的青春和强大的生命力，极大地推进了互联网的发展和普及。Web 改变了全球信息化的传统模式，带来了一个信息交流的全新时代。目前，Web 已经成为人们共享信息的主要手段，是非常流行的网络应用。Web 技术已经成为计算机类专业非常重要的学习内容。Web 技术基础知识虽然简单，但是内容庞杂，涉及标记语言、样式语言、脚本语言，因为语法各异，所以需要注意的细节有很多。其中的技术术语、概念很多，存在标准与非标准、版本更新、浏览器支持的差异。关于 Web 技术的书不少，但是能够将 Web 技术知识合理组织，既条理清晰又系统全面地介绍 Web 技术的书并不多。在多年的教学实践中，我们积累了一些课堂讲稿和大量的 Web 设计例程，希望编写一本结构合理、知识系统、讲解深入的 Web 技术基础教材。

本书从互联网、万维网的概念入手，介绍了 Web 在整个网络体系架构中的位置、Web 与 Internet 的关系，引出了 Web 的 3 个基本要素：URL、HTTP、HTML。然后，本书系统、深入地介绍了 HTML 4.01、CSS 2.1、JavaScript 的全部内容，XML、XHTML、HTML 5、CSS 3 的基本原理与核心内容，以及 Web 编辑工具 Dreamweaver 的使用方法。按照知识关联和学习路线，本书对 Web 领域中大部分技术的概念进行了介绍，如网络（Network）、互联网（Internet）、万维网（World Wide Web）、万维网联盟（World Wide Web Consortium，W3C）、统一资源定位符（Uniform Resource Locator，URL）、统一资源命名（Uniform Resource Name，URN）、统一资源标识符（Uniform Resource Identifier，URI）、超文本传输协议（HyperText Transfer Protocol，HTTP）、Web 浏览器、Web 服务器、多用途互联网邮件扩展（Multipurpose Internet Mail Extensions，MIME）、网页（Web Page）、网站（Web Site）、主页（Home Page）、超文本标记语言（Hyper Text Markup Language，HTML）、层叠样式表（Cascading Style Sheets，CSS）、JavaScript 脚本语言、DHTML（Dynamic HTML）、文档对象模型（Document Object Model，DOM）、可扩展标记语言（Extensible Markup Language，XML）、文档类型定义（Document Type Define，DTD）、可扩展样式表语言（Extensible Stylesheet Language，XSL）、Schema、XML DOM、XHTML、HTML 5、CSS 3、JSON（JavaScript Object Notation）、Web 1.0、Web 2.0、Web 3.0、Dreamweaver 等。

本书的章节和知识点编排都是被精心设计的，力求条理清晰、结构合理。全书共 10 章，一气呵成，没有进行篇幅的划分。总体分为两大部分，前 6 章为第一部分，包括 Internet 与 Web、HTML、CSS、JavaScript、XML、Web 编程工具；后 4 章为第二部分，包括 HTML 5、CSS 3、JavaScript 进阶、Web 技术发展概述。第一部分的知识较为基础，第二部分是 Web 新技术和 JavaScript 中难度较大的部分。

本书在介绍各知识点时，尽量对简单的内容进行简明扼要的讲解，对一些有难度的内容进行深入细致的剖析。本书使用较多篇幅阐述了 HTML 中多媒体标记的使用，CSS 中 display、position、float、vertical-align 属性的功能细节，JavaScript 中浏览器对象与 HTML DOM 对象的关系，函数的多重功能、参数与伪继承，DOM 2 事件处理机制等复杂内容。同时，本书对某些内容的解释有一定的深度和独特的见解。在介绍 Internet 与 Web 时，将其比喻为两张网。计算机网络技术通常会涉及两张网，即 Network 和 Web。Net 的原意为渔网，Network 主要指硬件网络；Web 的原意为蜘蛛网，主要指软件网络。此外，将浏览器定义为"一个超文本文件解析程序，这个程序实现了 HTTP 协议"。将 HTML、CSS、XML 三者之间的关系描述为

"HTML兼有语义和样式功能，但HTML的语义功能很弱，样式也不丰富；CSS是对HTML样式的增强；而XML是对HTML语义的补充和完善"。在介绍CSS中一些复杂的样式时，使用一句话可以指出其主要作用与本质特征："display样式属性更改网页元素默认的盒模型类型，position样式属性更改网页元素在正常流布局中的位置。"将正则表达式描述为"通配符技术的扩展"。将XML潜在的强大功能解释为"XML同时具有面向对象技术、数据库技术、Web技术的三大功能特性，包含了计算机软件领域的主要技术点，体现了简单就是美（Simple is the best）的哲学思想"。将JavaScript函数表述为"普通函数、对象、方法、类"。对于Dreamweaver软件，除了介绍其基本的功能，还着重介绍了其特色与实用性。例如，"标签选择器""批量修改""拖放链接""图像热点截取""插入Flash视频"等。书中的实例是我们在多年教学实践中积累并精选的，代表性强，所有的实例组织成一个网站，可以作为Web前端技术人员的参考代码。附录中的8个实验项目也可以组织成一个小型的网站。

XML作为Web技术的重要基础知识，不但在Web方面应用广泛，而且在整个软件开发领域无所不在，是计算机软件相关专业必备的基础知识。XML涉及的内容很多，本书只对其基本原理和核心内容进行介绍。有的学校可能专门开设了XML课程，教师在使用本书时可以根据具体的教学计划决定是否讲授这一章。关于第6章中Dreamweaver的相关内容，可以根据情况分别在讲完前面4章后讲授一部分：讲完第2章HTML的相关内容后，讲授Dreamweaver的网页编辑功能；讲完第3章CSS的相关内容后，讲授Dreamweaver对样式表的支持；讲完第4章JavaScript的相关内容后，讲授Dreamweaver对JavaScript的支持；讲完第5章XML的相关内容后，讲授Dreamweaver对XML的支持。提前让学生使用Dreamweaver可以加快课程的教学进度，如果将Dreamweaver单独作为一章编写，则会使全书的结构更紧凑，系统性更强。第2章中的HTML标记都比较简单，建议在教学时按类型介绍一些常用的标记，其他的无须详细讲解，可由学生阅读教材自学。大部分学生都学习了C语言或Java语言，第4章中的运算符与表达式、流程控制与语句等JavaScript语法，在讲授时只需简略地提及一下。书中这部分内容没有一笔带过，但讲授时应尽量简明扼要。书中大部分语法知识采用表格列举，以便查阅参考；实例也较少，只有一些较典型的例子。书中未对实例的运行效果附图，只需用浏览器打开实例即可运行，建议在讲授时用多媒体设备直接演示，或者在机房由学生自己运行，以培养学生的学习兴趣，提高教学效果。书末附有实验指导书，共8个实验项目，有20多个较典型的练习网页，可以组织成一个小型的网站。为了方便教学，作者将提供本书所有实例源代码、实验项目源代码、PowerPoint文档等电子资源。

本书由杨占胜统稿。其中，杨占胜编写了第1章至第6章、第9章、第10章和附录，并与许作萍合作编写了第7章；孙晓燕编写了第8章；刘乃丽负责全书编写的组织工作，并参与了第4章与部分习题的编写；傅德谦对本书的编写与出版工作进行了指导。由于本书涉及的知识点较多，加之作者水平有限，时间较紧，书中疏漏和不妥之处在所难免，真诚欢迎广大读者批评指正，以使本书不断更新和完善。作者E-mail：670418190@qq.com。

作　者

目　录

第 1 章　Internet 与 Web ………………… 1
- 1.1　互联网简介 ……………………… 1
- 1.2　万维网 …………………………… 2
- 1.3　统一资源定位符 ………………… 3
- 1.4　超文本传输协议 ………………… 3
- 1.5　Web 浏览器 ……………………… 5
- 1.6　Web 服务器 ……………………… 6
- 1.7　资源类型标识 …………………… 7
- 本章小结 ………………………………… 8
- 思考题 …………………………………… 8

第 2 章　HTML …………………………… 9
- 2.1　基本文档结构标记 ……………… 9
- 2.2　文本格式化标记 ………………… 10
  - 2.2.1　标题标记 ………………… 11
  - 2.2.2　区段标记 ………………… 11
  - 2.2.3　文字格式化标记 ………… 12
  - 2.2.4　特殊符号 ………………… 14
- 2.3　超链接标记 ……………………… 14
  - 2.3.1　链接地址 ………………… 15
  - 2.3.2　链接标记的主要属性 …… 15
  - 2.3.3　改变链接的默认地址和目标 ………………………… 16
- 2.4　图像标记 ………………………… 16
  - 2.4.1　图像文件类型 …………… 17
  - 2.4.2　图像链接与图像映射 …… 18
- 2.5　多媒体播放 ……………………… 19
  - 2.5.1　对象标记 ………………… 19
  - 2.5.2　嵌入标记 ………………… 21
  - 2.5.3　音频和视频格式 ………… 22
- 2.6　列表标记 ………………………… 23
  - 2.6.1　无序列表 ………………… 23
  - 2.6.2　有序列表 ………………… 24
  - 2.6.3　定义列表 ………………… 24
- 2.7　表格标记 ………………………… 25
  - 2.7.1　表格 ……………………… 25
  - 2.7.2　<table>标记的属性 ……… 26
  - 2.7.3　<tr>和<td>标记的属性 …… 27
  - 2.7.4　<table>标记的子标记 …… 29
  - 2.7.5　表格布局 ………………… 32
- 2.8　表单标记 ………………………… 35
  - 2.8.1　表单 ……………………… 35
  - 2.8.2　输入控件 ………………… 36
  - 2.8.3　列表控件 ………………… 37
  - 2.8.4　文本域控件 ……………… 37
  - 2.8.5　辅助标记 ………………… 39
- 2.9　框架标记 ………………………… 39
  - 2.9.1　框架集 …………………… 39
  - 2.9.2　内联框架 ………………… 40
- 2.10　元标记 ………………………… 41
  - 2.10.1　http-equiv 属性 ………… 41
  - 2.10.2　name 属性 ……………… 44
  - 2.10.3　content 属性 …………… 44
- 2.11　HTML 属性 …………………… 44
  - 2.11.1　必需属性 ……………… 45
  - 2.11.2　通用属性 ……………… 45
  - 2.11.3　事件属性 ……………… 46
  - 2.11.4　常用属性 ……………… 47
- 本章小结 ………………………………… 47
- 思考题 …………………………………… 47

第 3 章　CSS ……………………………… 48
- 3.1　基本样式属性 …………………… 48
  - 3.1.1　字体样式属性 …………… 48
  - 3.1.2　文本样式属性 …………… 49
  - 3.1.3　背景样式属性 …………… 51
  - 3.1.4　边框样式属性 …………… 52
  - 3.1.5　边距样式属性 …………… 54
  - 3.1.6　列表样式属性 …………… 55
- 3.2　选择器 …………………………… 57
  - 3.2.1　通配符选择器 …………… 57
  - 3.2.2　标记选择器 ……………… 57
  - 3.2.3　类选择器 ………………… 57
  - 3.2.4　id 选择器 ………………… 58

  3.2.5 属性选择器 ············ 58
  3.2.6 后代选择器 ············ 59
  3.2.7 并列选择器 ············ 60
  3.2.8 子元素选择器 ·········· 60
  3.2.9 相邻兄弟选择器 ········ 60
  3.2.10 伪类选择器 ··········· 60
  3.2.11 伪元素选择器 ········· 62
 3.3 在网页中使用 CSS ············ 64
  3.3.1 内联样式表 ············ 64
  3.3.2 内部样式表 ············ 64
  3.3.3 外部样式表 ············ 64
  3.3.4 样式的优先级 ·········· 67
 3.4 定位相关属性 ··············· 69
  3.4.1 盒模型与流布局 ········ 69
  3.4.2 显示与大小属性 ········ 70
  3.4.3 定位与布局属性 ········ 73
  3.4.4 内容修剪与对齐属性 ···· 78
 3.5 其他样式属性 ··············· 85
  3.5.1 表格相关属性 ·········· 85
  3.5.2 鼠标样式属性 ·········· 88
  3.5.3 轮廓相关属性 ·········· 90
  3.5.4 内容生成相关属性 ······ 91
 3.6 <div>+CSS 布局 ············· 94
 本章小结 ························ 96
 思考题 ························· 97

第 4 章 JavaScript ··················· 98

 4.1 JavaScript 概述 ·············· 98
  4.1.1 JavaScript 的特点 ······· 98
  4.1.2 Java 与 JavaScript 的 区别 ··················· 99
  4.1.3 两个简单的输出方法 ···· 99
 4.2 在网页中嵌入 JavaScript ······ 100
 4.3 JavaScript 语法 ·············· 102
  4.3.1 基础语法点 ············ 102
  4.3.2 基本数据类型 ·········· 103
  4.3.3 常量 ················· 103
  4.3.4 变量 ················· 105
  4.3.5 常用全局函数 ·········· 109
  4.3.6 运算符与表达式 ········ 111
  4.3.7 流程控制与语句 ········ 114
  4.3.8 函数 ··················119

 4.4 JavaScript 内置类 ············ 121
  4.4.1 数组 Array ············ 121
  4.4.2 日期 Date ············· 123
  4.4.3 数学 Math ············· 124
  4.4.4 字符串 String ·········· 126
 4.5 JavaScript 运行环境对象 ······ 128
  4.5.1 BOM 对象 ············ 128
  4.5.2 DOM 对象 ············ 135
 4.6 事件处理 ··················· 142
 4.7 JavaScript 读写 Cookie ······· 147
 4.8 正则表达式 ················· 148
  4.8.1 正则表达式的规则 ······ 149
  4.8.2 常用正则表达式 ········ 150
  4.8.3 JavaScript 使用正则 表达式 ················ 151
 4.9 JavaScript 应用 ·············· 152
  4.9.1 修改网页内容 ·········· 152
  4.9.2 表单验证 ············· 155
 4.10 JavaScript 修改 CSS 样式 ···· 158
 本章小结 ······················· 160
 思考题 ························ 161

第 5 章 XML ······················· 162

 5.1 XML 概述 ·················· 162
 5.2 XML 语法 ·················· 163
  5.2.1 XML 语法规则 ········· 163
  5.2.2 XML 语法元素 ········· 164
  5.2.3 格式良好和有效的 XML 文档 ·················· 166
 5.3 DTD ······················· 166
  5.3.1 DTD 定义示例 ········· 166
  5.3.2 在 XML 中声明 DTD ··· 167
 5.4 名称空间 ··················· 169
 5.5 Schema ····················· 170
  5.5.1 Schema 定义示例 ······· 170
  5.5.2 在 XML 中声明 Schema ················ 171
 5.6 CSS 格式化 XML ············ 172
 5.7 XSL ······················· 173
  5.7.1 XSL 概述 ············· 174
  5.7.2 XSLT 文档结构 ········· 174
  5.7.3 XSLT 模板 ············ 174

5.7.4 模式处理 …………………… 176
5.7.5 节点选择 …………………… 176
5.8 XML 解析器 ……………………… 178
5.9 XML DOM ……………………… 179
　5.9.1 XMLDocument 文档
　　　 对象 …………………… 179
　5.9.2 Node 节点对象 ………… 181
　5.9.3 NodeList 节点列表对象 182
　5.9.4 NamedNodeMap 无序节点
　　　 集对象 ………………… 182
　5.9.5 DOM 例程 …………… 182
5.10 XHTML ……………………… 185
本章小结 …………………………… 186
思考题 ……………………………… 186

第 6 章 Web 编程工具 …………… 187

6.1 Dreamweaver 界面 …………… 187
6.2 站点管理 ……………………… 188
　6.2.1 站点建立 …………… 189
　6.2.2 文件管理 …………… 189
　6.2.3 资源管理 …………… 190
　6.2.4 站点地图 …………… 190
6.3 网页编辑 ……………………… 191
　6.3.1 编码辅助功能 ……… 191
　6.3.2 可视化编辑 ………… 192
　6.3.3 超链接 ……………… 193
　6.3.4 图像 ………………… 194
　6.3.5 多媒体 ……………… 195
　6.3.6 表格 ………………… 198
　6.3.7 表单 ………………… 199
　6.3.8 框架 ………………… 200
6.4 DOCTYPE 声明与网页解析
　　 模式 ………………………… 200
　6.4.1 网页文档类型声明 … 200
　6.4.2 浏览器的工作模式 … 202
6.5 网页布局 ……………………… 203
6.6 网站模板 ……………………… 204
6.7 CSS 的支持 …………………… 205
6.8 JavaScript 的支持 …………… 206
6.9 XML 的支持 …………………… 207
6.10 参考资源 …………………… 208
本章小结 …………………………… 209

思考题 ……………………………… 209

第 7 章 HTML 5 ………………… 210

7.1 HTML 5 概述 ………………… 210
　7.1.1 从 HTML 到 XHTML 和
　　　 HTML 5 ……………… 210
　7.1.2 HTML 5 的优势 …… 211
7.2 HTML 5 新增常用元素和
　　 属性 …………………………… 212
　7.2.1 新增的文档结构元素 … 212
　7.2.2 新增的通用属性 …… 214
　7.2.3 其他元素 …………… 216
7.3 HTML 5 增强的表单功能 …… 217
　7.3.1 新增的表单元素和
　　　 属性 …………………… 218
　7.3.2 <input>元素 type 属性
　　　 新增的属性值 ……… 221
　7.3.3 新增的客户端校验
　　　 属性 …………………… 223
　7.3.4 增强的文件上传域 … 224
7.4 多媒体播放 …………………… 226
　7.4.1 音频和视频标记 …… 227
　7.4.2 JavaScript 脚本控制媒体的
　　　 播放 …………………… 228
7.5 拖放行为 ……………………… 230
　7.5.1 拖放 API …………… 230
　7.5.2 拖放操作 …………… 231
7.6 绘图功能 ……………………… 232
　7.6.1 绘图 API …………… 233
　7.6.2 绘制图形 …………… 234
7.7 Web Storage ………………… 242
　7.7.1 Storage API 简介 …… 242
　7.7.2 本地存储应用 ……… 242
7.8 离线应用 ……………………… 244
　7.8.1 离线应用的配置 …… 244
　7.8.2 离线状态的检测 …… 245
　7.8.3 离线应用的缓存 …… 245
7.9 Web Worker …………………… 247
　7.9.1 Web Worker API 简介 … 248
　7.9.2 JavaScript 的多线程 … 248
7.10 Web Geolocation …………… 250
　7.10.1 Geolocation API 简介 … 250

7.10.2　地理定位……………251
本章小结………………………252
思考题…………………………253

第8章　CSS 3……………………254

8.1　CSS 3 新增的选择器………254
　　8.1.1　伪类选择器……………254
　　8.1.2　新增的伪元素选择器…258
　　8.1.3　兄弟选择器……………259
　　8.1.4　浏览器前缀……………259
8.2　服务器字体…………………259
　　8.2.1　@font-face……………259
　　8.2.2　服务器字体与客户端字体结合使用………262
8.3　边框和阴影…………………262
　　8.3.1　圆角边框………………262
　　8.3.2　图片边框………………263
　　8.3.3　阴影……………………264
8.4　用户界面与分列显示………265
　　8.4.1　用户界面………………265
　　8.4.2　分列显示………………265
8.5　弹性盒布局…………………267
　　8.5.1　弹性容器………………267
　　8.5.2　弹性子项………………269
8.6　网格布局……………………271
　　8.6.1　网格布局术语…………271
　　8.6.2　网格容器………………272
　　8.6.3　网格元素………………274
8.7　响应式设计的概念…………278
　　8.7.1　逻辑像素………………278
　　8.7.2　视口……………………279
　　8.7.3　vw 与 vh 单位…………280
　　8.7.4　媒体查询………………280
　　8.7.5　响应式设计原则………281
8.8　变形与动画…………………286
　　8.8.1　变形……………………286
　　8.8.2　Transition 动画………287
　　8.8.3　Animation 动画………289
本章小结………………………291
思考题…………………………291

第9章　JavaScript 进阶……………292

9.1　JavaScript 函数高级功能……292
　　9.1.1　函数定义………………292
　　9.1.2　函数的特性……………294
　　9.1.3　类属性…………………295
　　9.1.4　函数的调用……………296
　　9.1.5　函数的独立性…………297
　　9.1.6　函数的参数……………298
　　9.1.7　类的扩展………………301
　　9.1.8　对象的创建……………303
9.2　DOM 事件模型………………305
　　9.2.1　基本事件模型…………306
　　9.2.2　DOM 2 事件模型………310
9.3　JavaScript 程序调试…………318
　　9.3.1　显示脚本错误…………318
　　9.3.2　开发者工具……………318
本章小结………………………323
思考题…………………………324

附录 A　实验指导…………………325

附录 B　Web 技术发展概述………325

附录 C　DTD 语法…………………325

附录 D　Schema 语法………………325

参考文献………………………………326

第 1 章　Internet 与 Web

（视频学习）

计算机与网络的出现是继语言、文字、造纸与印刷术、电报与电话之后的第 5 次信息技术革命。计算机与网络已经深入社会生活的各个方面。计算机网络技术通常会涉及两张网——Network 和 Web。Net 的原意为渔网，Network 主要指硬件网络，包括 TCP/IP（Transmission Control Protocol/Internet Protocol）四层网络体系结构中的三层，即主机-网络层、互联层、传输层，是由实现了这些层级协议的硬件设备，如网线、网卡、中继器、集线器、交换机、路由器、计算机（安装网络操作系统，即实现 TCP/IP 的操作系统）等组成的。Web 的原意为蜘蛛网，是 World Wide Web（WWW）的简称，中文名称为万维网，主要指软件网络。Web 是 TCP/IP 网络体系结构中的顶层——应用层的应用之一。应用层中有远程登录（Telnet）、文件传输（FTP）、Web 应用（HTTP）、电子邮件（SMTP 和 POP3）等应用。在计算机网络发展的早期，远程登录和电子邮件曾先后成为非常广泛的网络应用，但 Web 应用在出现后，即呈现出爆发式的发展趋势。目前，Web 已经成为人们共享信息的主要手段，是非常流行的网络应用，其他的网络应用也都趋向于通过 Web 实现。就像网络的发展和普及形成计算机即网络的概念一样，Web 几乎成为 Internet 的代名词。但互联网（Internet）并不等同于万维网（Web），万维网只是互联网上基于超文本的软件应用系统。

1.1　互联网简介

计算机网络是使用通信线路和遵循特定技术规范（实现特定网络协议）的设备将多台计算机连接起来，并能利用软件实现通信和资源共享的系统。计算机网络按照连接设备的范围分为局域网、城域网和广域网。局域网与广域网在地理范围上的巨大差异导致它们的通信方式不同：局域网的通信方式为共享网络，广域网的通信方式为点对点。网络体系结构及其通信协议和共享网络通信是局域网技术的核心内容，网络互联是广域网技术的核心内容，这些都是计算机网络课程的范畴，而点对点通信技术是通信专业的主要内容。以太网是应用非常广泛的局域网。局域网使用的通信线路和网络设备（一般为路由器）连接起来就形成了广域网。城域网介于局域网与广域网之间，以提供接入、媒体、信息服务为主，强调业务功能和服务质量。目前，城域网仍没有完全统一的技术标准。全世界范围内的局域网、城域网、广域网互相连接而成的一个超级广域网就是 Internet，又被称为互联网、因特网。Internet 是网络的网络。

互联网使用 TCP/IP 协议让不同的设备可以互相通信。但使用 TCP/IP 协议的网络并不一定是互联网，一个局域网也可以使用 TCP/IP 协议。早期互联网的应用方式主要基于大型主机系统，目前采用客户机/服务器结构。在小型网络的对等网络中，各台计算机既可以作为客户机，也可以作为服务器，是一种特殊的客户机/服务器结构模式。Web 应用基于互联网，其安全机制，运行、访问方式都以互联网环境为基础，Web 技术中的许多主题都与互联网相关。Web 应用的应用层协议为 HTTP（HyperText Transfer Protocol，超文本传输协议），底层通常采用 TCP/IP 协议。Web 应用是典型的客户机/服务器结构，因为客户机程序采用统一的浏览器，服务器程序又称 Web 服务器或 HTTP 服务器，所以 Web 应用又称 B/S（Browser/Server）应用程序。

1.2 万维网

万维网，即 World Wide Web，简称 WWW 或 Web。万维网是互联网的功能之一。万维网是建立在客户机/服务器结构模型之上，以超文本标记语言（Hypertext Markup Language，HTML）与超文本传输协议（HTTP）为基础，提供面向互联网服务的、用户界面一致的主从结构分布式超媒体系统。其中的服务器为 Web 服务器，又称 WWW 服务器。Web 服务器提供由 HTML 编写的超文本文件（网页）和其他资源。这些网页及资源采用超链接的方式互相连接，它们既可以被放置在同一台服务器上，也可以被放置在不同地理位置的服务器上。用户使用统一的客户端软件（浏览器）浏览服务器上的网页和资源。客户端浏览器的主要功能是向服务器发送 HTTP 请求，并显示服务器返回的 HTTP 应答信息页。万维网的工作方式如图 1-1 所示。

图 1-1 万维网的工作方式

万维网起源于欧洲粒子物理研究室 CERN（European Organization for Nuclear Research）。1989 年 3 月，欧洲粒子物理研究室的 Tim Berners-Lee（蒂姆·伯纳斯·李）提出了 Web 计划。20 世纪 80 年代后期，超文本技术已经出现，但没有人能想到把超文本技术应用到计算机网络上，超文本只是一种新型的文本而已。Tim 创造性地将超文本技术应用于计算机文件中，即在文件中嵌入超链接，把网络上不同计算机（主机）上的信息连接起来，并通过超文本传输协议（HTTP）在 Web 服务器和客户机之间传输。Tim 成功开发出了世界上第一个 Web 服务器(httpd)和第一个 Web 客户端浏览编辑程序(World Wide Web)。1989 年 12 月，他的发明被正式命名为 World Wide Web，即 WWW。1991 年 8 月 6 日，Tim 建立的第一个网站（也是世界上首个网站）上线。Web 在互联网上的出现立即引起轰动，并被迅速推广、应用。Tim 获得了极大的成功。在 Web 出现之前，互联网上内容的表现形式非常单调枯燥，资源的访问权限也很严格，网络操作较为复杂。而 Web 服务器可以发布图文并茂的信息，甚至可以发布音频和视频信息。人们只要使用简单的方法，就可以迅速、方便地获取丰富的信息资料。此外，互联网的许多其他功能，如 E-mail、Telnet、FTP 等都可以通过 Web 实现。Web 是互联网上取得的非常激动人心的成就，为互联网的普及迈出了开创性的一步。Web 技术给互联网赋予了强大的生命力，Web 浏览的方式带给了互联网靓丽的青春。Web 技术的发明改变了全球信息化的传统模式，开启了一个信息交流的全新时代。

Tim 在发明 Web 之后，又相继制定了互联网的 URI、HTTP、HTML 等技术规范。1994 年，他在美国麻省理工学院成立了非营利性的万维网联盟（World Wide Web Consortium，W3C），并邀请了 Microsoft、Netscape、Sun、Apple、IBM 等共 155 家著名的互联网公司，致力于研究 WWW 技术协议的标准化，从而进一步推动了 Web 技术的发展。W3C 对互联网技术的发展和应用起到了基础性和根本性的支撑作用，是 Web 技术领域非常具有权威和影响力的国际中立性技术标准机构。Tim 被业界公认为"互联网之父"。

Web 是由互联网上许多互相链接的超文本组成的系统。在这个系统中，一个信息单元被称为一个"资源"，由一个全局"统一资源定位符"（Uniform Resource Locator，URL）定位。这些资源主要是 HTML 编写的超文本文件（网页），通过 HTTP 传送给用户。因此，Web 的 3 个基本要素分别是：资源寻址定位的统一资源定位符（URL），资源访问方式的超文本传输协议（HTTP），资源表达编辑的超文本标记语言（HTML）。

1.3 统一资源定位符

统一资源定位符（URL）是 Web 资源的全局地址表示，用于在互联网上寻址定位 Web 资源。与 URL 类似的还有一个统一资源标识符（Uniform Resource Identifier，URI），用于在互联网上唯一地标识一个资源。URL 是一种具体的 URI，不仅可以用来标识一个资源，还可以定位这个资源。另外，与 URL 并列的一个术语是统一资源命名（Uniform Resource Name，URN），它通过名字标识资源，如 mailto:java-net@java.sun.com。概括地说，URI 是以一种抽象的高层次概念定义的统一资源标识，可以是相对的。而 URL 和 URN 则是具体的资源标识方式，一般是绝对的。URL 和 URN 都是一种 URI。

URL 的格式为 protocol://hostname(or IP)[:port]/website/path/[file][?query][#fragment]，即协议://主机域名（或 IP 地址）：端口号/网站/目录/文件名?查询参数#信息片断。例如：http://www.lyu.***.**:80/chpage/index.html?str= abc#a1。

URL 主要由 4 部分组成。

第 1 部分是协议（protocol），又称服务方式。主要的协议或服务方式为 http、ftp、file、gopher、https、mailto、news。第 1 部分和第 2 部分之间用"://"符号隔开。

第 2 部分是服务器的域名（或 IP 地址）与端口号。域名是 IP 地址的文字表示，通过 DNS 进行转换。主机域名组成形式通常为：机器名+域名+域树+域林。HTTP 的默认端口号为 80，在 URL 中可以省略此默认的端口号。常用协议的默认端口号分别是 telnet:23、ftp:21、smtp:25、pop3:110、dns:53。

第 3 部分是主机上资源的具体地址，如网站名（或虚拟目录名）、目录和文件名等。第 2 部分和第 3 部分用"/"符号隔开。

第 4 部分是参数。HTTP 在请求时可以向服务器传递参数，参数格式为：?名 1=值 1&名 2=值 2。第 4 部分与第 3 部分用"?"符号隔开，参数之间用"&"符号隔开。

另外，在同一网站内寻址，URL 的后面还可以加上网页锚点。网页锚点是页面内部信息片断的地址，是页面内部的定位寻址机制。

1.4 超文本传输协议

HTTP 是 Hypertext Transfer Protocol 的缩写，即超文本传输协议。顾名思义，HTTP 提供了访问超文本信息的功能，是 Web 浏览器和 Web 服务器之间的应用层通信协议。Web 使用 HTTP 协议传输各种超文本页面和数据。HTTP 可以使网络传输数据量减少，使浏览器更加高效。它不仅可以保证计算机正确、快速地传输超文本文档，还可以确定传输文档中的哪部分，以及哪部分内容先显示（如文本先于图形）等。HTTP 包含命令和传输信息，不仅可以用于 Web 访问，还可以用于其他互联网/内联网应用系统之间的通信，从而实现各类应用资源超媒体访问的集成。

HTTP 协议底层通常采用 TCP/IP 协议，但它并没有规定必须使用和基于支持层。事实上，HTTP 可以在其他互联网协议上，或者在其他网络上实现。HTTP 只假定其下层协议提供可靠的传输，任何能够提供这种保证的协议都可以被其使用。

基于 HTTP 协议的客户机/服务器模式会话（信息交换）分为 4 个过程：建立连接、发送请求、给出应答、关闭连接。

（1）建立连接：客户端向服务器端发出建立连接的请求，服务器端给出响应后即可建立连接。

（2）发送请求：客户端按照协议的要求通过连接向服务器端发送自己的请求。

（3）给出应答：服务器端按照客户端的请求给出应答，并把结果（HTML 文件）返回客户端。

（4）关闭连接：客户端接收到应答后关闭连接。

HTTP 协议采用了请求/响应模型。客户端向服务器端发送一个请求，请求包含请求的方法、URL、协议版本，以及类似于 MIME（Multipurpose Internet Mail Extensions，多用途互联网邮件扩展）的包含请求修饰符、客户信息和内容的消息结构。服务器用一个状态行作为响应，响应的内容包括消息协议的版本、成功或错误编码、服务器端信息、实体元信息，以及可能的实体内容。通常 HTTP 消息有请求和响应两种类型。这两种类型的消息都由一个起始行、一个或多个头域、一个指示头域结束的空行和可选的消息体组成。

HTTP 请求的格式：

HTTP 请求方法 请求的目标资源 HTTP/版本号
HTTP 头域
空行
HTTP 消息主体

简单的请求消息示例：

GET /chpage/index.html.HTTP/1.1
Host:www.lyu.***.**
Cache-Control: no-cache

<h1>Hello</h1>

HTTP 请求方法包括 GET、HEAD、POST、OPTIONS、PUT、DELETE、TRACE。GET 和 HEAD 方法应该被所有的通用 Web 服务器支持，其他方法的实现是可选的。GET 方法用于获取请求的目标资源；HEAD 方法也可以用于获取请求的目标资源，但可以在响应时不返回消息体；POST 方法用于请求服务器端接收包含在请求中的实体信息，可以利用该请求方法提交表单，向新闻组、BBS、邮件群组和数据库发送消息；OPTIONS 方法用于返回服务器端针对特定资源支持的 HTTP 请求方法，可以利用该请求方法测试服务器的功能；PUT 方法用于向指定资源的位置发送最新内容；DELETE 方法用于请求服务器端删除目标资源；TRACE 方法用于回显服务器端收到的请求，主要利用该请求方法测试或诊断。

浏览器中常用的请求方法是 GET 和 POST。直接在浏览器地址栏中输入访问地址发送请求或提交表单发送请求时，不设置 method 属性，或者设置 method 属性为 get，这几种都是 GET 方法的请求。GET 方法的请求会将请求的参数名和值转换成字符串，并附加在原 URL 之后。因此，可以在地址栏中看到请求的参数名和值。GET 方法的请求传送的数据量较小，一般不能大于 2KB。POST 方法的请求通常需要设置 form 元素的 method 属性为 post，传送的数据量较大，用户不能在地址栏里看到请求的参数值，安全性相对较高。

HTTP 请求中的头域包括通用头域、请求头域和实体头域 3 部分。每个头域由一个域名、冒号和域值 3 部分组成。域名是不区分大小写的，域值前可以添加任何数量的空格符，头域可以被扩展为多行，在每行的开始处，至少使用一个空格或制表符。

通用头域包含请求和响应消息都支持的头域。通用头域包含 Cache-Control、Connection、Date、Pragma、Transfer-Encoding、Upgrade、Via。对通用头域的扩展要求是通信双方都支持此扩展，如果存在不支持的通用头域，则这个通用头域一般将会作为实体头域被处理。

请求头域包含下列字段，即 Accept、Accept-Charset、Accept-Encoding、Accept-Language、

Authorization、From、Host、If-Modified-Since、If-Match、If-None-Match、If-Range、If-Range、If-Unmodified-Since、Max-Forwards、Proxy-Authorization、Range、Referer、User-Agent。请求头域的扩展要求与通用头域相同。

请求和响应消息都可以包含实体头域。实体头域包含关于实体的原信息。实体头域包含 Allow、Content-Base、Content-Encoding、Content-Language、Content-Length、Content-Location、Content-MD5、Content-Range、Content-Type、Etag、Expires、Last-Modified、Extension-Header。Extension-Header 允许客户端定义新的实体头域，但是这些实体头域可能无法被接收方识别。

HTTP 响应的格式：
HTTP/版本号 状态代码 状态描述
响应头部字段
空行
响应主体

简单的响应消息示例：
HTTP/1.1 200 OK
Content-Type: text/plain

<h1>Hello World!</h1>

状态代码主要用于机器自动识别，状态描述主要用于帮助用户理解。状态代码由 3 位数字组成。第一位数字定义响应的类别，后两位数字没有分类的作用。第一位数字可能取 5 个不同的值。

1xx：信息响应类，表示接收到请求并继续处理。
2xx：处理成功响应类，表示动作被成功接收、理解和接受。
3xx：重定向响应类，为了完成指定的动作，必须接受进一步的处理。
4xx：客户端错误类，客户端请求包含语法错误和不能正确执行。
5xx：服务器端错误类，服务器不能正确执行一个正确的请求。

404 Not Found 是一个常见的状态码，意味着无法找到请求的资源，通常是 URL 不正确导致的。200 OK 是用户想要得到的，意味着请求被正确处理，没有发生错误。500 Server Error 意味着服务器遇到了问题，不能完成请求，通常是动态页面中的代码发生错误。

HTTP 响应中的头域包括通用头域、响应头域和实体头域 3 部分。通用头域和实体头域类似于 HTTP 请求。响应头域包含 Age、Location、Proxy-Authenticate、Public、Retry-After、Server、Vary、Warning、WWW-Authenticate。对响应头域的扩展要求是通信双方都支持此扩展，如果存在不支持的响应头域，则这个响应头域一般将会作为实体头域被处理。

超文本传输协议已经演化出很多版本，它们中的大部分都是向下兼容的。客户端在请求的开始告诉服务器端它采用的协议版本号，而服务器端则在响应中采用相同或者更早的协议版本号。HTTP/0.9 已经过时，因为它只接收 GET 请求方法，没有在通信中指定协议版本号，且不支持请求头域。该版本不支持 POST 请求方法，因此客户端无法向服务器端传递太多信息。

HTTP/1.0 是第一个在通信中被指定协议版本号的 HTTP，至今仍被广泛使用，特别是在代理服务器中。

HTTP/1.1 是当前版本，持久连接被默认采用，并能很好地配合代理服务器工作，还支持以管道方式同时发送多个请求，以便降低线路负载，提高传输速度。

1.5 Web 浏览器

浏览器是 Web 系统中的客户机程序。用户利用浏览器访问服务器中的网页等资源。简单地说，浏览器是一个超文本文件解析程序，这个程序实现了 HTTP 协议。最初的浏览器是基于文本的，不能显示任何类型的图形信息，也没有图形用户界面（Graphical User Interface，GUI），这在很大程度上限制了 Web 的使用。1993 年，美国伊利诺伊大学（University of Illinois）的国家超级计算机应用中心（National Center for Supercomputing Applications，NCSA）发布了具有图形用户界面的浏览器 Mosaic。普通用户借助这个工具可以方便地访问 Web。Mosaic 带来的强大功能和便利，直接带来了 Web 应用的爆发式增长。

1994 年 4 月，Mosaic 的核心开发人员 Marc Andreessen 和 Jim Clark（硅图 SGI，Silicon Graphics Incorporation 创始人）在美国加州设立了"Mosaic Communication Corporation"。因为伊利诺伊大学将 Mosaic 的商标权转让给了望远镜娱乐公司（Spyglass Entertainment），所以 Andreessen 开发团队重新撰写了浏览器程序的源代码，并将浏览器名称更改为"Netscape Navigator"，公司名称更改为"Netscape Communication Corporation"，中文译名为"网景"。网景公司获得了巨大的成功，Navigator 浏览器成为当时最热门、市场占有率为首位的浏览器。

1995 年，微软向望远镜娱乐公司买下了 Mosaic 的商标权，并以此为基础开发了 Internet Explorer，进军浏览器市场。之后网景公司的 Netscape Navigator 与微软的 Internet Explorer 之间进行了"浏览器大战"。1997 年，微软推出了功能更先进的 IE 4.0。1998 年，微软在发布 Windows 98 操作系统时捆绑了 IE 5，这一系列技术攻势和市场策略使网景公司的 Netscape Navigator 市场占有率从 90%急剧下降，最终网景公司被美国在线（AOL）收购。

1998 年，网景公司公开了它的浏览器源代码，并将其重新命名为 Mozilla，且对全部程序进行了重写。2002 年，网景公司发布了第一个版本。2004 年，基于 Mozilla 源代码的 Firefox 被发布。Firefox 浏览器很成功，不断地"蚕食"着微软的 IE 浏览器市场。市场上曾经被公认的主流浏览器有谷歌公司（Google）的 Chrome，挪威欧普拉软件公司（Opera Software ASA）的 Opera，苹果公司（Apple）的 Safari，Mozilla 基金会的 Firefox，微软的 IE（Internet Explorer）。

2015 年 7 月，微软上线了 Microsoft Edge 浏览器，简称 ME。2018 年 12 月，微软确认新的 Edge 浏览器将从 EdgeHTML 内核迁移为 Chromium 内核。2020 年 1 月，基于 Chromium 内核的全新 Edge 浏览器被发布。新的 Edge 浏览器资源占用少、能耗低、速度更快、更安全。用户在 Web 上阅读电子书时可以随时查询含义，并让 Web 大声地朗读内容，还可以在网站上涂鸦和绘画，以及在线做更多的事。新 Edge 浏览器对如日中天的 Chrome 浏览器形成了挑战。2021 年 5 月 19 日，微软宣布 IE 浏览器将于 2022 年退役。2022 年 6 月 15 日之后，某些 Windows 软件及在线服务已不再支持当前版本的 IE 11。

1.6 Web 服务器

Web 服务器本质上是驻留于 Internet 上某种类型计算机的程序，我们通常将运行 Web 服务器程序的计算机称为 Web 服务器。Web 服务器一般具有独立的 IP 地址，当 Web 浏览器（客户端）连接到服务器并发送 HTTP 请求时，服务器将处理该请求并将请求的资源以 HTTP 应答的方式返回该浏览器。Web 服务器是另一个实现 HTTP 协议的程序，它的基本功能是响应和处理 HTTP 请求，即接收、解析、应答客户端的 HTTP 请求。Web 服务器的工作原理并不复杂，可以分成 4 个步骤：连接过程、请求过程、应答过程及关闭连接。Web 服务器是一种被动程序，只有当 Internet 上其他计算机发出请求时，Web 服务器才会响应。

传统 Web 服务器的作用是整理和存储各种 WWW 资源，响应客户端软件的请求，把用户所需的资源传送到客户端机器上。目前，大部分 Web 服务器除了能完成这些基本功能，还能运行网页中嵌入的服务器端脚本程序，这样的 Web 服务器又被称为应用程序服务器。应用程序服务器是 Web 服务器的扩展，Web 服务器可以被当作应用程序服务器的一个子集。HTML 文件中嵌入的服务器端脚本程序为 VB 代码的是 ASP 网页；服务器端脚本程序为 Java 代码的是 JSP 网页；服务器端脚本程序为 PHP 代码的是 PHP 网页。服务器端脚本程序通常具有事务处理（Transaction Processing）、数据库连接（Database Connectivity）和消息传输（Messaging）等功能。服务器端脚本程序的强大功能使得 Web 应用可以实现各种复杂的商业逻辑。目前，Web 服务器成为 Internet 上最大的计算机群。Web 文档之多、功能之强大、链接的网络之广泛，令人难以想象。

UNIX 和 Linux 平台使用非常广泛的 Web 服务器是 Apache，而 Windows 平台使用的 Web 服务器是 IIS（Internet Information Server）。其他著名的 Web 服务器还有 IBM 的 WebSphere、美国在线的 AOL Server、W3C 组织的 Jigsaw、俄罗斯的 Nginx。Apache 与 Nginx 是纯静态网页服务器，需要外部的功能模块来支持服务器端动态程序。IIS 是一个强大的应用程序服务器，支持 ASP 和 ASP.NET 动态技术，其余几个都是基于 Java 的应用程序服务器。在选择使用 Web 服务器时应考虑的因素有性能、安全性、日志和统计、虚拟主机、代理服务器、缓冲服务和集成应用程序等。

Apache 是世界上使用得较多的 Web 服务器，市场占有率约 60%。它源于 NCSA 的 httpd 服务器，当 NCSA WWW 服务器项目停止后，那些使用 NCSA WWW 服务器的人们开始交换用于此服务器的补丁，这也是 Apache 名称的由来（a patch，补丁的异体）。世界上很多著名的网站都是 Apache 的产物，它的成功之处主要在于源代码开放，有一支开放的开发队伍，支持跨平台的应用（可以运行在几乎所有的 UNIX、Linux、Windows 平台上），以及可移植性等方面。

Microsoft 的 Web 服务器产品为 IIS。IIS 是允许在公共 Intranet 或 Internet 上发布信息的 Web 服务器。IIS 是目前非常流行的 Web 服务器产品，很多著名的网站都是建立在 IIS 平台上的。IIS 提供了一个图形界面的管理工具，即 Internet 服务管理器，可用于监视配置和控制 Internet 服务。

1.7 资源类型标识

电子邮件初期只能传送 US-ASCII 字符的文本，为了在邮件中包含非 US-ASCII 字符的文本，以及图像、音频、视频等媒体内容，互联网应用开发者采取了多种方法。其中，多用途互联网邮件扩展（Multipurpose Internet Mail Extensions，MIME）设计的目标就是允许各种不同类型的文档通过 Internet 邮件发送。MIME 通过统一的标准定义邮件的信息格式，使邮件发送者、邮件代理、邮件接收者都能正确地解析邮件的内容，从而达到传送多媒体的通信目的。目前，MIME 是解决邮件中包含复合型数据问题的成熟机制，而且被用于在互联网上标注资源的类型。Web 服务器中也采用了 MIME 指定传递的文档类型。Web 服务器在一个将要发送到浏览器的文档头部附加了 MIME 的格式说明。当浏览器从 Web 服务器中接收到这个文档时，它就根据其中包含的 MIME 格式说明确定下一步的操作。例如，当文档内容为文本时，MIME 格式说明将通知浏览器文档的内容是文本，并指明具体的文本类型；当文档内容为音频时，MIME 格式说明将通知浏览器文档的内容是音频，并给出音频格式的具体描述，以便浏览器选用合适的播放程序，正确播放接收的音频文件。

MIME 信息类型（Content-Type）定义的基本格式为：媒体类型/子类型。媒体类型用于声明数据的一般类型，而子类型则用于指明数据的细节格式。顶层媒体类型有 7 种：文本媒体类型（text）、图像媒体类型（image）、音频媒体类型（audio）、视频媒体类型（video）、应用媒体类型（application）、多部分媒体类型（multipart）、报文媒体类型（message）。其中，前 5 种为离散媒体类型，后两种为复合媒体类型。媒体类型值可能会通过扩张，使子类型集合不断增长。为了确保媒体类型的子类型值发展有序、规范、风格一致，MIME 媒体类型机制建立了一个登记程序，让 IANA（Internet Assigned Numbers Authority，因特网编号分配机构）作为 MIME 各个方面扩展的中心登记处，如表 1-1 所示。

表 1-1 常见的 MIME 类型

媒体类型/子类型	扩 展 名	媒体类型/子类型	扩 展 名
text/plain	.txt(.c .h)	video/webm	.webm
text/html	.html(.htm .stm)	video/quicktime	.mov(.qt)
text/css	.css	video/x-msvideo	.avi
image/bmp	.bmp	application/octet-stream	.bin(.class .exe)
image/gif	.gif	application/postscript	.ps(.ai .eps)
image/jpeg	.jpeg(.jpg .jpe)	application/hta	.hta
image/png	.png	application/msword	.doc(.dot)
image/tiff	.tiff(.tif)	application/pdf	.pdf
image/webp	.webp	application/rtf	.rtf
image/x-icon	.ico	application/vnd.ms-excel	.xls(.xla .xlc .xlm .xlt)
audio/basic	.au(.snd)	application/x-javascript	.js
audio/mid	.mid(.rmi)	application/zip	.zip
audio/mpeg	.mp3	multipart/alternative	
audio/x-wav	.wav	multipart/parallel	
audio/ogg	.oga	multipart/digest	
video/mpeg	.mpeg(.mp2 .mpe .mpg)	message/rfc822	
video/mp4	.mp4	message/partial"	

本 章 小 结

本章介绍了 Web 与网络及互联网的关系、Web 的 3 个基本要素、与 Web 相关的各种概念与术语。Web 是万维网（World Wide Web）的简称，是互联网基于超文本的软件系统。Web 的 3 个基本要素是：统一资源定位符（URL）、超文本传输协议（HTTP）、超文本标记语言（HTML）。与 Web 相关的技术术语有：网络（Network）、互联网（Internet）、万维网（Web）、W3C（World Wide Web Consortium）、统一资源定位符（URL）、统一资源命名（URN）、统一资源标识符（URI）、超文本传输协议（HTTP）、Web 浏览器、Web 服务器、多用途互联网邮件扩展（MIME）。

思 考 题

1. 什么是 Web？简述 Web 与 Internet 的关系。
2. 简述 Web 的 3 个基本要素。
3. "互联网之父"是谁？简述 W3C 组织及其作用。
4. 写出 5 个主流的 Web 浏览器。
5. 写出 4 个常用的 Web 服务器。

第 2 章　HTML

（视频学习）

　　HTML 的全称为 Hyper Text Markup Language（超文本标记语言）。HTML 不同于 C、C++、Java 等编程语言。使用编程语言编写的程序都要编译为二进制机器指令组成的可执行文件，在操作系统环境中运行。HTML 是一种标记语言，采用一套标记标签（tag）描述文本及其他资源，主要用于表示层的格式化功能。不同的标记可以表示不同的效果，或者指定文档结构及其他语义。由 HTML 标记与纯文本组成的文件被称为 HTML 文档（document），也称网页（page）。普通网页无须编译，一般被发布在 Web 服务器上，由浏览器请求、解析、显示。因此，HTML 是面向浏览器的，网页中标记的有效性受浏览器支持的影响。

　　HTML 标记是由尖括号包裹的关键词，如<html>。标记通常是成对出现的，如<html>和</html>。标记对中的第一个标记是开始标记，第二个标记是结束标记。从开始标记（start tag）到结束标记（end tag）的所有内容被称为 HTML 元素（element）。大多数 HTML 元素可以嵌套（可以包含其他 HTML 元素），如<html><body>网页内容</body></html>。某些 HTML 元素可以没有内容（empty content），没有内容的 HTML 元素被称为空元素，空元素在开始标记中被关闭（以开始标记的结束而结束），如
（定义换行的标记）是没有关闭标记的空元素。建议在开始标记中添加斜杠，如
，关闭空元素。大多数 HTML 元素可以拥有属性（attribute），属性可以为 HTML 元素提供更多的信息。属性总是在 HTML 元素的开始标记中，用名称/值对的形式定义，属性之间用空格隔开，如<img src="images/p1.jpg" width="120">。属性值应被包裹在引号内，双引号是最常用的，也可以使用单引号。HTML 标记和属性对大小写不敏感，建议使用小写字母。

　　HTML 虽然是计算机软件技术中非常简单的语言，但是它在互联网上的应用较为广泛。简单的 HTML 成就了五彩缤纷的互联网世界，对互联网的应用和普及起到了极大的促进作用。编写 HTML 文档就是用标记组织文本、图像、动画、声音等多种媒体信息，这通常被称为网页设计。多个相互关联的网页组成网站。网页是网站的基本信息单位，进入网站先看到的网页被称为首页或主页（homepage）。大部分 Web 服务器配置的默认主页为 index.html 或 default.html。在访问网站或其子目录时，如果不指定具体的网页文件，则服务器会发送默认的网页给浏览器。通常在进行网站设计时，将网站所有的网页文件与其他资源放在一个目录中，并按类型和功能组织子文件夹，这个目录被称为网站的根目录。因为网站要被发布到服务器上，通过互联网定位和传输，所以网站根目录及其所有的子文件夹和文件不要使用中文命名。HTML 文档是纯文本文件，网页中的多媒体是通过标记和属性引用的外部资源文件，网页中只有资源文件的路径和名称，并不包含多媒体数据。因此，网页文件的 MIME 类型为 text/html，扩展名为.html 或.htm。

2.1　基本文档结构标记

　　整个 HTML 文档被分为两部分，分别用<head>、<body>标记标识，它们分别被称为网页头和网页体，与 HTTP 协议中的协议头和协议体相对应。<head>标记的内容主要用来设置一些与网页相关的属性，如网页的标题、字符编码、网页描述等；<body>标记的内容是网页的主体，在浏览器窗口中显示的内容必须放在<body>标记内。<head>、<body>标记嵌套在<html>标记中。<html>标记用于表示 HTML 文档，是网页的标志，也是网页的顶级标记，被称为根标记。HTML 文档采用这种层级嵌套的方式，使整个网页成为一种树状数据结构。HTML 文档的基本结构如例程 2-1 所示。

例程 2-1　htmlbasic.html

```
<html>       <!-- HTML 文档开始 -->
  <head>
    <!-- 网页的描述内容 -->
    <title>网页基本结构</title>    <!-- 网页标题 -->
  </head>
  <body>
    <!-- 网页的主体内容 -->
    最简单的网页！
  </body>
</html>
```

HTML 文档总是以<html>开始，以</html>结束。<!-- ... -->是 HTML 的注释标记，<!--与-->之间的内容是网页中的注释，浏览器在解析页面时不进行处理。

<head>标记可以嵌套<title>、<base>、<meta>、<link>、<style>、<script>等子标记，后 4 个标记在后续章节中介绍。<title>标记用于定义网页的标题。网页标题通常在浏览器顶部的标题栏上显示，当页面被添加到收藏夹时作为标题显示，在搜索引擎结果中作为标题显示。<base>标记用于为页面上的所有链接定义默认地址或默认目标，详见 2.3.3 节；<meta>标记用于定义网页元数据，详见 2.10 节；<link>标记用于定义外部样式表，<style>标记用于定义内部样式表，详见 3.3 节；<script>标记用于定义脚本程序，详见 4.2 节。

<body>标记是网页内容的容器，HTML 的大部分标记都嵌套在<body>标记中。<body>标记的主要属性有 bgcolor 和 background，分别用于设置页面的背景颜色和背景图像。

```
<body bgcolor="#eeeeff">        <!--设置网页的背景颜色 -->
<body background="images/bgpic.jpg">    <!--设置网页的背景图像 -->
```

颜色由一个十六进制符号定义，这个符号由红色、绿色和蓝色的值组成（RGB）。每种颜色的最小值是#00，最大值是#FF（十进制：255）。颜色也可取值为英文颜色名称，有 16 种颜色名称被 W3C 的 HTML 4.0 标准支持，如表 2-1 所示。

表 2-1　常用的 Web 颜色

颜色名称	RGB	中文名	颜色名称	RGB	中文名
aqua	#00FFFF	青色	navy	#000080	藏青色
black	#000000	黑色	olive	#808000	橄榄色
blue	#0000FF	蓝色	purple	#800080	深紫色
fuchsia	#FF00FF	紫色	red	#FF0000	红色
gray	#808080	灰色	silver	#C0C0C0	银色
green	#008000	深绿色	teal	#008080	青色
lime	#00FF00	绿色	white	#FFFFFF	白色
maroon	#800000	栗色	yellow	#FFFF00	黄色

计算机支持 256 种颜色，在使用 256 色调色板时，所有的计算机都能够正确地显示 216 种颜色，因此这 216 种颜色作为 Web 安全色被 Web 标准建议使用。目前，计算机有能力处理数百万种颜色，Web 安全色已经不再有大的意义。

2.2　文本格式化标记

文本是网页的重要内容，网页中的文本直接被放在<body>标记内。与普通文本相比，网页中的文本有一些特殊性。文本中的多个连续空格，浏览器只显示其中一个，其余空格将被忽略。网页文本中的空格与一些特殊字符（如"<"">""&"""）相同，由专用的字符组合标识。文本中的回车换行也不起作用，HTML 有专门的换行、段落标记。对网页中的文本通常要进行布局控制和格式设置，所以格式化文本的 HTML 标记比较多。

2.2.1 标题标记

网页中的内容标题是通过<h1>~<h6>等标记定义的。<h1>标记定义最大的标题，<h6>标记定义最小的标题，如例程 2-2 所示。浏览器会自动地在标题的前后添加空行，并将标题显示为粗体和大号的文本。用标题呈现文档结构是很重要的，用户可以通过标题快速地浏览网页，同时搜索引擎使用标题为网页的结构和内容编制索引。

例程 2-2　head.html
```
<body>
    <h1>Web 技术</h1>
    <h2>HTML</h2>
    <h3>文本格式化标记</h3>
    <h4>六级内容标题</h4>
    <h5>标题示例</h5>
    <h6>最小一级标题</h6>
</body>
```

<h1>~<h6>标记的常用属性为 align，用于设置标题的水平对齐方式，属性值可取 left、center、right，分别用于设置标题文本左对齐、居中对齐、右对齐。

2.2.2 区段标记

**1. <p>、
标记**

网络中的文本可以用<p>标记按段落排版，浏览器会自动地在段落的前后添加空行。(<p>是块级元素。以段落形式显示的元素为块级元素。块级元素前后需添加一个额外的空行。<h1>~<h6>也是块级元素。)如果是单纯的换行，并不想形成段落间隔，则可以使用
标记。
标记不包含内容，通常用
封闭。

例程 2-3　paragraph.html
```
<body>
    <p>
        在网页中换行<br />
        HTML 的段落标记将文本分段组织，段落的开始与结束会自动回车换行，并在段落前后间隔一行。段落内简单的换行用 break 标记，该标记只换行，没有空行间隔，换行前后的文字紧凑显示。
    </p>
</body>
```

与标题标记一样，<p>标记也有对齐属性 align，可以用于设置段落中文字的水平对齐方式。

2. <div>、<span>标记

div 是 division 的缩写，<div>标记用于定义文档中的分区或层（<div>标记可以重叠显示）。<div>标记可以把文档分割为独立的、不同的部分，用作严格的组织工具。<div>是一个块级元素，可以自动地在一个新行显示，这是 <div> 标记固有的唯一格式表现。<div>标记的宽度、高度、背景、边框等样式必须使用 CSS（Cascade Style Sheet，层叠样式表）设置，与 CSS 结合是它常用的方式。有关 CSS 的内容见第 3 章。

<span> 标记用来组合文档中的行内元素，以便通过 CSS 来格式化它们。<span>标记没有固定的格式表现，即使不使用样式，其中的文本也不会有任何视觉上的差异。与<div>标记类

似，<span>标记主要与 CSS 结合使用，与<div>不同的是，<span>是行内元素，不是块级元素，默认不会换行显示。有关<div>、<span>标记的应用见第 3 章。

3．<hr>标记

hr 是 horizontal 的缩写，<hr>标记功能比较简单，用于显示水平线。可以使用 width、size、align 属性分别定义<hr>标记水平线的宽度、高度和对齐方式。

2.2.3 文字格式化标记

HTML 中定义了一些文字格式化标记，使用这些标记可以在网页中设置文本的各种样式，如例程 2-4 所示。尽管大部分浏览器仍然支持格式化标记，但是不再建议使用这些标记设置网页的样式，有些格式化标记在 HTML 的新版本中已经不再被保留。建议使用层叠样式表 CSS 进行样式设置。CSS 在可重用性、灵活性、功能上更胜一筹。

HTML 中还定义了一些表示语义的标记，用于标注某些文本具有特定的含义，如例程 2-5 所示。但浏览器在解析这些语义元素时，只表现在样式显示上。HTML 标记虽然具有样式与语义等几个方面的功能，但是它的样式并不丰富，语义能力也很弱。在 Web 技术的发展过程中，开发了 CSS 作为 HTML 标记样式功能的补充，XML 技术可以作为其语义功能的替代。

1．<b>、<i>标记

b 是 bold 的缩写，<b>标记表示粗体格式。i 是 italic 的缩写，<i>标记表示斜体格式。

2．<em>、<strong>标记

em 是 emphasize 的缩写，<em>标记表示强调，大部分浏览器显示为斜体。<strong>标记表示加重语气。

3．<small>、<big>标记

<small>标记表示小号字体。<big>标记表示大号字体。

4．<sup>、<sub>标记

sup 是 superscript 的缩写，<sup>标记表示上标。sub 是 subscript 的缩写，<sub>标记表示下标。

5．<del>、<s>、<strike>标记

del 是 delete 的缩写，<del>标记表示删除线。<s>、<strike>标记也表示删除线，但不建议使用。

6．<ins>、<u>标记

ins 是 insert 的缩写，<ins>标记表示插入字，通常显示为下画线。u 是 underline 的缩写，<u>标记表示下画线。

7．<pre>标记

pre 是 previously 的缩写，<pre>标记表示预格式化的文字，可以保留文本原来的样式，如回车换行格式。

8．<bdo>标记

bdo 是 bi-directional override 的缩写，<bdo>标记用来定义文本显示的方向，通过 dir 属性指定文本从左向右显示（ltr），还是从右向左显示（rtl）。

9．<font>标记

<font>标记用来定义字体格式，使用 face、color、size 属性可以分别定义文字的字体、颜色、大小。现已不再使用。

10．<kbd>、<tt>标记

kbd 是 keyboard 的缩写，<kbd>标记表示键盘字符。tt 是 teletype 的缩写，<tt>标记表示打字机字符。通常显示为等宽字体，每个字符所占的宽度都相同。

11．<var>标记

var 是 variables 的缩写，<var>标记表示变量文字，通常以斜体显示。

12．<code>、<sample>标记

<code>标记表示计算机代码。<sample>标记表示示例文本。

13．<abbr>标记

abbr 是 abbreviation 的缩写，<abbr>标记表示缩写，用 title 属性指定缩写所代表的全称。

14．<address>标记

<address>标记表示地址，通常显示为下斜体。

15．<blockquote>、<q>标记

<blockquote>标记表示大段引用文本，用 cite 属性指定该段文本引用的 URL，通常以缩进的方式显示。q 是 quote 的缩写，<q>标记表示较短地引用文本。浏览器通常将被引用的文本加上引号来显示。

16．<cite>标记

<cite>标记用来定义参考文献的引用，以便从文档中自动摘录参考书目。例如，书籍或杂志的标题。通常以斜体显示。

17．<dfn>标记

dfn 是 define 的缩写，<dfn>标记用来定义专业术语，通常以斜体显示。

例程 2-4　textformat.html

```
<body>
    <h1>文本格式化标记示例</h1>
    HTML 有许多标记用来设置文字的格式，使文本在浏览器中呈现出特定的效果。例如：<b>粗体</b>、<i>斜体</i>、<u>下画线</u>、<u><b><i>粗斜体并带下画线</i></b></u>、带<sub>下标</sub>和<sup>上标</sup>、设置<font face="楷体">字体</font>及<font color="red" size="5">颜色和大小</font>、<small>小号字</small>、<big>大号字</big>、<em>强调</em>、<strong>加重语气</strong>、<strike>删除线 1</strike>、<s>删除线 2</s>、<del>删除文字</del>、<ins>插入文字</ins>，还可以设置<kbd>键盘字符</kbd>、<tt>打字机字符</tt>，以及文本方向：<br />
    <bdo dir="rtl">本文本从右向左显示</bdo>
</body>
```

例程 2-5　semantic.html

```
<body>
    <h1>语义标记示例</h1>
    HTML 中定义了一些表示语义的标记，用于标注某些文本具有特定的含义。但浏览器在解析这些语义元素时，仅表现在样式显示上。
    <h3>变量与程序代码</h3>
    在网页中标注变量：<var>mInputMax</var><br />
    标记计算机程序代码：
    <code>
    function compare(x, y) {
        if(x == y) return 0;
        else return x < y ? -1 : 1;
    }
    </code>
    <h3>示例文本</h3>
    例如：<sample>函数 f(x)=2x+1，当 x=1 时，f(1)=3。</sample>
    <h3>预格式化的文本</h3>
    <pre>
    这段文本保留了编辑时的格式，如空格和制表符，还有回车符和换行符。
    该标记可用于显示格式化的计算机代码：
    function compare(x, y) {
```

```
            if(x == y) return 0;
            else return x < y ? -1 : 1;
        }
        </pre>
        <h3>引用</h3>
        <q>人固有一死，或重于泰山，或轻于鸿毛，用之所趋异也。</q>来自司马迁的<cite>报任安书</cite>
        <blockquote cite="http://baike.baidu.***/">
        <p>猛虎在深山，百兽震恐，及在槛阱之中，摇尾而求食，积威约之渐也。故士有画地为牢，势不可入；削木为吏，议不可对，定计于鲜也。</p>
        <p>古者富贵而名摩灭，不可胜记，唯俶傥非常之人称焉。盖文王拘而演《周易》；仲尼厄而作《春秋》；屈原放逐，乃赋《离骚》；左丘失明，厥有《国语》；孙子膑脚，《兵法》修列；不韦迁蜀，世传《吕览》；韩非囚秦，《说难》《孤愤》；《诗》三百篇，大抵圣贤发愤之所为作也。</p>
        </blockquote>
        <h3>缩写、地址、术语</h3>
        临沂大学<abbr title="LinYi University">LYU</abbr>位于<address>山东省临沂市双岭路中段</address>
        <dfn>层叠样式表</dfn>是一个 Web 技术术语。
    </body>
```

2.2.4 特殊符号

在 HTML 文档中，有些字符具有特别的含义，如小于号"<"和大于号">"用来表示一个标记。还有一些符号无法通过键盘输入，如某些数学符号。HTML 提供了在网页中表示这些特殊字符的两种编码方式。一种为数字代码，又称字符的数字化引用，由一个"&"、一个"#"、特殊字符的数字编码和一个分号";"4 部分组成。另一种为名称代码，又称字符的实体引用，由一个"&"、字符名称和一个分号";"3 部分组成。网页中常见的特殊符号及其编码如表 2-2 所示。

表 2-2 常见的特殊符号及其编码

符 号	名 称	名 称 代 码	数 字 代 码
␣（指空格）	space		&#32;
<	less	&lt;	&#60;
>	great	&gt;	&#62;
"	quote	&quot;	&#34;
'	apostrophe	&apos;	&#39;
&	ampersand	&amp;	&#38;
©	copyright	&copy;	&#169;
®	register mark	&reg;	&#174;

2.3 超链接标记

超链接（Hyperlink）简称链接，能够简单地实现从网页中的某个位置点跳转到互联网上另一个位置点，并访问其资源的功能。超链接可以被看作指向某种 Web 资源的指针，这种资源可以位于互联网上的任何位置，既可以是当前网站中的某个网页，或者当前页面中的某个位置，也可以是互联网上其他网站中的某个文档。超链接功能不仅是客户端 Web 技术的核心，还是浏览器实现 HTTP 协议的具体体现。超链接是万维网的灵魂，网页中的超链接将互联网上的资源根据需要连接起来，形成一个位于硬件网络之上的、彼此连接的、四通八达的、类似蜘蛛网（Web）的、巨大的软件系统。用户只需用鼠标单击超链接即可打开另一个关联的文档，进而获得相关的信息。从某个位置点出发，跟着超链接浏览，人们甚至可以访问整个互联网资源。包含超链接的 HTML 文档，是自组织的、无序的，比传统的文档具有明显的优势。这种嵌入超链接的文本被称为超文本（Hypertext），相应地，普通文本也被称为线性文本。

HTML 的超链接标记非常简单，a 是 anchor（锚点）的缩写。最简单的超链接定义为<a href="url">源端点</a>，即访问资源路径为 url 的链接。浏览器默认显示带下画线的文本为"源端点"，将鼠标指针移到该文本上，鼠标指针将变为手形，并在状态栏显示链接的目标地址 URL，单击链接，将打开 URL 指定的网页（资源）。如例程 2-6 所示。

例程 2-6　simplestlink.html

```
<body>
    <h3>最简单的超链接</h3>
    <a href="http://www.lyu.***.c**/">临沂大学</a>
</body>
```

2.3.1 链接地址

超链接指定目标地址有 3 种形式：绝对地址、相对地址、相对服务器地址。

1. 绝对地址

绝对地址是互联网上的独立地址，是互联网资源的全路径，包含协议、域名和目录地址。统一资源定位符（URL）表示的地址通常为绝对地址，如 http://www.lyu.***.**/。注意，不能省略协议前缀，写成 www.lyu.***.** 是错误的。网页中不应该出现本地文件系统的路径 file://C:/inetpub/wwwroot/website，更不能写成 C:/inetpub/wwwroot/website。本地文件系统路径下的资源不允许在网络上被访问，也不能在互联网上路由，有时从本地浏览器中打开也可能出现 404 的地址错误。绝对地址常用于链接网站外部的目标资源。

2. 相对地址

相对地址是相对于当前网页的地址，是从当前网页所在目录开始的路径。例如，href="page2.html"，表示目标地址为当前网页所在目录下的网页 page2.html；href="subdir/page3.html"，表示目标地址为当前网页所在目录的 subdir 子目录下的网页 page3.html。同一网站内网页之间的链接常用相对地址。

3. 相对服务器地址

以 "/" 开始的路径为相对服务器地址。"/" 代表当前网站 URL 中的 "协议://主机域名（或 IP 地址）:端口号/" 这一部分，"/" 后以网站名（虚拟目录）开始，格式为 href="/网站名（虚拟目录）/网站下的子目录/资源名称"。例如，href="/website1/dir1/page1.html"，表示目标地址为当前网站所在的 Web 服务器和端口号下，website1 网站内，dir1 目录中的网页 page1.html。相对服务器地址介于绝对地址和相对地址之间，是一种半绝对地址。在一些服务器端动态 Web 技术中，如 JSP（Java Server Page），以 "/" 开始的地址为相对网站地址，代表当前网站 URL 中的 "协议://主机域名（或 IP 地址）:端口号/网站名（虚拟目录）/" 这一部分，"/" 后以网站中的资源开始，格式为 href="/网站下的子目录/资源名称"。

注意：如果链接的目标为文件夹，那么要在文件夹后面添加正斜杠。如果这样书写链接：href="http://www.lyu.***.**/chpage"，将产生两次 HTTP 请求。服务器接到该请求后未找到相应的资源，将尝试在这个地址后添加正斜杠以形成一个新的地址 href="http://www.lyu.***.**/chpage/"，并以此地址作为新的请求进行处理。

2.3.2 链接标记的主要属性

（1）href：指定链接的目标地址，是<a>标记的必需属性（有 name 属性时除外）。无目标地址（通过事件属性调用脚本代码实现某些功能）时，设置为 href="#"。

（2）target：指定链接的目标窗口，即在何处显示超链接指定资源。target 属性的取值及意义如表 2-3 所示。

表 2-3 target 属性的取值及意义

属 性 值	描 述
_self	默认取值，在当前窗口中打开，取代当前的网页
_blank	在新窗口中打开，当前网页保持
_top	在顶层框架，即浏览器窗口中打开
_parent	在父级（上一级）框架中打开，大部分浏览器中的效果与_top 相同
框架名称	在指定的框架（用框架名标识，见框架标记）中打开

（3）title：定义链接的提示文字。
（4）accesskey：定义链接的热键，即打开链接的快捷键。
（5）name：定义锚点，锚点是网页内的一个链接位置，又称书签。转向锚点的链接形式为<a href="#锚点名称">链接名称</a>。锚点名称可以是<a>标记的 name 属性定义的锚点名，还可以是某个标记的 id 名。如果浏览器找不到定义的命名锚点，就会定位到文档的顶端，不会有错误发生。

例程 2-7 anchor.html

```
<body>
    <h3>定义锚点与链接</h3>
    <a name="top">页面顶部</a><br />
    <a href="#bottom">返回底部</a>
    <br /><br /><br /><br /><br /><br /><br /><br /><br /><br /><br /><br /><br />
    <br /><br /><br /><br /><br /><br /><br /><br /><br /><br /><br /><br />
    <br /><br /><br /><br />
    <a href="#top">返回顶部</a>
    <div id="bottom">网页底部</div>
</body>
```

2.3.3 改变链接的默认地址和目标

<base>标记为页面上的所有链接规定默认地址或默认目标。<base>标记是空标记，且必须位于 head 元素内部。

```
<head>
    <base target="_blank" />      <!-- 指定默认的目标窗口 -->
    <base href="http://www.w3school.***.**/" />      <!-- 指定相对地址的基址 -->
</head>
```

在通常情况下，浏览器以当前网页的路径为基址解析相对 URL，以当前窗口，即 target=_self 作为默认的目标窗口。使用<base>标记可以改变这些默认值。上述设置使得页面中所有<a>标记的 target 属性的默认值由"_self"变为"_blank"，使得页面中所有相对链接的基准 URL 变为 http://www.w3school.***.**/。本网页将不再使用当前文档的 URL，而使用指定的基准 URL 解析所有的相对 URL，包括<a>、<img>、<link>、<form> 标记中的 URL。

2.4 图像标记

图像是图形界面浏览器中的重要元素，网页的美化主要通过图像实现。在网页中嵌入图像可以使网页更加生动、直观，正是图文并茂的 Web 页面将单调枯燥的互联网变得丰富多彩。
<img> 标记用于定义 HTML 页面中的图像。img 是 image 的缩写。<img>是空标记，只

包含属性,并且没有闭合标记。<img> 标记有两个必需的属性:src 和 alt。src 是 source 的缩写,其属性值为图像的 URL 地址。与超链接地址类似,src 指定图像地址也有 3 种方式:绝对地址、相对地址和相对服务器地址。从技术上讲,图像并不会被插入 HTML 页面,而是被链接到 HTML 页面上。<img>标记的作用是为被引用的图像创建占位符。alt 是 alternate 的缩写,用于指定图片的替代文字。有些时候不想看到图片(如网速太慢),有些早期的浏览器并不支持图片,还有一种可能是图片的 URL 地址错误,这时可以在图片的位置上显示 alt 属性指定的替代文字,这是非常有用的。

例程 2-8 simplestimage.html

```
<body>
    <h3>最简单的图像</h3>
    <img src="images/forest1.jpg" alt="绿树美景"/>
</body>
```

<img>标记主要的可选属性有 width、height、align、border、hspace、vspace、usemap,分别用于指定图像的宽度、高度、对齐、边框、左右侧空白、顶部和底部空白、映射。在页面中以原始尺寸显示图像时,无须指定宽度与高度,因为浏览器会自动识别图像的宽度与高度。如果增大或缩小图像来显示,则需要指定宽度和高度,但要注意宽高比要与原图像一致,否则显示的图像会变形。此时可以只设置宽度(或高度),浏览器在显示时会自动根据图像的宽高比相应地调整宽度(或高度)。图像是网页内的一种嵌入元素,浏览器会自动地在同一行中显示文本和图像,而不是把图像换行显示。利用图像的 align、border、hspace、vspace 属性可以实现图文混排的效果,如例程 2-9 所示。在 HTML 的新版本中已经取消这些属性,所以使用 CSS 样式实现图像的浮动与图文混排的效果。

例程 2-9 imgtxtedit.html

```
<body>
    <h3>原始图文混排功能</h3>
    <img src="images/webedit3.jpg" width="428" height="152" class="embpic"/>
    <p>Web 技术基础主要有三部分内容:HTML、CSS 和 JavaScript 脚本语言。JavaScript 是一种基于客户端浏览器、对象、事件驱动式的脚本语言,用于对网页内容进行编程控制。JavaScript 扩展了 Web Page 的功能,使得网页可以拥有丰富多彩的动画和用户交互效果。JavaScript 可以被概括为两部分内容,一部分为 JavaScript 的语法,另一部分为浏览器在解析网页时生成的 DOM 树数据结构。DOM 是 W3C 组织制定的,是针对标记语言编写的结构化文档进行编程的标准接口。浏览器在解析网页文件时,将 HTML 结构化文档转换成树形的数据结构体,又称 DOM 树,利用浏览器实现的 DOM 标准接口的方法,网页设计人员可以采取直观、一致的方式对 DOM 树进行编程操作,进而修改浏览器中页面的内容和表现形式。</p>
</body>
```

2.4.1 图像文件类型

网页中的图像会增加网页传输到浏览器的时间,因此网页中不能使用太大的图像,而且一定要压缩格式。HTML 没有规定图像的官方格式,主流浏览器主要使用 GIF、JPEG、PNG 格式图像,其他格式大多需要特殊的辅助程序才能显示。可以说,GIF、JPEG、PNG 格式成了 Web 上图像的标准格式。目前,Google 推出的 WebP 格式图像得到了各大互联网公司的广泛使用。

1. GIF

GIF(Graphics Interchange Format)即图像交换格式,采用了无损压缩的方式,压缩比较高,最多支持 256 色。GIF 的编码技术在许多平台上都可以使用,且支持透明显示,支持多帧动画显示效果。GIF 格式图像文件的扩展名为.gif,MIME 类型为 image/gif。GIF 可以用于品质较差、需要透明或动画显示的图像,如显示卡通、导航条、Logo 等。GIF 适合显示色调不连续,或者具有大面积单一颜色的图像,如线条描绘的图形、图画。

2. JPEG

JPEG（Joint Photographic Experts Group）是联合图像专家组研发的图像编码格式，支持多种颜色的显示，不支持透明和动画效果的显示。JPEG 使用了有损压缩的方式，可以有很高的压缩比。用户可以通过专门的 JPEG 工具调整这个"损失率"。虽然压缩后的图像和原来的图像并不完全一样，但是它们可以非常接近，以至于大多数人都无法分辨出它们之间的差别。JPEG 图像的编码技术也是独立于平台的，其文件的扩展名为.jpg 或.jpeg，MIME 类型为 image/jpeg。JPEG 也是 Web 上使用的主要图像格式。JPEG 支持数以万计的颜色，可以显示精细逼真的数字图像，主要用于品质要求较高的图像，如照片等，但不适用于图形。

3. PNG

PNG（Portable Network Graphics）是一种新的图片技术，具有 JPEG 的优点，可以显示几百万种颜色，表现品质比较高的图片。PNG 具有 GIF 图像的特性，使用无损压缩的方式，支持透明显示，但不支持动画。PNG 格式图像的扩展名为.png，MIME 类型为 image/png。Firework 图像处理软件默认的图像文件扩展名为.png。PNG 是 W3C 推荐使用的 Web 图像格式。

4. WebP

WebP（发音 weppy）是 Google 公司在 2010 年发布的一种图片文件格式，派生自图像编码格式 VP8，具有更优的图像数据压缩算法，能带来更小的图片体积，而且拥有肉眼识别无差异的图像质量，同时具备了无损和有损的压缩模式、Alpha 透明，以及动画的特性。WebP 格式图像在色彩数相对较少的前提下，无损压缩的效果要优于有损压缩；而在色彩数很多时，有损压缩效果要优于无损压缩。小于 256 色，以图标、图形、剪贴画为代表，适合采用 WebP 无损压缩，精细度完美，体积大幅度减小；大于 256 色，以多数表情图、广告图为代表，适合采用 WebP 有损压缩，选择较高压缩比，建议压缩比为 100%～75%；远大于 256 色，以风景照、视频截图为代表，适合采用 WebP 有损压缩，选择适中压缩比，建议压缩比在 75%以下。

2.4.2 图像链接与图像映射

网页中常用图像作为链接。<a>标记嵌套<img>标记就可以实现图像链接，如例程 2-10 所示。

例程 2-10 gifimglink.html

```
<body>
    <h3>GIF 动画及图像链接</h3>
    <a href="imgmap.html"><img src="images/next.gif" alt="下一页"/></a>
</body>
```

对于较大的图像，可以将其分割为几部分，建立不同的链接，这个过程被称为图像映射。此功能使用<img>标记的 usemap 属性和<map>、<area>两个标记来实现。<area>标记用于定义图像映射的某部分区域；shape 属性用于指定区域的形状，取值有 rect（默认）、circle、ploy，分别代表矩形区域、圆形区域、多边形区域；href 属性用于指定该区域的链接地址；target 属性与<a>标记的同名属性相同，用于指定打开链接的窗口；alt 属性用于指定区域的提示文本；coords 属性用于指定多个坐标值，确定区域的位置。<map>标记可以嵌套多个<area>标记，并将图像分割为多个区域，链接不同的地址，但必须定义 name 与 id 属性。<img>标记的 usemap 属性值被指定为#与<map>标记中的 name 属性的值，即可将图像按<map>标记定义的区域分割映射，如例程 2-11 所示。

例程 2-11 imgmap.html

```
<body>
    <h3>图像映射</h3>
```

```html
    <p>请单击图像上的星球,把它们放大。</p>
    <img src="/i/eg_planets.jpg" border="0" usemap="#planetmap" alt="Planets" />
    <map name="planetmap" id="planetmap">
      <area shape="circle" coords="180,139,14" href ="/example/html/venus.html"
        target ="_blank" alt="Venus" />
      <area shape="circle" coords="129,161,10" href ="/example/html/mercur.html"
        target ="_blank" alt="Mercury" />
      <area shape="rect" coords="0,0,110,260" href ="/example/html/sun.html"
        target ="_blank" alt="Sun" />
    </map>
  </body>
```

对于矩形区域,coords 属性的 4 个值,分别是矩形左上角坐标、宽度和高度值;对于圆形区域,coords 属性的 3 个值,分别是圆心坐标和半径值;对于多边形区域,coords 属性的多个值,分别是多边形各个顶点的坐标值。使用 Web 编辑工具,如 Dreamweaver,在图形界面中单击,可以简单地进行图像映射。

2.5 多媒体播放

Web 上的多媒体指的是网页中嵌入的各类音频、视频和动画。传统的 HTML(HTML 5 之前的版本)没有专门的多媒体标记,浏览器自身也没有播放音频、视频的功能,在网页中播放音频、视频需要借助于第三方插件。浏览器插件是一种扩展浏览器标准功能,并由浏览器启动的辅助应用程序,常用于播放音频和视频、显示地图、验证银行账号、控制输入等。

Web 中播放音频和视频有外链、内联两种方式。外链方式使用超链接,当<a>标记的链接地址(href 属性值)指向音频或视频文件时,用户单击超链接,浏览器会使用相应的插件程序播放音频或视频。内联方式使用<object>或<embed>标记,在网页中加载插件,播放音频或视频,如例程 2-12 所示。

例程 2-12 mmediaplay.html

```html
<body>
    <h3>外链方式播放音频和视频</h3>
    <a href="mmedia/song.mp3">播放音频</a>       
    <a href="mmedia/movie.mp4">播放视频</a> <br/><br/>
    <h3>内联方式播放音频</h3>
    <object data="mmedia/song.mp3"></object> <br/><br/>
    <h3>内联方式播放视频</h3>
    <embed src="mmedia/movie.mp4" /><br/>
</body>
```

上例播放音频和视频的方式都需要浏览器加载相应的播放插件,如果系统中没有安装需要的插件,将无法播放这些音频和视频。不同的媒体格式需要不同的播放插件,对于同一格式的媒体,不同的浏览器也可能会用不同的插件。

data 属性和 src 属性指定的路径比 href 属性的路径要求更严格一些,可以是媒体文件的绝对路径,或者从当前路径开始的相对路径。不要使用转向上级目录的相对路径,如含有 "../"(表示上级目录)的路径。有些格式的媒体文件及某些浏览器,其相应的播放器插件可能无法解析该路径,因此不能播放音频和视频。

2.5.1 对象标记

<object>标记用于定义网页内嵌入的对象,包括对象的可执行代码、对象的参数和对象操作的数据等。该标记最初是要取代<img>和<applet>标记的,由于它本身存在漏洞及缺乏浏览

器支持，所以没有完全实现。<object>标记主要用于在网页内插入多媒体，如音频、视频、Java Applets、ActiveX、PDF 及 Flash 等。在网页中嵌入图像，应该使用<img>标记。

<object>不是空标记，必须成对出现，从<object>开始到</object>结束。除了通用属性和事件属性，<object>标记还有 border、width、height、hspace、vspace、usemap 属性，功能与<img>标记的同名属性类似。其他的特有属性及子标记详述如下。

（1）data 属性，用于指定对象处理的数据文件的 URL，可以是绝对 URL，可以是相对 URL，也可以是相对于 codebase 属性提供的相对 URL。浏览器根据指定文件的数据类型选择相应的插件对象。

（2）classid 属性，用于指定浏览器中包含的对象的位置。IE 浏览器中的插件是以 ActiveX 对象的形式嵌入的，用 classid 可以唯一地标识要使用的播放器对象，如果用户未安装 ActiveX 控件，则浏览器将提示用户下载并安装它。当使用 classid 属性指定 ActiveX 插件对象时，该属性值为"clsid:ActiveX 对象在 Windows 系统注册表中的键值"。例如，Flash Player 插件的 ActiveX 对象的 classid 属性值为 classid = "clsid:D27CDB6E-AE6D-11cf-96B8-444553540000"。常用播放器插件对象在 Windows 注册表中的主要键值如表 2-4 所示。当使用 classid 指定了具体的 ActiveX 插件对象时，data 属性将不起作用，当向插件对象传递其操作（播放）的数据文件（音频或视频文件）时，需要在<object>标记中嵌入<param>子标记来实现。例如，给 Flash Player 插件传递要播放的视频文件的参数标记为<param name="movie" value="mmedia/movie.swf">。嵌入多个<param>子标记可以向插件对象传递多个参数，以定制播放器的外观和行为，如例程 2-13 所示。不同播放器插件的 classid 属性值各不相同，其传递数据文件的参数名称也不相同，相同插件的不同版本，其 classid 属性值及传递数据的参数名称也可能不同。

表 2-4　常用播放器插件对象的主要键值

播放器插件对象	classid	传递数据的参数名称
FlashPlayer	D27CDB6E-AE6D-11cf-96B8-444553540000	movie
Media Player 6.0 及以下	05589FA1-C356-11CE-BF01-00AA0055595A	filename
Media Player 6.4	22D6F312-B0F6-11D0-94AB-0080C74C7E95	filename
Media Player 7.0 及以上	6BF52A52-394A-11d3-B153-00C04F79FAA6	url
RealOnePlayer	CFCDAA03-8BE4-11cf-B84B-0020AFBBCCFA	src、filename
QuickTime	02BF25D5-8C17-4B23-BC80-D3488ABDDC6B	src

例程 2-13　objecttag.html

```
<object classid="clsid:6BF52A52-394A-11d3-B153-00C04F79FAA6" id="mpid" width="340" height="320">
    <!--必需的参数，播放的媒体文件地址-->
    <param name="url" value="mmedia/movie.mp4">
    <!-- 因为下一个<object>标记用于非 IE 浏览器，所以使用 IECC 将其从 IE 浏览器中隐藏。-->
    <!--[if !IE]-->
    <object id="mpid" type="video/mp4" data="mmedia/movie.mp4" width="340" height="320" ></object>
    <!--[endif]-->
</object>
```

classid 属性值还可以是一个 Java 类。例如，使用<object>标记在网页中嵌入使用 Java 语言编写的游戏程序时，classid 属性值指定游戏主程序的.class 文件。classid 属性值是对象的绝对 URL 或相对 URL。如果提供了 codebase 属性，则相对 URL 是相对于 codebase 属性指定的 URL 而言的，否则相对 URL 是相对于当前文档的 URL 而言的。

（3）codebase 属性，用于为相对路径提供基准路径，该路径用于解析由 classid、data 和 archive 属性规定的相对 URL。如果未规定，则其默认值是当前文档的基准 URL。

例如，<object classid="clock.class" codebase="http://www.w3school.***.**/classes/"> </object>

中的 classid 指定的嵌入对象路径为 http://www.w3school.***.**/classes/clock.class。

IE 浏览器通常将此属性的内容定义为嵌入插件的下载地址。例如，嵌入 Flash Player 的播放器插件，<object classid = "clsid:D27CDB6E-AE6D-11cf-96B8-444553540000" codebase = http://download.macromedia.***/pub/shockwave/cabs/flash/swflash.cab#version=7,0,19,0> </object>。

（4）codetype 属性，用于标识程序代码类型。只有在浏览器无法根据 classid 属性决定对象的 MIME 类型，或者在下载某个对象时服务器没有传输正确的 MIME 类型的情况下，才需要使用 codetype 属性。codetype 属性与 type 属性类似。不同的是，它用来标识程序代码类型，而 type 属性用来标识数据文件类型。

（5）archive 属性，其值是一个用引号包裹起来的 URL 列表。其中，每个 URL 都指向一个正在显示或执行对象之前浏览器需要加载的档案文件。因为性能方面的原因，所以可以选择预先下载包含一个或多个档案的对象集。对基于 Java 的应用程序，一个 Java 类将会依赖于很多其他类，archive 属性用来指定这些类。

（6）declare 属性，用于定义一个对象，同时防止浏览器进行下载和处理。当 declare 属性与 name 属性一起使用时，这个属性类似于编程语言中的某种前置声明，这样的声明能够延迟下载对象的时间，直到这个对象确实在文档中得到了应用。

（7）name 属性，用于为对象定义唯一的名称（以便在脚本中使用）。

（8）type 属性，用于定义在 data 属性中指定的数据文件的 MIME 类型。

（9）standby 属性，用于定义当对象正在加载时所显示的文本。

（10）<param>子标记，<object>标记允许嵌套<param>子标记为插入的对象提供参数，并设置其运行时（Run time）的状态和行为。<param>是空标记。name 属性用于规定参数的名称，是必需的；value 属性用于定义参数的值；type 属性用于规定参数的 MIME 类型；valuetype 属性用于规定值的类型，取值为 data、ref、object。<param>子标记的使用方法如例程 2-13 所示。

使用多个<param>子标记可以向 Media Player 传递各种参数，并设置插件运行时的状态和行为属性。不同的浏览器支持不同的插件类型。对于相同的插件对象，不同的浏览器也可能使用不同的代码来加载。浏览器在不能解析<object>标记时，将执行位于<object>和</object>之间的代码，解析除<param>子标记之外的<object>标记嵌套的其他标记。利用此特性，通过嵌套多个<object>标记（每个<object>标记对应一类浏览器）的方式，可以编写出兼容不同浏览器的嵌入对象代码。

2.5.2 嵌入标记

<embed>标记用于定义网页内嵌入的内容。在 Web 技术发展的早期，微软的 IE 浏览器使用<object>标记在网页内嵌入对象，而 Netscape 公司及其他厂家的浏览器使用<embed>标记。因为 W3C 组织只将<object>标记纳入了 HTML 标准，<embed>标记不是 HTML 标准中的标记，所以<embed>标记不被提倡使用。后来 W3C 组织在 HTML 5 中又将<embed>标记纳入 HTML 标准，因为<embed>标记在网页中嵌入对象的方法简单，所以<embed>标记又得到了应用。

浏览器在解析<object>与<embed>标记时的原理基本一致。在网页上遇到含有嵌入媒体的<object>或<embed>标记时，浏览器会根据媒体类型或 type 属性指定的 MIME 类型查找或注册相应的插件并执行。当系统没有所需的插件程序，或者加载的插件被禁用时，相应的标记将失去作用。

标准<embed>标记，除了通用属性和事件属性，其他特有的属性只有 4 个。src 属性用来指定嵌入的媒体文件路径；width、height 属性分别用来指定嵌入内容的宽度、高度；type 属性用来设置对象的 MIME 类型，区分嵌入内容的类型。早期的<embed>标记还有 autostart、loop、hidden、align 属性，分别用来指定嵌入的媒体是否自动播放、是否循环播放、是否隐藏播放器的控制面板、嵌入对象的对齐方式。控制插件行为的参数还可以通过媒体文件路径来设置，如例程 2-12 和例程 2-14 所示。

例程 2-14　embedtag.html

```
<object classid="clsid:02BF25D5-8C17-4B23-BC80-D3488ABDDC6B" id="qtpid" width="340" height="320" codebase="http://www.apple.***/qtactivex/qtplugin.cab">
    <param name="src" value="mmedia/movie.mov" />
    <!-- 浏览器不能识别<object>标记时，将解析<embed>标记。 -->
    <embed type="video/mp4" src="mmedia/movie.mov" autostart="true"  loop="false" showcontrols="true"  />
</object>
```

在<object>标记中嵌套<embed>标记，如果用<object>标记嵌入对象无效，则可以尝试用<embed>标记嵌入对象，使嵌入功能得到双重保障，代码的兼容性更好。这种 object-embed 混合写法是 Macromedia 公司最先使用的。

2.5.3　音频和视频格式

不同的浏览器支持不同的音频和视频格式。音频和视频的格式有很多，其格式一般可以根据其文件扩展名确定。常见的音频和视频格式如表 2-5 和表 2-6 所示。

表 2-5　常见的音频格式

格　式	文件扩展名	描　述
MIDI	.mid .midi	MIDI（Musical Instrument Digital Interface）是一种针对电子音乐设备（如合成器和声卡）的格式。MID 文件并不是一段录制好的声音，而是可以被电子设备（如声卡）播放的数字音乐指令。设备可以据此信息再现音乐。MIDI 文件极其小巧，得到了各平台的支持，大多数浏览器都支持 MIDI 格式
Wave	.wav	Wave（Wave Form）是由微软开发的一种声音文件格式，又叫波形声音文件，是最早的数字音频格式，被 Windows 平台及其应用程序广泛支持。Wave 格式对存储空间的需求大，不便在网络上传播
WMA	.wma	WMA（Windows Media Audio）是微软 WMV 视频对应的音频格式，质量优于 MP3，兼容大多数播放器（除 iPod 外）。WMA 文件可以作为连续的数据流被传输，这使它对于网络电台或在线音乐很实用
MP3	.mp3 .mpga	MP3 是 MPEG Audio Layer3 音频压缩技术的简称。MP3 能够在音质丢失很小的情况下把文件压缩到更小的程度。正是 MP3 文件体积小，音质高的特点使得 MP3 格式几乎成为网上音乐的代名词
Ogg	.ogg	Ogg 全称为 Ogg Vorbis，是一种新的音频压缩格式，类似于 MP3 等音频格式。Ogg 是完全免费、开放和没有专利限制的。Ogg 格式可以不断地进行大小的改变和音质的改良，而不影响旧的编码器或播放器

表 2-6　常见的视频格式

格　式	文件扩展名	描　述
Flash 动画	.swf	Flash 动画是矢量动画设计软件 Flash 发布的视频文件格式。Flash 可以包含简单的动画、视频内容、复杂演示文稿和应用程序，以及使用 AcitoinScript 开发的高级交互式内容。swf 文件需要 Flash Player 插件才能播放
Flash 视频	.flv	flv 是 Flash Video 的简称，是随 Flash MX 推出的流媒体视频格式。由于它形成的文件极小、加载速度极快，使得在网络上观看视频成为可能。它的出现有效地解决了视频文件导入 Flash 后，导出的 swf 文件体积庞大，不能在网络上很好地使用等问题
MPEG	.mpg .mpeg .mpe .data .vob .asf .mp4	MPEG（Moving Pictures Expert Group），动态图像专家组，不仅是 ISO 致力于运动图像和伴音编码的工作组织，还是运动图像压缩算法的国际标准。MPEG 1 是 VCD 的视频图像压缩标准；MPEG 2 是 DVD/超级 VCD 的视频图像压缩标准；MPEG 4 是网络视频图像压缩标准之一。MPEG 压缩率高，图像与音响的质量也好，在计算机上有统一的标准格式，兼容性好，是互联网上非常流行的媒体格式。大部分播放器（如 Media Player、RealOne Player、QuickTime）都支持 MPEG 格式

续表

格式	文件扩展名	描述
MPEG-4 AVC/H.264	.mp4	AVC（Advanced Video Coding），高级视频编码。MPEG-4 AVC 是由 ITU 的视频编码专家组 VCEG（Video Coding Experts Group）和 ISO 的动态图像专家组 MPEG 共同组成的联合视组（Joint Video Team，JVT）开发的高度压缩数字视频编解码器标准，又称 H.264 或 MPEG-4 Part10。MPEG-4 AVC（H.264、MPEG-4 Part 10）较 MPEG-4（MPEG-4 Part 2）和 MPEG-2，压缩比更好。QuickTime Player 可以直接播放 H.264 视频文件。目前的视频都被发布为 MP4 格式，将其作为互联网的共享格式
QuickTime	.mov	苹果公司开发的一种视频格式。QuickTime 具有较高的压缩比率和较完美的视频清晰度等特点，是互联网上常见的格式，具有跨平台、存储空间小等技术特点，已经成为软件技术领域数字媒体的工业标准。需要使用 QuickTime Player 播放器播放
RealVideo	.rm .rmvb	Real Networks 公司开发的一种流式视频文件格式。rm 是 Real Media 的缩写。Real Media 可以根据网络数据传输率的不同制定不同的压缩比率，从而实现在低速率的广域网上进行影像数据实时传送和实时播放的功能。rmvb 中的 vb 指 VBR，Variable Bit Rate（可改变的比特率），较上一代 rm 格式降低了静态画面下的比特率，画面清晰了很多。主要使用 RealPlayer 播放器播放
AVI	.avi	AVI（Audio Video Interleave），音频视频交错格式，可以将视频和音频交织在一起进行同步播放。微软早期开发的视频文件格式，应用范围广泛，支持多视频流和音频流，可以跨平台使用，但压缩标准不统一，最新编码的 AVI 与早期的 AVI 视频互不兼容。主要使用 Media Player 播放器播放
ASF	.asf	ASF（Advanced Streaming Format），微软为了和 Real Player 竞争而推出的一种流媒体格式，用户可以直接使用 Windows 自带的 Windows Media Player 播放器对其进行播放
WMV	.wmv	WMV（Windows Media Video），微软推出的一种采用独立编码方式并且可以直接在网上实时观看视频节目的文件压缩格式。它是在"同门"的 ASF 基础上升级延伸而来的。在同等视频质量下，WMV 格式的文件体积非常小，因此很适合在网上播放和传输。主要使用 Media Player 播放器播放
WebM	.webm	Google 发布的基于 BSD License 开源的一种视频文件格式。WebM 影片格式是在 Matroska（即 MKV）容器封装基础上的视频编码 VP8 和音频编码 Vorbis。WebM 高效、开源，支持 HTML 5 标准的 <vedio> 标记，适合在互联网上传播

实际上，视频格式中都包含了音频编码压缩技术，也可以作为音频格式。在网页内嵌入插件播放音频和视频时，由于不同的媒体格式要求不同的播放器插件，这将导致网页显示效果的不确定性，甚至存在安全隐患。在 HTML 5 标准中加入了专用的播放音频和视频的<audio>和<video>标记，浏览器在解析这两个标记后，自身即可进行音频和视频的播放。

2.6 列表标记

列表是常用的数据排列方式，它将相关的内容以一种整齐划一的方式排列显示。HTML 支持无序列表、有序列表和定义列表。列表可以嵌套，列表项内部可以使用段落、换行符、图片、链接及其他列表等。

2.6.1 无序列表

无序列表是以无次序含义的符号（如圆点、方框等）为前导符来排列项目的列表的，也可以没有前导符。创建无序列表使用两个标记，即<ul>（Unordered List）和<li>（List）标记。<ul>标记有一个 type 属性用来指定列表项前的前导符，可取值为 disc、circle、square，分别表示前导符为实心圆点、空心圆点、实心小方块，默认为实心圆点，如例程 2-15 所示。

例程 2-15　ul.html

```
<body>
<h3>无序列表示例</h3>
<ul type="circle">
```

```
        <li>苹果</li>
        <li>桃子</li>
        <li>梨</li>
        <li>橘子</li>
        <li>香蕉</li>
        <li>柠檬</li>
        <li>列表项 n</li>
    </ul>
</body>
```

2.6.2 有序列表

有序列表是以数字或字母等可以表示顺序的符号为前导符来排列项目的列表的,各列表项通常有先后顺序。创建有序列表使用两个标记,<ol>(Order List)和<li>标记。<ol>标记有两个属性,即 type 和 start 属性。type 属性用于指定列表项前的排序符号,可取值为 1、a、A、i、I,分别表示排序符号为数字、小写字母、大写字母、小写罗马数字、大写罗马数字,默认为数字;start 属性用于指定序号的开始值,默认从第一位序号开始,如例程 2-16 所示。

例程 2-16　olnest.html

```
<body>
<h3>有序列表与列表嵌套</h3>
<ol type="i" start="2">
    <li>茶
        <ul>
            <li>红茶</li>
            <li>绿茶</li>
        </ul>
    </li>
    <li>咖啡</li>
    <li>牛奶</li>
</ol>
</body>
```

有序列表和无序列表的 type 属性可用 CSS 的 list-style 样式代替。

2.6.3 定义列表

定义列表用于对名词进行解释,是一种具有两个层次的列表。列表项名词为第一层次,解释为第二层次。定义列表是名词及其解释的组合,列表项前没有前导符,解释相对于名词有一定位置的缩进。定义列表以<dl>(Define List)开始;每个列表项以<dt>(Define Term)开始;每个列表项的定义以<dd>(Define Data)开始,如例程 2-17 所示。

例程 2-17　dlnest.html

```
<body>
<h3>定义列表与列表嵌套</h3>
<ul>
    <li>数据库技术</li>
    <li>Web 技术</li>
    <dl>
        <dt>HTML</dt>
        <dd>Hyper Text Markup Language,超文本标记语言,是计算机软件中最简单的技术。</dd>
        <dd>使用特定格式的标记来标注网页中的各项内容,以便浏览器程序解析处理。</dd>
        <dd>使用 HTML 编写的文件被称为网页(Web Page),扩展名通常为.html 或.htm。相互紧密关联的一些网页及其他资源组成网站,被发布到 Web 服务器上,互联网上的用户可以方便地通过浏览器进行访问,这就是网络体系架构中应用层的 Web 应用(或 HTTP 应用)。</dd>
```

```html
    <dt>CSS</dt>
        <dd>Cascading Style Sheet，层叠样式表，主要用于网页样式的设计。</dd>
        <dd>极大地增强了 HTML 的表现能力。CSS 允许同时控制多重页面的样式和布局，不仅可以使网页样式丰富多彩，还可以使网页设计达到内容与样式的分离。</dd>
        <dd>CSS 主要有两部分内容，一部分是各类样式属性名和取值，另一部分是选择器，用于确定哪些 HTML 元素应用于所定义的样式。</dd>
        <dd>网页中允许以多种方式定义样式，主要有外部样式表、内部样式表、内联样式表。</dd>
    <dt>JavaScript</dt>
        <dd>JavaScript 是一种基于客户端浏览器、对象、事件驱动式的脚本语言，用于对网页内容进行编程控制。</dd>
        <dd>JavaScript 扩展了 Web Page 的功能，使网页拥有丰富多彩的动画和用户交互效果。</dd>
        <dd>JavaScript 可以被概括为两部分内容，一部分为 JavaScript 语言的语法，另一部分为使用 JavaScript 通过 DOM 接口操作网页元素。</dd>
        <dd>DOM 是 W3C 组织制定的，是针对标记语言编写的结构化文档进行编程的标准接口。浏览器在解析网页文件时，将 HTML 结构化文档转换成树形的数据结构体，即 DOM 树。利用浏览器实现的 DOM 标准接口的方法，网页设计人员可以采取直观、一致的方式对 DOM 树进行编程操作，进而修改浏览器中页面的内容和表现形式。</dd>
    <dt>XML</dt>
        <dd>Extensible Markup Language，可扩展标记语言。</dd>
        <dd>可扩展标记语言是一种元标记语言，用于定义其他特定领域有关语义的、结构化的标记语言，这些标记语言将文档分成许多部件，并对这些部件加以标识。</dd>
    </dl>
    <li>面向对象技术</li>
    </ul>
    </body>
```

2.7 表格标记

表格通过行列的形式直观、形象地将内容表达出来，是文档处理过程中经常遇到的一种对象。在网页中使用表格显示信息，可以使网页内容结构紧凑、井井有条。

2.7.1 表格

表格属于结构对象，一个表格包括行、列和单元格 3 个组成部分。行是表格中的水平分隔，列是表格中的垂直分隔，单元格是行和列相交所产生的区域。在网页中创建表格要用到 3 个标记：<table>标记用于定义表格，<tr>（Table Row）标记用于定义表格中的行，<td>（Table Data）标记用于定义表格中的单元格。最简单的表格如例程 2-18 所示。

例程 2-18 simpletable.html

```html
<body>
<h3>最简单的表格</h3>
<table border="1" cellpadding="4">
    <tr>
        <td>第一行第一列</td>
        <td>第一行第二列</td>
        <td>第一行第三列</td>
    </tr>
    <tr>
        <td>第二行第一列</td>
        <td>第二行第二列</td>
        <td>第二行第三列</td>
    </tr>
</table>
</body>
```

表格中所有的<tr>标记对都必须放在<table>标记对之间。一个<table>标记对内可以包含一个或多个<tr>标记对，每个<tr>标记对代表一行。所有的<td>标记对必须放在<tr>标记对之间，每个<td>标记对代表一个单元格，单元格是表格的实际容器，用来放置表格中显示的内容。<td>标记对内可以嵌套其他大部分标记，如文本、图像、列表、段落、表单、水平线，以及表格等。在同一个表格中，各<tr>标记对中包含的<td>标记对应一致。

2.7.2 <table>标记的属性

<table>标记提供了许多属性来设置表格的样式和状态，其中大部分样式属性已经不被提倡使用，建议使用 CSS 样式代替。使用<table>标记的属性可以设置表格的许多特性。

1．表格的宽度

在默认情况下，表格的宽度会根据内容自动调整。width 属性用于设置表格的宽度，当指定整数值（不带单位）时，设置表格宽度为固定值，单位为像素；当指定百分比时，设置表格宽度为浏览器窗口或其他外部父容器的相对大小。在表格一级通常不设置高度，表格的高度由其包含的各行行高决定。

2．表格的对齐方式

在默认情况下，表格左对齐。align 属性用来设置表格的对齐方式，可取值为 left、center、right，分别指定表格居左对齐、居中对齐、居右对齐。注意，表格的 align 属性设置的是表格在容器中的对齐方式，而不是表格中内容的对齐方式，表格中内容的对齐方式由<td>标记的 align 属性设置。

3．表格的背景颜色或背景图像

bgcolor 属性用于设置表格的背景颜色，颜色取值与<body>标记的同名属性相同，见 2.1 节。background 属性用于设置表格的背景图像，属性值为图像的 URL，通常取相对路径。背景图像将覆盖背景颜色的设置。

4．表格的边框

在默认情况下，表格的边框为 0，即没有边框。border 属性用来设置边框线的宽度，单位为像素。bordercolor 属性可以设置边框的颜色。

使用 border 属性设置表格边框后，边框会自动出现在表格的周围和各单元格之间。使用 frame 和 rules 属性可以设置只显示表格的部分边框。frame 属性具体指定了显示表格哪条外边框。例如，设置只显示表格的上边框和下边框或只显示表格的右边框。rules 属性指定了显示表格哪条内边框。例如，设置显示行、列、行组、列组之间的边框。注意，只有<colgroup>标记创建的结构化列组能够显示边框，<col>标记创建的非结构化列组没有组边框。使用 frame 和 rules 属性可以创建多样化的表格边框。例如，只有纵向边框而没有水平边框的表格。虽然 frame 和 rules 属性是 HTML 标准中定义的属性，但是 IE 浏览器不支持。frame 和 rules 属性的取值如表 2-7 所示。

表 2-7 frame 和 rules 属性的取值

属性	设定值	显示结果
frame	void	不显示外侧边框
	above	显示上部的外侧边框
	below	显示下部的外侧边框
	hsides	显示上部和下部的外侧边框
	vsides	显示左边和右边的外侧边框
	lhs	显示左边的外侧边框

续表

属 性	设 定 值	显 示 结 果
frame	rhs	显示右边的外侧边框
	box	在表格的周围和各单元之间显示外侧边框
	border	在表格的周围和各单元之间显示外侧边框
rules	none	没有线条
	groups	位于行组和列组之间的线条
	rows	位于行之间的线条
	cols	位于列之间的线条
	all	位于行和列之间的线条

5. 表格的间距和边距

cellspacing 和 cellpadding 属性分别用于设置单元格的间距和边距，以改善表格的布局效果和增强可读性。cellspacing 属性用于设置表格中单元格之间的间距，以像素为单位。默认单元格的间距是 2 像素。改变单元格间距的同时会改变单元格之间的边框宽度。cellpadding 属性用于设置单元格内容之间的空间大小（又称填充），以像素为单位。默认单元格的填充是 1 像素。单元格的填充设置得太小，表格会显得拥挤。单元格的填充会影响数据的对齐方式。例如，如果单元格是左对齐的，设置单元格的填充为 4 像素，则数据将在距离单元格左边框 4 像素处显示。

2.7.3 \<tr>和\<td>标记的属性

\<tr>和\<td>标记提供了一些属性，可以对表格中的某一行和单元格的样式进行更细致的设置。\<tr>标记的属性较少，相应地，表格的某一行的可设置项不多。单元格是表格内容的实际容器，可设置项较多。\<td>标记提供了比\<table>标记更多的属性来设置单元格的样式。使用这两个标记的属性可以对表格的某一行和单元格的样式进行设置。

1. 表格的行高

应当使用\<tr>标记的 height 属性设置表格的行高。虽然\<table>和\<td>标记也具有 height 属性，但是使用\<tr>标记的 height 属性更具有可操作性和合理性。\<tr>标记没有 width 属性，表格的宽度指的是行宽。\<tr>标记的 align、valign、bgcolor 等属性也不常用，一般使用\<td>标记的同名属性，在单元格范围内设置。

2. 单元格的大小

\<td>标记的 width 和 height 属性分别用于设置单元格的宽度和高度。在设置一个\<td>标记的 width 属性后，同一列中所有单元格的宽度都将采用此设置值；在设置一个\<td>标记的 height 属性后，同一行中所有单元格的行高都将采用此设置值。如果同一行中有多个\<td>标记设置了不同的 height 属性，则以其中的最大值为行高。注意，\<td>标记中设置的 height 值要与\<tr>标记中设置的 height 值一致，一般二者只设置其中一个。如果表格设置了宽度，则同一行中所有\<td>标记的宽度、边框、间距、填充总和不应大于表格的宽度。通常一行中要留一列不设置宽度，由浏览器根据表格的总宽度，以及同一行中其他单元格的宽度、边框、间距、填充等值自动调整。

3. 单元格的对齐方式

\<td>标记的 align 属性用于设置单元格中内容的水平对齐方式，比表格相对容器的对齐方式可设置项要多一些；\<td>标记的 valign 属性用于设置单元格中内容的垂直对齐方式，如表 2-8 所示。网页中的垂直对齐较难实现，单元格内的垂直对齐是简单且实用的。

表 2-8 单元格对齐方式

水平对齐 align		垂直对齐 valign	
属 性 值	显 示 效 果	属 性 值	显 示 效 果
left	左对齐内容（默认值）	top	对内容进行上对齐
right	右对齐内容	middle	对内容进行居中对齐（默认值）
center	居中对齐内容	bottom	对内容进行下对齐
justify	两端对齐内容	baseline	将内容与基线对齐
char	将内容对准指定字符		

4．合并单元格

<td>标记的 colspan 和 rowspan 属性可以实现表格中的跨行和跨列。colspan 属性用于设置单元格在横向上跨的列数，rowspan 属性用于设置单元格在纵向上跨的行数，如例程 2-19 所示。

例程 2-19 tableexample.html

```
<body>
<table border="1" cellpadding="6" background="images/bg3.jpg">
    <caption>
    课程表
    </caption>
    <tr>
        <td colspan="7" align="center">早  自  习</td>
    </tr>
    <tr align="center">
        <td colspan="2">时间/星期</td>
        <td>星期一</td>
        <td>星期二</td>
        <td>星期三</td>
        <td>星期四</td>
        <td>星期五</td>
    </tr>
    <tr>
        <td rowspan="2">上午</td>
        <td>1-2 节</td>
        <td> </td>
        <td>Web 技术基础</td>
        <td> </td>
        <td> </td>
        <td> </td>
    </tr>
    <tr>
        <td>3-4 节</td>
        <td> </td>
        <td> </td>
        <td> </td>
        <td> </td>
        <td> </td>
    </tr>
    <tr>
        <td colspan="7" align="center">午  饭</td>
    </tr>
    <tr>
        <td rowspan="2">下午</td>
        <td>5-6 节</td>
        <td> </td>
        <td> </td>
        <td>Web 技术基础</td>
```

```html
            <td> </td>
            <td> </td>
        </tr>
        <tr>
            <td>7-8 节</td>
            <td> </td>
            <td> </td>
            <td> </td>
            <td> </td>
            <td> </td>
            <td> </td>
        </tr>
        <tr>
            <td colspan="7" align="center">晚  自  习</td>
        </tr>
    </table>
</body>
```

5．单元格的背景颜色或背景图像

<td>标记的 bgcolor 与 background 属性可以为单元格单独设置背景颜色或背景图像。单元格设置的背景颜色或背景图像将覆盖表格设置的背景颜色或背景图像，因此一般只在一处设置。

2.7.4 <table>标记的子标记

除<tr>和<td>标记外，<table>标记还可以嵌套其他一些子标记，对表格进行设置。

1．表格的表头

表格中位于第一行或第一列的单元格通常用作列或行的标题，称为标题单元格或表头。<th>（Table Head）标记用于定义标题单元格。<th>标记的功能及其具有的属性与<td>标记基本上相同，只是在显示样式上略有差别。<td>标记定义的普通单元格默认左对齐，以普通格式显示。<th>标记定义的标题单元格居中对齐，且加粗显示。<td>标记加上样式可以完全代替<th>标记。

2．表格的标题

<caption>标记用于设置表格的标题。表格的标题是对表格内容的概括，通常在表格上面居中显示。通过<caption>标记的 align 属性可以设置标题的对齐方式。

3．表格的行组

<thead>、<tbody>、<tfoot>标记用来创建表格行组。表格行组在水平方向上把表格分成若干部分，可以对各部分中的一行或多行单元格同时进行格式化。表格行组标记主要有 align 和 valign 属性，用于统一设置行组的水平和垂直对齐方式。使用 CSS 可以对行组进行更多的样式设置。

<thead>标记用于定义表头行组。在表头行组中可以对表格的表头进行单独的格式化，以区分表头和表中的数据。在表格中，<thead>标记只能出现一次。

<tbody>标记用于定义表体行组，表体行组通常由表格中的数据行组成。在表格中可以定义多个表体行组。

<tfoot>标记用于定义脚注行组，脚注行组通常位于表格的末行，常用于总结表格中的数据。在表格中，<tfoot>标记只能出现一次。

<thead>、<tbody>、<tfoot>标记必须位于<table>标记内，这 3 个标记内部必须有<tr>标记。在默认情况下，表格行组元素不会影响表格的布局，使用 CSS 可以借助这些元素改变表格的外观。<thead>、<tbody>、<tfoot>标记应该同时在一个表格中被使用，出现的次序应当是<thead>、<tfoot>、<tbody>，这样浏览器就可以在接收所有数据前呈现页脚了。表格行组的划

分使浏览器有能力支持独立于表格的表头和页脚的表格正文滚动。当长表格被打印时，表格的表头和页脚可以被打印在包含表格数据的每张页面上。但是<thead>、<tbody>、<tfoot>标记仅得到了部分主流浏览器的支持，一般较少被使用。

例程 2-20 rowgroup.html

```html
<table border="1" cellpadding="6">
  <caption>
  收入统计表
  </caption>
  <thead style="color:#7F00AA;">
    <tr>
      <th>月份</th>
      <th>项目</th>
      <th>收入(¥)</th>
    </tr>
  </thead>
  <tfoot align="center" valign="bottom" style="color:blue; height:40px;">
    <tr>
      <td>合计</td>
      <td> </td>
      <td align="right">29000.00</td>
    </tr>
  </tfoot>
  <tbody align="center" style="color:green;">
    <tr>
      <td>1</td>
      <td>设备租赁</td>
      <td align="right">10000.00</td>
    </tr>
    <tr>
      <td>2</td>
      <td>技术服务</td>
      <td align="right">8000.00</td>
    </tr>
    <tr>
      <td>3</td>
      <td>技术转让</td>
      <td align="right">11000.00</td>
    </tr>
  </tbody>
</table>
```

4．表格的列组

<col>和<colgroup>标记用于在表格中创建列组，列组可以在垂直方向上把表格分成若干部分，同时对各部分中一列或多列单元格进行格式化。<col>和<colgroup>标记无法创建表格列，创建列必须在<tr>标记内用<td>标记定义。只能在<table>标记内使用<colgroup>标记；只能在<table>或<colgroup>标记内使用<col>标记。<col>和<colgroup>标记须位于<caption>标记之后，<thead>、<tbody>、<tfoot>、<tr>标记之前。

<col>标记用于创建非结构化列组，把表格分成若干部分，但不定义表格的结构。当表格中所有列的内容都是同一种类型的数据时，创建的列组一般是非结构化的。<col>是仅包含属性的空标记。

<colgroup>标记用于创建结构化列组，把表格分成几个逻辑部分。例如，在一个表格中创建两个结构化列组，一个包含表头，另一个包含表格的其余部分。

在一个表格中可以同时包含结构化列组和非结构化列组，在结构化列组中可以嵌套非结

构化列组。如果一个结构化列组中包含了非结构化列组，此时就不必在<colgroup>标记中定义 span 属性了，因为<col>标记已经定义了结构化列组中所包含的列数，如例程 2-23 所示。

<col>和<colgroup>标记的主要属性 span 用于设置列组横跨的列数。width、align、valign 属性，分别用于设置列组内单元格的宽度、水平对齐方式、垂直对齐方式。使用 CSS 可对<col>和<colgroup>标记的列组进行更多的样式设置。但是目前的主流浏览器只支持<col>和<colgroup>标记的 span 和 width 属性。

例程 2-21　col.html

```html
<table border="1" cellpadding="6">
  <caption>
    收入统计表
  </caption>
  <col width="48"/>
  <col span="2" width="140"/>
  <col width="100" style="background-color:#D4DFFF"/>
  <tr>
    <th>月份</th>
    <th>项目</th>
    <th>部门</th>
    <th>收入(¥)</th>
  </tr>
  <tr>
    <td align="center">1</td>
    <td>设备租赁</td>
    <td>设备部</td>
    <td align="right">10000.00</td>
  </tr>
  <tr>
    <td align="center">2</td>
    <td>技术服务</td>
    <td>技术部</td>
    <td align="right">8000.00</td>
  </tr>
  <tr>
    <td align="center">3</td>
    <td>技术转让</td>
    <td>公关部</td>
    <td align="right">11000.00</td>
  </tr>
</table>
```

例程 2-22　colgroup.html

```html
<table border="1" cellpadding="6">
  <caption>
    收入统计表
  </caption>
  <colgroup width="48"></colgroup>
  <colgroup span="2" width="140"></colgroup>
  <colgroup width="100" style="background-color:#D4DFFF"></colgroup>
  <tr>
    <th>月份</th>
    <th>项目</th>
    <th>部门</th>
    <th>收入(¥)</th>
  </tr>
  <tr>
    <td align="center">1</td>
    <td>设备租赁</td>
```

```html
    <td>设备部</td>
    <td align="right">10000.00</td>
  </tr>
  <tr>
    <td align="center">2</td>
    <td>技术服务</td>
    <td>技术部</td>
    <td align="right">8000.00</td>
  </tr>
  <tr>
    <td align="center">3</td>
    <td>技术转让</td>
    <td>公关部</td>
    <td align="right">11000.00</td>
  </tr>
</table>
```

例程 2-23 groupcol.html

```html
<table border="1" cellpadding="6">
  <caption>
  收入统计表
  </caption>
  <colgroup width="48">
  </colgroup>
  <colgroup style="border:#2A5FFF; background-color:#CFF">
    <col width="160"/>
    <col width="120"/>
  </colgroup>
  <colgroup width="100" style="background-color:#D4DFFF">
  </colgroup>
  <tr>
    <th>月份</th>
    <th>项目</th>
    <th>部门</th>
    <th>收入(￥)</th>
  </tr>
  <tr>
    <td align="center">1</td>
    <td>设备租赁</td>
    <td>设备部</td>
    <td align="right">10000.00</td>
  </tr>
  <tr>
    <td align="center">2</td>
    <td>技术服务</td>
    <td>技术部</td>
    <td align="right">8000.00</td>
  </tr>
  <tr>
    <td align="center">3</td>
    <td>技术转让</td>
    <td>公关部</td>
    <td align="right">11000.00</td>
  </tr>
</table>
```

2.7.5 表格布局

表格在网页中除了作为一个组成内容,还有一个重要的作用是进行网页布局,对页面内容进行排版，将网页元素（如导航条、文字、图像、动画等）放到表格的单元格中，使网页中各个组成部分排列有序。网页布局风格和样式各异，使用的技术也多种多样，主要有表格、框架、<div>+CSS。表格是非常简单、实用的网页布局方式，例程 2-24 是用表格设计的较常用的 T 字形网页布局，页面效果如图 2-1 所示。

例程 2-24　tblayout.html

```
<!DOCTYPE html PUBLIC "-//W3C//DTD XHTML 1.0 Transitional//EN" "http://www.w3.***/TR/xhtml1/DTD/xhtml1-transitional.dtd">
<html xmlns="http://www.w3.***/1999/xhtml">
<head>
<title>软件开发基础课程实验</title>
<style type="text/css">
a:link {
    color: #000;
    text-decoration: none;
    font-size: 16px;
}
a:visited {
    color: #000;
    text-decoration: none;
}
a:hover {
    color: #900;
    text-decoration: underline;
    font-size: larger;
}
a:active {
    color: #000;
    text-decoration: none;
}
</style>
</head>
<body>
<table width="800" align="center" cellpadding="0" cellspacing="0">
  <tr>
    <td height="100" colspan="2" background="images/bg1.jpg">
    <table align="right" cellpadding="4">
        <tr>
           <td> </td>
           <td><h1>Web 技术基础</h1></td>
           <td width="160"> </td>
        </tr>
    </table></td>
  </tr>
  <tr>
    <td colspan="2" bgcolor="#d3effc">
      <table align="center" cellpadding="4" cellspacing="4">
        <tr height="36">
           <td>  </td>
           <td width="64" align="center">
               <a href="web2_1htmlbasic.html">HTML</a></td>
           <td width="56" align="center"><a href="web3_1simplecss.html">CSS</a></td>
           <td width="104" align="center">
               <a href="web4_1jsoutput.html">JavaScript</a></td>
           <td width="56" align="center"><a href="web5_1xml.html">XML</a></td>
           <td width="64" align="center">
               <a href="web7_1html5added.html">HTML 5</a></td>
           <td width="60" align="center">
               <a href="web8_1css3border.html">CSS 3</a></td>
```

```html
            <td width="140" align="center">
                <a href="web9_1jsfunction.html">JavaScript 进阶</a></td>
        </tr>
    </table></td>
</tr>
<tr>
    <td width="172" height="420" valign="top" bgcolor="#f5fbfb">
        <table width="100%" align="center">
            <tr>
                <td height="32" align="center"><h2>HTML 标记</h2></td>
            </tr>
            <tr>
                <td height="24" align="center">
                    <a href="web2_1htmlbasic.html">基本文档结构</a></td>
            </tr>
            <tr>
                <td height="24" align="center">
                    <a href="web2_2textformat.html">文本格式化</a></td>
            </tr>
            <tr>
                <td height="24" align="center">
                    <a href="web2_6simplelink.html">超链接</a></td>
            </tr>
            <tr>
                <td height="24" align="center">
                    <a href="web2_8simplestimage.html">图像</a></td>
            </tr>
            <tr>
                <td height="24" align="center">
                    <a href="web2_13flashplayer.html">Flash 动画</a></td>
            </tr>
            <tr>
                <td height="24" align="center">
                    <a href="web2_17dvflv.html">Flash 视频</a></td>
            </tr>
            <tr>
                <td height="24" align="center">
                    <a href="web2_20ul.html">列表</a></td>
            </tr>
            <tr>
                <td height="24" align="center">
                    <a href="web2_23simpletable.html">表格</a></td>
            </tr>
            <tr>
                <td height="24" align="center">
                    <a href="web2_30form.html">表单</a></td>
            </tr>
        </table></td>
    <td valign="top">
        <table width="100%" cellpadding="8" cellspacing="8">
            <tr>
                <td><h3>HTML 基本文档结构</h3></td>
            </tr>
            <tr>
                <td><!-- 网页的主体内容 -->
                    网页内容！</td>
            </tr>
        </table></td>
</tr>
<tr>
```

```
            <td height="24" colspan="2" align="center" bgcolor="#d3effc">
                临沂大学 信息学院</td>
        </tr>
    </table>
</body>
</html>
```

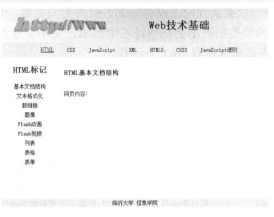

图 2-1　T 字形网页布局的页面效果

2.8　表单标记

表单是网页中的一个特定区域，这个区域由一对<form>标记定义。这个区域包含可由用户输入信息的各类输入控件，以及提交、重置等按钮控件。表单是实现动态网页的一种主要形式，通过表单能够实现客户端浏览器与 Web 服务器的交互功能。用户在表单的控件内输入信息，单击"提交"按钮，表单中的内容将从客户端浏览器传送到 Web 服务器上，由 Web 服务器上指定的程序处理后，将应答信息传送回客户端浏览器上显示。完整地实现表单的功能，涉及两个方面，一是定义表单及其嵌套的输入控件和按钮控件的 HTML 代码，二是编写处理表单数据的服务器端程序。服务器端程序可以采用不同的语言和技术实现，是 Web 应用程序开发的内容，本书只介绍定义表单及其控件的 HTML 代码。

2.8.1　表单

<form>标记用于定义表单区域，是各类输入控件和按钮控件的容器。使用<form>标记的属性可以设置表单的相关信息，包括表单的名称、处理程序、提交方式等。

1．表单名称

name 属性用于定义表单的名称，是可选属性。不同的表单使用不同的名称。

2．表单处理程序

action 属性用于指定接收和处理表单数据的服务器程序，或者含有服务器端脚本程序的动态网页，值为 url（可以是相对地址，也可以是绝对地址）。action 属性默认为本网页，表单也可在动态网页中，如果是不含服务器端脚本程序的静态网页，则不会接收和处理表单数据。

3．数据提交方式

method 属性用于定义发送表单数据的 HTTP 方法，取值有 GET、POST，默认值为 GET。顾名思义，GET 方法的主要目的是获取服务器数据。使用 GET 方法，浏览器会将数据以"名/值对"（名称=值）的形式直接附在 action 属性指定的 URL 之后，数据位于 HTTP 协议头部，随同 URL 一起被发送到服务器上。URL 与表单数据之间用"?"隔开，多个数据之间用"&"

隔开，特殊字符与中文要进行转码。提交后在浏览器的地址栏中可以看到表单数据。POST方法的主要目的是向服务器传送数据。使用 POST 方法，浏览器将表单数据进行编码，数据放置在 HTTP 协议的包体中被传输。GET 方法传输的数据量一般较少，最多不超过 1024 字节。因为 GET 方法传输的数据会在地址栏中显示，所以安全性差，优点是数据可以被直接发送，较快捷。POST 方法传输的数据量理论上没有限制，但要受浏览器、服务器、处理程序等的限制。因为 POST 方法传输的数据既不会在地址栏中显示，又不会缓存下来或保存在浏览记录中，所以安全性高，缺点是速度没有 GET 方法快。

4．数据编码方式

enctype 属性用于设置发送表单时数据的编码方式，它的默认值及 GET 方法发送数据时的编码为 application/x-www-form-urlencoded。其他的编码方式如表 2-9 所示。

表 2-9 数据的编码方式

enctype 属性取值	说　明
text/plain	空格转换为"+"（加号），但不对特殊字符进行编码
application/x-www-form-urlencoded	默认的编码方式，按 URL 的编码方式对数据进行编码
multipart/form-data	按网页的 MIME 类型进行编码。在包含文件上传控件的表单中，必须使用该值

5．返回目标窗口

target 属性用于指定在何处打开 action URL，即在提交表单后，服务器应答页面的显示窗口，与链接标记的同名属性相同。

表单中可以包含 <input>、<textarea>、<fieldset>、<legend>、<label>等标记，嵌套各类输入控件及按钮控件等表单元素。

2.8.2　输入控件

<input>标记用于定义表单中的大部分输入控件，控件类型是由 type 属性定义的。大多数经常被用到的输入控件如下。

1．文本框

例如：

`<input type="text" name="username" id="username" >`

2．密码框

例如：

`<input type="password" name="password" id="password" >`

密码域继承文本域，仅显示不同而已。

3．单选按钮

例如：

`<input type="radio" name="gender" id="gender1" value="male">男  `
`<input type="radio" name="gender" id="gender2" value="female" checked>女`

在表单中，与 name 属性相同的单选按钮为一组，checked 属性表示默认选中此项。

4．复选框

例如：

`<input type="checkbox" name="favorite" id="favorite1" value="1">篮球  `
`<input type="checkbox" name="favorite" id="favorite2" value="2" checked>足球`

5．隐藏域

例如：

`<input type="hidden" name="id" id="id" value="3">`

隐藏域不在页面上显示,但表单在被提交时跟其他控件一样,其内容会被传送到服务器上。

6．提交按钮

例如:
`<input type="submit" name="submit" id="submit" value="提交">`

7．重置按钮

例如:
`<input type="reset" name="reset" id="reset" value="重置">`

8．普通按钮

例如:
`<input type="button" name="btn" id="btn" value="按钮">`

单击"提交"按钮,表单中的数据将被提交到 action 属性设置的处理程序或动态网页中,显示服务器应答页面;单击"重置"按钮,表单中用户输入的内容将被清空,重置为控件的默认值;普通按钮没有默认的操作,用户可以编写 JavaScript 脚本完成特定的功能。也可以使用<button>标记定义按钮,建议使用<input>标记。

例如:
`<button type="button" name="btn" id="btn">按钮</button>`

9．文件域

例如:
`<input type="file" name="upload" id="upload">`

<input>标记的 type 属性值是 HTML 预定义的,其他属性值都是自定义的。除了在页面中显示的属性值(如按钮的 value 属性值,可用中文),其余属性值的定义应符合计算机编程语言中变量的命名规则,因为有些属性值要在脚本程序中使用,如单选按钮和复选框的 value 属性值。需要特别说明的是,表单中各输入控件的 name 属性是必需的,因为表单数据被提交到服务器后,用户在表单控件中输入的信息是以控件名称来标识的,即"名称=值"的形式,服务器端处理程序通过名称获得对应的值。"名称"类似于变量名,相对稳定;"值"类似于变量的值,变化频繁,相对不确定。某些控件的 name 属性值可以重名,被提交到服务器后其值为数组,如复选框。id 属性是 HTML 标记的通用属性,即所有的标记都具有该属性,用于唯一标识页面中的一个元素。id 属性主要用于客户端。name 属性也具有标识页面元素的功能,主要用于服务器端,它不是通用属性,表单之外的标记没有该属性。

2.8.3 列表控件

<select>标记用于定义网页中的列表。列表项由<option>子标记定义。<option>子标记的 value 属性是选择该列表项时返回的值,checked 属性用于设置默认选项。<option>子标记中嵌套的内容是页面中显示的列表项名称。<optgroup> 子标记用于定义选项组,即对选项进行分组。当列表中的选项较多时,对相关的选项进行组合会更清晰。

<select>标记的 size 属性默认值为 1。当 size 属性的值为 1 时,<select>标记显示为下拉列表;当 size 属性的值大于 1 时,<select>标记显示为普通列表。当普通列表的 size 属性值小于列表中选项的总数时,列表右侧将显示滚动条。<select>标记的 multiple 属性用于设置是否允许同时选择多个选项。

2.8.4 文本域控件

<textarea>标记用于定义多行文本输入区域。文本区域中可以容纳无限数量的文本。文本

的默认字体是等宽字体（通常是 Courier）。可以通过 cols 和 rows 属性规定文本区域的尺寸，建议使用 CSS 的 height 和 width 属性设置，如例程 2-25 所示。表单效果如图 2-2 所示。

例程 2-25　formex.html

```html
<!DOCTYPE html>
<head>
<meta http-equiv="Content-Type" content="text/html; charset=utf-8" />
<title>表单示例</title>
</head>
<body>
<h3 align="center">个人信息表单</h3>
<form name="form1" method="post" action="act.asp">
    <table align="center" cellpadding="4" cellspacing="4">
        <tr>
            <td width="256" valign="top"><fieldset>
                <legend>基本信息</legend>
                <label for="tx1">姓名：</label>
                <input type="text" name="tx1" id="tx1" value="请填写姓名!">
                <p><label>性别
                    <input type="radio" name="gender" value="male" checked>男
                    <input type="radio" name="gender" value="female">女
                </label></p>
                <p><label>爱好：
                    <input type="checkbox" name="qualifier" value="music" checked>音乐
                    <input type="checkbox" name="qualifier" value="art">美术
                </label></p>
                <p><label for="choice">籍贯：</label>
                    <select name="choice" id="choice">
                        <option value="-1" selected>请选择</option>
                        <option value="x1">北京</option>
                        <option value="x2">济南</option>
                        <option value="x3">临沂</option>
                        <option value="x4">上海</option>
                    </select>
                </p>
                <p><input type="submit" value="提交">
                    <input type="reset" value="重设"></p>
            </fieldset></td>
            <td width="467" valign="top"><fieldset>
                <legend>简历</legend>
                <textarea cols="64" rows="12">从高中起，各个阶段的学习、工作、职务等情况。</textarea>
            </fieldset></td>
        </tr>
    </table>
</form>
</body>
</html>
```

图 2-2　表单效果

2.8.5 辅助标记

1. 控件标记

<label>标记用于为表单控件定义标记（标注）。使用<label>标记为表单控件设置标记有两种方式，第一种方式是将<label>标记及其标记文本附加到表单控件上。

```
<label>姓名：<input type="text" name="uname" id="uname"></label>
```

第二种方式是用<label>标记的 for 属性为表单控件附加标记。将 for 属性设置为相关控件的 id 属性值，即把 label 绑定到该标记。

```
<label for="uname">姓名：</label><input type="text" name="uname" id="uname">
```

建议使用第一种方式，即将<label>标记及其标记文本附加到表单控件上。如果单击<label>标记内的标记文本，浏览器就会自动将焦点转到和标记相关的表单控件上。

2. 控件分组

<fieldset>标记用于定义表单控件的分组。将一组表单控件放到<fieldset>标记内时，浏览器会以特殊的方式来显示它们，可能有特殊的边界或 3D 效果，甚至可以创建一个子表单来处理这些元素。

<legend>标记用于为<fieldset>标记定义标题，如例程 2-26 所示。

例程 2-26 fieldset.html

```html
<form>
  <fieldset>
    <legend>健康信息</legend>
    身高：<input type="text" name="height" />
    体重：<input type="text" name="weight" />
  </fieldset>
</form>
```

2.9 框架标记

框架可将浏览器窗口分成若干个子窗口，且每个子窗口显示不同的网页。这样在一个框架页面中可以同时显示不同的网页内容，不同子窗口中的内容相互独立。框架可用于网页布局，可以在网页中嵌入其他网站的页面。因为浏览器访问一个框架页面将请求多个网页，同时跟踪多个 HTML 文档，框架页面也不易打印，所以通常不提倡使用框架页面。

2.9.1 框架集

<frameset>标记用于定义一个框架集。框架集是容纳和组织子窗口的父级容器，其 cols 或 rows 属性用于在纵向或横向上将浏览器窗口分隔为若干个子窗口。<frame>子标记嵌套于<frameset>标记内，用于设置每个具体的子窗口。每个子窗口中有独立的网页。

例如，下面的代码设置了一个两列的垂直框架页面：

```html
<frameset cols="25%,75%">
  <frame name="left" src="pleft.html">
  <frame name="right" src="rleft.html">
</frameset>
```

例如，下面的代码设置了一个三行的水平框架页面：

```html
<frameset rows="100,*,32">
  <frame name="head" src="frame/banner.html">
  <frame name="main" src="frame/main.html">
  <frame name="foot" src="frame/copyright.html">
</frameset>
```

<frame>标记用于定义框架集中的一个特定的窗口（框架）。除 id、class、title、style 通用属性外，<frame>标记还有 name、src、frameborder、scrolling、noresize、marginwidth、marginheight 等属性，分别用于设置框架的名称、框架内网页的 URL、是否显示框架边框、框架中是否显示滚动条、不允许调整框架的大小、框架左侧和右侧的边距、框架上方和下方的边距。常用的属性是 name 和 src。框架名称可以用于导航，将<a>标记的 target 属性设置为框架名，将在设定名称的框架中打开该链接。<frame>是空标记。<frame>和<frameset>标记不支持事件属性。

<frameset>标记内还可以嵌套<frameset>标记，构成复杂的框架集合。例程 2-27 可以实现 2.7 节中表格布局的效果。

例程 2-27　framelayout.html

```
<frameset rows="100,*,32">
    <frame name="head" src="frame/banner.html">
    <frameset cols="120,*">
        <frame name="leftnav" src=" frame/subname.html">
        <frame name="main" src=" frame/main.html">
    </frameset>
    <frame name="foot" src="frame/copyright.html">
</frameset>
```

早期的一些浏览器不支持框架，不能显示框架集内的各个页面。HTML 提供了<noframes>标记，对于不支持框架的浏览器，会显示<noframes>标记中的内容。

<frameset></frameset>标记与<body></body>标记不能同时使用。在<noframes></noframes>标记内必须嵌套<body></body>标记。

```
<frameset>
    …
</frameset>
<noframes>
    <body>
        <h3>浏览器不支持框架，无法显示网页，请更换浏览器来访问本网页。</h3>
    </body>
</noframes>
```

2.9.2　内联框架

<iframe>标记用于创建内联框架。内联框架又称浮动框架、行内框架。内联框架是一种特殊的框架，能单独显示一个网页，但与一般框架不同的是，其嵌套在一个 HTML 页面中，作为页面的一个组成部分。<iframe>标记可以将一个网页插入另一个网页，在网页内显示网页。<iframe>标记属于行内块元素（inline-block，详见 3.4.1 节），是非空元素，需要使用</iframe>标记结束。

<iframe>标记除了具有<frame>标记所有的属性，还具有两个常用的属性，即 width 和 height 属性，分别用于设置内联框架的宽度和高度。内联框架也可用作链接的目标，链接的 target 属性引用<iframe>标记的 name 属性，即可在内联框架中打开链接指向的网页。

早期的一些浏览器不支持<iframe>标记，在<iframe>和</iframe>之间可以放置内容，如果浏览器不支持<iframe>标记，则可以显示这些内容。

例程 2-28　iframe.html

```
<body>
    <iframe src="/example/html/demo_iframe.html" name="iframe ">内联框架</iframe>
    <p><a href="http://www.lyu.***.**" target="iframe ">临沂大学</a></p>
</body>
```

2.10 元标记

<meta>标记用于定义关于 HTML 文档的元数据。元数据（metadata）是关于数据的信息，即对数据的说明。<meta>标记可以提供有关页面的元数据信息，如页面的描述、关键词、文档的作者、最后修改时间，以及其他元数据。元数据总是以名/值对的形式被传递。元数据不会显示在页面上，但是计算机可以读取和解析。元数据可以用于浏览器（如何显示内容或重新加载页面）、搜索引擎（关键词）或其他 Web 服务。

<meta>标记位于<head>标记中，是空标记。<meta>标记的属性定义了与文档相关联的名/值对。<meta>标记的主要属性是 http-equiv、name、content。

2.10.1 http-equiv 属性

http-equiv 属性为名/值对元数据定义名称。equiv 是 equivalent 的缩写，http-equiv 是与 HTTP 相当的意思。http-equiv 属性定义的元数据要被关联到 HTTP 头部，即服务器将把 http-equiv 属性定义的名/值对元数据添加到 HTTP 协议包的头部。其中所有的服务器都至少要发送一次 content-type:text/html 名/值对，告诉浏览器准备接收一个 HTML 文档。

例如：

```
<meta http-equiv="charset" content="gb2312">
```

发送到浏览器的 HTTP 头部包含：

```
content-type: text/html
charset:gb2312
```

http-equiv 属性的元数据名称应当与 HTTP 支持的头部字段匹配，只有浏览器可以接收这些附加的头部字段，并能以适当的方式使用它们，这些字段才有意义。http-equiv 属性定义的元数据主要有以下几种。

1．文档内容类型

例如：

```
<meta http-equiv="Content-Type" content="text/html; charset=gb2312" />
```

2．网页过期时间

例如：

```
<meta http-equiv="expires" content="31 Dec 2015">
```

3．自动刷新

例如：

```
<meta http-equiv="refresh" content="5;url=http://www.lyu.***.**" />
```

content 的第 1 个值为刷新的间隔时间，单位为毫秒。第 2 个值为刷新后的网页地址，如果不指定，则对当前网页进行刷新。

4．显示窗口

例如：

```
<meta http-equiv="window-target" content="_top">
```

强制页面在当前窗口以独立页面的形式显示，可以用来防止网页在框架里被其他人引用。

5．Cookie 设置

例如：

```
<meta http-equiv="set-cookie" content="cookievalue=xxx; expires=Friday, 12-Jan-2016 18:18:18 GMT; path=/">
```

cookie 是 Web 服务器保存在客户端计算机上的一小段文本数据，主要用于标识客户端的状态，即记录用户访问网站的信息。cookie 有大小、存在期限等限制。浏览器的元数据、客户端脚本、服务器端脚本都可以设置 cookie 的属性。

6. 字符集

为了正确显示 HTML 页面，浏览器必须知道网页内容使用的字符编码，即字符集。浏览器可以被设置为自动检测编码，但有时识别并不正确，网页显示可能会出现乱码。有的浏览器提供设置编码的菜单，可以进行手动设置。但最好的方式是在网页设计时用<meta>标记设置网页的编码，设置原则是设置值与网页的实际编码一致，这样浏览器在显示时就不会出现乱码。网页的实际编码在网页编辑工具中进行设置，使用 Windows 系统的记事本编辑，在保存网页时有编码选项。

设置网页编码的元标记为<meta http-equiv="charset" content="utf-8">，在 HTML 5 中可以优化简写为<meta charset="utf-8">。目前，元标记已经得到大部分浏览器的支持。

计算机中的字符主要有两种编码体系：一种是统一编码，包括 Unicode、UCS、UTF-8、UTF-16；另一种是非统一编码，包括 ASCII、ISO-8859-1、GB2312、GB18030。

最初，计算机中只有一种字符集——ANSI（American National Standards Institute）的 ASCII（American Standard Code for Information Interchange）字符集。它使用 7bits 表示一个字符，总共可以表示 128 个字符。随着计算机的普及，许多国家在 ASCII 字符集的基础上进行了扩展，对自己的语言进行编码。例如，ISO-8859-1 以 ASCII 字符集为基础，在空置的 0xA0~0xFF 范围内，加入了 192 个字母及符号，实现了对拉丁字母的编码。

GB2312 是一个在 ASCII 字符集基础上派生的简体中文字符集。GB2312 采用双字节编码，为了与系统中基本的 ASCII 字符集区分开，所有汉字编码的每个字节的第一位都是 1。GB2312 共收录了 6763 个汉字。其中，一级汉字 3755 个，二级汉字 3008 个。同时，GB2312 还收录了包括拉丁字母、希腊字母、日文平假名及片假名字母、俄语西里尔字母在内的 682 个全角字符。

由于 GB2312 收录的汉字少，不能满足一些复杂的应用需求，于是利用 GB2312 没有使用的编码空间，制定了 GBK 编码。GBK 共收录汉字 21003 个、符号 883 个，并提供了 1894 个造字码位，将简、繁体字融于一库。GBK 全名为汉字内码扩展规范，K 代表"扩展"。GBK 并非国家正式标准，没有标准编号。

GB18030 采用多字节编码，每个字可以由 1 字节、2 字节或 4 字节组成。总共 161 万个码位，共收录汉字 70244 个。与 GB2312 完全兼容，与 GBK 基本兼容，支持 GB13000 及 Unicode 的全部统一汉字。支持我国少数民族的文字，不需要动用造字区。GB18030 标准作为强制标准执行，所有不支持 GB18030 标准的软件将不能作为产品出售。

ASCII 字符集及由此派生并兼容的字符集，如 GB2312、GBK 等，正式的名称为 MBCS（Multi-Byte Chactacter System，多字节字符系统），又称 ANSI 字符集。许多国家都在 ASCII 字符集的基础上制定了自己的字符集，导致存在的字符集太多，编码不统一，使得在国际交流中要经常转换字符集，非常不方便。因此，产生了统一编码的 Unicode 和 UCS。

Unicode 是一个软件制造商组成的协会组织。Unicode 字符集固定使用 16 bits（2 字节）表示一个字符，总共可以表示 65536 个字符。

国际标准 ISO 10646 定义了通用字符集（Universal Character Set，UCS）。UCS 是所有其他字符集标准的一个超集，有 31 位。它保证与其他字符集是双向兼容的。UCS 分 3 个实现级别（对组合字符的支持度不同）。UCS 的 16 位子集被称为基本多语言面（Basic Multilingual Plane，BMP），被编码在 16 位 BMP 以外的字符都属于非常特殊的字符（如象形文字）。Unicode 标准严密地包含了 ISO 10646-1 实现级别 3 的基本多语言面。

UCS 实现了全世界语言文字的统一编码，但这种编码也有其缺陷。首先，对于使用普遍的英文，如果用 UCS 编码保存，则占用的空间会多出三倍。其次，在传输过程中，如果出现某个字节丢失的情况，则其后的所有字符编码都将出错。还有，使用 UCS 无法与以前的程序兼容，如在 C 语言函数库中，编码为 0 的字符作为字符串的结束符，有其特殊含义，而在 UCS 字符集中，ASCII 码的前 3 个字符都为 0。为了克服这些缺点，于是设计了 UTF-8（UCS Transformation Format）编码。

UTF-8 编码用多字节表示字符的 UCS 编码，需要遵循以下规则。

UCS 字符从 U+0000 到 U+007F 被编码为字节 0x00 到 0x7F（与 ASCII 编码兼容）。这意味着只包含 7 位 ASCII 字符的文件在 ASCII 和 UTF-8 两种编码方式下是一样的。

所有大于 U+007F 的 UCS 字符被编码为一个多字节的串，每个字节都有标记位集。因此，ASCII 字符（0x00~0x7F）不可能作为其他字符的一部分。表示非 ASCII 字符的多字节串的第一个字符总是在 0xC0 到 0xFD 的范围里，并指出了这个字符包含多少个字节。多字节串的其余字符都在 0x80 到 0xBF 的范围里。这使得重新同步字符编码变得容易，降低了丢失字节的影响，且可以编入所有可能的 2^{31} 个 UCS 字符。UTF-8 编码理论上最多可以为 6 字节，然而 16 位 BMP 字符最多只用到 3 字节。

UTF-8 编码字节流（二进制数）
0000 - 007F 0xxxxxxx
0080 - 07FF 110xxxxx 10xxxxxx
0800 - FFFF 1110xxxx 10xxxxxx 10xxxxxx

例如，版权符号©（Copyright）©（©）的 UCS 编码为：
U+00A9 = 1010 1001

在 UTF-8 里的编码为：
11000010 10101001 = 0xC2A9

例如，表情符号（Emoji）笑脸😄😄的 UCS 编码为：
U+1F604 = 0001 1111 0110 0000 0100

在 UTF-8 里的编码为：
11110000 10011111 10011000 10000100 = 0xF09F9884

UTF-16 以 16 位为单元对 UCS 进行编码。对于小于 0x10000 的 UCS 码，UTF-16 编码就等于 UCS 码对应的 16 位无符号整数。对于不小于 0x10000 的 UCS 码，定义了一个算法。因为实际使用的 UCS 码、BMP 码必然小于 0x10000，所以就目前而言，可以认为 UTF-16 和 Unicode 基本相同。

UTF-16 以 2 字节为编码单元，在解析一个 UTF-16 文本前，首先要弄清楚每个编码单元的字节序。例如，"奎"的 Unicode 编码是 594E，"乙"的 Unicode 编码是 4E59。如果我们收到的 UTF-16 字节流是"594E"，那么这是"奎"还是"乙"？Unicode 规范中推荐的标记字节顺序的方法是 BOM（Byte Order Mark）。BOM 是一个"很聪明"的设计，在 UCS 编码中有一个叫作"ZERO WIDTH NO-BREAK SPACE"的字符，它的编码是 FEFF。而 FFFE 在 UCS 中是不存在的字符，所以不应该出现在实际传输中。UCS 规范建议我们在传输字节流前，先传输字符"ZERO WIDTH NO-BREAK SPACE"。如果接收者收到 FEFF，则表明这个字节流是 Big-Endian 的，高字节在前；如果接收者收到 FFFE，则表明这个字节流是 Little-Endian 的，高字节在后。因此，字符"ZERO WIDTH NO-BREAK SPACE"又被称为 BOM。

UTF-8 不需要使用 BOM 表明字节顺序，但可以使用 BOM 表明编码方式。字符"ZERO WIDTH NO-BREAK SPACE"的 UTF-8 编码是 EF BB BF。只要接收者收到以 EF BB BF 开头的字节流，就知道这是 UTF-8 编码了。Windows 记事本程序就是使用 BOM 表明文本文件的 UTF-8 编码方式的。不建议在网页文件中使用 BOM 编码标识。网页编辑工具 Dreamweaver

中有选项可以设置网页开头是否添加 BOM 字节。

UTF-8 编码包含世界上所有国家需要用到的字符，是国际统一编码，通用性强，是未来的发展趋势。UTF-8 编码的文字可以在各国支持 UTF-8 字符集的浏览器上显示。世界各地的用户无须专门安装简体中文字符集就能看到中文。如果设计一个国际化的，或者多国语言混合的网站，则必须使用 UTF-8 编码。另外，许多浏览器在发送请求时使用 UTF-8 编码，页面显示也使用 UTF-8 编码，这提高了编码之间的一致性。因此，网页设计应尽量使用 UTF-8 编码。

2.10.2　name 属性

name 属性为名/值对元数据定义名称。name 属性的元数据名称是自定义的。HTML 中没有为 name 属性预先定义名称值。在通常情况下，可以自由使用对 HTML 文档有意义的名称。name 属性定义的元数据主要有以下几种。

1．关键字

keywords 是一个经常被用到的名称。它为文档定义了一组关键字，某些搜索引擎在遇到这些关键字时，会用这些关键字对文档进行分类。

例如：

`<meta name="keywords" content="Web,WWW ,Web Page,万维网,网页,网站">`

2．网站内容描述

例如：

`<meta name="description" content="Web 技术基础学习">`

keywords 和 description 在搜索引擎优化 SEO（Search Engine Optimization）中具有重要的作用。当搜索引擎（网络爬虫）发现新的网站时，便先检索页面中的 keywords 和 description，并将其加入自己的数据库，再根据关键词的密度将网站排序。通过 SEO 策略，选择合适的网页关键词，能够被各大搜索引擎检索，并提高页面的搜索引擎排名，从而增加网站流量，使网站得以推广，达到产品销售或品牌建立的商业目的。

3．作者

例如：

`<meta name="author" content="Zhansheng Young">`

4．编辑器

例如：

`<meta name="generator" content="Dreamweaver CS 6.0">`

5．修订者

例如：

`<meta name="revised" content=" Zhansheng Young, 8/1/2015">`

2.10.3　content 属性

content 属性提供了名/值对中的值。该值可以是任何有效的字符串。content 属性始终要和 http-equiv 属性或 name 属性一起使用。

2.11　HTML 属性

HTML 标记通常带有属性，属性可进一步赋予元素意义和语境，对元素的特性进行补充定义，加强和完善元素的功能。一般可以根据元素的性质推测其应具有的属性。例如，表格有 width、height、border 属性，而列表没有；图像有 border 属性，而没有 bgcolor 属性。当然，也有一些标记比较特殊。例如，<div>标记几乎没有属性，其宽度、高度、背景、边框只能使用 CSS 设置。HTML 标记的属性可以大致分为以下几类。

2.11.1 必需属性

某些标记必须具有特定的属性才有意义，标记与属性之间是固定搭配。例如，<img>标记的 src 属性，<a>标记的 href 属性，<embed>标记的 src 属性，<input>标记的 type 属性，<frameset>标记的 cols 或 rows 属性，<frame>和<iframe>标记的 src 属性，所有表单控件的 name 属性。

2.11.2 通用属性

通用属性几乎是所有的标记都支持的属性，又称全局属性。HTML 的通用属性主要有以下几种。

1. id

id 属性是定义网页元素的唯一标识。id 在网页中必须是唯一的。id 属性可以用作锚点进行链接。id 属性主要用于客户端脚本。id 名称不应与标记名称相同，以避免在脚本程序中引起混淆。

2. title

title 属性用于定义关于元素的额外信息，这些信息通常是当鼠标移动到元素上时显示的一段提示文本。一般情况下为表单输入控件及链接标记设置 title 属性，以提供关于输入格式和链接目标的信息。title 还是<abbr>和<acronym>标记的必需属性。

例如：
```
<label for="uname">用户名：</label>
<input type="text" name="uname" id="uname" title="用户名长度为6~18，必须为字母、数字、下画线。">
```
例如：
```
<abbr title="People's Republic of China">PRC</abbr>
<acronym title="World Wide Web">WWW</acronym>
```

3. class

class 属性用于定义元素的类名，指向样式表中的类，见第 3 章。不支持 class 属性的 HTML 标记有<base>、<head>、<html>、<meta>、<param>、<script>、<style>、<title>。

4. style

style 属性用于定义元素的行内样式。style 属性定义的样式将覆盖任何全局的样式设定。例如，在<style>标记或在外部样式表中定义的样式，详见第 3 章。

5. tabindex

tabindex 属性用于规定元素的 Tab 键控制次序（当 Tab 键用于导航时）。支持 tabindex 属性的标记主要有<a>、<area>、<button>、<input>、<object>、<select>、<textarea>。

例如：
```
<a href="http://www.lyu.***.**/" tabindex="2">临沂大学</a><br />
<a href="http://info.lyu.***.**/" tabindex="1">信息学院</a>
```

6. accesskey

accesskey 属性用于定义激活元素（使元素获得焦点）的快捷键。支持 accesskey 属性的标记主要有<a>、<area>、<button>、<input>、<label>、<legend>、<textarea>。

例如：
```
<a href="http://www.lyu.***.**/" accesskey="y">临沂大学</a><br />
<a href="http://info.lyu.***.**/" accesskey="x">信息学院</a>
```

7. lang

lang 属性用于设置网页或部分网页，即某些元素的语言。lang 属性取值为语言代码。ISO 639-1 国际标准定义了各种语言的代码，常用语言代码如表 2-10 所示。

表 2-10 常用语言代码

名称	name	ISO code	名称	name	ISO code
中文	Chinese	zh	法语	French	fr
英语	English	en	德语	German	de
西班牙语	Spanish	es	俄语	Russian	ru
阿拉伯语	Arabic	ar	日语	Japanese	ja
拉丁语	Latin	la	韩语	Korean	ko

lang 属性在<base>、
、<frame>、<frameset>、<hr>、<iframe>、<param>、<script>标记中无效。

W3C 组织推荐通过<html>标记中的 lang 属性对每个页面中的主要语言进行声明，这对搜索引擎检索和浏览器解析是较为方便的。

例如：
```
<html lang="en">…</html>
<p lang="zh">这是一段中文。</p>
<p lang="en">This is an English paragraph.</p>
<p lang="fr">Ceci est une en français paragraph.</p>
```

2.11.3 事件属性

事件属性不仅是支持网页元素响应用户交互行为的接口，还是与客户端脚本程序连接的纽带。事件属性的值是 JavaScript 脚本代码。常用的事件属性有以下几类，关于事件属性的使用详见 4.6 节。

1. 鼠标事件属性

鼠标事件属性是与鼠标或类似的用户动作相关的事件属性。绝大部分网页元素支持鼠标事件，因此，鼠标事件属性是通用的事件属性。鼠标事件属性如表 2-11 所示。

表 2-11 鼠标事件属性

鼠标事件属性	相关元素	事件说明
onclick	全局属性 可显示的元素都支持鼠标事件	单击鼠标时触发的事件
ondblclick		双击鼠标时触发的事件
onmousedown		按下鼠标按键时触发的事件
onmousemove		鼠标指针在元素上移动时触发的事件
onmouseout		鼠标指针移出元素时触发的事件
onmouseover		鼠标指针移动到元素上时触发的事件
onmouseup		释放鼠标按键时触发的事件

2. 键盘事件属性

键盘事件属性是与键盘操作相关的事件属性。键盘事件属性如表 2-12 所示。

表 2-12 键盘事件属性

键盘事件属性	相关元素	事件说明
onkeydown	全局属性 大部分可显示元素都支持键盘事件	按下键盘按键时触发的事件
onkeypress		按下一次键盘按键后触发的事件
onkeyup		释放键盘按键时触发的事件

3. 表单事件属性

表单事件属性是表单元素支持的动作事件属性。表单事件属性如表 2-13 所示。

表 2-13 表单事件属性

表单事件属性	相 关 元 素	事 件 说 明
onblur	表单内的组件元素	元素失去焦点时触发的事件
onchange		元素值被改变时触发的事件
onfocus		元素获得焦点时触发的事件
onselect		元素中文本被选中后触发的事件
onsubmit	form	提交表单时触发的事件

4. 页面事件属性

页面事件属性是针对页面触发的事件，即<body>元素支持的事件属性。页面事件属性如表 2-14 所示。

表 2-14 页面事件属性

页面事件属性	相 关 元 素	事 件 说 明
onload	body	页面加载完成后触发的事件
onunload		页面关闭或退出时触发的事件

2.11.4 常用属性

在网页中有占位的元素，通常为块级元素（见第 3 章）。块级元素主要有 width、height、align、valign、border、background、bgcolor 等属性。表单输入控件一般有 name、value、size 等属性。

本 章 小 结

超文本标记语言（HTML）虽然是最简单的计算机语言，但是简单的 HTML 成就了五彩缤纷的互联网世界。本章详细地介绍了 HTML 4.01 的各种标记。为了方便理解记忆，将标记分为十大类，分别是基本文档结构标记，主要标记有<html>、<head>、<title>、<body>；文本格式标记，常用标记有<h1>~<h6>、<p>、
、<div>、<span>、<sub>、<sup>；超链接标记<a>，必需属性有 href；图像标记<img>，必需属性有 src；多媒体标记<object>、<embed>；列表标记，常用标记有<ol>、<ul>、<li>；表格标记，常用标记有<table>、<tr>、<td>；表单标记，常用标记有<form>、<input>、<select>、<option>；框架标记，主要标记有<frameset>、<frame>、<iframe>；元标记<meta>，主要属性有 http-equiv、name、content。此外，还对 HTML 标记的属性进行了总结。其中，通用属性有 id、title、class、style、tabindex、accesskey、lang。

除了简单的 HTML 标记和属性，本章还穿插介绍了网页涉及的颜色表示、图像类型、音频格式、视频格式、字符编码、语言代码，以及网页的表格布局和框架布局等。

思 考 题

1. 什么是网页？什么是网站？什么是网站的主页？
2. 超链接与图像标记分别是什么？其必需的属性分别是什么？
3. 在网页中嵌入多媒体的标记是哪两个？
4. 无序列表、有序列表及其列表项标记分别是什么？
5. 常用的表格标记有哪 3 个？
6. 表单中的文本框、单选按钮、复选框、文件上传域、下拉列表框的标记代码是什么？

第 3 章 CSS

（视频学习）

CSS（Cascading Style Sheet）即层叠样式表，不仅是一种格式化网页的标准方式，还是对 HTML 样式功能的补充甚至替代技术。CSS 由 W3C 组织制定和发布。CSS 1.0 规范于 1996 年审核通过并被推荐使用。

CSS 提供了丰富的样式功能，如字体、颜色、背景、边框、定位等。CSS 可以精确控制网页的格式和布局，实现样式信息与网页内容的分离，使网页的体积减小，下载更快，能够同时更新多个网页的样式，可以针对各种显示设备，如显示器、打印机、投影仪、移动终端等，设置不同的样式。

CSS 技术涉及三个方面的内容：一是样式定义；二是选择网页元素使用样式；三是在网页中嵌入样式的方式。

3.1 基本样式属性

CSS 样式定义的语法格式为"样式属性:属性值"。每个样式用样式属性:属性值对表示，样式属性和属性值用冒号隔开，多个样式之间用分号隔开。CSS 提供了丰富的样式属性和属性值。

3.1.1 字体样式属性

CSS 关于字体的样式属性可用于定义字体类型、大小、风格、粗细、变形、颜色等。

1. font-family

font-family 属性用于设置字体类型。可取值的字体系列名，如 Serif、Sans-serif、Monospace、Cursive、Fantasy；或者具体的字体名，如 Times、Arial、Courier、ZapfChancery、Western、宋体、楷体等。

字体系列是拥有相似外观的字体类型组合。Serif 是非等宽、有衬线修饰类字体，包括 Times、Georgia 和 New Century Schoolbook；Sans-serif 是非等宽、无衬线修饰类字体，包括 Helvetica、Geneva、Verdana、Arial 和 Univers；Monospace 是等宽类字体，包括 Courier、Courier New 和 Andale Mono；Cursive 是手写体类，包括 Zapf Chancery、Author 和 Comic Sans；Fantasy 是无特征类字体，包括 Western、Woodblock 和 Klingon。

font-family 属性可以设置多个值，以逗号隔开，如果字体名称包含空格，或者#与$等特殊符号，则应使用引号引起来。前面应指定具体的字体名称，后面应指定字体系列。浏览器按从前到后的顺序选择字体。中文字体常用的有宋体、微软雅黑，英文字体常用的是 Times New Roman、Arial。

例如：

font-family:"宋体",""Times New Roman";

2. font-size

font-size 属性用于设置字体大小，可取值为绝对单位，如 pt（point）、pc（pick 皮卡）、in（inch）、mm（million meter）、cm（center meter）；相对单位，如 em（equal m）、ex（equal x）、px（pixel）；相对名称，如 small、medium、large；相对值，如 500%。

绝对大小不允许用户在浏览器中改变文本大小，相对大小允许用户在浏览器中改变文本大小。如果没有设定字体大小，则普通文本（如段落）的默认大小为16px。em的值会随父元素的字体大小而改变，对于默认的文本大小，1em＝16px。如果父元素的font-size为12pt，则1em＝12pt。

例如：
font-size: 12pt;

3．font-style

font-style 属性用于设置字体风格，通过对每个字母的结构做一些小改动来反映变化的外观，可取值为 normal、italic、oblique。italic 是斜体样式，是一种简单的字体风格。oblique 是倾斜文本，是正常竖直文本的一个倾斜版本。倾斜与斜体非常相似，但支持倾斜文本显示的浏览器较少。在大部分浏览器中，italic 与 oblique 的显示样式相同。

例如：
font-style: italic;

4．font-weight

font-weight 属性用于设置字体的粗细，可取值为相对名称，如 normal、lighter、bold、bolder。范围值为100、200、…、900。其中，100 对应最细的字体变形，900 对应最粗的字体变形。400 等价于 normal，而 700 等价于 bold。

例如：
font-weight: bold;

5．font-variant

font-variant 属性用于设置字体变形，可取值为 normal、small-cap、inherit。font-variant 属性主要用于定义小型大写字母样式。小型大写字母样式将所有的小写字母转换为大写字母，但是所有使用小型大写字母样式的字母与其余文本相比，其字体尺寸更小。

例如：
font-variant: small-cap;

6．color

color 属性用于设置字体颜色，可取值为颜色名称。十六进制数颜色值，如#00ff00；十进制数颜色值，如 rgb(255,255,0)；百分比颜色值，如 rgb(100%,50%,10%)。

例如：
color: red;

3.1.2 文本样式属性

CSS 的文本样式属性可用于定义文本的装饰、转换、缩进、水平对齐方式、行高、字符间距等外观效果。

1．text-decoration

text-decoration 属性用于设置文本的装饰外观，可取值为 underline、overline、line-through、blink、none。默认值为 none，无装饰。blink 为闪烁装饰，大部分浏览器不支持该效果。

例如：
text-decoration: underline;

2．text-transform

text-transform 属性用于设置文本的转换效果，可取值为 capitalize、uppercase、lowercase、none。capitalize 为首字母大写。

例如：
text-transform: uppercase;

3. text-indent

text-indent 属性用于设置文本的首行缩进格式,取值与 font-size 属性一样,有绝对单位值、相对单位值、相对名称、相对于父属性的百分比。text-indent 属性可以设置为负数,利用这一特征,能够实现很多有趣的效果,如"悬挂缩进",即第一行悬挂在元素中余下部分的左边。

例如:

text-indent: 1.8em;

4. text-align

text-align 属性用于设置文本的水平对齐方式,可取值为 left、right、center、justify。justify 为文本两端对齐方式,大部分浏览器不支持该效果。

例如:

text-align: center;

5. line-height

line-height 属性用于设置文本的行高,可取值为 normal、length、percentage、number。默认值为 normal,大部分浏览器的正常行高为 20px。normal 相当于设置为 20px、100%或 1。length 表示设置具体的行高值;percentage 表示设置相对于正常行高的百分比;number 表示设置相对于正常行高的倍数。

例如:

line-height: 1.6;

6. word-spacing

word-spacing 属性用于设置字(单词)之间的间距,可取值为 normal、length、inherit。默认值为 normal,与设置 0 一样。length 表示长度值,正数表示增加字间距,负数表示减小字间距。

CSS 把字(单词)定义为任何非空白字符组成的串,并由某种空白字符包围。象形文字语言或非罗马书写体往往无法指定字间距。

例程 3-1 word-spacing.html

```
<body>
<p style="word-spacing: 4px;">This text is spread. </p>
<p style="word-spacing: -1mm;"> This text is tight. </p>
</body>
```

7. letter-spacing

letter-spacing 属性用于设置单词中字符之间的间距,定义文本中字符框之间的间隔。可取值为 normal、length、inherit。默认值为 normal,与设置 0 一样。length 表示长度值,可以调整字母之间的间隔,正数表示增加字符间距,负数表示减小字符间距。

例程 3-2 letter-spacing.html

```
<body>
<h1 style="letter-spacing:-1mm;">This is header 1</h1>
<h1 style="letter-spacing:1mm;">This is header 1</h1>
</body>
```

8. white-space

white-space 属性用于设置如何处理元素内的空白及换行规则。white-space 属性取值如表 3-1 所示。white-space 的使用如例程 3-3 所示,空白与换行处理的效果如图 3-1 所示。

表 3-1 white-space 属性取值

属性值	含义
normal	默认值。空白符会被浏览器忽略
pre	空白符会被浏览器保留。其行为方式类似 HTML 中的 <pre> 标记

属性值	含义
nowrap	文本不会换行，文本会在同一行上继续，直到遇到 标记为止
pre-wrap	保留空白符序列，但是正常地进行换行
pre-line	合并空白符序列，但是保留换行符
inherit	规定应该从父元素继承 white-space 属性的值

例程 3-3 white-space.html

```
<body>
<p style="white-space:pre;">
这些文本将保留原来的格式。    这些文本将保留原来的格式。
这些文本将保留原来的格式。
</p>
<p style="white-space:nowrap;">
这些文本将不进行自动换行。
这些文本将不进行自动换行。
这些文本将不进行自动换行。
</p>
<p style="white-space:pre-line;">
这些文本中的空白会被去掉，但换行将被保留。    这些文本中的空白会被去掉，但换行将被保留。
这些文本中的空白会被去掉，但换行将被保留。
</p>
</body>
```

这些文本将保留原来的格式。   这些文本将保留原来的格式。
这些文本将保留原来的格式。

这些文本将不进行自动换行。 这些文本将不进行自动换行。 这些文本将不进行自动换行。

这些文本中的空白会被去掉，但换行将被保留。 这些文本中的空白会被去掉，但换行将被保留。
这些文本中的空白会被去掉，但换行将被保留。

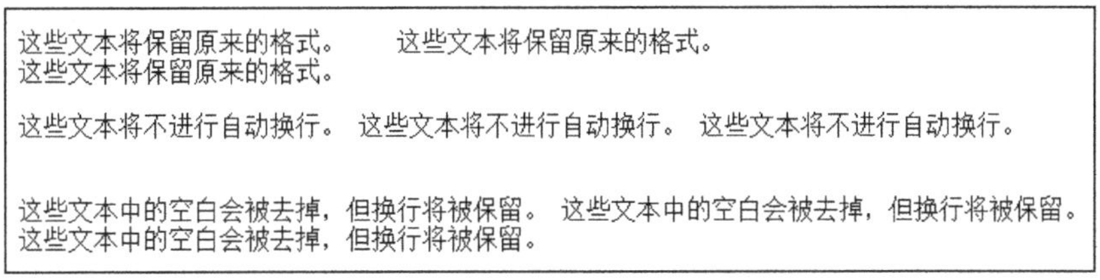

图 3-1　空白与换行处理的效果

3.1.3　背景样式属性

CSS 关于背景的样式属性可用于定义网页元素的背景颜色、背景图像。

1. background-color

background-color 属性用于设置背景颜色，与 color 属性的取值相同。background-color 属性值不能继承，其默认值是 transparent。如果一个元素没有指定背景色，则其背景是透明的，只有这样，其祖先元素的背景才能可见。

例如：

background-color: #EDEDED;

2. background-image

background-image 属性用于设置背景图像，取值为 url(图像的路径)。

例如：

background-image: url("images/bg1.jpg");

3. background-repeat

background-repeat 属性用于设置背景图像的重复特征，可取值为 repeat-x、repeat-y、repeat、no-repeat。默认值为 repeat，即在两个方向上重复。

例如：

background-repeat: no-repeat;

4. background-position

background-position 属性用于设置背景图像的起始位置，可取值为定位名称关键字，如 top、bottom、left、right 和 center；长度值，如 5px，3em；百分比值，如 50%，20%。

定位名称通常设置两个关键字，用空格隔开，一个对应水平方向，另一个对应垂直方向，可以按任何顺序出现。如果只设置一个关键字，则另一个关键字默认为 center。

长度值用于设置图像左上角距离元素内边距区左上角的偏移量，如设置为 50px 100px，表示图像左上角将在元素内边距区左上角向右 50px、向下 100px 的位置上。偏移长度通常也设置两个值，用空格隔开。如果只设置一个值，则将作为水平方向的偏移值，垂直方向默认为居中。

百分比值与长度值不同，百分比值同时应用于图像和元素。如果设置为 50% 50%，则表示图像中位置为 50% 50% 的点（中心点）与元素中位置为 50% 50% 的点（中心点）对齐；如果设置为 0% 0%，则表示图像左上角将放在元素内边距区的左上角；如果设置为 100% 100%，则表示图像的右下角与元素内边距区的右下角对齐。百分比值通常也设置两个，用空格隔开。如果只设置一个百分比值，则提供的这个值将用作水平值，垂直值默认为 50%。

例如：

background-position: left top;

5. background-attachment

background-attachment 属性用于设置背景图像的滚动特征，可取值为 fixed、scroll。默认值为 scroll，背景将随文档滚动。设置为 fixed，背景图像相对于可视区是固定的，不随文档的滚动而滚动。

例如：

background-attachment: fixed;

6. background

background 作为复合属性，可以同时设置背景图像、图像位置、图像重复、滚动特征。

例如：

background:url(images/bg1.jpg) no-repeat top right fixed;

3.1.4 边框样式属性

CSS 框模型（Box Model）定义了元素内容、内边距、边框、外边距之间的关系。元素框的最内部分是实际的内容，直接包围内容的是内边距。内边距呈现了元素的背景。内边距的边缘是边框。边框以外是外边距，外边距默认为透明，因此不会遮挡其后的任何元素。背景应用于由内容和内边距、边框组成的区域。内边距、边框和外边距都是可选的，默认值为零。但是浏览器对许多元素已经提供了预定的样式，可以通过将元素的 border、padding 和 margin 属性设置为零来覆盖浏览器预定的边框、内边距和外边距。在 CSS 中，width 和 height 属性指的是内容区域的宽度和高度。虽然增加内边距、边框和外边距不会影响内容区域的尺寸，但是会增加元素框的总尺寸，如图 3-2 所示。大多数浏览器都会按照图 3-2 所示呈现内容，然而 IE 5.X 和 IE 6 使用的是自己的非标准模型，这些浏览器的 width 属性不是内容的宽度，而是内容、内边距和边框的宽度的总和。CSS 3 新增了 box-sizing 属性，当取值为 border-box 时，元素的宽度和高度包含了内边距与边框，详见 8.4.1 节。

元素的边框（border）是围绕元素内容和内边距的一条或多条线。border 属性可用于定义元素边框的样式、宽度和颜色。

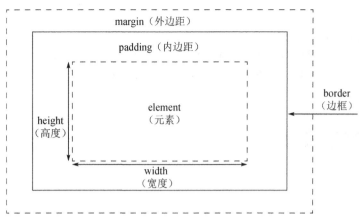

图 3-2　CSS 框模型

1. border-style

border-style 属性用于设置边框的样式，可取值为 solid、dotted、dashed、double、groove、ridge、inset、outset，分别设置实线、点线、虚线、双线、3D 凹槽、3D 垄状、3D 嵌入、3D 外凸边框形状。另外，还可取值为 none、inherit，表示无边框、从父元素继承边框样式。border-style 属性的默认值为 none，如果没有声明样式，就相当于 border-style:none，即使设置了边框宽度和颜色也不会有边框显示。如果要显示边框，则必须声明一个边框样式。

元素的边框有 4 个，可以用 border-style 属性同时设置 4 个边框的样式。如果设置 1 个值，则 4 个边框的样式相同；如果设置 2 个值，则第 1 个值为 top 和 bottom 边框的样式，第 2 个值为 left 和 right 边框的样式；如果设置 4 个值，则分别为 top、right、bottom、left 边框的样式；如果设置 3 个值，则分别为 top、right、bottom 边框的样式，left 边框的样式取第 2 个值，同 right 边框；如果设置 4 个以上的值，则 border-style 属性将无效。还可以用 border-top-style、border-right-style、border-bottom-style、border-left-style 属性单独设置各个边框的样式。

例如：

border-style: dashed dotted double;
/*等价于：border-top-style: dashed; border-bottom-style: double; border-left-style: dotted; border-right-style: dotted; */

2. border-width

border-width 属性用于设置边框宽度，可取值为宽度描述关键字，如 thin、medium、thick，宽度值，如 5px、3mm、2em。border-width 属性与 border-style 属性的设置类似，可以用 border-width 属性同时设置 4 个边框的宽度，还可以用 border-top-width、border-right-width、border-bottom-width、border-left-width 属性单独设置各个边框的宽度。

例如：

border-width: 2px 1px 3px;
/*等价于：border-top- width: 2px; border-bottom- width: 3px; border-left- width: 1px; border-right- width: 1px; */

3. border-color

border-color 属性用于设置边框颜色，与 color 属性的取值相同。同样可以用 border-color 属性同时设置 4 个边框的颜色，还可以用 border-top-color、border-right-color、border-bottom-color、border-left-color 属性单独设置各个边框的颜色。

例如：

border-color: blue gray maroon;
/*等价于：border-top- color:blue; border-bottom- color: maroon; border-left- color: gray; border-right- color: gray; */

4. border

border 是边框样式的复合属性，可以同时设置 4 个边框的样式、宽度、颜色值。

例如：

border: 2mm dashed blue;
/*等价于：border-width: 2mm; border-style: dashed; border-color: blue; */

边框样式还有复合属性 border-top、border-right、border-bottom、border-left，附带 1～3 个值，分别用于设置各个边框的样式、宽度、颜色值。

例如：

border-right: dotted medium #cc00bb;
/*等价于：border-right-style: dotted; border-right-width: medium; border-right-color: #cc00bb; */

3.1.5 边距样式属性

1. padding

元素内容与边框之间的空白区域为内边距，又称补白或填充。padding 属性用于设置内边距，可取值为长度值，如 4px，2mm，1em，百分比值，如 10%。百分比值是相对于其父元素的宽度计算的。padding 属性不能取负值。

同边框一样，内边距也有 4 个。可以用 padding 属性同时设置 4 个内边距的大小，还可以用 padding-top、padding-right、padding-bottom、padding-left 属性单独设置各个内边距的宽度。

例如：

padding: 2px 4px 3px;
/*等价于：padding-top: 2px; padding-bottom: 3px; padding-left: 4px; padding-right: 4px */

2. margin

元素边框外围的空白区域为外边距。margin 属性用于设置元素的外边距，可取值为长度单位、百分比值，意义与 padding 属性相同。margin 属性的取值还可以为 auto 和负值。如果将 margin 属性设置为 auto，则由浏览器计算外边距。对于 auto 左、右外边距，浏览器将均分元素左右两边的空白区域，使元素在水平方向上对齐；对于 auto 上、下外边距，浏览器不做处理，无效果。如果将 margin 属性设为负值，那么将使元素向相反方向偏移，如设元素左外边距为-4px，元素将由原来的位置向左偏移 4 像素。水平居中元素的例程如下，显示效果如图 3-3 所示。

例程 3-4　haligndiv.html

```
<!DOCTYPE html>
<html xmlns="http://www.w3.***/1999/xhtml">
<head>
<meta http-equiv="Content-Type" content="text/html; charset=utf-8" />
<title>块元素水平居中</title>
<style type="text/css">
.blockcenter {
    margin-left: auto; margin-right: auto;   /*块元素水平居中 */
    width: 70%; background-color: #b0e0e6;
}
.textcenter {
    text-align:center;   /*行内元素水平居中 */
}
</style>
</head>
<body>
<h3 class="textcenter">元素的水平居中</h3>
<div class="blockcenter">将左和右外边距设置为 auto，是均等地分配可用的外边距，结果就是居中的元素。
</div>
</body>
</html>
```

> **元素的水平居中**
>
> 将左和右外边距设置为auto，是均等地分配可用的外边距，结果就是居中的元素。

图 3-3 元素的水平居中的显示效果

同内边距一样，外边距也有 4 个。可以用 margin 属性同时设置 4 个外边距的大小，还可以用 margin-top、margin-right、margin-bottom、margin-left 属性单独设置各个外边距的宽度。

例如：

margin: 3px 2px 4px;
/*等价于：margin-top: 3px; margin-bottom: 4px; margin-left: 2px; margin-right: 2px */

3．外边距合并

垂直方向上两个相邻元素之间的外边距合并（叠加），在浏览器中显示时，这两个元素相邻边界之间的距离并不等于其上下外边距之和，而是两个元素上下外边距中的较大者，如图 3-4 所示。

当一个元素包含另一个元素时，如果父元素没有设置内边距或边框，使其外边距与被包含元素的外边距隔开，那么它们的上和/或下外边距也会发生合并，如图 3-5 所示。

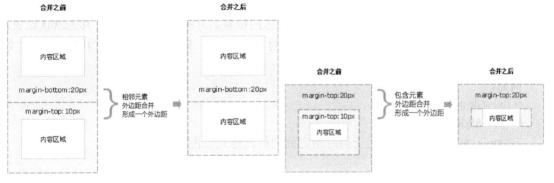

图 3-4 相邻元素外边距合并　　　　图 3-5 包含元素外边距合并

当一个空元素有外边距而没有边框或内边距时，其上外边距与下外边距将相遇发生合并，如图 3-6 所示。

图 3-6 空元素外边距合并

外边距合并可使相邻几个元素占用较小的空间。对于由几个段落组成的文本页面，如果没有外边距合并，后续所有段落之间的外边距都将是相邻上外边距和下外边距的和，这意味着段落之间的空间是页面顶部的两倍。外边距合并使段落之间的间距与段落和页面顶部、底部之间的边距一致。

外边距先从左、上方向设置。水平方向上没有外边距合并现象。

3.1.6　列表样式属性

CSS 的列表样式属性用于定义列表的标志、位置。

1. list-style-type

list-style-type 属性用于设置列表的标志,可取值如下。

无序列表项标志:disc | circle | square | none。

有序列表项标志:decimal | decimal-leading-zero | lower-alpha | upper-alpha | lower-roman | upper-roman | lower-latin | upper-latin | lower-greek | armenian | georgian | inherit。

disc 为实心圆,是无序列表的默认标志;circle 为空心圆;square 为实心方块。alpha 为英文字母,latin 为拉丁字母,两者效果一样;decimal-leading-zero 为以 0 开头的数字;lower-greek 为小写希腊字母;armenian 为传统的亚美尼亚编号;georgian 为传统的乔治亚编号。list-style-type 属性用以取代<ul>和<ol>标记的 type 属性。

例如:
```
ul {list-style-type: circle;}
ol{list-style-type: upper-latin;}
```

2. list-style-image

list-style-image 属性可用于将无序列表项前的标志设置为图像,取值为 url(图像路径)。

例如:
```
ul {list-style-image: url("images/arrow.gif");}
```

3. list-style-position

list-style-position 属性用于设置列表项前标志的位置。可取值为:outside,其为默认设置,标志位于列表项外侧,列表项文本不与标记左对齐;inside,标志位于列表项内侧,列表项文本与标志左对齐;inherit,继承父元素。

例如:
```
ol {list-style-position: inside;}
```

4. list-style

list-style 为复合属性,可用于同时指定列表标志样式、图像、位置。

例如:
```
ul {list-style:url(arrow.gif) square outside;}
/*等价于: ul {list-style-image: url("arrow.gif"); listy-style-type: square; list-style-position: outside;} */
```

标志图像优先级高于标志样式,图像始终覆盖样式,一般指定标志样式作为标志图像的补充,在无法显示图像时显示指定的样式。列表标志样式应用如例程 3-5 所示,显示效果如图 3-7 所示。

例程 3-5　list-style.html

```
<body>
<table style="line-height:24px;"><tr><td width="160" valign="top">
<h3>无序列表样式 </h3>
<ul style="list-style-image:url(images/arrow.gif);">
    <li>苹果</li> <li>桃子</li> <li>梨</li> <li>橘子</li>
</ul>
</td>
<td width="160" valign="top">
<h3>有序列表样式 </h3>
<ol style="list-style-type: upper-roman;">
    <li>HTML</li> <li>CSS</li> <li>JavaScript</li> <li>XML</li>
</ol>
</td></tr></table>
</body>
```

应用样式的元素对象被称为选择器。选择器与样式属性的组合格式如下:

选择器{样式属性1:属性值1; 样式属性2:属性值2; …}

```
┌─────────────────────────────────┐
│  无序列表样式      有序列表样式  │
│                                 │
│    ○ 苹果         I.  HTML      │
│    ○ 桃子         II. CSS       │
│    ○ 梨           III. JavaScript│
│    ○ 桔子         IV. XML       │
└─────────────────────────────────┘
```

图 3-7　列表标志样式显示效果

3.2　选择器

3.2.1　通配符选择器

通配符*代表任意网页元素，以*为选择器定义的样式，应用于网页中所有的元素，格式如下：
* {样式属性 1:样式值 1; 样式属性 2:样式值 2; ...}
例如：
*{font-size:14pt; line-height:1.6em;}　　/*所有文字字体大小为 14pt；行高为 1.6em。*/

3.2.2　标记选择器

标记选择器指定标记应用样式，页面中的此标记都将应用定义的样式，格式如下：
标记名称　{样式定义列表}
例如：
div {background-color: #EDEDED;}

3.2.3　类选择器

在定义样式时，用".类名（点号+类名）"作为应用样式的选择器。类名自定义，基本上与变量名的定义规则相同。其中，第 1 个字符不能为数字。网页中的 HTML 标记使用通用属性 class 指定类名，关联 CSS 样式与应用样式的网页元素。类选择器以一种独立于文档元素的方式来指定样式，可以将样式类分配给任何一个元素任意多的次数，使一类样式应用于网页中的不同元素，格式如下：
.类名　{样式定义列表}
例如：
.mark {font-style:italic;}
<h1 class="mark">重要的标题</h1>
…
<p class="mark">需要关注的内容。</p>

类选择器前可以加标记进行限定，"标记.类名"的样式应用于指定标记，且 class 属性值为类名的网页元素。
例如：
p.mark {font-style:italic;}　　/*只应用于 class 属性值为 mark 的<p>标记。*/

class 通用属性可以包含多个样式类，各类名之间用空格隔开。各个样式类中定义的样式都将应用于该元素。
例如：
.mark {font-style:italic;}
.warning {color:red;}

<p class="mark warning">需要关注的内容。</p>

多个类选择器可以并列在一起,仅选择同时包含这些类名的元素(类名的顺序不限)。注意,类选择器之间无空格,如果有空格,则为后代选择器。

例如:

.mark.warning {font-style:italic; color:red;}
<p class="warning important mark">需要关注的内容。</p>

3.2.4 id 选择器

id 标识名由 HTML 标记的通用属性 id 定义,id 标识名应该唯一。id 选择器用"#id 标识名(#+id 名)"表示,指定 id 标识名的网页元素应用所定义的样式,格式如下:

#id 标识名 {样式定义列表}

例如:

#nav{background-color:#D3E2F5}
<div id="nav">导航栏</div>

id 选择器前也可以加标记进行限定,"标记#id 标识名"的样式应用于指定标记,且 id 属性值为 id 标识名的网页元素。

例如:

div#nav{background-color:#D3E2F5}
<div id="nav">导航栏</div>

3.2.5 属性选择器

属性选择器根据元素的属性及属性值选择元素。可以选择有特定属性的元素,或者进一步缩小范围,选择有特定属性值的元素。属性选择器可以独立使用,但通常放在其他选择器之后,作为对其他选择器进一步的限定。多个属性选择器也可以并列在一起,表示根据多个属性进行选择,即同时具有这些属性特征的元素应用定义的样式。

1. [attr]

[attr]匹配所有具有 attr 属性的元素,不考虑属性的取值。

例如:

[title] {color:red;}

将包含标题(title)属性的所有元素变为红色。

例如:

.mypic[alt] {border: 2px solid red;}

对所有带有 alt 属性,且样式类(class 属性值)为 mypic 的元素应用样式,加上红色 2px 的实线边框。

例如:

a[href][title] {color:red;}

将同时有 href 和 title 属性的超链接的文本设置为红色。

2. [attr=val]

[attr=val]匹配具有 attr 属性,且属性值等于 val 的所有元素。

例如:

a[href="http://www.lyu.***.**/ "] {color: red;}

把指向临沂大学主页的超链接设为红色。

例如:

a[href="http://www.lyu.***.**/ "][title="临沂大学"] {color: red;}

把指向临沂大学主页,且提示(title)属性值为"临沂大学"的超链接设置为红色。

3. [attr~=val]

[attr~=val]选择器用于选取属性值中包含指定词汇的元素，匹配具有 attr 属性，属性值为空格隔开的多个值，且其中一个值等于 val 的所有元素。

例如：

p[class~="warning"] {color: red;}

将 class 属性值包含单词 warning 的<p>元素设置为红色。匹配类似<p class="error warning">出现错误！</p>的元素，等价于 p.warning{color:red;}。

例如：

img[title~="flower"] {border: 1px solid yellow;}

将 title 属性值包含单词 flower 的图像加上 1px、实线、黄色边框。匹配类似<img src="images/ tulip.jpg" title="flower tulip" />的元素。

4. [attr|=val]

[attr|=val]匹配具有 attr 属性，属性值为 val 或以 val- 开头的所有元素。该选择器主要用于属性值为连字号隔开（hyphen-separated）的多个值，且其中一个值以 val 开头的所有元素。常用于 lang 属性，如 en、en-us 等。

例如：

*[lang|="en"] {color: red;}

将 lang 属性等于 en 或以 en-开头的元素设置为红色。匹配<p lang="en-us"> Greetings!</p>、<div lang="en">Hello!</div>等。

例如：

img[src|="flower"] {border: 1px solid yellow;}

将文件名形如 flower-1.gif、flower-2.jpg 等的图像加上 1px、实线、黄色边框。

5. [attr^=val]

[attr^=val]匹配具有 attr 属性，且属性值以 val 开头的元素。

例如：

* [class^=top] {color:blue;}

把样式类（class 属性值）以 top 开头的元素设置为蓝色。匹配<p class="topnav">Welcome!</p>、<div class="toptitle">Hello!</ div >等。

6. [attr$=val]

[attr$=val]匹配具有 attr 属性，且属性值以 val 结尾的元素。

例如：

* [class$=test] {color:blue;}

把样式类（class 属性值）以 test 结尾的元素设置为蓝色。匹配<p class="jstest">Welcome!</p>、< div class="csstest">Hello!</ div >等。

7. [attr*=val]

[attr*=val]匹配具有 attr 属性，且属性值包含 va 的元素。

例如：

* [class*=text] {color:blue;}

把样式类（class 属性值）中包含 text 的元素设置为蓝色。匹配<p class="mytext1">Welcome!</p>、< div class="mytext2">Hello!</ div >等。

3.2.6 后代选择器

选择器可以组合，以空格组合的选择器是后代选择器，又称包含选择器。样式应用于最后一个选择器，前面选择器限定后面选择器为其后代元素，格式如下：

```
标记.类名 {样式定义列表}
标记 1 标记 2 {样式定义列表}
```
例如：
```
td .mark {color:red}
```
表示<td>标记内部，class 属性为 mark 的后代元素应用红色字体样式。

例如：
```
.mark td {color:red}
```
表示类名为 mark 的标记内嵌套的后代<td>元素应用红色字体样式。

3.2.7　并列选择器

以逗号组合的选择器是并列选择器，样式应用于逗号隔开的所有选择器，格式如下：
```
选择器 1,选择器 2 {样式定义列表}
```
例如：
```
div,p {font-size:14pt;}
/*所有<div>元素和所有<p>元素的字体大小均为 14pt */
```

3.2.8　子元素选择器

以大于号组合的选择器是子元素选择器，样式应用于最后一个选择器，后面的选择器被限定为前面选择器的子元素（直接后代）。子元素选择器比后代选择器的范围要小，只选择子元素，而不是任意后代元素，格式如下：
```
选择器 1>选择器 2 {样式定义列表}
```
例如：
```
div>p {font-size:14pt;}
/*父元素为<div>的所有<p>元素的字体大小均为 14pt */
```

3.2.9　相邻兄弟选择器

以加号组合的选择器是相邻兄弟选择器，样式应用于最后一个选择器，前面的选择器限定后面的选择器为其相邻的兄弟，格式如下：
```
选择器 1+选择器 2 {样式定义列表}
```
例如：
```
img+div {font-size:14pt;}
/*紧接在<img>元素之后的所有<div>元素的字体大小均为 14pt */
```

3.2.10　伪类选择器

伪类选择器是指定元素特定状态的细化选择器。利用伪类可以对选择器做进一步的限定，从而根据元素在运行时的状态设置不同的样式，格式如下：
```
选择器:伪类名 {样式定义列表}
```
CSS 2.1 之前对<a>标记定义了 4 个伪类：a:link、a:visited、a:hover、a:active，分别对应链接所处的 4 个状态。

1. :link

a:link，指普通的、未被访问的链接。

2. :visited

a:visited，指用户已访问的链接。

3. hover

a:hover，表示鼠标指针位于链接的上方。

4. active

a:active,表示链接被单击的时刻。

使用 4 个伪类可以设置链接在 4 种状态下的各种样式。例如,text-decoration、color、font-family、background 等。超链接的默认样式总是带下画线,未访问时为浅蓝色,访问后变为紫色,鼠标移上时颜色不变,而单击时变为红色。

为了页面更加协调、美观,超链接的样式常定义为:

```
a:link, a:visited {text-decoration:none; color: black; }
a:hover {text-decoration:underline; color: blue; }
a:active {text-decoration:underline; color: red; }
```

用伪类为链接的不同状态设置样式时,要求按照以下次序设置,a:hover 位于 a:link 和 a:visited 之后, a:active 位于 a:hover 之后。

5. :focus

:focus 伪类用于选取获得焦点的元素。接收键盘事件或其他用户输入的元素都支持:focus 伪类。inputSelector:focus 限定选择器为 inputSelector,且获得焦点的表单输入控件。

例如:伪类选择器限定样式的应用目标为获得焦点的 input 元素。

```
input:focus {
    background-color:yellow;
}
```

6. :first-child

:first-child 伪类用于选取属于其父元素的首个子元素。selector:first-child 限定选择器为 selector,且属于其父元素的首个子元素。

例如:伪类选择器限定样式的应用目标为列表项<li>且为第一个子元素。

```
li:first-child {
    background: #D3E2F5;
}
```

例如:选择<p>标记,且<p>标记必须属于其父元素的首个子元素,设置其样式。注意,不是<p>标记的第 1 个子元素。

```
p:first-child {
    background-color: #D3E2F5;
}
```

例如:选择<p>标记中包含的<i>元素并设置其样式,其中的<p>标记必须是其父元素的第一个子元素。

```
p:first-child i {
    background: #D3E2F5;
}
```

例如:选择每个<ul>标记的首个子元素,并设置其样式。

```
ul>:first-child { background:#D3E2F5; }
```

7. :lang

:lang 伪类使用户有能力为不同的语言定义特殊的规则。selector:lang(languagename)用于选取 lang 属性值以"languagename"开头的元素。lang 属性为 HTML 标记的通用属性之一,用于指定文本所属的语言。该值必须是整个单词,既可以是单独的,如 lang="en",又可以后跟连接符,如 lang="en-us"。:lang 伪类选择器应用如例程 3-6 所示,显示效果如图 3-8 所示。

例程 3-6 pseudo-lang.html

```
<!DOCTYPE html>
<html xmlns="http://www.w3.***/1999/xhtml">
<head>
<meta http-equiv="Content-Type" content="text/html; charset=utf-8" />
<title>lang 伪类选择器</title>
```

```
<style type="text/css">
div {
    width:432px; height:100px;
    border:1px dashed black;
    margin:4px; padding:8px;
    line-height:1.6em;
}
span:lang(en) {
    font-family:"Times New Roman", Times, serif;
    color:#F0A;
    background-color:#EDEDED;
}
</style>
</head>
<body>
<h3>lang 伪类选择器应用</h3>
<div>:lang 伪类使用户有能力为不同的语言定义特殊的规则。<span lang="en">This an English text example.
</span>selector:lang("en")用于选取 lang 属性值以 "en" 开头的元素。lang 属性为 HTML 标记的通用属性之一，用于指定文本所属的语言。</div>
</body>
</html>
```

lang伪类选择器应用

:lang伪类使用户有能力为不同的语言定义特殊的规则。This an English text example.selector:lang("en")用于选取lang属性值以"en"开头的元素。lang属性为HTML标记的通用属性之一，用于指定文本所属的语言。

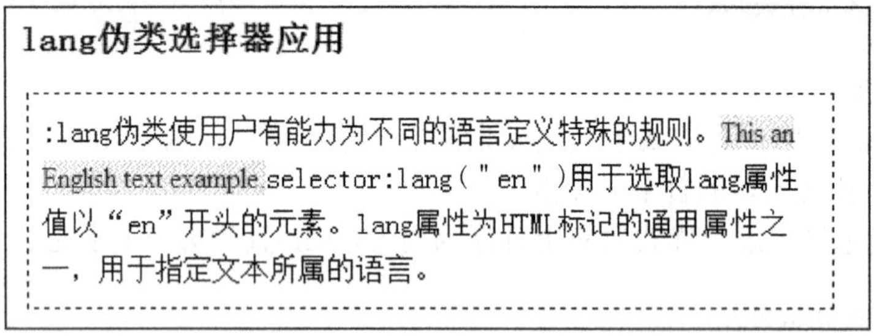

图 3-8 :lang 伪类选择器应用显示效果

3.2.11 伪元素选择器

伪元素选择器是指定元素特定部位的细分选择器。利用伪元素可以对选择器做进一步限定，从而针对元素的不同部分进行样式设置。与伪类相似，伪元素需要同其他选择器联合使用，是对选择器的二次选择，格式如下：

选择器:伪元素名 {样式定义列表}。

CSS 提供了如下的伪元素选择器。

1. :first-letter

selector:first-letter：选取指定选择器的首字母。first-letter 伪元素只能用于块级元素。关于块级元素的概念见 3.4.1 节。

```
p:first-letter {
    font-size:200%;
    color:#8A2BE2;
}
```

2. :first-line

selector:first-line：选取指定选择器的首行。first-line 伪元素只能用于块级元素。

伪元素选择器应用如例程 3-7 所示，显示效果如图 3-9 所示。

例程 3-7 pseudo-element.html

```
<!DOCTYPE html>
<html xmlns="http://www.w3.***/1999/xhtml">
<head>
```

```
<meta http-equiv="Content-Type" content="text/html; charset=utf-8" />
<title>伪元素选择器</title>
<style type="text/css">
body {
    text-indent:2em;
    margin:8px;
}
div {
    width:432px; height:110px;
    border:1px dashed black;
    margin:4px; padding:8px;
    line-height:1.6em;
}
div:first-letter {
    font-size:2.5em;
    color:blue;
}
div:first-line {
    font-family:楷体;
    color:#F0A;
    background-color:#EDEDED;
}
</style>
</head>
<body>
<h3>伪元素选择器应用</h3>
<div>伪元素选择器可以定位元素的第一个字符、第一行，对这些部分单独进行格式设置。还可以定位元素前后的位置，在这些位置使用内容生成样式属性，添加内容，同时对其样式进行设置。</div>
</body></html>
```

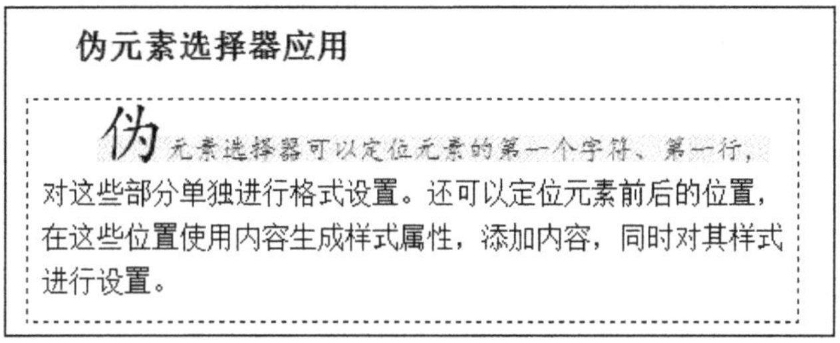

图 3-9　伪元素选择器应用显示效果

3. :before

selector:before：选择指定选择器的内容的前面部分。before 伪元素只能用于块级元素。通常使用内容生成样式属性 content 在指定的位置插入内容，并设置其样式。关于 content 属性见 3.5.4 节。例如：

```
p:before {
    content :url(logo.gif);    /* 在每个<p>标记前面插入一幅图 */
}
```

4. :after

selector:after：选择指定选择器的内容的后面部分。通常使用内容生成样式属性 content 在指定的位置插入内容，并设置其样式。例如：

```
p:after {
    content:"—备注";
    background-color:yellow;
    color:red;
    font-weight:bold;
}
```

3.3 在网页中使用 CSS

在网页中嵌入 CSS 样式的方式主要有内联样式表、内部样式表和外部样式表。

3.3.1 内联样式表

内联样式表定义在标记内，作为 style 属性的值，格式如下：

```
<标记名  style="样式定义列表">
```

内联样式直接应用于所定义的标记，不需要选择器。

例程 3-8　emstyle.html

```html
<p style="font-style:italic; color:red;">需要关注的内容。</p>
```

3.3.2 内部样式表

内部样式表定义在<style></style>标记内。<style>不是可显示标记，应位于<head>标记内。内联样式表中定义的样式通过选择器应用于网页元素。

例程 3-9　instyle.html

```html
<head>
  <style type="text/css">
    .mark {font-style:italic; color:red;}
  </style>
</head>
<body>
  <p class="mark">需要关注的内容。</p>
</body>
```

<style>标记用于为 HTML 文档定义样式信息。<style>标记的属性有 type 和 media。type 属性是必需的，用于定义<style>标记的内容，唯一可能的值是 text/css。media 属性用于指定样式应用的媒介类型，可以取的属性值与@media 的媒体查询表达式相同，详见 8.7.4 节媒体查询。media 属性可以设置多个值，为<style>标记指定一个以上的媒介类型，各属性值用逗号隔开。

例如：

```html
<style type="text/css" media="screen, print ">
```

3.3.3 外部样式表

外部样式表定义在一个外部文件中，文件的扩展名为.css。在 HTML 文档中，使用<link>标记引入 CSS 样式文件。<link>不是可显示标记，应位于<head>标记内。外部样式表文件中可用/* */添加注释。外部样式表中定义的样式可以应用于多个网页。

例程 3-10　exstyle.css，样式文件的内容

```css
/* 外部样式表示例 */
.mark {
    font-style:italic;
    color:red;
}
```

例程 3-11　exstyle.html，应用外部样式表的网页

```html
<head>
  <link rel="stylesheet" href="exstyle.css">
</head>
<body>
  <p class="mark">需要关注的内容。</p>
</body>
```

1. 链接外部样式表

<link>标记定义了 HTML 文档与外部资源的关系，常见的用途是链接样式表。<link>是空标记，仅包含属性。<link>标记只能位于<head>标记内，可多次出现。<link>标记的属性有 href 属性，用于定义被链接文档的位置，取值为 url；有 rel 属性，用于定义当前文档与被链接文档之间的关系，其属性值如表 3-2 所示，链接外部样式表必须取值为 stylesheet；有 media 属性，用于定义被链接文档将被显示在什么设备上，与<style>标记的 media 属性的取值相同；有 type 属性，用于定义被链接文档的 MIME 类型，取值为 MIME_type。<link>标记的必需属性是 rel 和 href。

表 3-2 rel 属性值

属 性 值	含 义
alternate	文档的替代版本（如打印页、翻译或镜像）
stylesheet	文档的外部样式表
start	集合中的第一个文档
next	集合中的下一个文档
prev	集合中的上一个文档
contents	文档的目录
index	文档的索引
glossary	在文档中使用的词汇的术语表（解释）
copyright	包含版权信息的文档
chapter	文档的章
section	文档的节
subsection	文档的小节
appendix	文档的附录
help	帮助文档
bookmark	相关文档

2. 导入外部样式表

外部样式表还可以用 import 导入，格式如下：

```
<style type="text/css">
@import url {样式表地址}
</style>
```

导入语句@import 必须位于<style>标记内，url 可以省略。

早期的许多浏览器不支持@import 导入，因此，开发人员把这些浏览器不支持的 CSS 属性放在单独的外部样式表中，在网页中用@import 导入此外部样式表，这使得只有支持@import 导入的浏览器才会导入这些 CSS 属性，而不支持@import 导入的浏览器也不会受这些 CSS 属性的影响。因为某些浏览器在导入样式表时会出现"屏闪"现象，所以应尽量避免使用@import 导入外部样式表，推荐使用链接外部样式表的方式。

样式表应用如例程 3-12、例程 3-13 所示，显示效果如图 3-10 所示。

例程 3-12 cssaplay.html，样式表综合应用

```
<!doctype html>
<html>
<head>
<meta charset="utf-8">
<title>样式表应用</title>
<link href="cssaplay.css" rel="stylesheet"/>
</head>
<body>
<div id="content">
```

```html
        <h3>格式化网页</h3>
        <ul>
            <li>设置本部分网页的背景图像、位置左上、不重复；</li>
            <li>网页滚动时背景图像固定。</li>
        </ul>
        <h3>格式化文字</h3>
        <p class="ftcss"> 格式化本段文字的字体宋体，大小 12pt，颜色#0011aa，左对齐，首行缩进 2em，行高 1.8 倍。
设置其中一部分为<span class="italic">斜体</span>、<span class="bold">粗体</span>、<span class＝"underline">下画
线</span>。  </p>
        <h3>背景固定测试</h3>
        <p class="bgtest"> 网页内容<br />
            ...<br />
            ...<br />
            通过滚动条测试背景图像是否固定不动<br />
            ...<br />
            ...<br />
            ...<br />
            ...<br />
        </p>
    </div>
</body>
</html>
```

例程 3-13　cssaplay.css，样式文件

```css
#content {
        background-image: url(../html/images/bg3.jpg);
        background-position: left top;
        background-repeat: no-repeat;
        background-attachment: fixed;
        width: 540px;
        height: 320px;
        border-style: double solid;
        border-width: 2px 1px;
        border-color: blue #A8C6ED;
        border-collapse: collapse;
        padding: 2mm 8mm;
        margin: 4pt;
        color:#2A7F00;
        overflow: auto;      /*见 3.4.4 节*/
}
ul {
        padding-left: 48px;
        line-height:32px;
}
.ftcss {
        font-family: 宋体, sans-serif;
        font-size: 12pt;
        color: #0011aa;
        text-align: left;
        text-indent: 2em;
        line-height: 1.8;
}
.bold {
        font-weight: 600
}
.italic {
        font-style: italic
}
.underline {
        text-decoration: underline
```

```
}
.bgtest {
    line-height: 28px;
    padding-left: 24px;
}
```

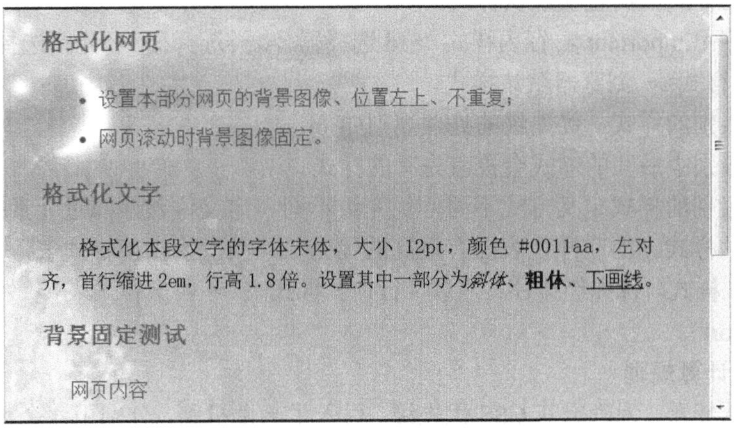

图 3-10 样式表应用效果

3.3.4 样式的优先级

对于同一个网页元素，CSS 允许应用多个样式，这些样式可以由不同的选择器，或者在不同的位置定义。对于各种不同的样式，网页元素将叠加（层叠）应用。当同一个样式的定义有冲突时，CSS 有一套优先级规则来决定样式的应用。

1．!important 声明

在 CSS 中，对某一样式属性定义之后声明!important，可以更改默认的 CSS 样式优先级规则，使该样式属性具有最高优先级。

例如：

```
<style>.mycss {color:red!important;}</style>
<div class="mycss" style="color:blue">文本的颜色应用声明!important 的样式</div>
```

在 CSS 样式规则中，内联样式优先级高于内部样式，如果没有!important，则<div>中的文本应为蓝色，但在内部样式表中定义 color 属性值之后声明了!important，使此样式规则的应用具有最高优先级，使<div>中的文本成为红色。

!important 声明需注意：

（1）如果!important 被用于一个简写的样式属性，则这条简写的样式属性所代表的子属性都会被作用上!important。

（2）关键字!important 必须放在一行样式的末尾，并且要放在该行分号前，否则就没有效果，不过分号前的空格不会影响它。

（3）如果不得不在一个代码块中声明两个相同的样式属性，则应将!important 加在第一个属性定义的后面，这样在所有的浏览器中第一个样式属性的权重更大。

2．样式定义的优先级别

按照定义方式和选择器类别，CSS 样式应用的优先级从高到低分为以下级别。

（1）在属性值后面声明!important 会覆盖页面内任何位置定义的同一样式，优先级别是最高的。

（2）内联样式，即作为 style 属性值定义在元素内的样式。

（3）id 选择器定义的样式。

(4)类选择器定义的样式。

(5)元素选择器定义的样式。

(6)通配符选择器定义的样式。

(7)继承的样式或浏览器默认样式。

优先级排序：!important > 行内样式 > id 选择器 > 类选择器 > 元素选择器 > 通配符选择器 > 继承的样式 > 浏览器默认样式。

对于同一级别的样式，优先级的处理规则如下。

(1)同一级别中后写的样式会覆盖先写的样式。

(2)同一级别的样式定义方式不同，优先级不同。定义位置最靠近元素的样式将覆盖较远位置处定义的样式。内联样式表拥有最高的优先级，其次为内部样式表，然后是外部样式表，最后是导入样式。优先级排序：内联（行内）样式表 > 内部样式表 > 外部样式表 > 导入样式（@import）。

3．优先级计算规则

对于复合选择器，为确定其 CSS 优先级，引入了一个机制，分别用 4 个数字 (A, B, C, D) 表示优先级的组合，它们的意思分别如下。

A：表示内联样式，即 style 属性定义的样式，当存在内联样式时，A = 1，否则，A = 0。

B：选择器中 id 选择器出现的次数。

C：选择器中类选择器、属性选择器、伪类选择器出现的总次数。

D：选择器中标签选择器和伪元素选择器出现的总次数。

例如：

`#nav > ul > li > a.navlink {padding:4px;}`

上面的选择器中没有内联样式。id 选择器出现了 1 次，类选择器出现了 1 次，标记选择器出现了 3 次。计算的优先级组合为(0, 1, 1, 3)。

例如：

`#navbar li:first-child {color:red;}`   /* 优先级组合为：(0, 1, 1, 1) */
`#navbar li {color:blue;}`   /* 优先级组合为：(0, 1, 0, 1) */

对于第 1 个列表项 li，由于前一个样式定义的优先级高，显示为红色。

4．选择器的定义原则

CSS 定义应遵循简洁、高效的原则，也就是让浏览器以更少的查找来确定匹配样式定义的元素标签，为此在定义 CSS 时，选择器的使用应注意以下三点。

(1)不要在 id 选择器前使用标签名。id 选择器是唯一的，加上标签名相当于画蛇添足。

(2)尽量不要在类选择器前使用标签名。类选择器的应用场景就是多个不同的元素使用相同的样式，当不同的元素样式不一样时，最好定义不同的样式类，而不应对类选择器添加标签名构成复合选择器来定义样式。

例如：

`p.colclass {color:red;}` 和 `span.colclass {color:red;}`

建议定义为`.pcol{color:red;}`和`.spancol {color:red;}`。

(3)尽量减少层级关系，应使用类选择器代替层级关系。只有能够显著地减少代码量时，选择器才应使用层级关系。

例如：

`#divclass p.colclass{color:red;}`

应改为：

`.colclass{color:red;}`

例如：

.ulclass > li {display:inline-block; left-padding:0; }

应改为：

.liclass {display:inline-block; left-padding:0; }

后者要为<ul>标记中的每一个<li>标记设置属性class="liclass"，而前者只需为较少的<ul>标记设置class属性值即可。

3.4 定位相关属性

3.4.1 盒模型与流布局

1．网页元素的盒模型

盒模型是指浏览器在解析网页时，将网页元素分为块级（block）元素、行内（inline）元素，以及介于块级元素和行内元素之间的行内块元素（inline-block）3种类型。对于不同类型的元素，采用不同的显示方式。块级元素显示为"块框"，即一块内容，块级元素前后都将换行。常用的块级元素有：<div>、<p>、<table>、<ul>、<ol>、<li>、<h1>。行内元素显示时不换行，相邻的行内元素在一行内连续显示。行内元素所占的区域为"行内框"，行内元素无宽度和高度属性。常用的行内元素有：<span>、<a>、<label>。行内块元素类似于行内元素，但具有块级元素的一些特性，它在一行内连续显示，但可以设置宽度和高度属性。行内块元素本身呈现为行内元素，但其中的内容呈现为块级元素。常用的行内块元素有：<img>、<input>、<textarea>、<button>、<iframe>。块级元素的占位区域由width、height、padding、margin属性值决定。行内元素的宽度由其中的内容和padding、margin属性值决定，而高度主要由line-height属性值决定。块级元素可以包含行内元素，而行内元素不能嵌套块级元素。网页元素的盒模型解析如例程3-14所示，显示效果如图3-11所示。

例程 3-14　boxmodel.html

```
<!DOCTYPE html>
<html xmlns="http://www.w3.***/1999/xhtml">
<head>
<meta http-equiv="Content-Type" content="text/html; charset=utf-8" />
<title>盒模型</title>
<style type="text/css">
.box {
    background-color: #CFF;
    margin: 16px;
    padding: 16px;
    height: 80px;
    width: 300px;
    border: 2px solid #D40055;
}
</style>
</head>
<body>
<h2>网页元素的盒模型</h2>
<h3>块级（block）元素</h3>
<div class="box">块级元素形成的块框</div>
<h3>行内（inline）元素</h3>
普通文本<span class="box" style="line-height:24px">行内元素形成的行内框</span>普通文本也会形成行内框，被称为匿名行内框。<br />
行内元素水平方向的margin和padding属性起作用，垂直方向的margin和padding属性不影响行高。
<h3>行内块元素</h3>
```

```
            <form action="" method="get">
                <label for="uname" class="box">请输入：</label><input name="uname" type="text" class="box" value="行内块元素形成的行内框"/>
            </form>
        </body>
</html>
```

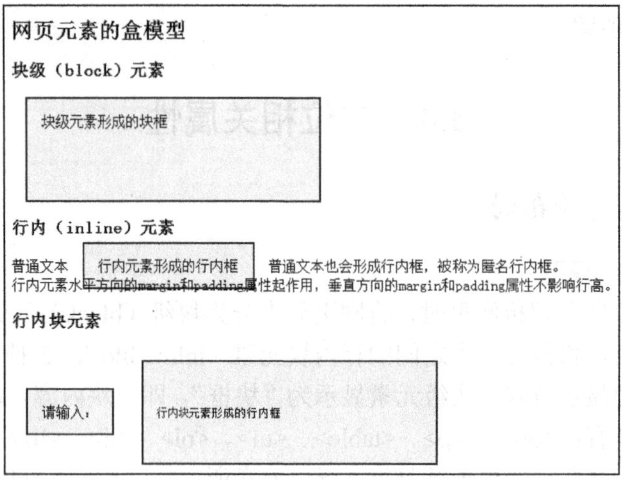

图 3-11　网页元素的盒模型显示效果

2．网页显示的流布局

网页中的元素在默认情况下以流布局方式显示。浏览器在显示网页时，将网页元素以流布局的方式，从左到右、从上至下依次在窗口中呈现。对块级元素从新行开始显示，结尾换行，从上到下一个接一个地排列。块级元素之间的垂直距离是由块级元素的垂直外边距计算出来的。对行内元素，在一行中水平布置，从上一个行内元素后面连续显示，到行末自动换行。行内元素可以使用水平内边距、边框和外边距调整它们的间距。但垂直内边距、边框和外边距不影响行内元素的高度，行内元素的高度是由行高决定的。在默认的流布局中，网页元素的显示位置由其在 HTML 文档中出现的位置决定，不能进行上下左右的定位。

3.4.2　显示与大小属性

1．display

display 属性用于设置网页元素的显示方式，可以更改网页元素默认的盒模型类型，如将 display 属性设置为 block，使行内元素（如<a>标记）以块级元素方式显示；将 display 属性设置为 inline，使块元素以行内元素方式显示。display 属性的取值如下：

block | inline | none | inline-block | inline-table | table | table-caption | table-cell | table-column | table-row | list-item

inline-block 显示方式，既具有块级元素的性质，可以设置宽度和高度，又具有行内元素的性质，在同一行中显示多个元素；inline-table 被称为内联表格，类似表格，但前后不换行；table-cell 作为一个表格单元格显示，类似<td>或<th>标记格式；table-column 作为一列单元格显示，类似<col>标记格式；list-item 作为列表显示。display 样式属性应用如例程 3-15 所示，显示效果如图 3-12 所示。

例程 3-15　display.html

```
<!DOCTYPE html>
<html xmlns="http://www.w3.***/1999/xhtml">
<head>
<meta http-equiv="Content-Type" content="text/html; charset=utf-8" />
<title>显示类型</title>
```

```
<style type="text/css">
.inlinebox {
    display: inline-block;
    margin: 4px; padding: 4px;
    height: 40px; width: 320px;
    border: 1px dashed #D40055;
    background-color: #CFF;
}
.inlinetb {
    display:inline-table;
    width:220px;
}
</style>
</head>
<body>
<h2>网页元素的显示方式</h2>
<h3>行内块元素</h3>
普通文本。<span class="inlinebox">设置为 inline-block 元素的文本。</span>普通文本。<br />
行内块元素可用于设置宽度、高度,垂直方向的 margin 和 padding 属性<br />也将起作用,与高度一起影响行高。
<h3>行内块表格</h3>
<table class="inlinetb" border="1" cellspacing="1">
    <caption>并列的表格一</caption>
    <tr>
        <td>inline</td> <td>block</td> <td>table</td>
    </tr>
    <tr>
        <td>具有</td> <td>表格</td> <td>功能</td>
    </tr>
</table>
<table class="inlinetb" border="1" cellspacing="1">
    <caption>并列的表格二</caption>
    <tr>
        <td>特殊</td> <td>的</td> <td>表格</td>
    </tr>
    <tr>
        <td>可以</td> <td>并列</td> <td>显示</td>
    </tr>
</table>
</body></html>
```

图 3-12 设置网页元素的显示方式

2. visibility

visibility 属性用于设置网页元素的可见性,可取值如下:

visible | inherit | hidden

默认值为 visible。当设置为 hidden 时,元素将被隐藏。与 display 属性取值 none 不同,当元素的样式属性 visibility=hidden 时,元素不可见,但会保留元素在网页布局中的位置;当元素的样式属性 display=none 时，元素及其所有内容不再显示，也不在网页布局中占用空间。
例如：
visibility: hidden;

3．width

width 属性用于设置元素的宽度，可取值如下：
auto | length
默认值为 auto。宽度根据元素内容自动调整。只有块级元素才可以设置 width 属性。
例如：
width: 800px;

4．height

height 属性用于设置元素的高度，可取值如下：
auto | length
默认值为 auto。高度根据元素内容自动调整。只有块级元素才可以设置 height 属性。
例如：
height: 600px;

5．max-width

max-width 属性用于定义元素的最大宽度，可以设置长度值或百分比值。该属性对元素的宽度设置一个最高限制，元素可以比指定值窄，但不能比其宽。不允许指定值为负值。

例程 3-16   max-width.html
```
<body>
<h3>最大宽度的设置</h3>
<p style="max-width:240px;">这些文本的最大宽度为 240px，宽度超出 240px 后将自动换行。</p>
</body>
```

6．min-width

min-width 属性用于定义元素的最小宽度，可以设置长度值或百分比值。该属性对元素的宽度设置一个最低限制，元素可以比指定值宽，但不能比其窄。不允许指定值为负值。
例如：
`<div style=" min-width: 200px">div 的宽度最小为 200px。</div>`

7．max-height

max-height 属性用于定义元素的最大高度，可以设置长度值或百分比值。该属性对元素的高度设置一个最高限制，元素可以比指定值低，但不能比其高。不允许指定值为负值。

例程 3-17   max-height.html
```
<body>
    <h3>最大高度的设置</h3>
    <div style="line-height:1.6; border: 1px dashed blue; max-height:40px;">
        此 div 的最大高度为 20px，<br />下面的图像将覆盖一部分文字。
    </div>
    <img src="images/verticalalignex.jpg" />
</body>
```

8．min-height

min-height 属性用于定义元素的最小高度，可以设置长度值或百分比值。该属性对元素的高度设置一个最低限制，元素可以比指定值高，但不能比其低。不允许指定值为负值。

例程 3-18   min-height.html
```
<body>
    <h3>最小高度的设置</h3>
    <div style="line-height:1.6; border: 1px dashed blue; min-height:80px;">
        此 div 的最小高度为 80px，<br />下面的图像与文字之间的间距将被拉大。
    </div>
```

```
    <img src="images/verticalalignex.jpg" />
</body>
```

3.4.3 定位与布局属性

1. position

position 属性用于网页元素的定位,可以更改网页元素在正常流布局中的位置,或者使元素脱离正常的流布局,可取值如下:

  static | relative | absolute | fixed

默认值为 static。所有的盒子(元素)都按普通流定位,普通流中元素框的位置由元素在 XHTML 中的位置决定。块级元素生成一个矩形框,作为文档流的一部分。行内元素则会创建一个或多个行内框,置于其父元素中。

relative 设置元素为相对定位。相对定位的元素,仍在正常的流布局中,但可以用 top、left 属性或 bottom、right 属性设置元素的垂直或水平偏移位置,使元素"相对于"它的起点进行移动。相对定位的元素不会影响其他元素。计算偏移量 top、left 的参照物是元素移动前所在的位置,即元素在文档中的初始位置。

absolute 设置元素为绝对定位。绝对定位的元素会脱离文档流,不再占据位置,好像该元素原来不存在一样,后面的元素会占据其位置。元素被绝对定位后,相当于其包含块被定位,包含块可能是文档中的另一个元素或初始包含块。元素在定位后生成一个块级框,而无论原来它在正常流中生成何种类型的框。绝对定位相当于最近的已定位祖先元素。计算绝对定位元素的偏移量,有以下 3 种情况。

(1)当绝对定位元素没有包含在其他元素中时,参照物是浏览器窗口。

(2)当绝对定位元素包含在普通流的父容器中时,参照物是浏览器窗口。

(3)当绝对定位元素包含在被定位(相对定位/绝对定位)的父容器中时,参照物是父容器。

fixed 设置元素为固定定位。固定定位的元素类似于绝对定位,即脱离正常的流布局,不同的是,固定定位总是相对于浏览器窗口进行定位的。

position 属性应用如例程 3-19 所示,显示效果如图 3-13 所示。

例程 3-19   position.html

```
<!DOCTYPE html>
<html xmlns="http://www.w3.***/1999/xhtml">
<head>
<meta http-equiv="Content-Type" content="text/html; charset=utf-8" />
<title>定位属性</title>
<style type="text/css">
.container {
    border: 1px dashed black;
    width: 400px; height: 200px;
    position: relative; /*为绝对定位的子元素作定位参考 */
    margin: 32px;
}
p {
    padding: 4px;
    background-color: #D3E2F5;
}
.pos_abs {
    position: absolute;
    left: 20px; top: 132px
}
```

```
.pos_left {
    position: relative;
    left: -20px
}
.pos_right {
    position: relative;
    left: 20px
}
</style>
</head>
<body>
<div class="container">
    <p class="pos_abs">绝对定位的文本</p>
    <p>正常位置的文本</p>
    <p class="pos_left">相对于其正常位置向左移动的文本</p>
    <p class="pos_right">相对于其正常位置向右移动的文本</p>
</div>
</body>
</html>
```

图 3-13　position 属性应用显示效果

2. left

left 属性用于设置定位元素的左外边距边界与其包含块左边界之间的偏移量,可取值如下:
auto | length | % | inherit

默认值为 auto,由浏览器自动计算左边缘的位置。将 left 属性设置为 length 时,使用绝对或相对单位设置元素的左边缘的位置,可以使用负值,负值表示向左偏移;将 left 属性设置为%时,表示以包含元素的宽度百分比计算的左边缘的位置,可以使用负值。

例如:
left: 20%; /*以最近的、设置了宽度的祖先元素作为参考*/

3. top

top 属性用于设置定位元素的上外边距边界与其包含块上边界之间的偏移量,可取值如下:
auto | length | % | inherit

默认值为 auto,由浏览器自动计算上边缘的位置。将 top 属性设置为 length 时,使用绝对或相对单位设置元素的上边缘的位置,可以使用负值,负值表示向上偏移;将 top 属性设置为%时,表示以包含元素的高度百分比计算的上边缘的位置,可以使用负值。

例如:
top: -8px; /*向上偏移 8px*/

4. right

right 属性用于设置定位元素的右外边距边界与其包含块右边界之间的偏移量,可取值如下:
auto | length | % | inherit

默认值为 auto,由浏览器自动计算右边缘的位置。将 right 属性设置为 length 时,使用绝对或相对单位设置元素的右边缘的位置,可以使用负值,负值表示向左偏移;将 right 属性设置为%时,表示以包含元素的宽度百分比计算的右边缘的位置,可以使用负值。

例如：

right: 8px; /*元素的右外边距与父元素右边界的间距为 8px*/

5. bottom

bottom 属性用于设置定位元素的下外边距边界与其包含块下边界之间的偏移量，可取值如下：

auto | length | % | inherit

默认值为 auto，由浏览器自动计算下边缘的位置。将 bottom 属性设置为 length 时，使用绝对或相对单位设置元素的下边缘的位置，可以使用负值，负值表示向下偏移；将 bottom 属性设置为%时，表示以包含元素的百分比计算的下边缘的位置，可以使用负值。

例如：

bottom: 8px; /*元素的下外边距与父元素下边界的间距为 8px*/

6. z-index

z-index 属性用于设置元素的堆叠顺序。拥有更高堆叠顺序的元素总是会处于堆叠顺序较低的元素的前面。可取值如下：

auto | number | inherit

z-index 属性定义了一个定位元素沿 Z 轴的位置。将 Z 轴定义为垂直延伸到显示区的轴。z-index 属性可以取负值，如果为正数，则离用户较近。如果为负数，则表示离用户较远。z-index 属性仅能在定位元素上起作用，默认值为 auto，堆叠顺序与父元素相同。

例如：

z-index: 10;/* 在重叠的定位元素（将 position 属性设置为 relative、absolute、fixed）中，显示 z-index 属性值低于 10 的上面。*/

7. float

float 属性用于定义元素在哪个方向浮动，可取值如下：

left | right | none | inherit

浮动元素可以向左或向右移动，直到它的外边缘碰到包含框或另一个浮动元素的边框为止。浮动元素脱离普通的文档流，后续的非文本元素会前移占据其位置。除了位置的移动，浮动最大的特性是对其后续文本的影响，使后续的文本环绕浮动元素，如例程 3-20 所示，显示效果如图 3-14 所示。

例程 3-20　float1.html

```
<!DOCTYPE html>
<html xmlns="http://www.w3.***/1999/xhtml">
<head>
<meta http-equiv="Content-Type" content="text/html; charset=utf-8" />
<title>元素浮动与对后续文本的影响</title>
<style type="text/css">
.container
{
    width:504px; height:240px;
    line-height:1.6em;
    padding:24px;
    background-color:#CFF;
}
.floater1
{
    float:left;
    margin:12px 8px 2px 12px;
    padding:2px;
}
.blocker1 {
    /*width:200px; height:160px; */
    background-color:#FFFBF0;
```

```
            margin:2px;
            padding:2px;
        }
    </style>
</head>
<body>
<div class="container">
浮动元素行前的文本不受浮动的影响。<br/>
<img class="floater1" src="images/verticalalignex.jpg"/>
<div class="blocker1">浮动元素后的块级元素会前移占据浮动元素原来的位置,但块级元素内的文本受浮动元素影响,将环绕浮动元素。</div>
浮动元素后的文本,以及浮动元素正常显示行内的文本,都将受浮动元素的影响,环绕浮动元素显示,无论是无标记嵌套的匿名文本,还是在块级元素中的文本。实际上,float属性的本职工作就是使文本环绕图像显示。
</div>
</body>
</html>
```

图 3-14　float 属性应用显示效果

如果在一行之上没有足够的空间可以放置浮动元素,则这个元素会跳至下一行浮动。之前的浮动属性仅图像元素有,使文本围绕在图像周围。在 CSS 中,任何元素都可以浮动。浮动元素会生成一个块级框,而无论它本身是何种元素。对于容器浮动元素,应指定一个明确的宽度,否则它们会尽可能地窄。如例程 3-21 所示,显示效果如图 3-15 所示。

例程 3-21　float2.html

```
<!DOCTYPE html>
<html xmlns="http://www.w3.***/1999/xhtml">
<head>
<meta http-equiv="Content-Type" content="text/html; charset=utf-8" />
<title>元素浮动与对后续文本的影响</title>
<style type="text/css">
.container
{
        width:420px; height:220px;
        border: 1px dashed #C0C0C0;
        padding:4px;
        line-height:1.4em;
}
.floatbox
{
        float:left;
        border:1px dashed #2A3F00;
        width:190px;
        height:90px;
        background-color:#FAFAF1;
```

```
            margin:4px;
            padding:4px;
        }
    </style>
</head>
<body>
<h3>浮动框的排列和下移卡住</h3>
<div class="container">
    <div class="floatbox" style="padding:8px 4px">浮动框1，内边距上下各增加了4px。</div>
    <div class="floatbox">浮动框2，浮动到前一个的后边。</div>
    <div class="floatbox">浮动框3，容器宽度容纳不下，向下移动，但因浮动框1较高，将其"卡住"。</div>
</div>
</body>
</html>
```

浮动元素脱离普通的文档流，与绝对定位的区别有两点：一是浮动元素相对于元素在文档流中的位置左右浮动，二是浮动元素会影响其后的文档，使后续的文档围绕浮动元素。

浮动元素脱离了文档流，对于高度自增的容器，如果浮动元素之后无其他内容，则会出现容器不包含浮动元素，使父标签的高度缺失的现象，特别是当容器中只包含浮动元素时。容器将成为空的、零高度、不占据空间的元素，这种现象被称为浮动引起的高度塌陷。如例程3-22所示，显示效果如图3-16所示。

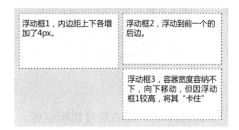

图3-15 浮动框排列示例

例程 3-22 float3.html

```
<!DOCTYPE html>
<html xmlns="http://www.w3.***/1999/xhtml">
<head>
<meta http-equiv="Content-Type" content="text/html; charset=utf-8" />
<title>浮动引起的高度塌陷</title>
<style type="text/css">
.container
{
    width:580px; /*不设置高度，高度随内容自动增加 */
    border: 1px dashed #C0C0C0;
    background-color:#D3E2F5;
/* float:left */   /*设置容器元素为浮动，是解决浮动塌陷问题的方法之一 */
    /* overflow:hidden; */   /*设置容器元素的overflow属性值，也是解决浮动塌陷问题的方法之一 */
    /* position:absolute; */   /*设置容器元素为绝对定位，同样是解决浮动塌陷问题的方法之一 */
}
.floater1
{
    float:left;
    margin:4px; padding:4px;
}
.floater2
{
    float:left;
    margin:4px; padding:4px;
    width:360px; height:128px;
    background-color:#FAFAF1;
    line-height: 1.6em;
}
```

```
/*在浮动元素之后，添加一个空元素，设置其有效的 clear 属性值，是解决浮动塌陷问题的方法之一 */
/*
.floater3
{
    clear:left;
}
*/
</style>
</head>
<body>
<h3>浮动引起父容器的高度塌陷问题</h3>
<div class="container">
    <img class="floater1" src="images/verticalalignex.jpg"/>
    <div class="floater2">
浮动元素脱离了文档流，对于高度自增的容器，如果浮动元素之后无其他内容，则会出现容器不包含浮动元素，使父标签的高度缺失的现象，特别是当容器中只包含浮动元素时，容器将成为空的、零高度、不占据空间的元素，这种现象被称为浮动引起的高度塌陷。
    </div>
    <!-- 在浮动元素之后，添加一个空元素并且清理它，是解决浮动塌陷问题的方法之一 -->
    <!-- <div class="floater3"></div> -->
</div>
</body>
</html>
```

解决浮动引起的高度塌陷问题，使容器元素在视觉上包围浮动元素，常用的方法：给容器设置固定的高度；使容器绝对定位；使容器浮动；设置容器的 overflow 属性值为 hidden 或 scroll；在浮动元素之后，添加一个空元素并且清理它。采用这些方法后的显示效果如图 3-17 所示。

图 3-16　浮动引起父容器的高度塌陷问题

图 3-17　解决浮动引起的高度塌陷问题

8. clear

clear 属性用于设置元素的哪一侧不允许有其他浮动元素，可以清除前面浮动元素对后续元素的影响。可取值如下：

left | right | both | none

例如：

clear: both;

3.4.4　内容修剪与对齐属性

1. overflow

overflow 属性用于定义溢出元素内容区的内容如何处理，其属性值如表 3-3 所示。如果值为 scroll，无论是否需要，用户代理都会提供一种滚动机制。因此，即使元素框中可以放下所有内容，也会出现滚动条。

表 3-3　overflow 属性值

属性值	含义
visible	默认值。内容不会被修剪，会呈现在元素框之外

属性值	含义
hidden	内容会被修剪，并且其余内容是不可见的
scroll	内容会被修剪，但是浏览器会显示滚动条以便查看其余的内容
auto	如果内容被修剪，则浏览器会显示滚动条以便查看其余的内容
inherit	规定应该从父元素继承 overflow 属性的值

例如：
overflow: auto;

2. clip

clip 属性用于剪裁绝对定位元素，可取值为 auto 和由 rect (top, right, bottom, left)函数定义的矩形区域。默认值为 auto，表示不剪裁。只有将 clip 属性设置为矩形区域时，元素的可见尺寸才会被修剪为这个形状，在这个矩形内的内容才可见，超出这个剪裁区域的内容会根据 overflow 的值来处理。剪裁区域可能比元素的内容区大，也可能比元素的内容区小。

注意，clip 属性只针对绝对定位的元素。

例程 3-23 clip.html

```
<!DOCTYPE html>
<html xmlns="http://www.w3.***/1999/xhtml">
<head>
<meta http-equiv="Content-Type" content="text/html; charset=utf-8" />
<title>视图剪裁</title>
<style type="text/css">
.box {
    height: 40px; width: 360px;
    border: 1px solid #D40055;
    margin: 8px; padding: 8px;
    background-color: #D3E2F5;
    position:absolute;
    clip:rect(4px 264px 30px 24px);
    overflow:hidden;
}
</style>
</head>
<body>
    <h3>绝对定位元素的剪裁</h3>
    <div class="box">由于进行了剪裁，这些文本只能显示一部分。</div>
</body>
</html>
```

3. vertical-align

vertical-align 属性用于设置行内元素的垂直对齐方式。对于行内元素及行内块元素，vertical-align 属性定义了这些元素相对于其所在行的垂直对齐特征；对于表格中的单元格，vertical-align 属性可以设置单元格内容的垂直对齐方式。vertical-align 属性值如表 3-4 所示。

表 3-4 vertical-align 属性值

属性值	含义
baseline	默认值。元素的基线与所在行的基线对齐
sub	元素的基线与所在行中默认的下标文本对齐
super	元素的基线与所在行中默认的上标文本对齐
top	元素的顶线与所在行的顶线对齐
text-top	元素的顶线与所在行中默认文本的顶线对齐
middle	元素的中线与所在行的中线对齐
bottom	元素的底线与所在行的底线对齐

续表

属性值	含义
text-bottom	元素的底线与所在行中默认文本的底线对齐
length	元素的基线相对于所在行的基线升高（正值）或降低（负值）设定的值。0 等同于 baseline
%	元素的基线相对于所在行的基线升高（正值）或降低（负值）以元素继承的 line-height 为基值的百分比值大小。0%等同于 baseline
inherit	从父元素继承 vertical-align 属性的指定值

vertical-align 是个相当复杂与精深的属性。垂直对齐涉及元素与行的顶线（top-line）、中线（middle-line）、基线（base-line）、底线（bottom-line），这些参考线都是不可见的，且随着行及其元素的属性而变化。vertical-align 属性的表现还与所在行的行高（line-height 属性）设置有关。vertical-align 属性只适用于行内元素，以及行内块元素，给<div>元素设置 vertical-align:middle 样式是不能使其中的内容居中的。

元素的顶线与底线是元素所占区域的顶部和底部边界，中线是元素所占区域的中间线。元素所占区域由元素内容、行顶、行底部分组成。行的顶线与底线分别是其实际高度的上、下边界线，基线是行内默认文本 x 的底边。行的默认文本是行内未加样式的文本。在标准模式下（网页解析模式见 6.4 节），可以认为行内有一个默认的空白字符。行的中线是基线往上 1/2 字母 x 的高度，大约位于 x 交叉点处。特别要注意，元素的中线与行的中线定义不同。如例程 3-24 所示，显示效果如图 3-18 所示。

例程 3-24 vertical-align.html

```html
<!doctype html>
<html>
<head>
<title>垂直对齐示例</title>
<style type="text/css">
.box {
    background-color:#CFF;
    border:1px solid #34538b;
    /*font-size:64px;*/
    /*line-height:100px;*/
}
.inline1 {
    vertical-align:top; font-size:32px; background-color:#FFDFFF;
}
.inline2 {
    vertical-align:middle;
    font-size:32px; background-color:#ECEAF0;
}
.inline3 {
    vertical-align:baseline;
    font-size:32px; background-color:white;
}
.inline4 {
    vertical-align:bottom;
    font-size:32px; background-color:#FFFBF0;
    /* line-height:60px;*/
}
</style>
</head>
<body>
<div class="box">
    <span class="inline1">abcdx</span>
    <span class="inline2">abcdx</span>
```

```
    acesxz
    <span class="inline3">中 x 文</span>
    <span class="inline4">abcdx</span>
</div>
</body>
</html>
```

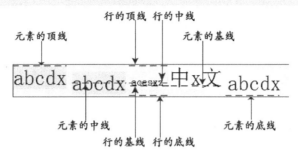

图 3-18　垂直对齐解析 1

改变行的默认字体为 64px，显示效果如图 3-19 所示。

图 3-19　垂直对齐解析 2

改变行高为 100px，最后一部分文本的行高为 60px，显示效果如图 3-20 所示。

图 3-20　垂直对齐解析 3

对于行内块元素，如果里面没有内联元素，或者将 overflow 属性值设为除了 visible 的其他值，则该元素的基线就是其 margin 底边缘，否则，基线就是元素里面最后一个内联元素的基线。图像为行内块元素，其基线为底线。无文本的行内块基线也为底线。如例程 3-25 所示，显示效果如图 3-21 所示。

例程 3-25　vertical-align2.html

```
<!doctype html>
<html>
<head>
<meta charset="utf-8">
<title>垂直对齐示例</title>
<style type="text/css">
.box {
    background-color:#e5ed33;
```

```
    }
    .inline1 {
        background-color:white;
        line-height:120px;
        vertical-align:top
    }
    .inlinebox {
      display: inline-block; width: 164px; height: 100px;
      border: 1px solid #cad5eb; background-color: #f0f3f9;
    }
    </style>
    </head>
    <body>
    <div class="box">
        <img src="images/verticalalignex.jpg">
        x
        <span class="inline1">acsxz</span>
        <div class="inlinebox"></div>
        <span class="inlinebox">有文本的行内块基线</span>
    </div>
    </body>
    </html>
```

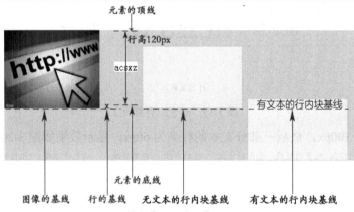

图 3-21　垂直对齐解析 4

了解了 vertical-align 属性垂直对齐的原理后，下面举例说明利用 CSS 实现垂直居中的各种方法。

（1）单行内容垂直居中。

使最简单的单行内容实现垂直居中，需要先给容器设置 line-height 和 height 属性，并使这两个属性的值相等，最好设置为相对高度；再设置 over-flow:hidden。如果将 over-flow 属性设置为不隐藏溢出，则在放大网页中的字体时，一旦内容溢出换行，就会影响页面的布局。

例程 3-26　valignsline.html

```
<!DOCTYPE html>
<html xmlns="http://www.w3.***/1999/xhtml">
<head>
<meta http-equiv="Content-Type" content="text/html; charset=utf-8" />
<title>单行内容垂直居中</title>
<style type="text/css">
.valignsline {
    height: 4em;
    line-height: 4em;
    overflow: hidden;
}
```

```
</style>
</head>
<body>
<p class="valignsline">垂直居中的单行内容</p>
</body>
</html>
```

（2）多行内容垂直居中。

给容器设置一致的 padding-bottom 和 padding-top 属性，可以使其中的多行内容垂直居中，但容器高度不能固定，必须随内容自动扩展。

例程 3-27　valignmline.html

```
<style type="text/css">
.valignmline {
    padding-top: 24px;
    padding-bottom: 24px;
    background-color:#CFF;
}
</style>
<body>
  <div class="valignmline">
    <p>内容标题</p>
    多行内容垂直居中示例
  </div>
</body>
```

（3）行内块元素垂直居中。

先设置容器的 line-height 属性，再设置行内块元素的 vertical-align 属性值为 middle，即可使其中的内容在容器中垂直居中。

例程 3-28　valigninlineblock.html

```
<!DOCTYPE html>
<html xmlns="http://www.w3.***/1999/xhtml">
<head>
<meta http-equiv="Content-Type" content="text/html; charset=utf-8" />
<title>行内块元素垂直居中</title>
<style type="text/css">
.box {
    line-height:240px;
    width:480px;
    background-color:#CFF;
    margin:16px;
}
.inline {
    vertical-align:middle;
    display:inline-block;
    line-height:24px;
    padding:16px;
}
</style>
</head>
<body>
<div class="box">
  <img style="vertical-align:middle" src="images/verticalalignex.jpg">
</div>
<div class="box">
  <span class="inline">设置行内块元素的 vertical-align 属性值为 middle，即可使其中的内容垂直居中。</span>
</div>
</body>
</html>
```

（4）<div>内容垂直居中。

先将<div>当作表格单元显示，再加上 vertical-align:middle，就和表格中的 valign="center" 一样了，可以使<div>内容垂直居中显示。注意，同一个合法的<td>元素必须在<table>里一样，display: table-cell 元素必须作为 display: table 元素的子、孙出现。

例程 3-29 valigndivtd.html

```html
<!DOCTYPE html>
<html xmlns="http://www.w3.***/1999/xhtml">
<head>
<meta http-equiv="Content-Type" content="text/html; charset=utf-8" />
<title><div>内容垂直居中</title>
<style type="text/css">
.outdiv {
    display:table;
}
.innerdiv {
    display:table-cell;
    vertical-align:middle;
    width:480px;
    height:240px;
    background-color:#CFF;
}
</style>
</head>
<body>
<div class="outdiv">
   <div class="innerdiv">
     <p>内容标题</p>
     设置<div>为表格的单元格后，即可用 vertical-align 属性设置其中的内容垂直居中。
   </div>
</div>
</body>
</html>
```

（5）<div>垂直居中 1。

将<div>的 top 属性设置为 50%，margin-top 属性设置为其负的 1/2 高度。要求为<div>外部的容器设置固定的高度，同时为<div>本身设置 position:relative，以便能够设置 top 属性值，或者为<div>本身设置 position:absolute，这样对外部容器没有要求。<div>还须指定固定的高度。最好给<div>指定 overflow:auto，一旦其中的内容超出<div>区域，就会出现滚动条。

例程 3-30 valigndiv2.html

```html
<!DOCTYPE html>
<html xmlns="http://www.w3.***/1999/xhtml">
<head>
<meta http-equiv="Content-Type" content="text/html; charset=utf-8" />
<title><div>垂直居中</title>
<style type="text/css">
.box {
    width: 500px;
    height: 240px; /*父容器必须设置固定的高度 */
    background-color: #CFF; /*加背景色突出显示效果 */
    padding: 2px; /*设置 border or padding or float 以阻止子元素的 margin-top 合并 */
}
.content {
    position: relative;   /*必须设置为非 static，以便设置 top 属性值 */
    top: 50%; /*关键样式 */
    margin-top: -60px;    /*negative half of the height */
    height: 120px;
    background-color: #C0DCC0; /*加背景色突出显示效果 */
```

```
            overflow: auto;
        }
    </style>
</head>
<body>
<div class="box">
    <div class="content">
        <h1>标题行</h1>
        区块内容</div>
</div>
</body>
</html>
```

（6）<div>垂直居中 2。

在<div>垂直居中的前面插入一个空<div>，设置其为左浮动，height 为 50%，margin-bottom 为其后<div>垂直居中高度的 1/2。垂直居中的<div>清除浮动，设置固定的高度，外部容器必须设置固定的高度。

例程 3-31 valigndiv3.html

```
<!DOCTYPE html>
<html xmlns="http://www.w3.***/1999/xhtml">
<head>
<meta http-equiv="Content-Type" content="text/html; charset=utf-8" />
<title><div>垂直居中</title>
<style type="text/css">
.box {
        background-color:#CFF;    /*加背景色突出显示效果 */
        width:500px; height:240px; /*父容器必须设置固定的高度 */
}
#floater {
        float:left; height:50%; margin-bottom:-60px; /*关键样式 */
}
.content {
        clear:both; height:120px; /*关键样式 */
        background-color:#C0DCC0;    /*加背景色突出显示效果 */
}
</style>
</head>
<body>
<div class="box">
    <div id="floater"></div>
    <div class="content"> <h1>标题行</h1> 区块内容 </div>
</div>
</body>
</html>
```

3.5 其他样式属性

CSS 2.1 范围内的样式属性，除了以上介绍的常用样式属性，还有如下一些重要的样式属性。

3.5.1 表格相关属性

CSS 针对表格元素提供了相应的属性控件表格的外观。表格相关属性可用于设置表格的边框样式、表格标题所在位置、表格布局等。

1. border-collapse

border-collapse 属性用于设置表格的边框是被合并为一个单一的边框，还是像在标准的 HTML 中那样分开显示。border-collapse 属性值如表 3-5 所示。border-collapse 属性应用如例程 3-32 所示，显示效果如图 3-22 所示。

表 3-5 border-collapse 属性值

属 性 值	含 义
separate	默认值，边框会被分开，不会忽略 border-spacing 和 empty-cells 属性
collapse	如果可能，边框会合并为一个单一的边框，会忽略 border-spacing 和 empty-cells 属性
inherit	规定应该从父元素继承 border-collapse 属性的值

例程 3-32   tbbordercollapse.html

```
<!DOCTYPE html>
<html xmlns="http://www.w3.***/1999/xhtml">
<head>
<meta http-equiv="Content-Type" content="text/html; charset=utf-8" />
<title>表格边框合并</title>
<style type="text/css">
table {
        border-collapse: collapse;
}
table, td, th {
        border: 1px solid black;
}
</style>
</head>
<body>
<table>
  <caption> 表格边框合并</caption>
  <tr>
    <th>border-collapse 属性值</th>
    <th>属性值说明</th>
    <th>备 注</th>
  </tr>
  <tr>
    <td>separate</td>
    <td>默认值。边框会被分开。</td>
    <td>应设置!DOCTYPE</td>
  </tr>
  <tr>
    <td>collapse</td>
    <td>边框会合并为一个单一的边框。</td>
    <td> </td>
  </tr>
</table>
</body>
</html>
```

表格边框合并

border-collapse属性值	属性值说明	备 注
separate	默认值。边框会被分开。	应设置!DOCTYPE
collapse	边框会合并为一个单一的边框。	

图 3-22 表格边框合并效果

2. border-spacing

border-spacing 属性用于设置相邻单元格的边框间的距离，使用 px、cm 等长度单位，不允许使用负值。如果定义一个长度值，则设置的是水平和垂直间距。如果定义两个长度值，则第一个长度值设置的是水平间距，而第二个长度值设置的是垂直间距。除非 border-collapse 属性取值为 separate，否则将忽略这个属性。虽然这个属性只应用于表，但是它可以由表中的所有元素继承。

例如：

```
table {
border-collapse: separate;
border-spacing: 10px
}
```

3. caption-side

caption-side 属性用于设置表格标题相对于表框的放置位置。表格标题显示为表格之前（或之后）的一个块级元素，可取值为 top。top 为默认值，表示把表格标题定位在表格之上。当取值为 bottom 时，表示把表格标题定位在表格之下。

例如：

```
caption {
caption-side:bottom
}
```

4. empty-cells

empty-cells 属性用于设置是否显示表格中的空单元格（仅用于"分离边框"模式）。该属性定义了不包含任何内容的表单元格如何表示。如果显示，就会绘制出单元格的边框和背景。除非 border-collapse 属性取值为 separate，否则将忽略这个属性。empty-cells 属性应用如例程 3-33 所示，显示效果如图 3-23 所示。

例程 3-33 tbbordercollapse2.html

```
<style type="text/css">
table {
    border-collapse: separate;
    empty-cells: hide;
    border-spacing: 8px
}
caption {
    caption-side: bottom
}
table, td, th {
    border: 1px solid black;
}
</style>
```

border-collapse属性值	属性值说明	备注
separate	默认值。边框会被分开。	应设置!DOCTYPE
collapse	边框会合并为一个单一的边框。	

表格边框合并

图 3-23 表格边框分离效果

5. table-layout

table-layout 属性用来显示表格单元格、行、列的算法规则，可取值为 automatic。automatic 为默认值。列宽度由单元格内容设定。当取值为 fixed 时，列宽由表格宽度和列宽度设定。

table-layout 属性应用如例程 3-34 所示，显示效果如图 3-24 所示。

例程 3-34 tablelayout.html

```html
<!DOCTYPE html>
<html xmlns="http://www.w3.***/1999/xhtml">
<head>
<meta http-equiv="Content-Type" content="text/html; charset=utf-8" />
<title>表格布局算法</title>
<style type="text/css">
table.one {
    table-layout: automatic
}
table.two {
    table-layout: fixed
}
</style>
</head>
<body>
<table class="one" border="1" width="100%">
    <caption>
    自动表格布局
    </caption>
    <tr>
        <td width="20%">12345678901234567890123456789012345678 90</td>
        <td width="40%">123456789</td>
        <td width="40%">1234</td>
    </tr>
</table>
<br />
<table class="two" border="1" width="100%">
    <caption>固定表格布局</caption>
    <tr>
        <td width="20%">12345678901234567890123456789012345678 90</td>
        <td width="40%">123456789</td>
        <td width="40%">1234</td>
    </tr>
</table>
</body>
</html>
```

自动表格布局		
12345678901234567890123456789012345678 90	123456789	1234

固定表格布局		
12345678901234567890123456789012345678 90	123456789	1234

图 3-24　表格布局规则对比

　　固定表格布局与自动表格布局相比，允许浏览器更快地对表格进行布局。在固定表格布局中，水平布局仅取决于表格宽度、列宽度、表格边框宽度、单元格间距，而与单元格的内容无关。通过使用固定表格布局，浏览器在接收到第一行后就可以显示表格。在自动表格布局中，列宽度是由列单元格中没有折行的最宽的内容设定的。此算法有时会比较慢，这是由于它需要在确定最终的布局之前访问表格中所有的内容。固定布局算法比较快，但是不太灵活，而自动算法比较慢，不过更能反映传统的 HTML 表。

3.5.2　鼠标样式属性

　　cursor 是 CSS 中控制光标形状的属性。cursor 属性用于设置光标在目标组件上显示的类型(形状),定义了鼠标指针放在一个元素边界范围内时所用的光标形状。cursor 属性值如表 3-6 所示。

表 3-6 cursor 属性值

属 性 值	含 义
url	需要使用自定义光标的 URL。在此列表的末端始终定义一种普通的光标,以防没有由 URL 定义的可用光标
default	默认光标（通常为一个箭头）
auto	默认值。浏览器设置的光标
crosshair	光标呈现为十字线
pointer	光标呈现为指示链接的指针（一只手）
move	此光标指示某对象可被移动
e-resize	此光标指示矩形框的边缘可被向右（东）移动
ne-resize	此光标指示矩形框的边缘可被向上及向右移动（北/东）
nw-resize	此光标指示矩形框的边缘可被向上及向左移动（北/西）
n-resize	此光标指示矩形框的边缘可被向上（北）移动
se-resize	此光标指示矩形框的边缘可被向下及向右移动（南/东）
sw-resize	此光标指示矩形框的边缘可被向下及向左移动（南/西）
s-resize	此光标指示矩形框的边缘可被向下（南）移动
w-resize	此光标指示矩形框的边缘可被向左（西）移动
text	此光标指示文本
wait	此光标指示程序正忙（通常是一张表或一个沙漏）
help	此光标指示可用的帮助（通常是一个问号或一个气球）

例程 3-35　cursor.html

```
<!DOCTYPE html>
<html xmlns="http://www.w3.***/1999/xhtml">
<head>
<meta http-equiv="Content-Type" content="text/html; charset=utf-8" />
<title>鼠标形状</title>
<style type="text/css">
h3, p {
    text-indent: 2cm; }
span {
    padding: 6em; }
</style>
</head>
<body>
<h3>鼠标光标形状</h3>
<p>把鼠标移动到单词上,可以看到鼠标指针发生变化：</p>
<span style="cursor:auto"> Auto </span><br />
<span style="cursor:crosshair"> Crosshair</span><br />
<span style="cursor:default"> Default</span><br />
<span style="cursor:pointer"> Pointer</span><br />
<span style="cursor:move"> Move</span><br />
<span style="cursor:e-resize"> e-resize</span><br />
<span style="cursor:ne-resize"> ne-resize</span><br />
<span style="cursor:nw-resize"> nw-resize</span><br />
<span style="cursor:n-resize"> n-resize</span><br />
<span style="cursor:se-resize"> se-resize</span><br />
<span style="cursor:sw-resize"> sw-resize</span><br />
<span style="cursor:s-resize"> s-resize</span><br />
<span style="cursor:w-resize"> w-resize</span><br />
<span style="cursor:text"> text</span><br />
<span style="cursor:wait"> wait</span><br />
```

```
<span style="cursor:help"> help</span>
</body></html>
```

3.5.3 轮廓相关属性

轮廓是绘制于元素周围的一条线，位于边框边缘的外围，使元素周围有一圈类似"光晕"的效果，可起到突出元素的作用。轮廓与边框不同，轮廓线是在元素边框之外绘制的，并且可能与其他内容重叠。轮廓不是元素尺寸的一部分。元素的总宽度和高度不受轮廓线宽度的影响。轮廓线不占用页面实际的物理布局。轮廓相关属性有 outline-style、outline-width、outline-color 等，分别用于设置轮廓的颜色、线宽、线型等样式。

1．outline-style

outline-style 属性用于设置元素轮廓线的样式，可取值 solid、dotted、dashed、double、groove、ridge、inset、outset、none、inherit，与 border-style 属性的取值相同。outline-style 属性的默认值为 none，表示无轮廓，其他的轮廓样式都不会起作用。

2．outline-color

outline-color 属性用于设置元素轮廓线的颜色。颜色的取值与 color 属性的取值相同。必须在 outline-color 属性之前声明 outline-style 属性。元素只有获得轮廓之后才能改变其轮廓的颜色。

例如：

```
div {
    outline-style:dotted;
    outline-color:#00ff00;
}
```

3．outline-width

outline-width 属性用于设置元素轮廓线的宽度，可取值为宽度描述关键字，如 thin、medium、thick；宽度值，如 5px，3mm，2em。同 border-width 属性的取值。不允许设置负长度值。

4．outline

outline 为轮廓的复合属性，可用于同时设置轮廓线样式、颜色、宽度值。

outline 属性应用如例程 3-36 所示，显示效果如图 3-25 所示。

例程 3-36　outline.html

```
<!DOCTYPE html>
<html xmlns="http://www.w3.***/1999/xhtml">
<head>
<meta http-equiv="Content-Type" content="text/html; charset=utf-8" />
<title>轮廓样式</title>
<style type="text/css">
div {
    width:400px; height:32px; line-height:32px;
    margin:8px; padding:8px;
    border: gray solid thin;
    outline-style: dotted;
    outline-color: red;
    outline-width: thick;
    /*outline: dotted red thick; 等价的复合属性 */
}
</style>
</head>
<body>
<h3>轮廓样式设置</h3>
```

```
<div>样式为点线、宽度为8px、颜色为红色的轮廓线示例</div>
</body>
</html>
```

图 3-25　轮廓线效果

3.5.4　内容生成相关属性

CSS 中的内容生成相关属性，可用于在网页指定的位置插入特定的内容，或者按要求生成多级编号。这些与内容生成相关的属性主要有以下几种。

1. content

content 属性与:before 及:after 伪元素配合使用，用于向元素之前或之后插入特定的内容。在默认情况下，插入的内容为行内元素，可以使用 display 属性控制该内容创建的框类型。content 属性值可以取：字符串文本；url（地址）函数指向的文件；attr（属性名）函数定义的所属选择器元素指定属性的值；open-quote 代表的开引号；close-quote 代表的闭引号；counter（计数器）函数指定的计数值。content 属性可以设置多个值，值之间用空格隔开。

content 属性应用如例程 3-37 所示，显示效果如图 3-26 所示。

例程 3-37　content.html

```
<!doctype html>
<html>
<head>
<meta charset="utf-8">
<title>生成内容</title>
<style type="text/css">
.remark:after {
    content: ' (' attr(href) ') ';
}
.container {
    width: 200px;
    margin: 16px 8px;
padding: 8px;
    border: 1px dashed blue;
}
div div:before {
    line-height: 1.6;
    content: url(images/arrow.gif) " ";
}
</style>
</head>
<body>
<h3>content 属性示例</h3>
<a class="remark" href="http://www.lyu.***.**/">临沂大学</a>
<div class="container">
  <div>HTML</div>
  <div>CSS</div>
  <div>JavaScript</div>
  <div>XML</div>
</div>
</body>
</html>
```

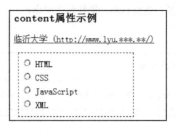

图 3-26 插入生成内容

2. quotes

quotes 属性用于定义 open-quote 和 close-quote 代表的引号类型。content 属性可应用 quotes 属性定义的 open-quote 和 close-quote 生成内容。quotes 属性应用如例程 3-38 所示。

例程 3-38　quotes.html

```
<style type="text/css">
.container {
    width: 200px;
    margin: 16px 8px; padding: 8px;
    border: 1px dashed blue;
}
div>div {
    line-height: 1.6;
    quotes: "《" "》";
}
div>div:before {
    content: open-quote;
}
div>div:after {
    content: close-quote;
}
</style>
<div class="container">
  <div>HTML</div>
  <div>CSS</div>
  <div>JavaScript</div>
  <div>XML</div>
</div>
```

3. counter-increment

counter-increment 属性用于设置某个选择器每次出现的计数器增量。利用这个属性，计数器可以递增（或递减）某个值，这个值可以是正值或负值。如果没有提供 number 值，则默认为 1。

4. counter-reset

counter-reset 属性用于设置选择器出现时的计数器的值，其格式为 counter-reset:number。利用这个属性，可以将计数器设置或重置为任何值，可以是正值或负值。如果没有提供 number 值，则默认为 0。

例如：

```
p {counter-reset: counter-name 1;}
```

counter-reset 属性与 counter-increment 属性配合使用可以实现多级编号，如例程 3-39 所示，显示效果如图 3-27 所示。

例程 3-39　counter-increment.html

```
<!doctype html>
<html>
```

```html
<head>
<meta charset="utf-8">
<title>多级编号</title>
<style type="text/css">
.container {
    width: 400px;
    margin: 16px 8px; padding: 8px;
    border: 1px dashed blue;
    counter-reset:lev1;
}
.level1 {
    font-size:14pt;
    line-height: 1.6;
    margin-left: 16px;
    counter-reset:lev2;
}
.level1:before {
    counter-increment:lev1;
    content: counter(lev1) " ";
}
.level2 {
    font-size:12pt;
    line-height: 1.4;
    margin-left: 40px;
    counter-reset:lev3;
}
.level2:before {
    counter-increment:lev2;
    content: counter(lev1) "." counter(lev2) " ";
}
.level3 {
    font-size:12pt;
    line-height: 1.4;
    margin-left: 72px;
}
.level3:before {
    counter-increment:lev3;
    content: counter(lev1) "." counter(lev2) "." counter(lev3) " ";
}
</style>
</head>
<body>
<h3>多级编号</h3>
<div class="container">
  <div class="level1">面向对象的技术</div>
  <div class="level1">Web 技术</div>
    <div class="level2">HTML</div>
    <div class="level2">CSS</div>
      <div class="level3">样式属性</div>
      <div class="level3">选择器</div>
      <div class="level3">网页中的样式表</div>
    <div class="level2">JavaScript</div>
    <div class="level2">XML</div>
  <div class="level1">数据库技术</div>
```

```
        </div>
    </body>
</html>
```

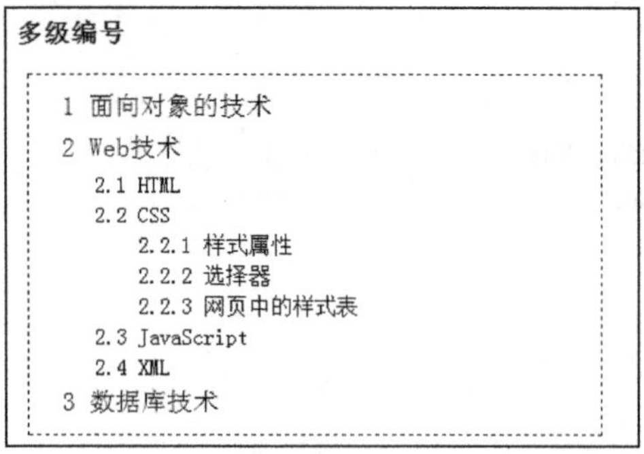

```
多级编号

1 面向对象的技术
2 Web技术
    2.1 HTML
    2.2 CSS
        2.2.1 样式属性
        2.2.2 选择器
        2.2.3 网页中的样式表
    2.3 JavaScript
    2.4 XML
3 数据库技术
```

图 3-27 多级编号

3.6 \<div\>+CSS 布局

  \<div\>+CSS 布局是将页面在整体上用\<div\>标记分块，并用 CSS 对各个分块进行定位和格式化，从而实现网页布局。div 块作为容器，用于放置网页内容。CSS 作为修饰内容及布局的样式。与表格布局和框架布局比较，使用嵌套的\<div\>标记和丰富的 CSS 样式可以实现复杂、多样、细致的布局，易于用 JavaScript 脚本进行界面的动态交互，且能够实现页面内容与样式的分离。

  对于 2.7.5 节中图 2-1 所示的 T 字形网页布局，使用\<div\>+CSS 实现的方法如例程 3-40和例程 3-41 所示。

例程 3-40 divcsslayout.html

```html
<!DOCTYPE html>
<html>
<head>
<title>软件开发基础课程实验</title>
<link type="text/css" rel="stylesheet" href=" divcsslayout.css" />
</head>
<body>
<div id="container">
    <div id="header"><div id="htitle"><h1>Web 技术基础</h1></div></div>
    <div id="navigate">
      <ul class="navstyle">
        <li><a href="web2_1htmlbasic.html">HTML</a></li>
        <li><a href="web3_1simplecss.html">CSS</a></li>
        <li><a href="web4_1jsoutput.html">JavaScript</a></li>
        <li><a href="web5_1xml.html">XML</a></li>
        <li><a href="web7_1html5added.html">HTML 5</a></li>
        <li><a href="web8_1css3border.html">CSS 3</a></li>
        <li><a href="web9_1jsfunction.html">JavaScript 进阶</a></li>
      </ul>
    </div>
    <div id="menu">
      <h2>HTML 标记</h2>
      <ul class="menustyle">
        <li><a href="web2_1htmlbasic.html">基本文档结构</a></li>
```

```html
            <li><a href="web2_2textformat.html">文本格式化</a></li>
            <li><a href="web2_6simplelink.html">超链接</a></li>
            <li><a href="web2_8simplestimage.html">图像</a></li>
            <li><a href="web2_13flashplayer.html">Flash 动画</a></li>
            <li><a href="web2_17dvflv.html">Flash 视频</a></li>
            <li><a href="web2_20ul.html">列表</a></li>
            <li><a href="web2_23simpletable.html">表格</a></li>
            <li><a href="web2_30form.html">表单</a></li>
        </ul>
    </div>
    <div id="content">
        <h3>HTML 基本文档结构</h3>
        <p class="ftcss"> 网页内容！</p> </div>
        <div id="footer">临沂大学  信息学院</div>
</div>
</body>
</html>
```

例程 3-41　divcsslayout.css

```css
@charset "utf-8";
/* CSS Document */
a:link {
        color: #000;
font-size: 16px;
        text-decoration: none;
}
a:visited {
        color: #000;
        text-decoration: none;
}
a:hover {
        color: #900;
        text-decoration: underline;
        font-size:larger;
}
a:active {
        color: #000;
        text-decoration: none;
}
div#container {
        width:800px;
        margin:auto;                    /* div 水平居中 */
}
div#header {
        background-image: url(../html/images/bg1.jpg);
        height: 100px;
        text-align: center;
}
div#htitle {                            /* 设置 Logo 中标题 1 的位置 */
        padding-top:16px;               /* 垂直居中 */
        padding-left:240px;             /* 水平偏右 */
}
div#navigate {
        background-color:#d3effc;
        text-align:center;
```

```css
        float:left;                    /* 消除 div 上下的空白间隔 */
        width:800px;
}
.navstyle {
        margin:4px;                    /* 覆盖列表默认的外边距,以便控制导航栏的高度 */
        list-style-type:none;          /* 去除列表项前面的符号 */
}
.navstyle li{
        line-height:20pt;              /* 控制导航栏的高度 */
        display:inline;                /* 水平显示列表项 */
        padding:6px;                   /* 增加列表项,即导航链接之间的间隔 */
}
div#menu {
        background-color:#f5fbfb;
        width:172px;
        height:440px;
        float:left;                    /* 为其后的 div 留位置 */
        text-align:center;
}
.menustyle {
        list-style-type:none;          /* 去除列表项前面的符号 */
        margin-left:0px;               /* 覆盖列表默认的外边距,以便列表项能水平居中 */
        padding-left:0px;              /* 覆盖列表默认的内填充,以便列表项能水平居中 */
}
.menustyle li {
        line-height:24pt;              /* 设置列表项,即二级导航链接纵向之间的间隔 */
}
h2 {
        margin-bottom:4px;
        font-size:18pt;
}
div#content {
                                       /* 前后两个 div 的宽度加上两侧的边距、边框、填充不能超出父容器的总宽度 */
        width:596px;
        height:408px;   /* 前后两个 div 的高度加上纵向的边距、边框、填充应一致 */
        float:left;     /* 与前面的 div 横向并列显示 */
        padding:16px;
}
div#footer {
        background-color:#d3effc;
        text-align:center;
        line-height:24px;
        clear:left;     /* 只有清除浮动影响,才能放在前面两个 div 之后 */
}
```

本 章 小 结

层叠样式表 CSS 是一种样式语言,是对 HTML 样式功能的补充甚至替代。CSS 较为简单,主要用来格式化网页。CSS 技术涉及三个方面的内容,一是样式定义,即 CSS 样式属性;二是选择网页元素使用样式,即 CSS 选择器;三是在网页中嵌入样式的方式,即内联样式表、内部样式表和外部样式表。本章详细地介绍了 CSS 2.1 的各种样式属性,按照使用频率与难易程度分为三大类:基本样式属性,如字符、文本、背景、边框、边距、列表;定位样式属性,如显示、大小、位置、布局、内容修剪、对齐;其他样式属性,如表格、鼠标、轮廓、内容生成。对 display、position、float、vertical-align 属性的功能细节进行了深入剖析。对于 CSS 选择器，也按照使用频率与难易程度，由前至后列举了 11 种：通配符选择器、标记选择器、类选择器、id 选择器、属性选择器、后代选择器、并列选择器、子元素选择器、相邻兄弟选择器、伪类选择器、伪元素选择器。内联样式表使用元素的 style 属性定义，距格式化目标最近，优先级最高；内部样式表使用<style>标记定义，通常集中在网页头部，距目标元素较远，优先级居中；外部样式表定义在外部独立的 CSS 文件中，由<link>标记的 href 属性引入，距目标元素最远，优先级最低。本章最后一节<div>+CSS 布局是 CSS 的一个综合应用，也是一种常用的布局方式。

思 考 题

1. 在网页中嵌入 CSS 样式有哪 3 种方式？各使用什么标记或属性？
2. 选择器 div p 与选择器 div, p 有什么区别？
3. 简述 heigh-line 和 text-indent 属性的作用和取值。
4. text-decoration 属性可用于设置文本的哪些特性？
5. 将 list-style-type 属性应用于有序列表和无序列表各有哪些取值？
6. 当元素的 position 属性取值分别为 relative、absolute、fixed 时，该元素相对于哪些参考元素定位？
7. 写出 7 种常见的块级元素。
8. 写出 3 种常见的行内元素。
9. 写出 4 种常见的行内块元素。
10. 上部<div>元素的边距 margin、padding 属性值都为 6px，下部<div>元素的边距 margin、padding 属性值都为 4px，二者的边框宽度 border-width 属性值为 1px，那么上部<div>中的内容下边与下部<div>中的内容上边之间的距离是多少？
11. vertical-align 属性可用于设置<div>元素垂直居中吗？如何使<div>元素中的内容垂直居中？如何使<div>元素相对其窗口居中？
12. 对于大小固定的<div>元素，如何设置其 CSS 样式，当其中的内容溢出时，自动显示滚动条，使用户可以滚动浏览溢出的内容？

第 4 章 JavaScript

（视频学习）

JavaScript 是一种通用的、跨平台的、基于对象和事件驱动并具有安全性的解释性脚本语言。它不仅可以用于编写客户端的脚本程序，由浏览器解析执行，还可以编写在服务器端执行的脚本程序，用于处理用户提交的信息并动态地向客户端浏览器返回处理结果。由于服务器端动态技术与编程语言众多、发展快，JavaScript 作为 Web 页面中的一种脚本语言，得到了广泛的应用。在 JavaScript 脚本语言出现之前，Web 页面都是静态内容，网景公司（Netscape）为了增强网页功能，在 Navigator 浏览器中加入了 JavaScript 脚本扩展，可以解析执行在 HTML 页面中嵌入的 JavaScript 脚本程序，把静态页面转变成支持用户交互并响应相应事件的动态页面，使得 Web 页面拥有了丰富多彩的动画和用户交互功能。

4.1 JavaScript 概述

JavaScript 脚本语言由网景公司（Netscape）开发。1996 年 3 月，网景公司在浏览器 Navigator 2.0 中正式嵌入了 JavaScript 1.0。1997 年，欧洲计算机制造商协会（European Computer Manufacturers Association，ECMA）对 JavaScript 进行了标准化，其标准号为 ECMA-262，又称 ECMAScript。1998 年，该标准被提交给国际标准化组织，成为 ISO/IEC 16262 标准。ECMAScript 是一种开放的、在国际上被广为接受的脚本语言规范。目前，各浏览器实现的 JavaScript 都遵循 ECMA JavaScript 规范。

4.1.1 JavaScript 的特点

JavaScript 是一种轻量级的、嵌入 HTML 页面中的由浏览器解析执行的脚本语言。JavaScript 的主要功能：动态修改 HTML 页面的内容，包括创建、删除 HTML 页面元素，修改 HTML 页面元素的内容、外观、位置、大小等；响应用户交互事件；验证用户输入内容；增加动画效果等。JavaScript 的主要特点如下。

1．解析型脚本语言

JavaScript 是嵌入 HTML 页面中的，由浏览器在运行时解释执行的脚本语言。它不同于一些高级编程语言，如 C、C++、Java 等，需要先编译后执行，其源代码无须编译，直接在浏览器中运行时就能被解析。

2．基于对象

JavaScript 是一种基于对象的脚本语言，不仅可以创建对象，还能使用现有的对象。它的许多功能来自脚本环境中对象的方法与脚本的相互作用。

3．轻量级

JavaScript 语言中的变量是弱类型的，对其数据类型无须做出严格的要求。JavaScript 是基于 Java 基本语句和控制的脚本语言，其设计简单紧凑。

4．动态性

JavaScript 是一种采用事件驱动的脚本语言，不需要经过 Web 服务器就可以对用户的输入做出响应。在访问一个网页时，鼠标在网页中进行单击或移动等操作时，JavaScript 都可以直接对这些动作事件进行响应。

5. 跨平台性

JavaScript 脚本语言不依赖操作系统,仅需要浏览器的支持。因此,一个 JavaScript 脚本在被编写后可以将其带到任意机器上使用,前提是机器上的浏览器支持 JavaScript 脚本语言。目前,JavaScript 已经被大多数的浏览器支持。

6. 安全性

JavaScript 是一种安全性语言。它不允许访问本地硬盘,同时不能将数据存入服务器,也不允许对网络文档进行修改和删除,只能通过浏览器实现信息浏览或动态交互。

4.1.2 Java 与 JavaScript 的区别

JavaScript 的前身叫作 LiveScript。Netscape 公司与 SUN 微系统公司合作,因 SUN 微系统公司推出的 Java 在业界得到了广泛的应用,Netscape 公司为借用 Java 的名声,将自己的 LiveScript 更名为 JavaScript。JavaScript 与 Java 在名称上的相似,是当时 Netscape 公司为了营销考虑与 SUN 微系统公司达成协议的结果。JavaScript 看上去像 Java,语法上与 Java 也有类似之处,但 JavaScript 与 Java 是两种完全不同的语言,其主要区别如下。

1. 对象模型

Java 是纯粹的面向对象的程序设计语言,支持数据的封装、类的继承、对象的多态等全面的面向对象特性;JavaScript 是基于对象的脚本语言,其面向对象的功能并不完整,虽然具有类和对象的概念,但是不支持继承机制,没有接口、虚类、子类、函数重载等功能。Java 的最小程序单位是类;JavaScript 是函数式编程和面向对象编程的一种混合体,其最小程序单位是语句。

2. 数据类型

Java 是强类型的语言,变量的数据类型是被严格要求的,在编译时会进行安全的类型检查;JavaScript 是弱类型的语言,在定义变量时不要求对数据类型进行说明。

3. 对象特征

Java 对象在被创建以后,其具有的属性和方法相对稳定,不会有增减变化;而 JavaScript 对象是动态的,可以在运行时随时增加对象的属性和方法。

4. 运行方式

Java 程序运行在 Java 虚拟机环境中,先编译后执行;JavaScript 程序嵌入网页中,在浏览器环境中解释执行。

5. 功能及用途

Java 是普通应用程序开发语言,应用广泛,具有设计图形界面、操作文件系统、编写组件程序等一般高级编程语言的功能;JavaScript 主要用于增强网页功能,如修改 HTML 页面内容,实现用户交互事件等动态网页功能。

6. 开发厂商

Java 由 SUN 微系统公司开发,Java 开发小组成立于 1991 年,1995 年正式对外发布 Java 语言;JavaScript 是 Netscape 公司于 1995 年开发的,1996 年 3 月,在 Navigator 2.0 中正式嵌入了 JavaScript。

4.1.3 两个简单的输出方法

在介绍 JavaScript 的使用方式和语法之前,先介绍两个 JavaScript 的输出方法,以便在后续的例程中使用。

1. alert(strvar);

弹出警告对话框。alert()作为全局方法，可以在 JavaScript 程序中被直接调用，参数通常为字符串，是在对话框中显示的内容。

2. document.write(strvar);

向文档输出内容。document 是全局对象，代表网页文档，其 write()方法可以向页面中写入内容，参数通常为字符串，是具体的输出内容。如果在文档已完成加载后执行该方法，则整个 HTML 页面将被覆盖。

4.2 在网页中嵌入 JavaScript

JavaScript 脚本程序是嵌入网页中，由浏览器解析执行的。在 HTML 文档中嵌入 JavaScript 代码的方式有如下几种。

1. 在\<script\>标记中嵌入 JavaScript 代码

HTML 的\<script\>标记用于在网页中嵌入 JavaScript 代码。语法格式如下：

```
<script language="javascript">
         statements;
</script>
```

\<script\>标记可以位于页面的任何位置。对于定义函数的脚本代码，因为函数不会被立即执行，只有在其他位置被调用后才执行，所以\<script\>标记通常被放在网页头部，即\<head\>标记内。对于需要访问网页元素，且即时执行的脚本代码，因为页面元素对象在网页加载后才能获取到，所以\<script\>标记应位于网页的后部，即\<body\>标记之前。

例程 4-1 scriptembed.html

```
<!doctype html>
<html>
<head>
<meta charset="utf-8">
<title>在网页中嵌入 JavaScript</title>
</head>
<body>
<h3>使用&lt;script&gt;标记嵌入 JavaScript 代码</h3>
<script language="javascript">
     alert("使用<script>标记在页面中嵌入 JavaScript 代码");
</script>
</body>
</html>
```

2. 导入外部 JavaScript 文件中的代码

将 JavaScript 脚本单独保存在一个文件中，文件的扩展名为.js，在网页中使用\<script\>标记导入*.js 文件中的代码。语法格式如下：

```
<script language="javascript" src="jsfile.js" > </script>
```

例程 4-2 scriptimport.html

```
<!doctype html>
<html>
<head>
<meta charset="utf-8">
<title>在网页中嵌入 JavaScript</title>
</head>
<body>
<h3>使用&lt;script&gt;标记导入外部 JavaScript 文件中的代码</h3>
<script language="javascript" src="scriptimp.js"></script>
```

```html
    </body>
</html>
```

例程 4-3　scriptimp.js

```javascript
alert("使用<script>标记导入外部 JavaScript 文件中的代码");
```

在<script>标记中嵌入 JavaScript 代码与使用 src 属性导入*.js 文件中的 JavaScript 代码的效果完全一样。对于代码较多的 JavaScript 脚本程序，建议先将其保存在外部文件中，然后导入，这样可以实现 HTML 页面和 JavaScript 代码的分离，使页面简洁、易于维护。在页面中可以使用多个<script>标记，既嵌入 JavaScript 代码，又导入 JavaScript 代码。但一个<script>标记不能同时嵌入和导入 JavaScript 代码。使用<script>标记嵌入或导入 JavaScript 代码是在页面中添加 JavaScript 脚本最常用的两种方法。

3. 事件属性赋值 JavaScript 代码

HTML 元素的事件属性是连接事件源对象与事件处理程序的桥梁。给事件属性赋值 JavaScript 代码或 JavaScript 函数，当用户的交互行为引发相应的事件时，赋予的 JavaScript 代码或 JavaScript 函数将被执行。当事件处理程序的代码较多时，应当将其定义在函数中，给事件属性赋值函数。

例程 4-4　scriptonevent.html

```html
<!doctype html>
<html>
<head>
<meta charset="utf-8">
<title>在网页中嵌入 JavaScript</title>
</head>
<body>
<h3>事件属性赋值 JavaScript 代码</h3>
<a href="#" onclick='alert("单击链接时执行的事件处理程序");'>执行 JS</a>
</body>
</html>
```

4. javascript:前缀构建 JavaScript 代码的 URL

对于<a>标记的 href 属性，除了可以指定 URL，还可以使用 javascript:前缀构建 JavaScript 代码的 URL，在单击链接时执行。javascript:前缀后的代码较多时，应当将其定义在 JavaScript 函数中，通过调用 JavaScript 函数执行代码。语法格式如下：

```html
<a href="Javascript:statements">执行 JS</a>
```

例程 4-5　scripthref.html

```html
<!doctype html>
<html>
<head>
<meta charset="utf-8">
<title>在网页中嵌入 JavaScript</title>
<script language="javascript">
    function dispinfo(){
        alert("javascript:前缀构建的 JavaScript 代码 URL");
    }
</script>
</head>
<body>
<h3>javascript:前缀构建 JavaScript 代码的 URL</h3>
<a href="javascript:dispinfo();">执行 JS</a>
</body>
</html>
```

5. 在地址栏中直接执行 JavaScript 代码

在浏览器的地址栏中可以直接输入 javascript:前缀加 JavaScript 代码按回车键执行，前提是在浏览器中打开了网页，即地址栏中是有效的网页地址。语法格式如下：

```
地址栏：javascript:statements
```

例如：

```
javascript:document.write("在地址栏中直接输入 JavaScript 代码执行");
```

4.3 JavaScript 语法

JavaScript 语言借鉴了多种编程语言：基本语法借鉴了 C 语言和 Java 语言；数据结构借鉴了 Java 语言，包括将值分成原始值和对象两大类；函数的用法借鉴了 Scheme 语言和 Awk 语言，将函数当作第一等公民，并引入闭包；原型继承模型借鉴了 Self 语言（Smalltalk 的一种变种）；正则表达式借鉴了 Perl 语言；字符串和数组处理借鉴了 Python 语言。JavaScript 语法较为简单，更接近 Java 语法，对于有 Java 或 C 语言基础的人员，特别简单易学。

4.3.1 基础语法点

1．JavaScript 语句

JavaScript 程序是 JavaScript 语句的序列。浏览器按照 JavaScript 语句在 HTML 文档中出现的顺序逐条执行。通常 JavaScript 语句结尾以分号结束，分号用于分隔各条语句。与 Java 语言不同，JavaScript 并不要求必须以分号作为语句的结束标志，如果语句的结尾处没有分号，则 JavaScript 解析器会自动将该行代码的结尾作为语句的结尾。但为了清晰易读，建议每条 JavaScript 语句结尾都添加分号。

2．JavaScript 注释

注释用于提高代码的可读性，JavaScript 解析器不会对注释进行解析。JavaScript 语言采用了 Java 语言的注释语法，单行注释以//开头；多行注释以/*开始，以*/结尾。

例如：

```
//单行注释内容，常放在语句之后，对语句进行说明
```

例如：

```
/*
第一行注释，//多行注释内可以有单行注释
第二行注释
*/
```

3．标识符

标识符就是名称，如关键字、类型名、变量名、函数名等。JavaScript 语言中的标识符大小写敏感。JavaScript 标识符的命名规则与 Java 及 C 语言的命名规则相同，以字母、下画线（_）、美元符号（$）开头，其后的字符可以是字母、数字、下画线、美元符号。

4．关键字

JavaScript 关键字指在 JavaScript 语言中保留的、预定义为特定含义的标识符，如表 4-1 所示。JavaScript 关键字具有特定的语法功能，是 JavaScript 语法中重要的组成成分。JavaScript 关键字不允许作为变量名、函数名等标识符使用。

表 4-1　JavaScript 关键字

abstract	arguments	boolean	break	byte	case
catch	char	class*	const	continue	debugger
default	delete	do	double	else	enum*

续表

eval	export*	extends*	false	final	finally
float	for	function	goto	if	implements
import*	in	instanceof	int	interface	let
long	native	new	null	package	private
protected	public	return	short	static	super*
switch	synchronized	this	throw	throws	transient
true	try	typeof	var	void	volatile
while	with	yield			

* 标记的关键字是 ECMAScript 5 中新添加的。

4.3.2 基本数据类型

JavaScript 是弱类型语言,在声明变量时无须进行数据类型说明,但当 JavaScript 的值被保存在内存中时,还是有数据类型的。JavaScript 变量的数据类型可以在赋值和解析时被动态地确定。JavaScript 语言的基本数据类型有值类型和对象类型两大类。值类型有数值(number)、字符串(string)、布尔(boolean)三类;对象类型有对象(object)和函数(function)两类。

1. number

数值是最基本的数据类型。在 JavaScript 中,数值并不区分整型数值和浮点型数值,所有的数值都以浮点型保存,并采用 IEEE 754 标准定义的 64 位浮点数格式表示。

2. string

字符串是由 Unicode 字符、数字、标点符号等组成的序列,是 JavaScript 用来表示文本的数据类型。字符串类型的数据包含在双引号或单引号中。JavaScript 中的双引号和单引号没有区别,但要正确嵌套。在双引号定界的字符串中可以含有单引号,在单引号定界的字符串中可以含有双引号。在字符串中也可以使用转义字符"\"加入双引号或单引号等特殊字符。

3. boolean

布尔值用来表示关系运算和逻辑运算的结果。布尔数据类型只有两个值:true、false。

4. object

object 是所有对象类型(引用类型)的基本数据类型标识。对象是一组数据和功能的集合。对象中的数据可能很多、很复杂,但对象类型变量中保存的不是对象的实际数据,而是指向存储对象数据的内存位置的指针。这是值类型与对象类型最大的不同,值类型变量在自己的内存分配中保存实际的数据。

5. function

function 是一种特殊的对象类型。function 类型必然是 object 类型的。与普通类型的对象相比,function 类型的对象提供了与对象同名的构造函数。在 JavaScript 中,函数定义了一种类型,关于函数的详细介绍见 9.1 节。

4.3.3 常量

1. 常用字面量

(1)十进制数。

例如:

-6 8 684

(2)十六进制数。

例如:

0x3e (基数为 16,3*16+14=62,也可以写成:0x3E、0X3e、0X3E)

(3) 八进制数。

例如：

057 （基数为 8，5*8+7=47）

ECMAScript 标准不支持八进制数。因为只有部分浏览器的 JavaScript 实现了支持八进制数，所以不建议使用以 0 开头的八进制数。

(4) 浮点数。

例如：

8.26   -3.86   1.234-e12   -1.45E8

(5) 布尔常量。

例如：

true   false

(6) 字符串常量。

例如：

"Hello!"   'Great!'

2. 转义字符

JavaScript 中的转义字符以反斜杠（\）开头，利用转义功能可以在字符串中添加特殊字符，如控制字符、单引号、双引号等。JavaScript 中常用的转义字符如表 4-2 所示。

表 4-2 JavaScript 中常用的转义字符

转义字符	意义	转义字符	意义
\b	退格	\v	垂直制表符（竖向 Tab）
\n	换行	\r	回车
\t	制表符 Tab	\\	反斜杠
\f	换页	\OOO	八进制（范围为 000~777）编码的字符
\'	单引号	\xHH	十六进制（范围为 00~FF）编码的字符
\"	双引号	\uhhhh	十六进制编码的 Unicode 字符

3. 特殊数值符号

JavaScript 中预定义了几个标识符或全局属性来表示一些特殊的数值。

(1) Infinity。

全局属性，代表正无穷大的数值，同 Number.POSITIVE_INFINITY。

(2) –Infinity。

全局属性，代表负无穷大的数值，同 Number. NEGATIVE _INFINITY。

(3) Number.MAX_VALUE。

数值类型 Number 的静态属性，可以表示的最大数。

(4) Number.MIN_VALUE。

数值类型 Number 的静态属性，可以表示的最小数。

(5) NaN。

全局属性，表示非数字值，同 Number.NaN。NaN 表示应返回数值的操作而未返回的数值。在其他编程语言中，任何数值除以 0 都会报错，抛出异常，但是在 Javascript 中，一个数值除以 0 会返回 NaN 或 Infinity，因此不会影响代码的执行。

任何针对 NaN 的运算（如 NaN/0）都会返回 NaN。NaN 与任何值都不相等，包括与 NaN 本身比较都会返回 false。

例程 4-6 specnum.html

```
<script language="javascript">
    var t1=1.8E+308; //变量定义见 4.3.4 节
```

```
    var t2=-1.7976931348623157E+309;
    document.write("变量 t1 的值: " + t1 + "<br/>");
    document.write("变量 t2 的值: " + t2 + "<br/>");
    document.write("4 ÷ 0 = " + 4/0 + "<br/>");
    document.write("正向超出 JavaScript 数值范围表示为: " + Number.POSITIVE_INFINITY + "<br/>");
    document.write("负向超出 JavaScript 数值范围表示为: " + Number.NEGATIVE_INFINITY + "<br/>");
    document.write("JavaScript 中可以表示的最大值为: " + Number.MAX_VALUE + "<br/>");
    document.write("JavaScript 中可以表示的最小值为: " + Number.MIN_VALUE + "<br/>");
    document.write("0 ÷ 0 = " + 0/0 + "<br/>");
</script>
```

4．特殊对象符号

（1）null。

表示一个空对象指针。如果定义的变量用于保存对象，则应将变量初始化为 null，这样只要检测其值是否为 null，就能判断变量是否保存了一个有效的对象引用。

（2）undefined。

变量在未初始化时，其值为 undefined。undefined 是 JavaScript 中的全局属性，但无法使用 for/in 循环枚举 undefined 属性，也不能使用 delete 运算符删除。当尝试读取不存在的对象属性时也会返回 undefined。

值为 undefined 的变量与未定义的变量不同，虽然未定义变量的 typeof 运算也返回 undefined 值（typeof 运算见 4.3.5 节），但是在显示未定义的变量时会引发异常，对未初始化的变量会显示 undefined。未初始化的变量不能执行真正的操作。

undefined 值派生自 null。ECMA-262 规定对它们的相等性测试（== 运算）返回 true，因此只能用===运算测试某个值是未初始化，还是空指针的。关于==运算与===运算见 4.3.6 节。

null 表示无值，而 undefined 表示一个未初始化的变量，或者一个并不存在的对象属性。null 和 undefined 的用途完全不同。无论在什么情况下，都没有必要把一个变量的值显式地设置为 undefined，但保存对象的变量在真正保存对象前应该明确地初始化为 null 值，这样可以体现 null 作为空对象指针的惯例，也有助于区分 null 和 undefined。

例程 4-7 specobj.html

```
<script language="javascript">
    var t2;
    var p2=null;
    document.write("变量 t1 的类型: " + typeof t1 + "<br/>");       //typeof 运算见 4.3.5 节
    //document.write("变量 t1 的值: " + t1 + "<br/>");                //未定义变量 t1 将引发异常
    document.write("变量 t2 的值: " + t2 + "<br/>");
    document.write("变量 p2 的值: " + p2 + "<br/>");
    document.write("null 的类型: " + typeof null + "<br/>");
    //document.write("变量 t2 未进行初始化: " + (t2==undefined) + "<br/>");
    //document.write("变量 p2 未进行初始化: " + (p2==undefined) + "<br/>");
    document.write("变量 t2 未进行初始化: " + (t2===undefined) + "<br/>");
    document.write("变量 p2 未进行初始化: " + (p2===undefined) + "<br/>");
    //document.write("变量 t2 的值为 null: " + (t2==null) + "<br/>");
    //document.write("变量 p2 的值为 null: " + (p2==null) + "<br/>");
    document.write("变量 t2 的值为 null: " + (t2===null) + "<br/>");
    document.write("变量 p2 的值为 null: " + (p2===null) + "<br/>");
</script>
```

4.3.4 变量

变量是程序中一个命名的存储单元，其主要作用是为数据操作提供存放信息的容器。JavaScript 中声明的变量只是一个占位符，只有赋值后才可以对其进行有效的运算操作。

1. 变量的定义

JavaScript 变量的定义很简单，使用关键字 var，其后跟变量名，无须指定数据类型。变量的数据类型由其所保存的内容决定，是动态变化的。关键字 var 后可以同时声明多个变量，变量之间用半角逗号（,）隔开；也可以在声明变量的同时对其赋值，即进行初始化。未初始化的变量，默认值为 undefined。

不使用关键字 var，直接给变量赋值，可以隐式地定义变量。解析器会先在当前上下文中查找是否存在该变量，只有在该变量不存在的情况下，解析器才会定义一个新变量。隐式定义的变量是全局变量，一般不建议使用。

例如：

```
var x1;
var x2, y2=68, vstr="Hello";
gx3=12.36;
```

2. 变量的作用域

变量的作用域指变量在程序中的有效范围。JavaScript 变量按作用域分为局部变量和全局变量。只在一个函数内有效的变量是局部变量，在整个页面范围内有效的变量是全局变量。与 Java 和 C 语言不同，在 JavaScript 语言中不存在程序段局部变量，如在 for 循环体内定义的变量，其作用域是循环所在的整个函数，属于局部变量，而不仅仅局限于循环体。

（1）局部变量。

在函数内使用 var 关键字声明的变量，包括在其程序段内使用 var 关键字定义的变量。

（2）全局变量。

在函数外声明的变量，以及在函数内未使用 var 关键字直接给变量赋值定义的变量。

例程 4-8 varscope.html

```
<!doctype html>
<html>
<head>
<title>JavaScript 变量</title>
<script language="javascript">
    var gv1, gv2="Hello";
    gv3=68;
    function dispvar(param1, param2) {
        document.write(param1 + " = " + param2 + "<br/>");
    }
</script>
</head>
<body>
<h3>JavaScript 数值符号</h3>
<script language="javascript">
    function vscptest1() {
        gv1="全局变量 1";
        gv4="全局变量 4";
        var lv1="局部变量 1";
        dispvar("函数 1 中的变量 gv1", gv1);
        dispvar("函数 1 中的变量 gv2", gv2);
        dispvar("函数 1 中的变量 gv3", gv3);      //局部变量 gv3，未初始化
        dispvar("函数 1 中的变量 gv4", gv4);
        dispvar("函数 1 中的变量 lv1", lv1);
        var gv3="局部变量覆盖全局变量";
        dispvar("函数 1 中的变量 gv3", gv3);
        document.write("<br/>");
    }
    function vscptest2() {
        var lv2="局部变量 2";
```

```
                dispvar("函数 2 中的变量 gv1", gv1);
                dispvar("函数 2 中的变量 gv2", gv2);
                dispvar("函数 2 中的变量 gv3", gv3)         //全局变量 gv3
                dispvar("函数 2 中的变量 gv4", gv4)
                dispvar("函数 2 中的变量 lv2", lv2);
                document.write("<br/>");
            }
            vscptest1();
            vscptest2();
        </script>
    </body></html>
```

3. 变量的隐式类型转换

JavaScript 解析器根据语句上下文运算的需要可以对变量的类型进行自动转换，这种转换称为隐式类型转换或自动类型转换。

例程 4-9　autoconvert.html

```
<script language="javascript">
    var a = "3.1416"; //定义字符串变量
    //字符串不支持减法运算，变量 a 将隐式转换为数值执行减法运算
    var b = a - 5;
    //字符串可以用加号做连接运算，数字 5 将隐式转换为字符串做连接运算
    var c = a + 5;        var d = 5 + a;        var e = 5 - true;
    alert ("b=" + b + "\nc=" + c + "\nd=" + d + "\ne=" + e);
</script>
```

（1）到数值型的隐式转换。

逻辑型、字符串型、对象型等其他数据类型隐式转换为数值型的转换规则如表 4-3 所示。

表 4-3　到数值型的隐式转换规则

数 据 类 型	转 换 结 果
逻辑型	true 转换为 1；false 转换为 0
字符串型	如果内容为数字，则转换为相应的数字，否则转换为 NaN
undefined、null	undefined 转换为 NaN；null 转换为 0
其他对象	NaN

（2）到逻辑型的隐式转换。

数值型、逻辑型、对象型等其他数据类型隐式转换为逻辑型的转换规则如表 4-4 所示。

表 4-4　到逻辑型的隐式转换规则

数 据 类 型	转 换 结 果
数值型	0 与 NaN 转换为 false；其他数据转换为 true
字符串型	如果字符串长度为 0，则转换 false，否则转换为 true
undefined、null	false
其他对象	true

（3）到字符串型的隐式转换。

数值型、逻辑型、对象型等其他数据类型隐式转换为字符串型的转换规则如表 4-5 所示。

表 4-5　到字符串型的隐式转换规则

数 据 类 型	转 换 结 果
数值型	与数值相对应的字符串，NaN 或 0
逻辑型	与逻辑值相对应的字符串，true 或 false
undefined、null	与值相对应的字符串，undefined 或 null
其他对象	如果存在 toString()方法，则转换结果为该方法的输出，否则转换结果为 undefined

例程 4-10 auto2str.html

```
<script language="javascript">
    var x1=6.8e3, x2=true, x3, x4=null;
    //测试其他对象向字符串转换
    document.write("数值自动转换为字符串:" + x1 + "<br/>");
    document.write("逻辑值自动转换为字符串:" + x2 + "<br/>");
    document.write("undefined 自动转换为字符串:" + x3 + "<br/>");
    document.write("null 自动转换为字符串:" + x4 + "<br/>");
    //document.write("undefined 自动转换为字符串:" + undefined + "<br/>");
    //document.write("null 自动转换为字符串:" + null + "<br/>");
</script>
```

4. 变量的强制类型转换

JavaScript 主要使用下面的全局方法与对象方法进行强制类型转换。

（1）parseInt()。

将字符串、布尔值等转换为整数。parseInt()函数在转换字符串时，主要看其是否符合数值模式，它忽略字符串前面的空格，直至找到第一个非空格字符。如果第一个字符是数字字符，则 praseInt()函数会继续解析第二个字符，直到解析完所有后续字符或遇到了一个非数字字符。如果第一个字符串不是数字字符或负号，则 parseInt()函数会返回 NaN。因此，parseInt()函数转换空字符串会返回 NaN。parseInt()函数不仅可以识别出十六进制数格式标志（0x），还可以带一个表示数制的整数参数，如 2，8，10，16。

例程 4-11 parseint.html

```
<script language="javascript">
    //转换结果 1234
    document.write("1234blue 转换为整数值 = " + parseInt("1234blue") + "<br/>");
    document.write("空格转换为整数值 = " + parseInt("") + "<br/>"); //NaN
    //10（按十六进制数解析）
    document.write("0xA 转换为整数值 = " + parseInt("0xA") + "<br/>");
    document.write("22.5 转换为整数值 = " + parseInt("22.5") + "<br/>"); //22
    //未定 48（按八进制数解析），或者 60（按十进制数解析）
    document.write("060 转换为整数值 = " + parseInt("060") + "<br/>");
    //80（0 后有大于 7 的数字，按十进制数解析）
    document.write("080 转换为整数值 = " + parseInt("080") + "<br/>");
    document.write("80 转换为整数值 = " + parseInt("80") + "<br/>"); //80
    //2（按二进制数解析）
    document.write("二进制数 10 转换为整数值 = " + parseInt("10",2) + "<br/>");
    //8(按八进制数解析)
    document.write("八进制数 10 转换为整数值 = " + parseInt("10",8) + "<br/>");
    //10（按十进制数解析）
    document.write("十进制数 10 转换为整数值 = " + parseInt("10",10) + "<br/>");
    //16（按十六进制数解析）
    document.write("十六进制数 10 转换为整数值 = " + parseInt("10",16) + "<br/>");
    document.write("AF 转换为整数值 = " + parseInt("AF") + "<br/>"); //NaN
    document.write("十六进制数 AF 转换为整数值 = " + parseInt("AF",16) + "<br/>"); //175
    document.write("true 转换为整数值 = " + parseInt(true) + "<br/>"); //NaN
    document.write("false 转换为整数值 = " + parseInt(false) + "<br/>"); //NaN
</script>
```

（2）parseFloat()。

将字符串、布尔值等转换为浮点数。parseFloat()函数也是从第一个字符（位置 0）开始解析每个字符的，一直解析到字符串末尾，或者解析到遇见一个无效的浮点数字符为止。字符串中的第一个小数点是有效的，而第二个小数点就是无效的了，因此它后面的字符串将被忽略。parseFloat()函数始终都会忽略前导的零。因为 parseFloat()函数按十进制数解析值，所以它没有用第二个参数指定基数的用法。

例程 4-12 parsefloat.html
```
<script language="javascript">
    document.write("1234blue 转换为小数值 = " + parseFloat("1234blue") + "<br/>");
    document.write("空格转换为小数值 = " + parseInt("") + "<br/>"); //NaN
    document.write("0xA 转换为小数值 = " + parseFloat("0xA") + "<br/>"); //0
    document.write("22.5 转换为小数值 = " + parseFloat("22.5") + "<br/>"); //22.5
    document.write("22.34.5 转换为小数值 = " + parseFloat("22.34.5") + "<br/>"); //22.34
    document.write("0908.5 转换为小数值 = " + parseFloat("0908.5") + "<br/>"); //908.5
    document.write("true 转换为小数值 = " + parseInt(true) + "<br/>"); //NaN
    document.write("false 转换为小数值 = " + parseInt(false) + "<br/>"); //NaN
</script>
```

（3）String()。

将布尔值、数值等转换成字符串，与自动转换功能相同。

例程 4-13 string.html
```
<script language="javascript">
    var x1=-2.4e-3, x2=true, x3, x4=null, x5=0xA, x6=68;
    document.write("小数值转换为字符串：" + String(x1) + "<br/>");
    document.write("逻辑值转换为字符串：" + String(x2) + "<br/>");
    document.write("undefined 转换为字符串：" + String(x3) + "<br/>");
    document.write("null 转换为字符串：" + String(x4) + "<br/>");
    document.write("十六进制数值转换为字符串：" + String(x5) + "<br/>");
    document.write("整数数值转换为字符串：" + String(x6) + "<br/>");
</script>
```

（4）toString()。

toString()是变量具有的方法。变量的 toString()方法将变量由原来的类型转换为字符串，值为 undefined 和 null 的变量不能使用此方法。全局 toString()方法属于 window 对象，该方法返回[object Window]。

例程 4-14 toString.html
```
<script language="javascript">
    var x1=6.8e3, x2=true, x3, x4=null, x5=0xA, x6=68;
    document.write("小数值转换为字符串：" + x1.toString() + "<br/>");
    document.write("逻辑值转换为字符串：" + x2.toString() + "<br/>");
    //document.write("undefined 转换为字符串：" + x3.toString() + "<br/>");
    //document.write("null 转换为字符串：" + x4.toString() + "<br/>");
    document.write("十六进制数值转换为字符串：" + x5.toString() + "<br/>");
    document.write("整数数值转换为字符串：" + x6.toString() + "<br/>");
    document.write("全局对象转换为字符串：" + toString() + "<br/>");
</script>
```

4.3.5 常用全局函数

JavaScript 提供的全局函数除了强制类型转换用到的，还有下面几个常用的。

（1）typeof()。

typeof()函数用来确定变量的数据类型，变量作为函数的参数。typeof()函数可以作为运算符使用，将关键字 typeof 置于变量之前，可以求得变量的类型。

例程 4-15 typeof.html
```
<script language="javascript">
    var x1=6.8e3, x2=true, x3="Hello";
    var x4, x5=null, x6=Infinity, x7=NaN;
    document.write("变量 x1 的数据类型：" + typeof(x1) + "<br/>");
    document.write("变量 x2 的数据类型：" + typeof(x2) + "<br/>");
    document.write("变量 x3 的数据类型：" + typeof(x3) + "<br/>");
    document.write("变量 x4 的数据类型：" + typeof x4 + "<br/>");
```

```
            document.write("变量 x5 的数据类型：" + typeof x5 + "<br/>");
            document.write("变量 x6 的数据类型：" + typeof x6 + "<br/>");
            document.write("变量 x7 的数据类型：" + typeof x7 + "<br/>");
        </script>
```

(2) eval()。

eval()为求值函数，所谓求值就是将字符串作为 JavaScript 代码执行。参数为要计算的字符串。参数必须为可执行的 JavaScript 语句，语句不合法将在执行时引发异常。该方法只接收原始字符串作为参数，如果 string 参数不是原始字符串，那么该方法将不做任何改变地返回。因此，不要为 eval() 函数传递 String 对象来作为参数。

例程 4-16　eval.html

```
<!doctype html>
<html>
<head>
<meta charset="utf-8">
<title>JavaScript 变量</title>
<script language="javascript">
    var gv1="全局变量";
    function dispvar(param) {
        document.write(param + " = " + eval(param) + "<br/>");
    }
</script>
</head>
<body>
<h3>JavaScript 数值符号</h3>
<script language="javascript">
    function vscptest() {
        var x=16;
        dispvar("gv1");
        document.write("x + 18 = " + eval("x + 18") + "<br/>");
    }
    vscptest();
</script>
</body>
</html>
```

(3) isNaN()。

isNaN()函数用于检查其参数是否为 NaN（非数字值）。如果参数是特殊的非数字值 NaN（或被转换为 NaN 值），则返回 true；如果参数是其他值，则返回 false。NaN 与任何值（包括其自身）相比得到的结果均为 false，因此要判断某个值是否为 NaN，不能使用==或===运算符。

例程 4-17　isnan.html

```
<script language="javascript">
    document.write("Infinity is NaN：" + isNaN(Infinity) + "<br />");
    document.write("-1.23 is NaN：" + isNaN(-1.23)+ "<br />");
    document.write("-Infinity is NaN：" + isNaN(-Infinity)+ "<br />");
    document.write("3/0 is NaN：" + isNaN(3/0)+ "<br />");
    document.write("0/0 is NaN：" + isNaN(0/0)+ "<br />");
    document.write("Hello is NaN：" + isNaN("Hello")+ "<br />");
    document.write("2005/12/12 is NaN：" + isNaN("2005/12/12")+ "<br />");
</script>
```

(4) isFinite()。

isFinite()函数用于检查其参数是否为无穷大。如果参数是有限数字，或者可以转换为有限数字，则返回 true；如果参数是 NaN（非数字），或者是正、负无穷大的数字，则返回 false。

例程 4-18　isfinite.html
```
<script language="javascript">
    document.write("Infinity is finite：" + isFinite(Infinity) + "<br />");
    document.write("-1.23 is finite：" + isFinite(-1.23)+ "<br />");
    document.write("-Infinity is finite：" + isFinite(-Infinity)+ "<br />");
    document.write("3/0 is finite：" + isFinite(3/0) + "<br />");
    document.write("0 is finite：" + isFinite(0)+ "<br />");
    document.write("Hello is finite：" + isFinite("Hello")+ "<br />");
    document.write("2005/12/12 is finite：" + isFinite("2005/12/12")+ "<br />");
</script>
```

4.3.6　运算符与表达式

运算符是执行操作的符号。JavaScript 的运算符相当丰富，与 Java、C 语言的运算符非常相似。运算符按操作数可以分为单目运算符、双目运算符和多目运算符；按运算符类型可以分为算术运算符、赋值运算符、比较运算符、逻辑运算符和条件运算符等。通过运算符将常量、变量、函数等连接而成的算式称为表达式。表达式是构成 JavaScript 语句的最小语法单元。算术运算符和赋值运算符构成的算式被称为算术表达式；比较运算符和逻辑运算符构成的算式被称为逻辑表达式；条件运算符构成的算式被称为条件表达式。

1. 算术运算符

算术运算符在程序中进行加、减、乘、除等运算。与 Java、C 语言类似，JavaScript 提供了比普通算术运算更丰富的算术运算符，如表 4-6 所示。

表 4-6　算术运算符

运算符	描　　述	示　　例
+	加法运算	8+6　//结果为 14
-	减法运算	8-6　//结果为 2
*	乘法运算	8*6　//结果为 48
/	除法运算	8/6　//结果为 1
%	求模运算	8%6　//结果为 2
++	自增运算	i=1; j=i++　//j=1; i=2; 使用 i 之后，i 的值加 1 i=1; j=++i　//j=2; i=2; 先使 i 的值加 1，然后使用 i
--	自减运算	i=1; j=i--　//j=1; i=0; 使用 i 之后，i 的值减 1 i=1; j=--i　//j=0; i=0; 先使 i 的值减 1，然后使用 i

2. 赋值运算符

赋值运算有简单赋值运算和复合赋值运算两类。简单赋值运算只有一个运算符号"="，执行的操作是将"="右边表达式的值保存到左边的变量中；而复合赋值运算混合了算术运算和赋值操作，如表 4-7 所示。字符串连接可以与位运算或赋值运算组合，在运算之后进行赋值，见字符串运算符与位运算符。赋值运算符优先级仅次于逗号（,）。

表 4-7　赋值运算符

运算符	描　　述	示　　例
=	右边的值赋给左边的变量	x=8+6;　//简单赋值
+=	左边的变量加上右边的值赋给左边的变量	x+=8;　//x=x+8;
-=	左边的变量减去右边的值赋给左边的变量	x-=8;　//x=x-8;
*=	左边的变量乘以右边的值赋给左边的变量	x*=8;　//x=x*8;
/=	左边的变量除以右边的值赋给左边的变量	x/=8;　//x=x/8;
%=	左边的变量用右边的值求模赋给左边的变量	x%=8;　//x=x%8;

3. 比较运算符

比较运算对两个操作数进行比较，返回一个逻辑值，又称关系运算。JavaScript 的比较运算符如表 4-8 所示。

表 4-8 比较运算符

运 算 符	描 述	示 例
<	小于	8<6 //结果为 false
>	大于	8>6 //结果为 true
<=	小于或等于	8<=6 //结果为 false
>=	大于或等于	8>=6 //结果为 true
==	等于，只根据值进行判断，不涉及数据类型	8=="8" //结果为 true
===	绝对等于，根据值和数据类型同时进行判断	8==="8" //结果为 false
!=	不等于，只根据值进行判断，不涉及数据类型	8!="8" //结果为 false
!==	绝对不等于，根据值和数据类型同时进行判断	8!=="8" //结果为 true

4. 字符串运算符

对字符串的操作除了比较运算，还有两个专用的运算符。"+" 运算符用于连接两个字符串；"+=" 是一个针对字符串运算的复合赋值运算符，连接两个字符串，并将结果赋给第一个字符串变量。字符串运算符如表 4-9 所示。

表 4-9 字符串运算符

运 算 符	描 述	示 例
+	连接两个字符串	"class"+6 //结果为 class6
+=	连接两个字符串，并将结果赋给第一个字符串变量	var vstr="class"; vstr +=6 //结果为 class6

5. 逻辑运算符

逻辑运算是对逻辑值的操作，结果仍为逻辑值。常见的逻辑运算符如表 4-10 所示。

表 4-10 逻辑运算符

运 算 符	描 述	示 例
!	取反运算	!true //结果为 false
&&	与运算	true && false //结果为 false
||	或运算	true || false //结果为 true

"!" 是单目运算符，为右结合运算，优先级仅次于括号 "()"。注意："&" "|" "^" 是位运算符，运算结果为数值。与运算符（&&）先计算左边的操作数，如果左边的操作数为 false，则直接返回 false，不会计算右边的操作数。类似地，对于或运算符（||），如果第一个操作数为 true，将不再对第二个操作数求值，形成逻辑运算的短路现象。逻辑运算符不能与赋值运算符组合，没有 "&&=" 与 "||=" 的运算符。

例程 4-19 logicop.html

```
<script type="text/ecmascript">
    document.write("!true = " + !true + "<br/>");   //结果为 false
    document.write("true && false = " + (true && false) + "<br/>");   //结果为 false
    document.write("true & false = " + (true & false) + "<br/>");   //位运算，结果为 0
    document.write("true || false = " + (true || false) + "<br/>");   //结果为 true
    document.write("true | false = " + (true | false) + "<br/>");   //位运算，结果为 1
```

```
    document.write("true ^ true = " + (true ^ true) + "<br/>");   //位运算，结果为 0
    var vcond = true;
    vcond &= false;   //位运算，vcond = vcond & false = 0;
    document.write("vcond &= false; vcond = " + vcond + "<br/>");
    vcond = true;
    vcond |= false;   //位运算 vcond = vcond | false = 1;
    document.write("vcond |=false; vcond = " + vcond + "<br/>");
    vcond = true;
    vcond ^= false;   //位运算 vcond = vcond ^ false = 1;
    document.write("vcond ^= false; vcond = " + vcond + "<br/>");
    //vcond &&= true; //不存在的复合赋值运算
    //vcond ||= true; //不存在的复合赋值运算
    //逻辑运算，第 1 个操作数为 true，返回第 2 个操作数，结果为 6
    document.write("8 && 6 = " + (8 && 6) + "<br/>");
    document.write("8 & 6 = " + (8 & 6) + "<br/>");   //位运算，结果为 0
    //逻辑运算，第 1 个操作数为 true，返回第 1 个操作数，结果为 8
    document.write("8 || 6 = " + (8 || 6) + "<br/>");
    document.write("8 | 6 = " + (8 | 6) + "<br/>");   //位运算，结果为 14
    document.write("!8 = " + (!8) + "<br/>");
</script>
```

6．位运算符

位运算是对数值的二进制位进行操作的。在运算前，先将操作数转换为 32 位的二进制数，再进行相关运算，结果为十进制数。常见的位运算符如表 4-11 所示。

表 4-11 位运算符

运算符	描述	示例
~	非运算	~8　//结果为-9
&	与运算	8 & 6　//结果为 0
&=	先与运算，再赋值	var vnum=8; vnum &=6　//vnum=vnum & 6;
|	或运算	8 | 6　//结果为 14
|=	先或运算，再赋值	var vnum=8; vnum |=6　//vnum=vnum | 6;
^	异或运算	8 ^ 6　//结果为 14
^=	先异或运算，再赋值	var vnum=8; vnum ^=6　//vnum=vnum ^ 6;
<<	左移位	8 <<2　//结果为 32
<<=	先左移位，再赋值	var vnum=8; vnum <<=2　//vnum=vnum << 2;
>>	带符号右移位	-8>>2　//结果为-2
>>=	先带符号右移位，再赋值	var vnum=-8; vnum >>=2　//vnum=vnum >> 2;
>>>	填 0 右移位	-8>>>2　//结果为 1073741822
>>>=	先填 0 右移位，再赋值	var vnum=-8; vnum >>>=2　//vnum=vnum >>> 2;

例程 4-20　bitop.html

```
<script type="text/ecmascript">
    document.write("~8 = " + ~8 + "<br/>");   //结果为-9
    document.write("8 << 2 = " + (8<<2) + "<br/>");   //结果为 32
    var vnum=8;   vnum <<= 2
    document.write("vnum <<= 2; vnum = " + vnum + "<br/>");
    document.write("-8 << 2 = " + (-8<<2) + "<br/>");   //结果为-32
    document.write("-2^31 << 1 = " + (-2147483648<<1) + "<br/>");   //溢出
    document.write("(-2^30 + 1) << 1 = " + (-1073741825<<1) + "<br/>");   //溢出
    document.write("-8 >> 2 = " + (-8>>2) + "<br/>");   //结果为-2
    var vnum=-8;   vnum >>= 2
    document.write("vnum >>= 2; vnum = " + vnum + "<br/>");
    document.write("-8 >>> 2 = " + (-8>>>2) + "<br/>");   //结果为 1073741824
    var vnum=-8;   vnum >>>= 2
    document.write("vnum >>>= 2; vnum = " + vnum + "<br/>");
```

```
</script>
```

7. 条件运算符

条件运算符有 3 个操作数，又称三目运算符。条件运算符只有一个，由 "? :" 共同组成，格式如下：

(expression)? if-true-statement : if-false-statement

条件运算符的运算规则：对逻辑表达式 expression 求值，如果逻辑表达式的值为 true，则执行第二部分的语句 if-true-statement；如果逻辑表达式的值为 false，则返回第三部分语句 if-false-statement 的值。条件运算符是 if-else 条件语句的简写形式。

例程 4-21   condop.html
```
<script type="text/ecmascript">
  var x=8;
  document.write((x==10)? "x＝10" : "x≠10" + "<br/>");
</script>
```

8. instanceof 运算符

instanceof 运算符用于判断变量是否为指定类的实例，instanceof 运算符之前的操作数为某个变量，其后的操作数为类型。

例程 4-22   instanceof.html
```
<script type="text/ecmascript">
  var x="8";
  document.write("x 的数据类型为 Number: " + (x instanceof Number) + "<br/>");
  document.write("x 的数据类型: " + (typeof x) + "<br/>");
</script>
```

4.3.7　流程控制与语句

语句是 JavaScript 的基本执行单位，所有的语句都以半角分号（;）结束。一个表达式加上分号即可构成 JavaScript 语句。除了表达式构成的语句，还有对程序流程的选择、循环、转向和返回等进行控制而构成的语句。流程控制与表达式之间，以及流程控制与流程控制之间相互嵌套，构成了复杂的程序逻辑结构。

1. 条件语句 if-else

条件语句是对语句中给定的条件进行判断，根据条件的不同而执行不同的语句块。if-else 条件语句的语法格式如下：

```
if(expression) {
     statements 1
} else {
     statements 2
}
```

expression：为必需项，指定的条件，通常为一个逻辑表达式。

statements 1：expression 为 true 时执行的语句序列。只有一条语句时，可以省略花括号，（下同）。

statements 2：expression 为 false 时执行的语句序列。

上述语句块中仍可以嵌套 if-else 语句或其他控制语句。其中，else 及其之后的语句块也可以省略。这样 if-else 条件语句可以有如下 3 种形式。

（1）可选单分支 if 语句。

```
if(expression) {
     statements 1
}
```

（2）二路分支 if-else。

典型的 if-else 分支结构，格式如前。

（3）多级判断 if-else if。

```
if(expression 1) {
     statements 1
} else if(expression 2) {
     statements 2
}
…
} else if(expression n) {
     statements n
} else {
     statements n+1
}
```

例程 4-23 ifelse.html

```
<script type="text/ecmascript">
  function max(a, b) {
      if(a>=b) {
           return a;
      } else {
           return b;
      }
  }
</script>
```

2. 分支语句 switch

switch 是典型的多路分支语句，其作用与嵌套使用 if-else 语句基本相同。对于多条件判断，switch 语句更简洁清晰，而且 switch 语句允许在无匹配条件时执行默认的一组语句。switch 语句的语法格式如下：

```
switch (expression) {
     case value 1 :
          statements 1;
          break;
     case value 2 :
          statements 2;
          break;
     …
     case value n :
          statements n;
          break;
     default :
          statements n+1;
}
```

expression：任意的表达式。

value：常数表达式，其值必须为数值型或字符串类型的常量。当 expression 的值与某个 value 的值相等时，其相应 case 后的语句将被执行。如果 expression 的值与所有的 value 的值都不匹配，则执行 default 后面的语句。

break：退出 case 条件，使 switch 语句只执行匹配的分支。如果没有 break 语句，则 case 后的所有程序块都将被执行，通常在 statements 之后要加 break 语句。

例程 4-24 switch.html

```
<script type="text/ecmascript">
  function toweekstr(weeknum) {
      var weekstr="";
      switch(weeknum) {
```

```
                    case 1:
                        weekstr="星期一";
                        break;
                    case 2:
                        weekstr="星期二";
                        break;
                    case 3:
                        weekstr="星期三";
                        break;
                    case 4:
                        weekstr="星期四";
                        break;
                    case 5:
                        weekstr="星期五";
                        break;
                    case 6:
                        weekstr="星期六";
                        break;
                    default:
                        weekstr="星期日";
                }
                return weekstr;
            }
        </script>
```

3. for 循环语句

for 循环是计数循环，一般用于循环次数已知的情况。for 循环语句的语法格式如下：

```
for(initialize; test; increase) {
    statements;
}
```

initialize：初始化语句，通常用来初始化循环计数变量，只在循环开始时执行一次，可以为空语句，但语句分隔符（;）不能省略。

test：循环条件测试，通常是一个包含比较运算符的逻辑表达式，用来限定循环次数。每次循环开始前都执行测试，当循环条件为 true 时，执行循环，否则退出循环。可以为空语句，但语句分隔符（;）不能省略，为空语句时将无限循环。

increase：改变循环计数变量的语句，可以决定循环步长，每次循环体被执行后，执行该语句，可以改变循环变量的值。可以为空语句，在循环体内修改循环变量。

statements：循环体语句，当循环条件测试为 true 时，重复执行。

for 循环语句的执行过程：先执行初始化语句一次；然后测试循环条件，如果循环条件为 true，则执行一次循环体，否则直接退出循环；最后执行增量语句，改变循环变量的值，至此完成一次循环。接下来测试循环条件，开始下一次循环，直到循环条件为 false，结束循环。

例程 4-25 for.html

```
<!doctype html>
<html>
<head>
<meta charset="utf-8">
<title>流程控制</title>
</head>
<body>
<h3>乘法口诀表</h3>
<table cellspacing="4" cellpadding="4">
    <script language="javascript">
        for(var i=1; i<=9; i++) {
```

```
        document.write("<tr>");
        for(var j=1; j<=i; j++) {
            document.write("<td>" + j + "*" + i + "=" + j*i + "</td>");
        }
        for(; j<=9; j++) {
            document.write("<td> </td>");
        }
        document.write("</tr>");
    }
  </script>
</table>
</body>
</html>
```

4. while 循环

while 循环为前测试循环。while 循环语句的语法格式如下：

```
while(expression) {
    statements;
}
```

expression：循环条件，通常是一个包含比较运算符的逻辑表达式。

statements：循环体语句，当循环条件为 true 时，重复执行。

while 循环语句的执行过程：首先判断循环条件是否成立，如果条件表达式 expression 的值为 true，则执行循环体；然后测试循环条件，开始下一次循环。循环变量的初始化通常在 while 循环语句之前，循环变量的修改通常在 while 循环体内。

例程 4-26 while.html

```
<script language="javascript">
  function sum(num) {
      var i=1, sm=0;   //初始化循环变量
      while(i<=num) {
          sm += i;
          i++;         //改变循环变量
      }
      return sm;
  }
  document.write("∑ 100 = " + sum(100) + "<br/>");
</script>
```

5. do-while 循环

do-while 循环是后测试循环，与 while 循环不同的是，do-while 先执行一次循环，然后判断循环条件，当条件表达式值为 true 时，进入下一次循环，否则退出循环。do-while 循环至少要执行一次循环体，而 for 循环和 while 循环的循环体可能一次也不被执行。do-while 循环语句的语法格式如下：

```
do {
    statements;
} while(expression)
```

例程 4-27 dowhile.html

```
<script language="javascript">
  function odds(num) {
      var i=1, sm=0;   //初始化循环变量
      do {
          sm += i;
          i += 2;      //改变循环变量
      } while(i<=num)
      return sm;
  }
```

```
document.write("100 以内的奇数之和：" + odds(100) + "<br/>");
</script>
```

6．循环中断语句

在循环体中可以用 break 或 continue 语句中止循环的执行。break 语句用于中止循环，退出循环语句，执行循环语句之后的下一条语句；continue 语句用于中止本次循环，开始下一次循环，循环体内 continue 之后的语句将被忽略。

7．for-in 循环

for-in 循环可以遍历对象的属性或数组中的元素。for-in 循环的次数由对象中的属性个数或数组的元素个数决定。for-in 循环与 Java 和 C#语言中的 foreach 循环语句等价。for-in 循环语句的语法格式如下：

```
for (index in object) {
    statements;
}
```

index：数组的索引或对象的属性，每次循环后变为对象的下一个值。

object：数组或其他对象。

statements：循环体，其内部可以使用 index。

例程 4-28   forinobj.html

```
<script language="javascript">
    function displayObjProperty(obj) {
        for(p in obj) {
            document.write(obj.toString() + "." + p + " = " + obj[p] + "<br />");
        }
    }
    var strobj = new String("StringObject");
    displayObjProperty(strobj);
</script>
```

例程 4-29   forinarr.html

```
<script language="javascript">
    var a = ["HTML", "CSS", "JavaScript", "XML", "XHTML", "HTML 5", "CSS 3"];
    for(i in a) {
        document.write("a[" + i + "] = " + a[i] + "<br/>");
    }
</script>
```

8．with 语句

with 语句用来设定对象的作用域。with 语句块内的属性和方法默认属于 with 语句指定的对象。在程序中需要多次使用某对象的属性或方法时，使用 with 语句可以避免重复书写该对象。with 语句的语法格式如下：

```
with(obj) {
    statements;
}
```

例程 4-30   with.html

```
<script language="javascript">
    with(document) {
        write("document 对象的作用域，调用其方法无须使用对象名！");
        write("<br/>");
        write("可以避免重复书写 document 对象！" + "<br/>");
    }
</script>
```

9．异常捕获语句 try-catch

JavaScript 尽可能对一些语法错误进行了抑制，如 0/0 返回 NaN，其他数值除以 0 返回

Infinity 或-Infinity，parseInt()和 parseFloat()函数在无法将参数字符串转换为数值时返回 NaN，尽量不引发异常致程序的运行中止。但程序中发生逻辑错误是难免的，与 Java 语言类似，JavaScript 也可以使用 try-catch 语句捕获异常。与 Java 语言不同的是，JavaScript 的异常处理体系远没有 Java 丰富，JavaScript 只有一个异常类 Error；无须在定义函数时声明抛出该异常；catch 语句后括号里的异常实例无须声明类型；try 语句块后只能有一个 catch 块；异常的描述信息是通过 Error 对象的 message 属性，而不是通过 getMessage()函数获取的。try-catch 语句的语法格式如下：

```
try {
    statements;
} catch(e) {
    statements;
} finally {
    statements; //总会执行
}
```

例程 4-31 trycatch.html

```
<script language="javascript">
    function str2int(str) {    //自动抛出 Error 异常，无须声明
        return parseInt(s1);
    }
    try {
        str2int("The function throwed exception! ");
    } catch(e) {
        alert("程序发生错误：" + e.message);
        //document.write("程序发生错误：" + e.message + "<br/>");
    }
</script>
```

10．异常抛出语句 throw

JavaScript 支持手动抛出异常，可以在代码执行过程中或在函数定义中抛出异常。代码在执行过程中，遇到异常时，如果使用 try-catch 语句进行了错误捕获，则转到 catch 语句块内执行。如果没有使用 try-catch 语句，则异常将传递给浏览器，程序非正常中止。当 JavaScript 抛出异常时，使用 throw 语句一律抛出 Error 对象。throw 语句的语法格式如下：

throw new Error(errormessage);

例程 4-32 throw.html

```
<script language="javascript">
    function str2int(str) {    //自动抛出 Error 异常，无须声明
        if(isFinite(str)) {
            return parseInt(str);
        } else {
            throw new Error("参数无法转换为整数！");
        }
    }
    try {
        str2int("I can't be converted to integer! ");
    } catch(e) {
        alert("程序发生错误：" + e.message);
        //document.write("程序发生错误：" + e.message + "<br/>");
    }
</script>
```

4.3.8 函数

函数是作为一个逻辑单元的一组 JavaScript 代码。使用函数可以提高代码的重用性，并使

代码更加简洁。在 JavaScript 中使用了大量的函数。函数是 JavaScript 中最重要的程序单元，是 JavaScript 中的"一等公民"。有关 JavaScript 函数的高级功能见 9.1 节。

1. 函数的定义

JavaScript 中的函数由关键字 function、函数名、小括号中的一组参数、花括号中的一段代码构成。函数定义的基本语法格式如下：

```
function functionName(param1, param2, ...) {
    statements;
    [return expression;]
}
```

functionName：必需，用于指定函数名。在同一个页面中，函数名必须是唯一的。

param：可选，指定函数的参数，多个参数之间用逗号隔开，最多可定义 255 个参数。参数是函数体内的局部变量。

statements：必需，函数体，用于实现函数功能的语句。

expression：可选，函数的返回值。函数可以不定义返回值，此时函数返回值为 null。return 语句通常放在函数结尾处，函数在执行 return 语句后，就结束返回。如果将 return 语句放在函数体的其他位置，则 return 语句后的语句将没有意义，且永远不会被执行。

2. 函数的调用

函数定义后并不会自动执行，只有对函数进行显式地调用，函数才会执行。函数的调用语句包含函数名称、实际参数，其语法格式如下：

```
functionName(pval1, pval2, ...);
```

函数的定义通常放在 HTML 文档的<head>标记内，函数的调用必须在函数定义之后，通常在<body>标记中。函数定义时的参数为形式参数，形式参数仅仅是占位符，系统并不为其分配存储空间；函数调用时的参数为实际参数，实际参数的值赋给形式参数，实际参数的值参与函数的运行。可以说，形式参数为函数定义的变量名，实际参数为这些变量的具体值。

在 JavaScript 脚本中，函数的调用语句可以被独立地使用，也可以作为赋值语句的一部分，将函数的返回值赋予变量；函数可以作为事件处理程序，将函数调用语句赋给 HTML 元素的事件属性，或者将函数对象赋值给 DOM 对象的事件属性（见 9.2.1 节）；函数调用语句及函数本身还可以作为函数的实际参数使用；函数内可以嵌套调用函数，包括调用自己形成递归调用。函数的这些使用方法可见本书后续各个章节中的例程。例程 4-33 是函数的递归调用，例程 4-34 是函数本身作为参数。

例程 4-33　funapply1.html

```
<!doctype html>
<html>
<head>
<meta charset="utf-8">
<title>函数</title>
<script type="text/javascript">
function factor(num) {
    if(num<=1) return 1;
    else return num * factor(num-1);        //递归调用
}
</script>
</head>
<body>
<h3>函数的递归调用</h3>
<script language="javascript">
    document.write("12! = " + factor(12) + "<br/>");
</script>
```

```
</body>
</html>
```

例程 4-34　funapply2.html

```html
<!doctype html>
<html>
<head>
<meta charset="utf-8">
<title>函数</title>
<script type="text/javascript">
function arrproc(arr, fnproc) { //函数作为参数
    for(var index in arr) {
        //index、array[index]是传给 fn 函数的参数
        fnproc(index, arr[index]); //调用参数函数
    }
}
</script>
</head>
<body>
<h3>函数作为参数</h3>
<script language="javascript">
  //调用 arrproc 函数，第一个参数是数组，第二个参数是函数
  arrproc(["Hello", 68, true] , function(index , ele) { //匿名函数定义
      document.write("第" + index + "个元素是：" + ele + "<br />");
  });
</script>
</body>
</html>
```

4.4　JavaScript 内置类

JavaScript 是基于对象的脚本语言。对象是一系列命名变量和函数的集合，对象中的命名变量被称为属性，对象中的函数被称为方法，通过"对象名.属性名/方法名"的形式访问对象中的属性和方法。创建对象要先设计类。类是对象的模板，它定义了对象中的属性，包括属性的名称、类型，以及对象的方法。对象的方法包括方法标记（方法名、参数的类型和个数）、返回值、方法体（逻辑代码）等。JavaScript 预定义了 Array、Boolean、Date、Error、Function、Math、Number、Object、RegExp、String 等内置类。其中，Boolean、Number、String 是基本类型的包装器类；Error 是异常类，详见 4.3.7 节的 try-catch 和 throw 语句；Function 是所有函数类型的基类，详见 9.1.1 节；Object 是所有类型的基类，详见 9.1.8 节；RegExp 是正则表达式类，详见 4.8.3 节。本节只介绍 Array、Date、Math、String 四个常用的内置类。

4.4.1　数组 Array

数组是程序中常用的数据结构。数组是一系列数据的集合。访问数组中元素的语法格式如下：
数组名[index]
与其他强类型语言不同的是，JavaScript 中数组元素的类型可以不同。

1．数组的定义

数组是一个 Array 类型的对象，定义数组有以下几种方式。

（1）var arrayName = [];。

（2）var arrayName = new Array();。

（3）var arrayName = new Array(arrySize);。

（4）var arrayName = [element0, element1, …, elementn];。

（5）var arrayName = new Array(element0, element1, …, elemetn);。

第（1）（2）种方式创建的 Array 对象，元素个数不确定，可以赋值任意多个元素；第（3）种方式创建的 Array 对象，指定了数组的长度，但对数组赋值时，元素个数可以超过指定的长度，与前两种定义数组并无差别；第（4）（5）种方式创建的 Array 对象，在定义时对数组元素赋值，数组的长度为元素的个数，也可以动态地增加元素。

2．数组的属性和方法

数组的常用属性和方法如表 4-12 所示。

表 4-12 数组的常用属性和方法

属性和方法	描述
length	属性，数组的长度
concat()	连接两个或更多的数组，并返回结果
join()	把数组元素连接为字符串，元素用指定的分隔符隔开，默认分隔符为","
pop()	删除并返回数组的最后一个元素
push()	向数组的末尾添加一个或多个元素，并返回新的长度
reverse()	颠倒数组中元素的顺序
shift()	删除并返回数组的第一个元素
slice()	从某个已有的数组返回选定的元素
sort()	对数组的元素进行排序
splice()	删除元素，并向数组中添加新元素
toSource()	返回该对象的源代码
toString()	把数组转换为字符串，并返回结果
toLocaleString()	把数组转换为本地字符串，并返回结果
unshift()	向数组的开头添加一个或多个元素，并返回新的长度
valueOf()	返回数组对象的原始值

例程 4-35 array.html

```
<script type="text/javascript">
    a1=[8,6,68,86,60,80,"OK"];
    a2=new Array("Hello",1,18);
    document.write("原数组 a1 的长度：" + a1.length + "<br/>");
    document.write("原数组 a1 中的元素：" + a1 + "<br/>");
    a1=a1.concat(100,16);
    document.write("数组 a1 末尾添加元素：" + a1+ "<br/>");
    a1=a1.concat(a2);
    document.write("数组 a1 末尾附加 a2：" + a1 + "<br/>");
    document.write("删除数组 a1 末尾的元素：" + a1.pop() + "<br/>");
    document.write("数组 a1 第 7 个元素后的所有元素：" + a1.slice(6) + "<br/>");
    document.write("数组 a1 第 7~10 个元素：" + a1.slice(6,10) + "<br/>");
    document.write("数组 a1 倒数第 4 个元素后的所有元素：" + a1.slice(-4) + "<br/>");
    document.write("数组 a1 转换为元素用空格隔开的字符串：" + a1.join(" ") + "<br/>");
    document.write("数组 a1 默认排序：" + a1.sort() + "<br/>");
    a1=a1.sort(sortNumber);
```

```
        document.write("数组 a1 按值排序：" + a1+ "<br/>");
        document.write("数组 a1 倒序：" + a1.reverse() + "<br/>");
        function sortNumber(a,b) {
            return a - b
        }
</script>
```

4.4.2 日期 Date

Date 类定义了有关日期和时间的属性和方法，Date 类型的对象保存了一个日期和时间值，以及用于处理日期和时间的各种方法。

1. 日期对象的定义

```
var currentDate = new Date();          //当前日期对象
var myDate = new Date(2016, 4, 1); //2016 年 5 月 1 日 0 时的日期对象，月份 0～11
```

2. 日期对象的方法

Date 类中定义了大量的处理日期和时间的方法，如表 4-13 所示。

表 4-13　日期对象的常用方法

方　　法	描　　述
getDate()	从 Date 对象返回一个月中的某一天（1～31）
getDay()	从 Date 对象返回一周中的某一天（0～6）
getMonth()	从 Date 对象返回月份（0～11）
getFullYear()	从 Date 对象以 4 位数字返回年份
getYear()	请使用 getFullYear() 方法代替
getHours()	返回 Date 对象的小时（0～23）
getMinutes()	返回 Date 对象的分钟（0～59）
getSeconds()	返回 Date 对象的秒数（0～59）
getMilliseconds()	返回 Date 对象的毫秒（0～999）
getTime()	返回 1970 年 1 月 1 日至今的毫秒数
getTimezoneOffset()	返回本地时间与格林威治标准时间（GMT）的分钟差
getUTCDate()	根据世界时从 Date 对象返回月中的一天（1～31）
getUTCDay()	根据世界时从 Date 对象返回周中的一天（0～6）
getUTCMonth()	根据世界时从 Date 对象返回月份（0～11）
getUTCFullYear()	根据世界时从 Date 对象返回四位数的年份
getUTCHours()	根据世界时返回 Date 对象的小时（0～23）
getUTCMinutes()	根据世界时返回 Date 对象的分钟（0～59）
getUTCSeconds()	根据世界时返回 Date 对象的秒钟（0～59）
getUTCMilliseconds()	根据世界时返回 Date 对象的毫秒（0～999）
parse()	返回 1970 年 1 月 1 日午夜到指定日期（字符串）的毫秒数
setDate()	设置 Date 对象中月的某一天（1～31）
setMonth()	设置 Date 对象中的月份（0～11）
setFullYear()	设置 Date 对象中的年份（4 位数字）
setHours()	设置 Date 对象中的小时（0～23）
setMinutes()	设置 Date 对象中的分钟（0～59）
setSeconds()	设置 Date 对象中的秒钟（0～59）
setMilliseconds()	设置 Date 对象中的毫秒（0～999）
setTime()	以毫秒设置 Date 对象

续表

方 法	描 述
setUTCDate()	根据世界时设置 Date 对象中月份的一天（1～31）
setUTCMonth()	根据世界时设置 Date 对象中的月份（0～11）
setUTCFullYear()	根据世界时设置 Date 对象中的年份（4 位数字）
setUTCHours()	根据世界时设置 Date 对象中的小时（0～23）
setUTCMinutes()	根据世界时设置 Date 对象中的分钟（0～59）
setUTCSeconds()	根据世界时设置 Date 对象中的秒钟（0～59）
setUTCMilliseconds()	根据世界时设置 Date 对象中的毫秒（0～999）
toSource()	返回该对象的源代码
toString()	把 Date 对象转换为字符串
toTimeString()	把 Date 对象的时间部分转换为字符串
toDateString()	把 Date 对象的日期部分转换为字符串
toUTCString()	根据世界时间格式，把 Date 对象转换为字符串
toLocaleString()	根据本地时间格式，把 Date 对象转换为字符串
toLocaleTimeString()	根据本地时间格式，把 Date 对象的时间部分转换为字符串
toLocaleDateString()	根据本地时间格式，把 Date 对象的日期部分转换为字符串
UTC()	根据世界时返回 1970 年 1 月 1 日 到指定日期的毫秒数
valueOf()	返回 Date 对象的原始值

例程 4-36 date.html

```
<script type="text/javascript">
    var currentDate = new Date(); //当前日期对象
    var laborday = new Date(2016, 4, 1);      //2016 年 5 月 1 日 0 时，月份 0～11
    var weekname="日一二三四五六";
    document.write("今天的日期：" + currentDate.toLocaleDateString() + "<br />");
    document.write("2016 年的劳动节：" + (laborday.getYear() + 1900) + "年"
    + (laborday.getMonth()+1) + "月" + laborday.getDate() + "日"
    + " 星期" + weekname.substr(laborday.getDay(),1) + "<br />");
</script>
```

4.4.3 数学 Math

Math（数学）类定义了多种常用的算数值和函数，用于执行普通的数学计算任务。这些属性和方法都是静态的，无须定义 Math 类的对象，可以直接使用 Math 类的属性与方法。Math 类的常用静态属性和静态方法分别如表 4-14 和表 4-15 所示。

表 4-14 Math 类的常用静态属性

属 性	描 述
E	返回算术常量 e，即自然对数的底数（约等于 2.718）
LN2	返回 2 的自然对数（约等于 0.693）
LN10	返回 10 的自然对数（约等于 2.302）
LOG2E	返回以 2 为底的 e 的对数（约等于 1.414）
LOG10E	返回以 10 为底的 e 的对数（约等于 0.434）
PI	返回圆周率（约等于 3.14159）
SQRT1_2	返回 2 的平方根的倒数（约等于 0.707）
SQRT2	返回 2 的平方根（约等于 1.414）

表 4-15　Math 类的常用静态方法

方　　法	描　　述
abs(x)	返回数的绝对值
acos(x)	返回数的反余弦值
asin(x)	返回数的反正弦值
atan(x)	介于 -PI/2 与 PI/2 弧度之间的数值来返回 x 的反正切值
atan2(y,x)	返回从 x 轴到点 (x,y) 的角度（介于 -PI/2 与 PI/2 弧度之间）
ceil(x)	对数进行上舍入
cos(x)	返回数的余弦
exp(x)	返回 e 的指数
floor(x)	对数进行下舍入
log(x)	返回数的自然对数（底为 e）
max(x,y)	返回 x 和 y 中的最高值。ECMASCript v3 之后，可以带参数
min(x,y)	返回 x 和 y 中的最低值。ECMASCript v3 之后，可以带参数
pow(x,y)	返回 x 的 y 次幂
random()	返回 0~1 之间的随机数
round(x)	把数四舍五入为最接近的整数
sin(x)	返回数的正弦
sqrt(x)	返回数的平方根
tan(x)	返回角的正切
toSource()	返回该对象的源代码
valueOf()	返回 Math 对象的原始值

例程 4-37　math.html

```
<script type="text/javascript">
    document.write("PI = " + Math.PI + "<br />");
    document.write("e = " + Math.E + "<br />");
    document.write("SQRT1_2 = " + Math.SQRT1_2 + "<br />");
    document.write("LN2 = " + Math.LN2 + "<br />");
    document.write("LN10 = " + Math.LN10 + "<br />");
    document.write("LOG2E = " + Math.LOG2E + "<br />");
    document.write("LOG10E = " + Math.LOG10E + "<br />");
    document.write("6.49 舍入为整数： " + Math.round(6.49) + "<br />");
    document.write("-8.60 舍入为整数： " + Math.round(-8.60) + "<br />");
    document.write("6.49 向上舍入为整数： " + Math.ceil(6.49) + "<br />");
    document.write("-8.60 向上舍入为整数： " + Math.ceil(-8.60) + "<br />");
    document.write("[1,100]之间的随机数为： "
        + Math.floor(Math.random() * 100) + "<br />");
    document.write("6.25,8.6,-3.6,4.86,-6.8 中的最小值为： "
        + Math.min(6.25, 8.6, -3.6, 4.86, -6.8) + "<br />");
    document.write("6.25,8.6,-3.6,4.86,-6.8 中的最大值为： "
        + Math.max(6.25, 8.6, -3.6, 4.86, -6.8) + "<br />");
</script>
```

4.4.4 字符串 String

String 类是字符串基本数据类型的对象表示,类似于 Java 语言中基本数据类型的包装器类。JavaScript 的字符串是不可变的(immutable),String 类定义的方法都不能改变字符串的内容。像 String.toUpperCase() 这样的方法,返回的是全新的字符串,而不是原始字符串。

1. 字符串的定义
(1) var strName = "string content";。
(2) var strName=String("string content");。
(3) var strObj = new String("string content");。

第(1)(2)种方式定义的是值类型的字符串;第(3)种方式定义的是对象类型的字符串。

2. 字符串的属性和方法
String 类中定义了大量的属性和方法用于字符串的处理,如表 4-16 所示。

表 4-16 String 类的常用属性和方法

属性和方法	描述
length	属性,字符串的长度
anchor()	创建 HTML 锚
big()	用大号字体显示字符串
blink()	显示闪动字符串
bold()	使用粗体显示字符串
charAt()	返回在指定位置的字符
charCodeAt()	返回在指定的位置的字符的 Unicode 编码
concat()	连接字符串
fixed()	以打字机文本显示字符串
fontcolor()	使用指定的颜色来显示字符串
fontsize()	使用指定的尺寸来显示字符串
fromCharCode()	从字符编码创建一个字符串
indexOf()	检索字符串
italics()	使用斜体显示字符串
lastIndexOf()	从后向前搜索字符串
link()	将字符串显示为链接
localeCompare()	用本地特定的顺序来比较两个字符串
match()	找到一个或多个正则表达式的匹配
replace()	替换与正则表达式匹配的子串
search()	检索与正则表达式相匹配的值
slice()	返回两个指定索引号之间的字符串片断。第 2 个参数是索引,可省略,默认为字符串长度;可为负数,按总长度+负数计算索引
small()	使用小字号显示字符串
split()	把字符串分割为字符串数组
strike()	使用删除线显示字符串

续表

属性和方法	描　述
sub()	把字符串显示为下标
substr()	返回从索引号开始、指定长度的子串。第 2 个参数是子串长度，可省略，默认到字符串结束；不能为负数
substring()	返回两个指定索引号之间的子串。第 2 个参数是索引，可省略，默认为字符串长度；可为负数，负数表示索引 0。两个参数位置可互换，总是从小的索引值开始取子串
sup()	把字符串显示为上标
toLocaleLowerCase()	把字符串转换为小写
toLocaleUpperCase()	把字符串转换为大写
toLowerCase()	把字符串转换为小写
toUpperCase()	把字符串转换为大写
toSource()	代表对象的源代码
toString()	返回字符串
valueOf()	返回某个字符串对象的原始值

例程 4-38　string.html

```
<script type="text/javascript">
    var str1 = "abcdefghijklmnopqrstuvwxyzabcdefg";
    var str2 = String("顶部锚点");
    var str3 = new String("临沂大学");
    document.write("str1 的类型  = " + typeof str1 + "<br />");
    document.write("str2 的类型  = " + typeof str2 + "<br />");
    document.write("str3 的类型  = " + typeof str3 + "<br />");
    document.write("str1 的长度  = " + str1.length + "<br />");
    document.write("str1 连接 str3 = " +str1.concat(str3) + "<br />");
    document.write(str2.anchor("top") + "<br />");
    document.write(str3.link("http://www.lyu.***.**") + "<br />");
    //substr()的第 2 个参数是子串的长度，为 0 或负数时返回空字符串
    document.write("str1 中第 3～12 个元素之间的子串  = " +str1.substr(2,10) + "<br />");
    document.write("str1 中第 3～12 个元素之间的子串  = " +
         str1.substring(2,12) + "<br />");
    //求子串的方法第 2 个参数可省略，默认值到字符串结束
    document.write("str1 中第 10 个元素之后的子串  = " +str1.substr(10) + "<br />");
    document.write("str1 中第 10 个元素之后的子串  = " +str1.substring(10) + "<br />");
    //substring()的第 2 个参数也是索引，支持负数，负数转化为 0
    //substring(10,0)=substring(0,10)，总把较小的数作为起始，较大的数作为终止
    document.write("str1 中第 1～10 个元素之后的子串  = " +
         str1.substring(10,-10) + "<br />");
    //slice()的第 2 个参数也是索引，支持负数，按字符串长度+负数计算索引
    //两个参数的索引值，当第 2 个索引值大于第 1 个索引值时，返回空字符串
    document.write("str1 中第 11～23 之间的子串  = " +str1.slice(10,-10) + "<br />");
    document.write("str1 中的第 4 个字符 = "+ str1.charAt(3) + "<br />");
    document.write("str1 中的第 4 个字符的编码 = "+ str1.charCodeAt(3) + "<br />");
    document.write("abc 在 str1 中的位置 = "+ str1.search("abc") + "<br />");
    document.write("abc 在 str1 中的第 2 个位置 = "+ str1.indexOf("abc",2) + "<br />");
    document.write("c 在 str1 中的正序位置 = "+ str1.indexOf("c") + "<br />");
    document.write("c 在 str1 中的倒序位置 = "+ str1.lastIndexOf("c") + "<br />");
    var strarr=str1.split("c");
    for(i in strarr)    {
         document.write("strarr[" + i + "]=" + strarr[i] + "<br />");
    }
    document.write("str1 中的 lmn 替换为 str3 = " + str1.replace("lmn",str3)+ "<br />");
```

```
</script>
<a href="#top">返回顶部</a>
```

4.5 JavaScript 运行环境对象

JavaScript 脚本语言运行在浏览器环境中，其主要用途是操作网页元素，修改 HTML 页面内容，实现用户交互事件等动态网页功能。为此浏览器提供了两个方面的支持：一是浏览器对象模型 BOM（Browser Object Model）提供了对浏览器进行访问和操作的接口；二是文档对象模型 DOM（Document Object Model）提供了对 HTML 文档进行访问和操作的接口。这二者都是由浏览器实现的且相互关联的 JavaScript 脚本语言编程接口。通过 BOM 和 DOM 提供的 API（Applicaton Programming Interface，应用程序接口），JavaScript 脚本程序能够与浏览器进行实时地交互，动态地访问和更新 HTML 文档的内容、结构和样式。

4.5.1 BOM 对象

浏览器对象模型 BOM 提供了与浏览器进行交互的接口对象。BOM 没有官方标准，不同的浏览器在实现上存在差异，但是各个浏览器的 BOM 对象的常用属性和方法还是大同小异的。现代浏览器提供的 BOM 对象实际上都按照行业默认的约定实现，所以不必担心浏览器的兼容问题。

在 BOM 模型中，各个对象之间有严格的包含关系，顶级对象为 window，其下包含 document、history、location、navigator、frames、screen 等子对象。BOM 对象模型的包含关系如图 4-1 所示。这些对象是浏览器加载网页时创建的，对象的各个属性值与浏览器当前所打开的网页等环境相关。

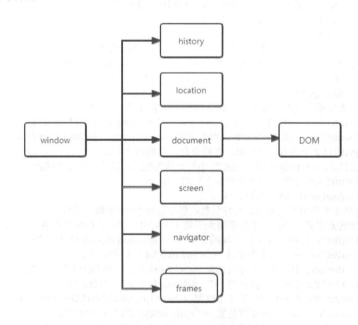

图 4-1 BOM 对象模型的包含关系

1. window 对象

BOM 的核心是 window 对象，代表浏览器的窗口。window 对象具有双重角色，既是 JavaScript 访问和操作浏览器窗口的一个接口，又是一个全局对象，所有全局 JavaScript 对象、函数和变量都自动成为 window 对象的成员。window 对象是整个 JavaScript 脚本运行的顶层对象。window 对象中的属性和方法是 JavaScript 中的全局属性和方法，在使用这些属性和方法时可以省略对象名 window。JavaScript 中定义的全局变量和函数，也是作为 window 对象的属性和方法存在的。如果在同一个页面中有多个 frame，则意味着有多个 window 对象，每个 window 对象中的全局对象不会互相影响。例程 4-39 用 for-in 循环可以遍历显示 window 对象支持的所有属性和方法。window 对象的常用属性和方法如表 4-17、表 4-18 所示。

例程 4-39 windowobj.html

```
<script language="javascript">
    for(p in window) {
        document.write("window." + p + " = " + window[p] + "<br />");
    }
</script>
```

表 4-17 window 对象的常用属性

属　　性	描　　述
closed	窗口是否已被关闭，通常用于判断子窗口（open 方法打开）的状态
defaultStatus	设置或返回窗口状态栏中的默认文本
document	document 子对象
history	history 子对象
innerheight	返回窗口的文档显示区的高度
innerwidth	返回窗口的文档显示区的宽度
length	设置或返回窗口中的框架数量
location	location 子对象
name	设置或返回窗口的名称
navigator	navigator 子对象
opener	创建此窗口的窗口引用。主要针对子窗口，是调用 open 方法的窗口
outerheight	返回窗口的外部高度
outerwidth	返回窗口的外部宽度
pageXOffset	设置或返回当前页面相对于窗口显示区左上角的 X 位置
pageYOffset	设置或返回当前页面相对于窗口显示区左上角的 Y 位置
parent	返回父窗口，用于嵌套框架的窗口
screen	screen 子对象
self	返回对当前窗口的引用，等价于 window 属性
status	设置窗口状态栏的文本
top	返回顶层的祖先窗口，用于嵌套框架的窗口
window	window 属性等价于 self 属性，它包含了对窗口自身的引用
screenLeft/screenX	窗口左上角在屏幕上的 X 坐标
screenTop/screenY	窗口左上角在屏幕上的 Y 坐标

表 4-18 window 对象的常用方法

方　　法	描　　述
alert()	显示带有一段消息和一个确认按钮的警告框
blur()	把键盘焦点从顶层窗口移开
clearInterval()	取消由 setInterval() 方法设置的 timeout

方　法	描　述
clearTimeout()	取消由 setTimeout() 方法设置的 timeout
close()	关闭浏览器窗口
confirm()	显示带有一段消息、确认按钮和取消按钮的对话框
createPopup()	创建一个 pop-up 窗口
focus()	把键盘焦点给予一个窗口
moveBy()	可相对窗口的当前坐标把它移动到指定的像素
moveTo()	把窗口的左上角移动到一个指定的坐标
open()	打开一个新的浏览器窗口或查找一个已命名的窗口
print()	打印当前窗口的内容
prompt()	显示可提示用户输入的对话框
resizeBy()	按照指定的像素调整窗口的大小
resizeTo()	把窗口的大小调整到指定的宽度和高度
scrollBy()	按照指定的像素值来滚动内容
scrollTo()	把内容滚动到指定的坐标
setInterval()	按照指定的周期（以毫秒计）来调用函数或计算表达式
setTimeout()	在指定的毫秒数后调用函数或计算表达式

例程 4-40　windowprop.html

```
<script language="javascript">
    //设置窗口状态栏中的默认文本
    window.defaultStatus="Text of status bar";
    //设置窗口状态栏中显示的一条消息
    window.status="Hello, message in the status bar";
    document.write("文档显示区的宽度：" + window.innerWidth
        + "；高度：" + window.innerHeight + "<br />");
    document.write("整个窗口的宽度：" + window.outerWidth
        + "；高度：" + window.outerHeight + "<br />");
    document.write("窗口左上角在屏幕上的 X 坐标：" + window.screenX
        + "；Y 坐标：" + window.screenY + "<br />");
</script>
```

window 对象提供了一些非常重要的全局方法，一是弹出对话框方法，包括 alert()、confirm()、prompt()。alert()方法用于弹出警告对话框，已在前面多次使用。confirm()方法用于弹出确认对话框，除了显示由参数传递的确认信息，在对话框中还有供用户选择的"确认"和"取消"按钮。用户单击"确认"按钮，该方法返回 true；单击"取消"按钮，该方法返回 false。prompt()方法用于弹出提示对话框，提示对话框中有一个文本框供用户输入信息，该方法返回用户的输入内容。prompt()方法接收两个参数，第 1 个参数定义在对话框中显示的提示信息，第 2 个参数是文本框内出现的默认文本。二是定时器操作方法，包括 setTimeout()、clearTimeout()、setInterval()、clearInterval()。setTimeout()方法是单次定时器，在计时时间到后，执行指定的函数。该方法有两个必需的参数，第 1 个参数是函数对象，为定时器要执行的函数，第 2 个参数是计时的毫秒数。该方法的返回值是一个定时器对象。clearTimeout()方法用于取消 setTimeout()方法设置的定时器，传递的参数为 setTimeout()方法返回的定时器对象。只有在定时器计时未到时，取消定时器才有意义。setInterval()方法用于设置循环定时器，在计时时间到后执行指定的函数，并重新开始下一次的计时，到时再重复执行函数，直到使用

clearInterval()方法取消定时器。setInterval()方法的参数同 setTimeout()方法，返回值也是一个定时器对象。clearInterval()方法的参数为 setInterval()方法返回的定时器对象。setInterval()方法可以用 setTimeout()方法与无限循环语句实现。三是打开新窗口的 open()方法、打印页面内容的 print()等方法。print()方法无参数，其功能同浏览器"文件"菜单的"打印"命令项。open()方法常用于打开弹出窗口，弹出窗口是网站发布公告消息，或者广告信息的重要形式。open()方法的原型如下：

window.open("URL", "windowName", " features", replace);

open()方法的第 1 个参数 URL 字符串是要打开网页的网络地址。如果省略了该参数，或者它的值是空字符串，将打开一个空窗口。第 2 个参数 windowName 是命名新窗口的名称，这个名称可以用作<a>和<form>标记的 target 属性值。如果该参数指定了一个已经存在的窗口，open()方法就不再创建一个新窗口，而只是返回对指定窗口的引用。在这种情况下，features 参数将被忽略。第 3 个参数 features 是一个由逗号隔开的特征列表字符串，用来设置新窗口需要显示的标准浏览器的特征。所有可选的窗口特征名称及其取值如表 4-19 所示。如果省略该参数，新窗口将具有所有标准特征。第 4 个参数 replace 是一个布尔值，用来判断设定加载到窗口的 URL 是替换浏览历史中的当前条目，还是在窗口的浏览历史中创建一个新条目，其默认值为 true，即表示 URL 替换浏览历史中的当前条目。

表 4-19 窗口特征名称及其取值

窗口特征名称及其取值	含 义
channelmode=yes|no|1|0	是否以频道模式显示窗口，默认值为 no。频道模式类似于全屏模式，但会显示标题栏。当为频道模式时，其他特征无效。仅 IE 浏览器支持
directories=yes|no|1|0	是否添加目录按钮，默认值为 yes
fullscreen=yes|no|1|0	是否以全屏模式显示窗口，默认值为 no。当为全屏模式时，其他特征无效，标题栏与菜单将隐藏，用户需要按 Alt+F4 组合键关闭窗口。该特征仅 IE 浏览器支持
height=pixels	窗口文档显示区的高度，以像素计
left=pixels	窗口的 X 坐标，以像素计
location=yes|no|1|0	是否显示地址字段，默认值为 yes
menubar=yes|no|1|0	是否显示菜单栏，默认值为 yes
resizable=yes|no|1|0	窗口是否可调节尺寸，默认值为 yes
scrollbars=yes|no|1|0	是否显示滚动条，默认值为 yes
status=yes|no|1|0	是否添加状态栏，默认值为 yes
titlebar=yes|no|1|0	是否显示标题栏，默认值为 yes
toolbar=yes|no|1|0	是否显示浏览器的工具栏，默认值为 yes
top=pixels	窗口的 Y 坐标
width=pixels	窗口的文档显示区的宽度，以像素计

例如：

window.open("http://www.lyu.***.**", "lyupage", "width=600, height=370, toolbar=no, status=no, resizable=yes");

例程 4-41 windowmethod.html

```
<!doctype html>
<html>
<head>
<meta charset="utf-8">
<title>浏览器对象</title>
<script type="text/javascript">
    function closewin() {
```

```html
                if(confirm("确认要关闭当前窗口吗？")) {
                        window.self.close();
                }
        }
        var tm;
        function dtprick() {
                var dt2=new Date();
                document.getElementById("second").value=dt2.toLocaleTimeString();
        }
        function startTime() {
                //tm=setInterval("dtprick()",1000);
                tm=setInterval(dtprick,1000);
        }
        function stopTime() {
                if(tm !=null) {
                        clearInterval(tm);
                }
        }
</script>
</head>
<body>
<h2>window 全局方法的应用</h2>
<h3>显示对话框</h3>
<script type="text/javascript">
        var username=prompt("请输入姓名：", "刘德华");
        document.write("<div>欢迎" + username
           +"光临本网站！在本网站你可以学到很多 Web 技术。</div>");
</script>
<br/>
<button onClick="closewin();">关闭窗口</button>
<h3>定时器应用</h3>
<p>当前日期： <span id="date1"></span></p>
<p>
   <label for="second">当前时间：</label>
   <input type="text" name="second" id="second" />
</p>
<p>
   <input type="button" name="start" id="start" value="秒表计时" onclick="startTime()" />
   <input type="button" name="stop" id="stop" value="停止计时" onclick="stopTime()" />
</p>
<script type="text/javascript">
   var dt=new Date();
   document.getElementById("date1").innerHTML=dt.toLocaleDateString();
   document.getElementById("second").value=dt.toLocaleTimeString();
</script>
<h3>其他方法</h3>
<button onClick="window.print();">打印网页</button>
<button onClick="window.open('http://www.lyu.***.**', 'lyupage', 'width=750,height=464,toolbar=no,status=no,resizable=yes')">打开窗口</button>
</body>
</html>
```

2. history 对象

history 是 window 对象的子对象，history 对象包含用户(在浏览器窗口中)访问过的 URL。最初设计 history 对象是用来表示窗口的浏览历史的，但出于隐私方面的原因，history 对象不再允许脚本访问已经访问过的实际 URL，保留的方法只有 back()、forward()和 go()。这些方法的功能类似于在浏览器工具栏上单击"前进""后退"按钮，如 history.back()与单击"后退"按钮执行的操作一样，history.go(-2) 与单击两次"后退"按钮执行的操作一样。与 window 对象类似，history 对象也可以用 for-in 循环遍历显示其支持的所有属性和方法。history 对象的常用属性和方法如表 4-20 所示。

表 4-20　history 对象的常用属性和方法

属性和方法	描　　述
length	返回浏览器历史列表中的 URL 数量
back()	加载 history 列表中的前一个 URL
forward()	加载 history 列表中的下一个 URL
go()	加载 history 列表中参数指定的某个 URL

例程 4-42　historymethod.html

```html
<!doctype html>
<html>
<head>
<meta charset="utf-8">
<title>浏览器对象</title>
<script type="text/javascript">
    function historygo() {
        var where=document.getElementById("gowhere").value;
        history.go(where);
    }
</script>
</head>
<body>
<h3>history 对象的应用</h3>
<button name="forwardbtn" id="forwardbtn" onClick="history.forward()">前进</button>
  
<button name="backbtn" id="backbtn" onClick="history.back()">后退</button>
<br/><br/>
转到：<input type="text" name="gowhere" id="gowhere" value="-1" style="width:48px">
 
<button name="gobtn" id="gobtn" onClick="historygo()">GO</button>
</body>
</html>
```

3．location 对象

location 是 window 对象的子对象，location 对象包含浏览器中当前网页的 URL 的相关信息。与 window 和 history 对象类似，location 对象也可以用 for-in 循环遍历显示其支持的所有属性和方法。location 对象的常用属性和方法如表 4-21 所示。

表 4-21　location 对象的常用属性和方法

属性和方法	描　　述
hash	设置或返回从#开始的 URL 部分（锚点）
host	设置或返回当前 URL 的主机名和端口号
hostname	设置或返回当前 URL 的主机名
href	设置或返回完整的 URL
pathname	设置或返回当前 URL 的路径部分
port	设置或返回当前 URL 的端口号
protocol	设置或返回当前 URL 的协议
search	设置或返回从?开始的 URL 部分（get 参数）
assign()	加载新的文档
reload()	重新加载当前文档
replace()	用新的文档替换当前文档

location 的 href 属性存放的是文档的完整 URL,其他属性则分别描述了 URL 的各个部分。当一个 location 对象被转换成字符串时,将返回 href 属性的值。这意味着可以使用表达式 location 替代 location.href。如果把一个含有 URL 的字符串赋给 location 对象或它的 href 属性,浏览器就会把新的 URL 所指的文档装载进来,并加以显示。除了设置 location 或 location.href 用完整的 URL 替换当前的 URL,还可以修改部分 URL,只要给 location 对象的其他属性赋值,就会创建新的 URL,其中的一部分与原来的 URL 不同,浏览器会将它装载并显示出来。如果设置了 location 对象的 hash 属性,浏览器就会转移到当前文档中的一个指定的位置。同样,如果设置了 location 对象的 search 属性,浏览器就会重新装载附加了新的查询字符串的 URL。除了 URL 属性,location 对象的 reload()方法还可以重新装载当前文档,replace()方法可以装载一个新文档而无须为它创建一个新的记录,也就是说,在浏览器的历史列表中,新文档将替换当前文档。

例程 4-43 locationmethod.html

```
<!doctype html>
<html>
<head>
<meta charset="utf-8">
<title>浏览器对象</title>
</head>
<body>
<h3>location 对象的应用</h3>
当前 URL 的信息：<br/>
<script language="javascript">
  document.write("location.host = " + location.host + "<br />");
  document.write("location.hostname = " + location.hostname + "<br />");
  document.write("location.href = " + location.href + "<br />");
  document.write("location.pathname = " + location.pathname + "<br />");
</script>
<p>
<button name="chglocation" id="chglocation"
        onclick="window.location='http://www.lyu.***.**/'">改变 URL</button>
</p>
</body>
</html>
```

4. screen 对象

screen 是 window 对象的子对象,封装了浏览器屏幕的信息。screen 对象也可以用 for-in 循环遍历显示其支持的所有属性和方法。screen 对象的常用属性和方法如表 4-22 所示。

表 4-22 screen 对象的常用属性和方法

属性和方法	描述
width	返回屏幕的宽度,单位:像素
height	返回屏幕的高度,单位:像素
availWidth	返回屏幕的可用宽度,窗口减去工具条等的宽度,单位:像素
availHeight	返回屏幕的可用高度,窗口减去工具条等的高度,单位:像素
colorDepth	返回屏幕的颜色深度,即用于显示一种颜色的比特数
pixelDepth	返回屏幕的像素深度,对于现代计算机,颜色深度和像素深度是相等的

例程 4-44 screenobj.html

```
<body>
<h3>screen 对象的应用</h3>
当前浏览器窗口的信息：<br/>
```

```
<script language="javascript">
    document.write("屏幕宽度是：" + screen.width + "<br />");
    document.write("屏幕高度是：" + screen.height + "<br />");
    document.write("屏幕可用宽度是：" + screen.availWidth + "<br />");
    document.write("屏幕可用高度是：" + screen.availHeight + "<br />");
    document.write("屏幕颜色深度是：" + screen.colorDepth + "<br />");
    document.write("屏幕像素深度是：" + screen.pixelDepth + "<br />");
</script>
</body>
```

5. navigator 对象

navigator 是 window 对象的子对象，navigator 对象包含有关浏览器的信息。navigator 对象包含的属性描述了正在使用的浏览器。可以使用这些属性进行平台专用的配置。navigator 对象也可以用 for-in 循环遍历显示其支持的所有属性和方法。navigator 对象的常用属性和方法如表 4-23 所示。

表 4-23 navigator 对象的常用属性和方法

属性和方法	描 述
appName	返回浏览器的名称，Netscape 是 IE 11、Chrome、Firefox，以及 Safari 的应用程序名称的统称
appCodeName	返回浏览器的代码名称，Mozilla 是 Chrome、Firefox、IE、Safari，以及 Opera 的应用程序代码名称
product	返回浏览器的产品名称，大多数浏览器的产品名称返回 Gecko
appVersion	返回浏览器的平台和版本信息
appMinorVersion	返回浏览器的次级版本
language	返回浏览器使用的语言
cookieEnabled	返回指明浏览器中是否启用 cookie 的布尔值
onLine	返回指明系统是否处于脱机模式的布尔值
platform	返回运行浏览器的操作系统平台
userAgent	返回由客户机发送服务器的用户代理报头 user-agent 值
javaEnabled()	规定浏览器是否启用 Java

不同的浏览器能够使用相同的名称；导航数据可以被浏览器拥有者更改；某些浏览器会错误标识自身以绕过站点测试；浏览器无法报告发布晚于浏览器的新操作系统。因此，navigator 对象的信息通常是误导性的，不应该用于检测浏览器版本。

例程 4-45 navigatormethod.html

```
<body>
<h3>navigator 对象的应用</h3>
当前浏览器的信息：<br/>
<script language="javascript">
    document.write("navigator.appName = " + navigator.appName + "<br />");
    document.write("navigator.appVersion = " + navigator.appVersion + "<br />");
    document.write("navigator.platform = " + navigator.platform + "<br />");
</script>
</body>
```

4.5.2 DOM 对象

DOM 是 W3C 制定的访问 HTML 和 XML 文档的标准，它独立于平台和语言，定义了访问结构化文档的通用接口。DOM 标准由三部分组成：核心 DOM，是针对任何结构化文档的标准模型；XML DOM，是针对 XML 文档的标准模型；HTML DOM，是针对 HTML 文档的标准模型。W3C 的 DOM 标准可以分为被 DOM 1、DOM 2、DOM 3 三个版本。DOM 1 主要定义的是 HTML 和 XML 文档的底层结构。DOM 2 和 DOM 3 则在这个结构的基础上引入了更多的交互能力，定义了样式表模型、事件处理机制、DTD 和 Schema 内容模型。在 DOM 标准之前，JavaScript 的早期版本中就已经提供了访问和操作 HTML 文档内容的接口，该接口可以控制页面元素，并实现许多复杂的页面动态效果。这些页面动态功能统称为 DHTML（Dynamic HTML）。DHTML 并不是一项新技术，而是将 HTML、CSS、JavaScript、Applet、ActiveX 等 Web 前端技术组合的一种描述。DHTML 是 HTML DOM API 的基础，现在习惯上将其称为 DOM 0。

1. DOM 类型体系

DOM 是 HTML 和 XML 文档的编程接口，提供了对文档的结构化表述，并定义了一种方式可以在程序中对该结构进行访问，从而改变文档的结构、样式和内容。DOM 将文档解析为一个由节点及对象（包含属性和方法的对象）组成的树状结构体，为 HTML 和 XML 文档中的元素定义了一套完整的类型体系，从文档的根节点对象到每个普通的文档元素，DOM 模型都设计了对应的接口，每个接口都提供了相应的方法来操作元素对象和子元素对象。整个 DOM 体系中的接口类型继承关系如图 4-2 所示。

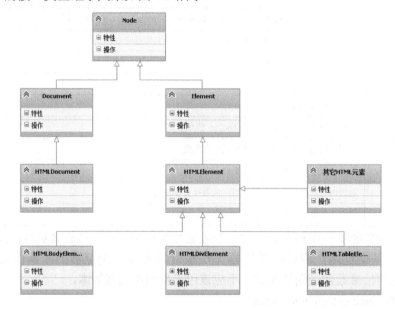

图 4-2 DOM 体系中的接口类型继承关系

2. DOM 对象的常用属性

在 DOM 模型中，文档中的所有元素都被定义为对象，包括标记、属性、文本、注释等。而编程接口则是对象方法和对象属性。方法是能够执行的动作（如添加或修改元素），属性是能够获取或设置的值（如节点的名称或内容）。在整个 DOM 体系的接口类型继承关系中，属性和方法非常多，下面只介绍一些常用的属性和方法。

（1）nodeName。

nodeName 属性表示节点的名称。nodeName 属性是只读的。元素节点的 nodeName 是标签名，始终是元素的大写字母标记名；属性节点的 nodeName 是属性名；文本节点的 nodeName 是#text；文档根节点的 nodeName 是#document。

（2）nodeValue。

nodeValue 属性表示节点的值。元素节点的 nodeValue 是 undefined 或 null；文本节点的

nodeValue 是文本本身；属性节点的 nodeValue 是属性值。

（3）nodeType。

nodeType 属性返回代表节点类型的整数值。HTML DOM 中主要节点类型及其对应的 nodeType 属性值分别是：元素节点为 1；属性节点为 2；文本节点为 3；注释节点为 8；文档节点为 9。nodeType 属性是只读的。

（4）parentNode。

代表节点的父节点对象。

（5）childNodes。

返回节点的所有子节点对象的集合。

（6）firstChild。

返回第一个子节点对象。

（7）lastChild。

返回最后一个子节点对象。

（8）previousSibling。

返回上一个兄弟节点对象。

（9）nextSibling。

返回下一个兄弟节点对象。

（10）attributes 属性。

返回节点（元素）的所有属性和节点对象的集合。

（11）innerHTML。

innerHTML 是 HTMLElement 接口的属性，所有的 HTML 元素对象都具有此属性，代表相应标记中的内容。获取和替换对象的 innerHTML 属性值可以访问和修改元素的内容。

3．DOM 对象的常用方法

方法是文档节点对象可以执行的动作。DOM 对象的常用方法如表 4-24 所示。

表 4-24 DOM 对象的常用方法

方　　法	描　　述
appendChild()	把新的子节点添加到指定节点
removeChild()	删除子节点
replaceChild()	替换子节点
insertBefore()	在指定的子节点前面插入新的子节点
cloneNode()	克隆节点对象自身
getAttribute()	返回指定的属性值
setAttribute()	设置或改变指定属性的值
getAttributeNode()	返回指定属性节点
setAttributeNode()	设置或改变指定属性节点

4．HTML DOM

HTML DOM 是 HTML 文档的标准对象模型，定义了所有 HTML 元素的对象和属性，以及访问它们的方法。浏览器实现了 HTML DOM 标准，即可提供获取、修改、添加或删除 HTML 文档元素的标准编程接口。Node、Document、Element、HTMLElement 是普通 HTML 元素的超类，不直接对应 HTML 页面元素，但它们所包含的属性和方法可以被页面元素对象调用。

常用的 HTML DOM 类及其与 HTML 元素的对应关系如表 4-25 所示。

表 4-25 常用的 HTML DOM 类

HTML DOM 类	HTML 元素
HTMLHtmlElement	html
HTMLBodyElement	body
HTMLDivElement	div
HTMLFormElement	form
HTMLSelectElement	select
HTMLOptionElement	option
HTMLIFrameElement	iframe
HTMLInputElement	input
HTMLTableElement	table
HTMLTableCaptionElement	caption
HTMLTableRowElement	tr
HTMLTableColElement	col
HTMLTableCellElement	td
HTMLTextAreaElement	textarea
HTMLOLElement	ol
HTMLULElement	ul
HTMLLIElement	li

这些 HTML DOM 类在 JavaScript 运行环境中是不可见的，能够操作的只是其对象。HTML DOM 类较多，但其命名很有规律，都以 HTML 开头、Element 结尾，中间基本上为标记名或标记的英文名称。上表中的类可以大致分为 4 种：第 1 种是与 HTML 文档结构相关的类，如 HTMLHtmlElement、HTMLBodyElement；第 2 种是与表格相关的类，如 HTMLTableRowElement、HTMLTableCellElement；第 3 种是与表单相关的类，如 HTMLSelectElemet、HTMLInputElement；第 4 种是其他网页元素类，如 HTMLDivElement、HTMLLIElement 等。

HTML DOM 是针对 HTML 文档的编程接口。浏览器按此标准将 HTML 文档中的元素按嵌套关系解析为一个树状层次的数据结构体，被称为 HTML DOM 对象树。从根节点开始，沿着对象树可以随机访问到网页中的任何一个元素对象。HTML DOM 对象树如图 4-3 所示。

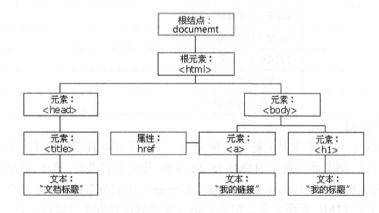

图 4-3 HTML DOM 对象树

5. document 对象

document 在 DOM 类型体系中是 HTMLDocument 类的对象，属于 window 对象的子对象。它既是 BOM 对象之一，又是 DOM 中的根节点对象，代表整个网页文档，是访问网页节点对象的入口。document 对象包含图像、链接、锚点、表单等网页元素对象的集合属性，这些集合属性可以作为只读数组，使用索引或名称访问其中的元素，进而访问 HTML 文档中包含的各种元素对象，并可以动态地改变 HTML 标记中的内容。HTML DOM 对象的包含关系如图 4-4 所示。

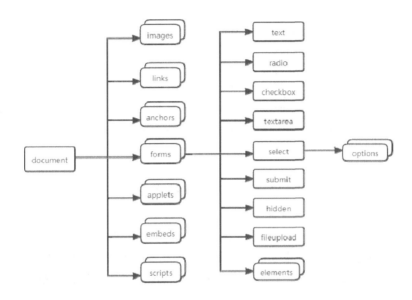

图 4-4　HTML DOM 对象的包含关系

document 对象的常用属性和方法如表 4-26、表 4-27 所示。用 for-in 循环可以遍历显示 document 对象支持的所有属性和方法，如例程 4-46 所示。document 对象继承普通节点对象的所有属性和方法，但很多属性和方法在 document 对象中是没有意义的。

表 4-26　document 对象的常用属性

属　　性	描　　述
anchors	返回所有 anchor 对象的集合（拥有 name 属性的所有<a>元素）
applets	返回所有 applet 对象的集合
forms	返回所有 form 对象的集合
images	返回所有 image 对象的集合
links	返回所有超链接对象的集合（拥有 href 属性的所有<area>和<a>元素）
body	提供对<body>元素的直接访问 对于定义了框架集的文档，该属性引用最外层的<frameset>
cookie	设置或返回与当前文档有关的所有 cookie，使用该属性可设置、修改、删除指定的 cookie
domain	返回当前文档的域名
referrer	返回载入当前文档的前一个文档的 URL
title	返回当前文档的标题
URL	返回当前文档的 URL

表 4-27 document 对象的常用方法

方　　法	描　　述
write()	向文档写入 HTML 输出流
writeln()	等同于 write()方法，不同的是在每个表达式之后写一个换行符
open()	打开一个流，以收集来自任何 document.write()或 document. writeln()方法的输出
close()	关闭用 open()方法打开的输出流，并显示选定的数
getElementById()	返回指定 id 属性值的节点对象
getElementsByTagName()	返回指定标记名的所有节点对象的集合
getElementsByClassName()	返回指定类名（class 属性值）的所有节点对象的集合
createElement()	创建元素节点
createTextNode()	创建文本节点
createAttribute()	创建属性节点

例程 4-46　documentobj.html

```
<script language="javascript">
    for(p in document) {
        document.write("document." + p + " = " + document[p] + "<br />");
    }
</script>
```

注意，不要混淆 window.open()方法与 document.open()方法，这两个方法的功能完全不同。在 DOM 0 中，document 对象最重要的方法是 write()和 writeln()，这两个方法可以向文档写入 HTML 表达式或 JavaScript 代码。在大部分浏览器的 JavaScript 实现中，这两个方法可以带多个参数(exp1,exp2,exp3,...) ，它们将按顺序被追加到文档中。writeln()方法比 write()方法多输出一个换行符，但因为浏览器并不解析 HTML 文档中的换行符，所以较常使用 write()方法。注意，不要在文档加载之后使用 document.write()方法，这会覆盖当前的文档。

在 DOM 1 标准之后，document 对象增加了 3 个特别重要的方法，即 getElementById()、getElementsByClassName()、getElementsByTagName()方法。其中，getElementById()方法是最常用、最实效的获取网页元素对象的方法，它能够按网页元素的 id 属性值，简单、快速地查找文档中的一个特定元素对象。在 DOM 1 中，getElementById()方法被定义在 HTMLDocument 中。在 DOM 2 中，该方法已经被转移到了 Document 接口，现在由 HTMLDocument 继承而不是由它定义了。getElementsByTagName()方法与 getElementById() 方法相似，但它按元素的标记名查询。因为一个文档中的同一个标记可以有多个，所以 getElementsByTagName()方法返回的是多个对象的集合，而不是一个元素对象。getElementsByTagName()方法可以代替 document 中的集合属性功能，如 document.forms 数组与 document.getElementByTagName("form")等价，而 document.getElementByTagName("img")与 document.images 数组等价。document.getElementByTagName()方法扩展了 document 对象的集合属性，通过该方法可以获取网页中任何一个 HTML 标记对象构成的集合。例如，document.getElementByTagName("div")可以获取网页中所有 div 元素对象的数组，这在 DOM 0 模型中是没有的。

6．元素的定位

DOM 模型将 HTML 文档作为一个树形结构体，可以用遍历树结构的方式操作 HTML 文档中的元素。浏览器加载网页后即可创建 document 全局对象，该对象是文档树的入口。HTML DOM 提供了多种方式来访问 HTML 元素。

（1）使用 document 对象的 getElement 系列方法获取 HTML 元素。

使用 document 对象的 getElementById()方法和元素的 id 属性值定位 HTML 元素是目前最常用的定位方式，简单快速，兼容性好。其次，也可以用 getElementsByTagName()和 getElementsByClassName()方法来定位和获取元素对象。

原生 JavaScript 可以直接使用 id 名称获取网页元素对象。注意，在定义变量时，名称不要与元素的 id 属性值一样。

例如：
```
idval.innerHTML="标记内的内容";        //修改 id="idval"的标记内嵌套的文本
```

对于某些类型的 HTML 元素，如表单及其中的控件元素，还有 img、iframe、applet、embed、object 等，可以利用元素的 name 属性名及元素之间的包含关系获取元素对象。

例如：
```
var var txtobj = document.form1.txt1;    //名称 form1 表单中名称为 txt1 的文本框对象
```

利用元素 name 属性定义的名称及其包含关系定位页面元素，因为 name 属性在网页中不唯一，所以可能返回的是集合对象。name 属性不是 HTML 标记的通用属性，且用 id 与 name 属性名定位并非 W3C 标准，各浏览器的支持有差异，存在兼容性问题，因此，这种定位网页元素的方式不提倡使用。id 属性是 HTML 标记的通用属性，能唯一地标识网页中的元素。在操作文档的元素时，最好先给元素指定 id 属性值，然后使用 document 对象的 getElementById()方法传递 id 值从而定位元素。

（2）使用 document 对象的集合属性法获取 HTML 元素。

例如：
```
var imgobj = document.images[0]                //网页中的第一幅图像对象
var linkobj = document.links["lnk1"]           //网页中 id="lnk1"的 a 元素对象
var txtobj = document.forms[0].elements[0];    //表单中的第一个控件对象
var divob j = document.all["dv1"];             //网页中 id="dv1"的 div 元素对象
```

使用 document 对象的数组属性定位页面元素，当网页中元素的位置、数量发生变化时，JavaScript 代码也需要改变。

（3）利用节点间的关系访问 HTML 元素。

在定位到某个节点后，可以利用节点对象的 previousSibling、nextSibling 属性访问其兄弟节点；利用 firstChild、lastChild、childNodes 属性访问其子节点；利用 parentNode 属性访问其父节点。由于标记中的文本内容也被解析为节点对象，因此利用这些属性在节点间导航时应注意下面的节点关系：

```
<tag1>text1<tag2>text2</tag2> <tag3>text3</tag3>text4</tag1>
```

<tag1>标记对象的 firstChild 不是<tag2>标记对象，而是 text1 文本节点对象，即使没有 text1 文本，仍有此值为空的文本节点对象。同样，<tag2>标记对象的 nextSibling 不是<tag3>标记对象，而是一个空值的文本节点对象。

例程 4-47　htmldom.html

```html
<!doctype html>
<html>
<head>
<meta charset="utf-8">
<title>HTML DOM</title>
<style type="text/css">
/* 定义改变背景色的 CSS，表示被选中的项 */
.selected {
    background-color: #66f;
}
</style>
```

```
</head>
<body>
<h3>根据节点关系访问 HTML 元素</h3>
<ol id="books">
    <li id="html">超文本标记语言 HTML</li>
    <li id="css">层叠样式表 CSS</li>
    <li id="js" class="selected">JavaScript 脚本语言</li>
    <li id="xml">可扩展标记语言 XML</li>
    <li id="xhtml">XML 超文本标记语言 XHTML</li>
    <li id="dw">Web 编辑工具 Dreamweaver</li>
    <li id="html5">超文本标记语言版本 5 HTML 5</li>
    <li id="css3">层叠样式表版本 3 CSS 3</li>
</ol>
<input type="button" value="父节点"
        onclick="change(curTarget.parentNode);"/>
<input type="button" value="第一个"
        onclick="change(curTarget.parentNode.firstChild.nextSibling);"/>
<input type="button" value="上一个"
        onclick="change(curTarget.previousSibling.previousSibling);"/>
<input type="button" value="下一个"
        onclick="change(curTarget.nextSibling.nextSibling);"/>
<input type="button" value="最后一个"
        onclick="change(curTarget.parentNode.lastChild.previousSibling);"/>
<script type="text/javascript">
    var curTarget = document.getElementById("js");
    function change(target) {
        alert(target.innerHTML);
    }
</script>
</body>
</html>
```

4.6 事件处理

图形用户界面（GUI）程序是以事件驱动模型运行的。程序运行的流程不是在设计时确定的，而是在运行时由用户的交互行为决定的。事件是对用户的某种交互动作或程序自身行为的响应，事件驱动的底层技术可追溯至操作系统的中断机制。事件驱动模型主要有 3 个要素：事件源、事件监听器、事件对象。事件源是引发事件的元素；事件监听器是事件发生后执行的逻辑代码，又称事件处理程序；事件对象是在事件发生时由事件源创建的对象，通常包含事件源及事件发生时的环境信息。事件对象在事件源调用事件处理程序时作为参数进行传递，以便事件处理程序在执行时能够访问所需的事件源信息。

在 Web 页面中，支持用户交互行为的动态功能是由网页元素提供的事件实现的。支持事件的元素为事件源，动作或行为的名称为事件名称，如 click、load、mouseover 等都是事件名称。HTML 元素支持的每种事件都有一个与事件名称对应的属性，这个属性被称为事件属性。事件属性的名字由事件名称前加 "on" 构成，如 click 事件的事件属性名为 onclick，load 事件的事件属性名是 onload，HTML 元素的事件属性见 2.11.3 节。在页面中，为事件指定处理程序的方式是为事件属性赋值，事件属性的值只能是 JavaScript 函数调用的，或者直接为 JavaScript 代码。不设置事件属性值，就不会对该事件进行处理，即不响应该事件。事件属性不仅是事件源元素事件功能的外部接口，还是事件源元素与 JavaScript 事件处理程序连接的纽带。

Web 页面中的事件处理即编写 JavaScript 程序，并赋给元素的事件属性。事件处理程序在事件源对象的作用域中运行，在事件属性值的代码中，this 指向事件源对象，通过 this 指针可向事件处理函数中传递事件源对象。在 JavaScript 事件处理中，事件源向事件处理程序传递的事件对象是 event，大部分浏览器（如 IE、Chrome）在事件处理函数时可以直接使用 event 对象，有些浏览器（如 Firefox）需要在事件属性中绑定事件处理函数时传递 event 对象。为了更安全地兼容各个浏览器，建议在事件属性值中绑定事件处理函数时显式传递 event 对象。关于基本的事件处理机制，W3C 制定的标准事件处理机制详见 9.2 节。

1. 鼠标事件的处理

鼠标操作是页面中频繁的交互行为，利用鼠标事件可以实现许多页面的动态效果。鼠标事件属性有 onclick、ondbclick、onmousedown、onmouseup、onmouseover、onmouseout。在 DOM 2.0 中，W3C 对鼠标事件做出规范，鼠标事件对象 MouseEvent 提供了 button 属性，可以判定鼠标操作是左击还是右击，详见 9.2 节。

例程 4-48 mouseevent.html

```
<!doctype html>
<html>
<head>
<meta charset="utf-8">
<title>JavaScript 事件</title>
<style type="text/css">
.updowndiv {
    background-color:#D3E2F5;
    width:260px;    height:60px;
    padding-top:35px;
    text-align:center;
}
.tbdiv {
    background-color:#A8C6ED;
    display:table;
}
.celldiv {
    width:260px;    height:100px;
    display:table-cell;
    text-align:center;
    vertical-align:middle
}
</style>
<script>
function mDown(obj) {
    obj.style.backgroundColor="#1ec5e5";
    obj.innerHTML="松开鼠标"
}
function mUp(obj) {
    obj.style.backgroundColor="#D3E2F5";
    obj.innerHTML="谢谢你"
}
function clickMeEvent(obj)    {
    if (obj.innerHTML=="Goodbye") {
        obj.style.display="none";
    }
    else if (obj.innerHTML=="Thank You") {
        obj.innerHTML="Goodbye";
    }
    else if (obj.innerHTML=="Click Me<br>Click Me Again<br>And Again") {
        obj.innerHTML="Thank You";
    }
```

```
            else if (obj.innerHTML=="Click Me<br>Click Me Again") {
                obj.innerHTML=obj.innerHTML+"<br>And Again";
            }
            else {
                obj.innerHTML=obj.innerHTML+"<br>Click Me Again";
            }
        }
    </script>
</head>
<body>
<h3>鼠标移入移出事件</h3>
<img src="images/forest1.jpg" height="200"
    onMouseOver="this.src='images/forest2.jpg'"
    onMouseOut="this.src='images/forest1.jpg'">
<h3>鼠标按下松开事件</h3>
<div class="updowndiv" onmousedown="mDown(this)" onmouseup="mUp(this)">
请在这里按下鼠标左键
</div>
<h3>鼠标单击事件</h3>
<div class="tbdiv">
    <div class="celldiv" onclick="clickMeEvent(this)">Click Me</div>
</div>
</body>
</html>
```

2. 键盘事件的处理

键盘事件响应用户的键盘操作，利用键盘事件可以制作网页的快捷键。键盘事件属性有 onkeydown、onkeypress、onkeyup，对应 keydown、keypress、keyup 这 3 个事件。每次敲击键盘都会触发这 3 个事件，执行顺序为 onkeydown > onkeypress > onkeyup。keydown 和 keyup 是比较低级的接近硬件的事件，可以捕获键盘中的某个键；而 keypress 是相对字符层面的较为高级的事件，能够捕捉键入了哪个字符。如按 A 键，keydown 和 keyup 事件只知道用户按下了 A 键，并不知道输入的是大写的 A 字符（同时按 Shift 键），还是小写的 a 字符，它们以"键"为单位，输入大写的 A 字符，它们将解析为按 shift+A 组合键；而 keypress 事件可以捕捉输入的是大写的 A 字符，还是小写的 a 字符。因为 onkeypress 响应的是可打印字符触发的事件，所以 onkeypress 不能对系统功能键（如 Fn、后退、删除、箭头键等）进行正常的响应，对中文输入法也不能有效地响应。建议不要捕获 ctrl_A 等被浏览器定义为快捷键的事件。

键盘事件的 event 对象中包含一个 which 属性（IE 8 及早期的版本为 keyCode 属性），该属性值是按键对应的数字编码，被称为键值或键码。常用按键对应的键码如表 4-28 所示。keypress 事件捕获的是较高层级的事件，其键码值为可显示字符的编码。与 keydown 和 keyup 事件的键码有所不同，在 keypress 事件中获取的键码对字母的大小写敏感，而 keydown、keyup 事件的键码对字母的大小写不敏感；keypress 事件的键码无法区分主键盘上的数字键和副键盘上的数字键，而 keydown、keyup 事件的键码对主、副键盘上的数字键敏感。

表 4-28 常用按键对应的键码

键 盘 按 键	键 码
0～9（数字键）	48～57
a～z，A～Z（字母键）	65～90
F1～F24（功能键）	112～135
Backspace（退格键）	8
Tab（制表符）	9

续表

键 盘 按 键	键 码
Enter（回车键）	13
Caps_Lock（大写锁定）	20
Space（空格键）	32
Left（左箭头）	37
Up（上箭头）	38
Right（右箭头）	39
Down（下箭头）	40

例程 4-49   keyboardevent.html

```
<!doctype html>
<html>
<head>
<meta charset="utf-8">
<title>JavaScript 事件</title>
<style type="text/css">
#box1 {
     background-color:#D3E2F5;
     width:280px;
     height:80px;
     padding-top:35px;
     text-align:center;
     line-height:1.6;
}
</style>
<script>
function keydownmsg(obj) {
     //直接使用事件对象 event
     var keynum=event.which;
     switch(keynum){
          case 37:
               obj.style.backgroundColor="#A8C6ED";
               break;
          case 38:
               obj.style.backgroundColor="#B2E0F9";
               break;
          case 39:
               obj.style.backgroundColor="#C1E2F0";
               break;
          case 40:
               obj.style.backgroundColor="#D3E2F5";
               break;
          default:
               obj.style.backgroundColor="#EEDD66";
     }
}
//不响应系统功能键，如后退、删除、箭头键等事件
function keypressmsg(obj) {
     var keynum=event.which;
     //keypress 事件捕获的按键码为可显示字符的编码
     var keychar=String.fromCharCode(keynum);
     obj.innerHTML="按上、下、左、右键改变 div 颜色<br/>按键码为：" + keynum + "；字符为：" + keychar;
}
function keyupmsg(evt) {
     //在绑定事件处理程序时传递事件对象 event
```

```html
            alert("键码为: " + evt.which + "的键已被释放！");
        }
    </script>
</head>
<body>
<h3>键盘事件处理</h3>
<!-- 注意事件对象的传递 -->
<div id="box1" tabindex="0" onKeyDown="keydownmsg(this)"
     onKeyPress="keypressmsg(this)" onKeyUp="keyupmsg(event)">
请先按"Tab"键，或者用鼠标单击，<br/>获得焦点，之后按键。
</div>
</body>
</html>
```

3．页面事件的处理

页面事件处理程序由 `<body>` 标记支持的 onload 和 onunload 事件属性设置。网页加载完成后引发 load 事件，网页关闭或跳转到其他网页时引发 unload 事件。因为 unload 事件发生时当前网页已经关闭，通常捕获不到，所以在实际应用中常用 window 对象的 onbeforeunload 属性处理页面的卸载事件。window 对象详见 4.5.1 节。

例程 4-50   bodyevent.html

```html
<!doctype html>
<html>
<head>
<meta charset="utf-8">
<title>JavaScript 事件</title>
<script type="text/javascript">
    window.onbeforeunload = function() {
        return confirm("确定要离开当前网页？");
    }
</script>
</head>
<body onLoad="alert('网页已加载完成！')" onUnload="alert('再见！欢迎再来。')">
<h3>页面事件处理</h3>
<a href="http://www.lyu.***.**">转到临沂大学</a>
</body>
</html>
```

4．表单事件的处理

表单是用户与网页交互的重要元素。表单中的各种组件支持的事件类型非常丰富，除了全面支持鼠标、键盘事件，还支持 onsubmit、onfocus、onblur、onchange、onselect 事件属性。

例程 4-51   formevent.html

```html
<!doctype html>
<html>
<head>
<meta charset="utf-8">
<title>JavaScript 事件</title>
</head>
<body><h3>表单事件处理</h3>
<form name="form1" id="form1" onSubmit="return confirm('确定要提交表单吗？')">
<div style="width:540px;padding:8px">
<fieldset style="padding:16px;">
    <legend>表单事件示例</legend>
    <label for="tx1">焦点 1：</label>
    <input type="text" name="tx1" id="tx1" value="请单击我！"
        onFocus="this.value='哈，我获得了焦点！'" onBlur="this.value='不要离开我！'"
        onSelect="alert('选取了焦点 1 的：' + getSelection())">
        
```

```
          <label for="tx2">焦点 2：</label>
          <input type="text" name="tx2" id="tx2" value="请单击我！"
             onFocus="this.value='嘻，焦点在我这里了！'" onBlur="this.value='请别走，回来！'"
             onSelect="alert('选取了焦点 2 的：' + getSelection())">
        <p>
          <label>爱好：</label>
            <input type="checkbox" name="qualifier" value="音乐" checked
                   onchange="if(this.checked) alert('喜欢音乐，您是佳人！')">
              音乐    
            <input type="checkbox" name="qualifier" value="体育" checked
                   onchange="if(this.checked) alert('喜欢体育，您是健将！')">
              体育    
            <input type="checkbox" name="qualifier" value="美术"
                   onchange="if(this.checked) alert('喜欢美术，您是才子！')">
              美术
          </label>
        </p>
        <p>
          <label for="choice">导航：</label>
          <select name="choice" id="choice"
                  onchange="JavaScript:location.href=this.value;this.selectedIndex=0">
            <option value="-1" selected>友情链接</option>
            <option value="http://www.lyu.***.**">临沂大学</option>
            <option value="http://info.lyu.***.**">信息学院</option>
          </select>
        </p>
        <p style="text-align:center">
          <input type="submit" value="提交">
              
          <input type="reset" value="重设"
              onClick="return confirm('确认要清除所有的输入内容吗？')">
        </p>
      </fieldset>
    </div>
  </form>
</body></html>
```

4.7　JavaScript 读写 Cookie

　　Cookie 是服务器保存在客户端机器上的一些名-值对"name=value"文本数据，用以记忆客户端的状态。客户端第一次向服务器端请求一个网页时，服务器端应答该请求，将请求的网页发送给浏览器，浏览器在解析网页时会按照页面代码的要求，在本地机器上写入一些 Cookie。当浏览器再次请求网页时，将属于该域（可理解为本网站）的 Cookie 附加到请求中，服务器端读取这些 Cookie 就获得了必要的数据来"记住"用户的信息。因为 Cookie 要经过互联网传输，并将外来数据写入本地机器中，所以存在安全风险。浏览器在写入 Cookie 时，在存储位置、大小、数量等方面都有严格的限制，同时浏览器一般有设置项，可以限定 Cookie 的读写，甚至关闭 Cookie 应用。Cookie 除了 name 属性，还有过期时间、所属域及路径等属性，Cookie 的主要属性如表 4-29 所示。

表 4-29　Cookie 的主要属性

属 性 名 称	属性值说明
name	必需，定义 Cookie 的名称
value	必需，指定 Cookie 的值

续表

属 性 名 称	属性值说明
max-age	可选，存活的最长时间，单位：秒。默认为当前会话，关闭浏览器即失效
expires	可选，过期时间，值为 GMT 格式的字符串，默认为当前会话
domain	可选，所属的域，默认为当前网页所属域
path	可选，有效路径，默认为当前网页 URL 中域名之后的目录路径
secure	可选，安全属性，是否以安全的 HTTPS 连接来传输 Cookie，默认值为 false

读写 Cookie 通常是由服务器程序（如 JSP 脚本）控制的，但最终读写 Cookie 的依然是浏览器，因此 JavaScript 脚本程序能够读写 Cookie。但如果在 Cookie 中设置了 HttpOnly 属性，那么客户端程序(JS 脚本、Applet 等)将无法读取 Cookie 信息。读写 Cookie 主要通过操作 document.cookie 属性进行。

例程 4-52 setCookie，写入 Cookie

```
function setCookie(cname, cvalue, exdays) {
    var d = new Date();
    d.setTime(d.getTime() + (exdays*24*60*60*1000));   /*当前时间加上过期天数 */
    var expires = "expires="+ d.toUTCString();
    /* 通过设置 document.cookie 属性值写入 Cookie */
    document.cookie = cname + "=" + cvalue + ";" + expires + ";path=/";
}
```

例程 4-53 getCookie，读取 Cookie

```
function getCookie(cname) {
    var name = cname + "=";
    var decodedCookie = decodeURIComponent(document.cookie);
    /* document.cookie 返回"cname1=cvalue1;cname2=cvalue2;…"格式的字符串 */
    var ca = decodedCookie.split(';');
    for(var i = 0; i <ca.length; i++) {
        var c = ca[i];
        while (c.charAt(0) == ' ') {
            c = c.substring(1);
        }
        if (c.indexOf(name) == 0) {
            return c.substring(name.length, c.length);      /* 返回 Cookie 值 */
        }
    }
    return "";
}
```

Chrome 浏览器为了安全只支持 online-cookie，不支持本地文件访问 document.cookie。要在客户端读写 document.cookie，必须将网页发布到服务器上。另外，用 JavaScript 脚本设置 Cookie 时，不要设置过期时间。如果设置过期时间，则 Chrome 会判定其为不安全设置，无法将 Cookie 发送到服务器端，页面刷新后 Cookie 会消失。如果需要设置过期时间，可以在服务器端程序中设置。另外，Chrome 浏览器需要设置 Cookie 为允许设置本地数据，设置方法为打开设置窗口，依次选择"显示高级设置"→"隐私设置"→"内容设置"→"Cookie"→"允许本地数据（推荐）"选项。

4.8 正则表达式

正则表达式是一种字符串处理技术，是通配符技术的扩展。一个正则表达式字符串可以匹配一批普通字符串。

4.8.1 正则表达式的规则

正则表达式是用来设计文本匹配规则的。匹配规则是一个特殊的字符串，由普通字符和元字符组成。

1. 普通字符

普通字符又称字面量、直接量字符，如字母、数字、转义字符（\r、\n、\t、\f），以及 Unicode 编码的字符\unnnn 等。

2. 元字符

在模式的上下文中具有特殊意义的字符，如表 4-30、表 4-31、表 4-32、表 4-33 所示。

（1）基本通配符。

表 4-30 基本通配符

元 字 符	匹 配 规 则	元 字 符	匹 配 规 则
.	匹配除换行符以外的任意字符	\b	匹配单词的开始或结束
\w	匹配字母、数字或下画线（单词字符 word）	^	匹配字符串的开始
\s	匹配任意的空白字符（space）	$	匹配字符串的结束
\d	匹配数字（digit）		

（2）重复限定符。

表 4-31 重复限定符

元 字 符	限 定 规 则	元 字 符	限 定 规 则
*	重复零次或更多次	{n}	重复 n 次
+	重复一次或更多次	{n,}	重复 n 次或更多次
?	重复零次或一次	{n,m}	重复 n～m 次

（3）选择符[]。

方括号[]表示从普通字符组成的集合中选择一个字符。

例如：

模式/[abc]/可以匹配字符 a、b、c；

模式/[a-z]/可以匹配 a 到 z 之间任意一个小写字母。

选择符表示与基本通配符的等价关系如表 4-32 所示。

表 4-32 基本通配符的[]表示

通 配 符	等 价 模 式	匹 配 的 内 容
\d	[0-9]	一个数字
\w	[A-Za-z0-9_]	一个单字字符
\s	[\r\t\n\f]	一个空白字符

（4）反义元字符。

表 4-33 反义元字符

反义元字符	等 价 模 式	限 定 规 则	反义元字符	限 定 规 则
\D	[^0-9]	一个非数字	\B	非单词开头或结束
\W	[^A-Za-z0-9_]	一个非单字字符	[^x]	除 x 以外的任意字符
\S	[^\r\t\n\f]	一个非空白字符		

(5）转义符\。

查找元字符本身，取消字符的特殊意义。

例如：

\. * \\

（6）分枝符|。

前后两个分支是或关系。

例如：

\(0\d{2}\)[-]?\d{8}|0\d{2}[-]?\d{8}

匹配带 3 位区号的 8 位电话号码，(024)87654321 或 024-87654321。

（7）选项修饰符。

选项修饰符可以放到模式/之后，用于修改模式的应用方式。

修饰符 i：模式中的字母既可以匹配字符串中的小写字母，又可以匹配大写字母。

例如：

/Watermelon/i 匹配 watermelon、WaterMelon 等。

修饰符 g：全局匹配，即应当找出被检索字符串的所有匹配。

修饰符 m：多模式匹配，针对多行字符串，匹配每行中的内容。

例如：

/JavaScript/gm
JavaScript is easy and JavaScript is fun.\n
    JavaScript is the best language.

（8）分组()。

每个分组会自动拥有一个组号，从左向右，以分组的左括号为标志，依次为\1、\2……

指定组名(?<gname>\w+) 或 (?'gname'\w+)。

例如：

简单的 IP 地址：(\d{1,3}\.){3}\d{1,3}
严格的 IP 地址：((2[0-4]\d|25[0-5]|[01]?\d\d?)\.){3} (2[0-4]\d|25[0-5]|[01]?\d\d?)

例如：

\b(\w+)\b\s+\1\b   //后向引用，匹配重复的两个单词
\b(?<Word>\w+)\b\s+\k<Word>\b   //使用组名

4.8.2 常用正则表达式

利用上一节的正则表达式语法规则，可以设计一些常用的正则表达式。JavaScript 语言中的正则表达式放在两个斜杠符号之间，以标识正则表达式类型，类似于字符串用双引号或单引号标识。

1．邮件地址

/^([a-z0-9_\.-]+)@([\da-z\.-]+)\.([a-z\.]{2,6})$/

2．URL

/^(https?:\/\/)?([\da-z\.-]+)\.([a-z\.]{2,6})([\/\w \.-]*)*\/?$/

3．中文字符

/[\u4e00-\u9fa5]/

4．日期

（1）可以选择有或没有日，但每个月都可以有 29～31 日。

/^[1-2]\d{3}(-|/)((0?[1-9]|1[0-2])(-|/)(0?[1-9]|[1-2]\d)|(3[0-1])|([0]?[1-9])))?$/

（2）可以选择有或没有时、分、秒。分大小月，但不能判断闰年，所有的 2 月份都可以有 29 日。

/^[1-2]\d{3}(-|/)((0?[1-9]|1[0-2])(-|/)(0?[1-9]|[1-2]\d)|(0?[13-9]|1[0-2])(-|/)30|(0?[13578]|1[02])(-|/)31)(\s+([0-1]?\d|2[0-3]):[0-5]?\d(:[0-5]?\d)?)?$/

4.8.3 JavaScript 使用正则表达式

正则表达式主要用于文本的模式匹配,包括文本的查找、替换和格式化。在 JavaScript 语言中,模式匹配有两种方式:一种是基于 String 对象;另一种是基于 RegExp 对象。

1. 在 String 对象的方法中使用正则表达式

String 对象的许多方法都可以使用正则表达式,某些方法(如 match())是专门针对正则表达式用的。正则表达式极大地增强了 String 对象的功能。

(1) search()方法:以模式作为参数,返回第一个与之匹配的子字符串开始的位置,如果没有与之匹配的子字符串,则返回-1。

例如:
```
var str="Hi,High,History,China are all English words.";
str.search(/\bhi\w*\b/i);        //查找所有以 hi 或 Hi 开头的单词
```

(2) replace()方法:替换 String 对象中与给定模式匹配的某个子字符串,返回值为替换后的新字符串。如果模式后有 g,则 String 对象中每个匹配的子字符串都将被替换。

例如:
```
var str="snow snows snowy snowing snowed";
str.replace(/snow/,"rain");
```

(3) match()方法:String 对象中专用于正则表达式匹配的方法,返回值为一个数组。如果模式中带有 g,则数组为字符串中所有与模式匹配的子字符串;如果模式中不带有 g,则数组的第一个元素为字符串中第一个与模式匹配的子字符串,数组剩余的元素为与模式括号中的部分匹配的元素。

例程 4-54　strmatch.html
```
<script type="text/javascript">
  var str="Hi,High,History,China are all English words.";
  var strs=str.match(/(hi)(\w+)/i);
  document.write("str=" + str + "<br />");
  for(i in strs) {
    document.write("strs[" + i + "]=" + strs[i] + "<br />");
  }
</script>
```

2. 使用 RegExp 类提供的方法

在 JavaScript 语言中,正则表达式不是字符串类型,而是一种预定义类型 RegExp。RegExp 类定义了对正则表达式进行操作的方法。要使用 RegExp 类提供的方法进行字符串处理,首先应创建 RegExp 类的对象。

(1) 创建 RegExp 对象。
```
var r=new RegExp('g','gi');      //第 1 个参数是规则字符串,第 2 个参数是选项修饰符
var r=new RegExp(/(\w)\1/gi);    //传递正则表达式参数
var r=/(\w)\1/gi;                //简化方式
```

(2) exec()方法。
在参数字符串内按模式进行搜索,方法原型为 String regexp.exec(String)。

例程 4-55　regexexec.html
```
<script type="text/javascript">
  var r, re;
  var s = "The rain in Spain falls mainly in the plain";
  re = /[\w]*ain/ig;   //全文匹配,不加 g 将永远只返回第一个匹配的字符串
  //每次循环使 re 在 g 的作用下寻找下一个匹配的字符串
  while((r = re.exec(s)) !=null) {
    document.write(r + "<br/>");
```

```
    }
</script>
```

（3）compile()方法。

修改正则表达式的规则，方法原型为 RegExp regexp.compile(RegExp)。

（4）test()方法。

检测参数字符串是否匹配模式对象中的模式，方法原型为 Boolean regexp.test(String)。

例程 4-56　regextest.html

```
<script type="text/javascript">
    var re=/re/g;
    var msg1='return';
    var msg2='goon';
    document.write(msg1 + "匹配模式" + re.toString() + ": " + re.test(msg1) + "<br/>");
    document.write(msg2 + "匹配模式" + re.toString() + ": " + re.test(msg2) + "<br/>");
</script>
```

4.9　JavaScript 应用

JavaScript 脚本语言的用途是增加网页动态效果。JavaScript 在网页中的应用非常丰富。下面只对修改 HTML 页面内容，验证用户输入内容两个方面的应用进行示例。

4.9.1　修改网页内容

使用 JavaScript 可以在网页中动态地增加 HTML 元素，访问指定的元素，并对该元素进行修改、删除操作。HTML 元素的内容及属性被修改后，页面中显示的内容也会随之改变。

1．增加 HTML 元素

例程 4-57　addelement.html

```
<!doctype html>
<html>
<head>
<meta charset="utf-8">
<title>JavaScript 应用</title>
</head>
<body>
<h3>增加网页元素示例</h3>
<div id="dvsel" style="margin:8px"></div>
<script type="text/javascript">
    //创建<select.../>对象
    var a = document.createElement("select");
    //为<select.../>对象增加 8 个选项
    for (var i = 0 ; i < 8 ; i++) {
        //创建一个<option.../>元素
        var op = document.createElement("option");
        op.innerHTML = '新增的选项' + i;
        //将新的选项添加到列表框的最后
        a.add(op , null);
    }
    //设置列表框高度为 5
    a.size = 5;
    //将列表框增加成 div 元素的子节点
    document.getElementById("dvsel").appendChild(a);
</script>
```

```
</body>
</html>
```

2. 修改 HTML 元素
例程 4-58 updateelement.html

```html
<!doctype html>
<html>
<head>
<meta charset="utf-8">
<title>JavaScript 应用</title>
<script type="text/javascript">
var change=function() {
  var row=document.getElementById("row").value;
  row=parseInt(row);
  if(isNaN(row)) {
      alert("您要修改的行数必须是整数！");
      return false;
  }
  var cel=document.getElementById("cel").value;
  cel=parseInt(cel);
  if(isNaN(cel)) {
      alert("您要修改的列数必须是整数！");
      return false;
  }
  var tb=document.getElementById("d");
  if(row<=0 || row > tb.rows.length || cel<=0 || cel > tb.rows[0].cells.length) {
      alert("要修改的单元格不在表格范围内！");
      return false;
  }
  tb.rows[row-1].cells[cel-1].innerHTML =
      document.getElementById("celVal").value;
}
</script>
</head>
<body>
<h3>修改网页元素示例</h3>
    <label for="row">改变第</label>
    <input name="row" type="text" id="row" value="1" size="8" />
    行 
    <label for="cel">第</label>
    <input name="cel" type="text" id="cel" value="1" size="8" />
    列
    <label for="celVal">的值为：</label>
    <input name="celVal" type="text" id="celVal" />
    <input type="button" name="chg" id="chg" value="改变" onclick="change()" />
    <br />
    <br />
    <table border="1" id="d">
      <caption>
      表格编辑
      </caption>
      <tr>
        <td>超文本标记语言 HTML</td>
        <td>超文本标记语言版本 5 HTML 5</td>
      </tr>
      <tr>
        <td>层叠样式表 CSS</td>
        <td>层叠样式表版本 3 CSS 3</td>
```

```html
        </tr>
        <tr>
            <td>可扩展标记语言 XML</td>
            <td>XML 超文本标记语言 XHTML</td>
        </tr>
        <tr>
            <td>JavaScript 脚本语言</td>
            <td>Web 编辑工具 Dreamweaver</td>
        </tr>
    </table>
</body>
</html>
```

3. 删除 HTML 元素

例程 4-59   deleteelement.html

```html
<!doctype html>
<html>
<head>
<meta charset="utf-8">
<title>JavaScript 应用</title>
</head>
<body>
<h3>删除网页元素示例</h3>
列表项：
<input id="opValue" type="text"/>
<input id="add" type="button" value="增加" onclick="add();"/>
<input id="del" type="button" value="删除" onclick="del();"/>
<br/>
<br/>
<select id="show" size="8" style="width:200px;" onChange="selchg()">
    <option value="html">超文本标记语言 HTML</option>
    <option value="css">层叠样式表 CSS</option>
    <option value="xml">可扩展标记语言 XML</option>
    <option value="js">JavaScript 脚本语言</option>
    <option value="dw">Web 编辑工具 Dreamweaver</option>
</select>
<script type="text/javascript">
    var show = document.getElementById("show");
    //增加下拉列表选项的函数
    var add = function()    {
        //以文本框的值创建一个<option.../>元素
        var op = new Option(document.getElementById('opValue').value);
        //增加选项
        show.options[show.options.length] = op;
    }
    var del = function() {
        //如果有选项
        if(show.selectedIndex > 0) {
            //删除被选的选项
            show.remove(show.selectedIndex);
        }
        else {
            alert("请先选择要删除的列表项！");
        }
    }
    var selchg = function() {
        document.getElementById('opValue').value =
            show.options[show.selectedIndex].text;
    }
```

```
</script>
</body>
</html>
```

4.9.2 表单验证

JavaScript 可用来对表单中用户输入的数据在客户端进行即时验证。如用户是否已填写表单中的必填项目，用户输入的邮件地址是否合法，用户是否已经输入合法的日期等。

例程 4-60　validate.js

```
//JavaScript Document
//不能为空
function isBlank(str) {
    var re=/^\s*$/;
    return re.test(str);
}
//输入汉字
function isChinese(str){
    var re=/^[\u4E00-\u9FA5]+$/;
    return re.test(str);
}
//输入英文
function isEnglish(str){
    var re=/^[A-Za-z]+$/;
    return re.test(str);
}
//输入整数
function isInt(str){
    var re=/^\d+/;
    return re.test(str);
}
//输入数字
function isNum(str){
    var re=/^\d+(\.\d+)?/;
    return re.test(str);
}
//输入 email
function isEmail(str){
    var re=/^([a-z0-9_\.-]+)@([\da-z\.-]+)\.([a-z\.]{2,6})$/;
    return re.test(str);
}
//输入电话
function isPhoneNum(str){
    var re=/^(?:(?:\(0\d{2,3}\)|[- ]?\d{7,8})|(?:(?:0\d{2,3}[- ]?)?\d{7,8})|(?:1\d{10}))$/;
    return re.test(str);
}
//输入 18 位身份证号
function isIdcardNum(str){
    var re=/^[1-9]\d{5}[1-9]\d{3}((0\d)|(1[0-2]))(([0|1|2]\d)|3[0-1])\d{3}([0-9]|X)$/;
    return re.test(str);
}
//输入 IPv4 地址
function isIpv4(str){
    var re=/^((2[0-4]\d|25[0-5]|[01]?\d\d?)\.){3}(2[0-4]\d|25[0-5]|[01]?\d\d?)$/;
    return re.test(str);
}
//输入 HTTP URL
function isUrl(str){
```

```javascript
    var re=/^(https?:\/\/)?([\da-z\.-]+)\.([a-z\.]{2,6})([\/\w \.-]*)*\/?$/;
    return re.test(str);
}
//输入日期
function isDate(str){
    var re=/^[1-2]\d{3}(-|\/)((0?[1-9]|1[0-2])(-|\/)(0?[1-9]|[1-2]\d))|((0?[13-9]|1[0-2])(-|\/)30)|((0?[13578]|1[02])(-|\/)31)$/;
    return re.test(str);
}
```

例程 4-61 validate.html

```html
<!doctype html>
<html>
<head>
<meta charset="utf-8">
<title>JavaScript 应用</title>
<style>
td div {
    font-size: 12px;
}
</style>
<script language="javascript" src="validate.js"></script>
<script language="javascript">
 function $(id){
  return document.getElementById(id);
 }
function chkPasswords() {
    if(isBlank($("password").value)) {
        $("passwordPrompt").style.color="red";
        $("passwordPrompt").innerHTML="*密码必须填写！";
        return false;
    }
    else {
        $("passwordPrompt").style.color="black";
        $("passwordPrompt").innerText="*";
    }
    if($("password").value!=$("password2").value) {
        $("password2Prompt").style.color="red";
        $("password2Prompt").innerHTML="*两次密码输入不一致！";
        return false;
    }
    else {
        $("password2Prompt").style.color="black";
        $("password2Prompt").innerText="*";
    }
    return true;
}
function chkUsername() {
    if(isBlank($("username").value)) {
        $("usernamePrompt").style.color="red";
        $("usernamePrompt").innerHTML="*用户名必须填写！";
        return false;
    }
    else {
        $("usernamePrompt").style.color="black";
        $("usernamePrompt").innerText="*";
    }
    var re=new RegExp(/^[a-zA-Z]\w{5,11}$/);
    if(!re.test($("username").value)) {
        $("usernamePrompt").style.color="red";
```

```javascript
                $("usernamePrompt").innerText="*只能以英文开头，6~12个英文、数字或下画线！";
                return false;
            }
            else
            {
                $("usernamePrompt").style.color="black";
                $("usernamePrompt").innerText="*";
            }
            return true;
        }
        function chkIdnum() {
            if(!isBlank($("idnum").value)) {
                if(!isIdcardNum($("idnum").value)) {
                    $("idnumPrompt").style.color="red";
                    $("idnumPrompt").innerText="身份证号应为18位数字！";
                    return false;
                }
            }
            $("idnumPrompt").style.color="black";
            $("idnumPrompt").innerText="";
            return true;
        }
        function chkPhonenum() {
            if(!isBlank($("phonenum").value)) {
                if(!isPhoneNum($("phonenum").value)) {
                    $("phonenumPrompt").style.color="red";
                    $("phonenumPrompt").innerText="电话号码格式不正确！";
                    return false;
                }
            }
            $("phonenumPrompt").style.color="black";
            $("phonenumPrompt").innerText="";
            return true;
        }
        function chkAll() {
            var msg="";
            if(!chkUsername()) {
                msg +="用户名格式不正确！\n";
            }
            if(!chkPasswords()) {
                msg +="密码输入不正确！\n";
            }
            if(!chkIdnum()) {
                msg +="身份证号码格式不正确！\n";
            }
            if(!chkPhonenum()) {
                msg +="电话号码格式不正确！\n";
            }
            if(msg!="") {
                msg=msg.substr(0,msg.length-1);
                alert(msg);
                return false;
            }
            return true;
        }
    </script>
</head>
<body>
<h3>表单验证示例</h3>
```

```html
<form id="myForm" action="" onsubmit="return chkAll();">
    <fieldset style="width:660px">
        <legend>用户注册信息</legend>
        <table cellpadding="6" width="656">
            <tr>
                <td width="100" align="right">用户名</td>
                <td width="147"><input type="text" name="username" id="username" size="20"
                    onblur="chkUsername();" /></td>
                <td><div id="usernamePrompt">*6～12 个字符！</div></td>
            </tr>
            <tr>
                <td align="right">性别</td>
                <td><label>
                    <input name="gender" type="radio" value="male" checked="checked" />
                    男    
                    <input type="radio" name="gender" value="female" />
                    女</label></td>
                <td><div id="genderPrompt">*</div></td>
            </tr>
            <tr>
                <td align="right">密码</td>
                <td><input name="password" type="password" id="password" size="21" /></td>
                <td><div id="passwordPrompt">*</div></td>
            </tr>
            <tr>
                <td align="right">重复密码</td>
                <td><input name="password2" type="password" id="password2" size="21"
                    onblur="chkPasswords();" /></td>
                <td><div id="password2Prompt">*</div></td>
            </tr>
            <tr>
                <td align="right">身份证号码</td>
                <td><input type="text" name="idnum" id="idnum" size="20"
                    onblur="chkIdnum();"/></td>
                <td><div id="idnumPrompt"> </div></td>
            </tr>
            <tr>
                <td align="right">联系电话</td>
                <td><input type="text" name="phonenum" id="phonenum" size="20"
                    onblur="chkPhonenum();"/></td>
                <td><div id="phonenumPrompt"> </div></td>
            </tr>
            <tr>
                <td align="right"> </td>
                <td align="center"><input name="submit" type="submit" value="提交" />
                      
                    <input name="reset" type="reset" value="重置" /></td>
                <td> </td>
            </tr>
        </table>
    </fieldset>
</form>
</body>
</html>
```

4.10 JavaScript 修改 CSS 样式

利用 JavaScript 脚本动态修改网页元素的 CSS 样式，可以控制页面的显示效果，进而能够实现网页换肤的功能。JavaScript 动态设置 CSS 样式有其特殊性。

（1）JavaScript 脚本中的 CSS 属性名与页面中静态 CSS 属性名不完全相同。许多 CSS 属性名是由连字符"-"连接两个名称构成的，而连字符在代码中是减法运算符，故这类属性名在脚本中是去掉连字符的，由后面的单词首字母大写后构成，如 CSS 的 background-color 属性在 JavaScript 代码中的属性名为 backgroundColor。无连字符的 CSS 属性在 JavaScript 代码中不变，如 color 属性。此外，float 属性在代码中也是关键字，其在 JavaScript 脚本中的属性名为 cssFloat（IE 浏览器为 styleFloat）；元素的 class 属性在 ECMAScript 5 中也是关键字，其在 JavaScript 脚本中的属性名为 className。

（2）只能修改元素的 class 属性值和内联样式表（在 style 属性中）的 CSS 属性值，不能修改内部样式表（在<style>标记中）的 CSS 属性值，也不能修改<style>标记的 href 属性动态地导入样式表。修改元素 class 属性值的代码格式为"elementObj.className=classSelector;"。修改内联样式属性值的代码格式为"elementObj.style.cssProperty=cssValue;"。

例程 4-62 changecss.html

```html
<!doctype html>
<html>
<head>
<title>动态 CSS 样式</title>
<style type="text/css">
.blueface {
    font-family:宋体; font-size:11.5pt;
    background-image:url(images/bgblue.jpg);
    line-height:1.7;
}
.brownface {
    font-family:楷体; font-size:12pt;
    background-image:url(images/bgbrown.jpg);
    line-height:1.4;
}
</style>
<script type="text/javascript">
    function chg2blue() {
        document.getElementById("dvface").className="blueface";
    }
    function chg2brown() {
        document.getElementById("dvface").className="brownface";
    }
    function chgcolor() {
        var fontcolor="";
        for(var i = 0 ; i < 6 ; i++) {
            fontcolor += "" + Math.round(Math.random() * 9);
        }
        document.getElementById("dvface").style.color="#" + fontcolor;
    }
</script>
</head>
<body>
<h3 style="margin:16px">JavaScript 修改 CSS 样式</h3>
<div style="margin:16px">
<button id="blueface" onClick="chg2blue()">蓝色皮肤</button>
  
<button id="brownface" onClick="chg2brown()">棕色皮肤</button>
  
<button id="fontcolor" onClick="chgcolor()">字体颜色</button>
</div>
```

```
            <div id="dvface" style="width:360px; height:260px; border:solid 1px black;
                margin:16px; background-color:#EDEDED; line-height:1.6">
                <ol>
                    <li>超文本标记语言 HTML</li>
                    <li>层叠样式表 CSS</li>
                    <li>JavaScript 脚本语言</li>
                    <li>可扩展标记语言 XML</li>
                    <li>XML 超文本标记语言 XHTML</li>
                    <li>Web 编辑工具 Dreamweaver</li>
                    <li>超文本标记语言版本 5 HTML 5</li>
                    <li>层叠样式表版本 3 CSS 3</li>
                </ol>
            </div>
        </body>
    </html>
```

本 章 小 结

本章详细介绍了 JavaScript 脚本语言的基础知识。JavaScript 是一种轻量级的、嵌入 HTML 页面中的、由浏览器解析执行的编程语言，主要用于增强网页功能，修改 HTML 页面内容，实现用户交互事件等动态网页功能。JavaScript 语言的语法与 Java 语言非常相似，但 JavaScript 与 Java 是两种完全不同的语言。

JavaScript 是弱类型的动态语言，在声明变量时无数据类型，但保存值时有数据类型。JavaScript 变量的数据类型在赋值和解析时被动态地确定。JavaScript 的基本数据类型有值类型和对象类型两大类，值类型在自己的内存分配中保存实际的数据，对象类型中保存的不是对象的实际数据，而是指向存储对象数据的内存位置的指针。值类型有数值（number）、字符串（string）、布尔（boolean）三类；对象类型有对象（object）和函数（function）两类。function 是一种特殊的对象类型，提供与对象同名的构造函数。JavaScript 中的对象类型有用户自定义类型、语言本身预定义的类型、浏览器解析网页形成的类型。JavaScript 语言的预定义类型，即内置类，主要有 Array、Boolean、Date、Error、Function、Math、Number、Object、RegExp、String 等。浏览器解析网页后形成的对象可以被分为两类，一类是 BOM 对象，有 window、document、history、location、navigator、frames、screen 等。其中，window 是顶级对象，与 JavaScript 语言关联，是 JavaScript 语言中全局属性、方法的父容器；document 是网页文档的根对象，与 DOM 对象关联，是 DOM 对象的入口。另一类是 DOM 对象。DOM 是 W3C 制定的访问 HTML 和 XML 文档的标准，HTML DOM 是针对 HTML 文档的标准编程接口。HTML DOM 为常用的 HTML 元素提供了一套完整的继承体系，从页面的 document 对象到每个常用的 HTML 元素，DOM 模型都设计了对应的类，每个类都提供了相应的方法来操作元素对象及其属性和子元素对象。

事件处理机制是 JavaScript 的重要功能。事件模型主要有 3 个要素：事件源、事件监听器、事件对象。事件源是引发事件的元素；事件监听器是事件发生后执行的逻辑代码，又称事件处理程序；事件对象是在事件发生时由事件源创建的对象，事件对象通常包含事件源及事件发生时的环境信息，事件对象在事件源调用事件处理程序时作为参数进行传递，以便事件处理程序在运行时能够访问所需的事件源信息。Web 页面中的事件功能由 HTML 元素提供。支持事件的元素为事件源，动作或行为的名称为事件名称。HTML 元素支持的每种事件，都有一个与事件名称对应的属性，这个属性被称为事件属性，事件属性的名字由事件名称前加"on"构成，在网页中为事件指定处理程序的方式就是为事件属性赋值。事件属性的值只能是 JavaScript 函数调用的，或者直接为 JavaScript 代码。事件属性不仅是事件源元素事件功能的外部接口，还是事件源元素与 JavaScript 事件处理程序连接的纽带。事件处理程序在事件源对象的作用域中运行，在事件属性值的代码中，this 指向事件源对象，通过 this 指针可以向事件处理函数传递事件源对象。在 JavaScript 事件处理中，事件源向事件处理程序传递的事件对象是 event，大部分浏览器（如 IE、Chrome）在事件处理函数中可以直接使用

event 对象，有些浏览器（如 Firefox）需要在事件属性中调用事件处理函数时传递 event 对象。

有了 JavaScript 定义和浏览器形成的各种对象，以及 HTML 元素支持和 JavaScript 响应的事件处理机制，借助 JavaScript 语言的强大功能，可以创建、删除 HTML 页面元素，修改 HTML 页面元素的内容、外观、位置、大小，响应用户交互事件，验证用户输入内容，动态修改元素的 CSS 样式。由此实现各种网页动态效果。

思 考 题

1. 简述 JavaScript 与 Java 语言的联系与区别。
2. 在网页中嵌入 JavaScript 代码的方式有哪几种？
3. JavaScript 的基本数据类型有哪些？值类型与对象类型有什么不同？
4. typeof(123)与 typeof("123")的返回值各是什么？
5. parseInt("AF")与 parseInt("AF", 16)的值各是多少？
6. typeof(string)与 typeof(String)的返回值各是什么？
7. 2/0 与 0/0 的值各是多少？
8. undefined==null 与 undefined===null 的返回值各是什么？
9. 对话框 alert("type of 123");与 alert(eval("type of 123"));显示的内容分别是什么？
10. isNaN(Infinity)与 isNaN(0/0)的返回值各是什么？
11. Infinity 与 Number.MAX_VALUE 有什么不同？
12. true && false 与 true & false 的返回值各是什么？
13. 8 || 6 与 8 | 6 的返回值各是多少？
14. document instanceof HTMLDocument 与 document instanceof Object 的返回值各是什么？
15. 写出下列代码的输出。

```
<script type="text/javascript">
var str1="abc";
var str2=new String("abc");
document.write("str1 的类型为： " + typeof str1 + "<br/>");
document.write("str2 的类型为： " + typeof str2 + "<br/>");
</script>
```

16. 写出下列代码的输出。

```
<script type="text/javascript">
var strobj = new String("StrObj");
for(p in strobj) {
    document.write(strobj + "." + p + " = " + strobj[p] + "<br />");
}
</script>
```

17. 简述网页中事件的事件源、事件监听器、事件对象。
18. 简述元素事件属性的作用。
19. window 对象的弹出对话框有哪些？
20. window 对象的定时器方法有哪些？
21. 编写 JavaScript 代码，弹出 URL 为 http://www.lyu.***.**/，宽度为 400px，高度为 300px，无菜单栏，无工具栏，无状态栏，不可调节大小的窗口。
22. 写出获取网页中 id="content"的元素对象的方法。
23. 正则表达式\b(\w+)\b\s+\1\b，可以匹配什么文本？
24. HTML 元素的 class 属性在 JavaScript 代码中的属性名是什么？CSS 样式中的 line-height 属性在 JavaScript 代码中的属性名是什么？

第 5 章 XML

（视频学习）

XML（Extensible Markup Language，可扩展标记语言）是一种标记语言，类似于 HTML。XML 没有预定义的标记，XML 标记需要自行定义。XML 仅是纯文本，没有任何行为，不会做任何事情。XML 是一种通用的且适应性强的标记语言，用来结构化、存储以及传输信息。XML 不仅可以用于 Web，还可以用于其他地方。

5.1 XML 概述

1. XML 是自定义标签的标记语言

同 HTML 一样，XML 也是一种基于文本的标记语言，从 SGML（Standard Generalized Markup Language，标准通用标记语言）发展而来，XML 可以根据需要自由地定义标记来表现文本的实际意义。

SGML 是定义结构化文档和内容描述的标准，起源于 1969 年 IBM 公司开发的通用标记语言 GML。1986 年，SGML 经 ISO 批准为国际标准 ISO8897。SGML 的功能很强大，可以描述复杂的大型结构化文档，有利于分类和索引，且具有极好的扩展性。SGML 的缺点是非常复杂，不适用于 Web 数据描述。SGML、XML 与 HTML 的关系如图 5-1 所示。

2. XML 是表示语义的标记语言

XML 主要用来标记数据，其焦点是数据的内容，可以用来定义具有实际意义的标记。XML 被设计用来传输和存储数据，而 HTML 被设计用来显示数据，其焦点是数据的外观。HTML 兼有语义和样式功能，但 HTML 的语义功能很弱，样式也不丰富。CSS 对 HTML 的样式进行了补充和完善，而 XML 对 HTML 的语义功能进行了增强。

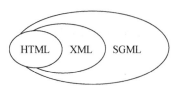

图 5-1 SGML、XML 与 HTML 的关系

3. XML 是元标记语言

虽然 XML 不像 HTML 那样具有固定的标记集合，但是使用 XML 可以自定义一套标记来组织、描述数据内容。可以说，每一套定义好的标记就是一种标记语言。从这种意义上来说，HTML 是 XML 的一个子集或一个实例。XML 是一种可以形成具体标记语言的元语言。

一个 XML 文档由用户自行定义的标记组成，XML 文档的编写较为灵活和自由。一个简单的 XML 文档如例程 5-1 所示。

例程 5-1 simplexml.xml

```
<?xml version="1.0" encoding="gb2312"?>
<studentlist>
    <student>
        <sn>20040112</sn>
        <name>张三</name>
        <sex>男</sex>
        <nation>汉族</nation>
        <address>山东临沂</address>
        <profession>英语</profession>
    </student>
    <student>
        <sn>20040201</sn>
```

```
            <name>李四</name>
            <sex>女</sex>
            <nation>白族</nation>
            <address>云南大理</address>
            <profession>中文</profession>
        </student>
        <student>
            <sn>20031514</sn>
            <name>王五</name>
            <sex>女</sex>
            <nation>汉族</nation>
            <address>河南郑州</address>
            <profession>计算机</profession>
        </student>
        <student>
            <sn>20031514</sn>
            <name>赵六</name>
            <sex>女</sex>
            <nation>汉族</nation>
            <address>山东济南</address>
            <profession>计算机</profession>
        </student>
    </studentlist>
```

这个简单的文本文档，类似于 C 语言中的结构体对象，其包含的数据信息等价于一个数据表。它可以使用 HTTP 协议在互联网上传输，使用 CSS 对其进行格式化，并在浏览器中显示。可以说，这个简单的 XML 文档同时具有面向对象技术、数据库技术、Web 技术三大功能特性，包含了计算机软件领域的主要技术点。简单就是美（Simple is the best），XML 一出现就在计算机界得到了广泛的应用和发展，是进行软件开发必须掌握的知识。

总之，XML 具有高度结构化的数据格式、便于存储和扩展、与平台无关、方便网络传输等特点。XML 在许多领域得到了广泛深入的应用，如数学标记语言（Mathematical Markup Language，MathML）、化学标记语言（Chemical Markup Language，CML）、可缩放矢量图形（Scalable Vector Graphics，SVG）、音乐扩展标记语言（Music Extensible Markup Language，MusicXML）等。在软件领域，XML 文档经常被用作配置，作为数据传输和共享的中间件。新的网站开发模式 AJAX 异步请求技术（Asynchronous JavaScript and XML）是 XML 在 Web 开发方面非常有成效的应用。Web Service 中的核心技术有简单对象访问协议（Simple Object Access Protocol，SOAP），万维网服务描述语言（Web Services Description Language，WSDL），通用描述、发现和集成协议（Universal Description Discovery and Integration，UDDI），这些都是 XML 应用。

5.2 XML 语法

XML 的语法规则很简单。XML 的基本语法或一般性的初级语法要求很自然。XML 文档中除了常见的元素、属性，还有声明、指令、实体、注释等语法要素。

5.2.1 XML 语法规则

所有的 XML 文档都必须遵循以下语法规则。

1. XML 文档从一个 XML 声明开始

XML 声明的格式基本固定，外观上像一条处理指令，但技术上不是处理指令。XML 声明不仅可以标识 XML 文档,并注明文档所使用的 XML 标准的版本号,还可以指定字符编码。字符编码应与 XML 文档的实际编码一致,默认为 UTF-8。

2. XML 文档必须有且只能有一个根元素

每个 XML 文档都要定义一个单独的根元素,根元素的起始标记位于 XML 代码的第一行,结束标记位于 XML 文档的最后一行,文档中的其他元素都必须嵌套在根元素内。

3. 元素必须正确嵌套且不能交叠

元素的嵌套结构不能交叉混乱,像"文字内容"这种错误的嵌套,由于浏览器的容错能力强,可能被正确显示,但在 XML 文档中是不被允许的。

4. 标记必须封闭

每个包含内容的 XML 标记都必须有一个相应的结束标记。对于不含内容的空标记也要正确地封闭,如<tag-name />。

5. 属性值必须加上引号

XML 文档中的所有属性值必须包含在双引号或单引号之内。

6. XML 名称命名规则

XML 中的名称,如标记名、属性名等,可由字母、数字及其他的字符组成。名称不能以数字或标点符号开始,不能包含空格,不能以字符"xml"(含大小写)开头。

7. 大小写敏感(Case Sensitive)

XML 中的名称是大小写敏感的,这与 HTML 不同。HTML 中的标记和属性名不区分大小写,通常为了使 HTML 符合 XML 规范,建议对 HTML 的标记与属性名使用小写字符。

5.2.2 XML 语法元素

1. 声明(Declaration)

XML 声明位于文档的开头,用于标识 XML 文档。格式如下:

```
<?xml version="1.0" encoding="gb2312" standalone="yes|no"?>
```

version 必需属性用于指定 XML 版本;encoding 属性用于指定 XML 文档中字符的编码格式,默认为 UTF-8;standalone 属性用于指定文档的有效性是否需要依赖其他 XML 文件,默认为 no。

2. 元素(Element)

XML 元素指从开始标记到结束标记之间的内容,包括标记、属性、元素内容。元素可以包含其他元素、文本或两者的混合物。元素也可以拥有属性。格式如下:

```
<rootEle attrInfo="attrValue">
    <containerEle>
        <containedEle>
            content
        </containedEle>
    </containerEle>
</rootEle>
```

3. 属性(Attribute)

类似于 HTML,XML 元素可以在开始标签中包含属性。属性(Attribute)提供了关于元素的额外(附加)信息。属性通常提供不属于数据组成部分的信息。在下面的例子中,虽然文件类型与数据无关,但是对处理这个元素的程序来说很重要。

```
<file type="gif">computer.gif</file>
```

没有规则要求什么时候该使用属性,什么时候该使用子元素。在 HTML 中,属性用起来很便利,但是在 XML 中,应尽量使用元素来描述数据,而属性仅用来提供与数据无关的信息。

属性无法包含多重的值（元素可以）；属性无法描述树结构（元素可以）；属性不易扩展（适应未来的变化）；属性难以阅读和维护。

XML 语法元素实例如图 5-2 所示。

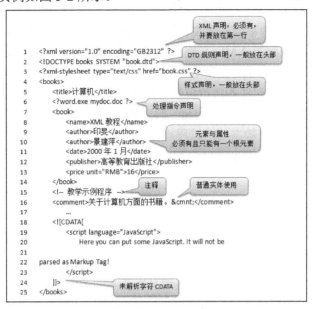

图 5-2 XML 语法元素实例

4．注释（Comment）

XML 的注释语法与 HTML 相同。格式如下：

<!-- 注释内容 -->

注释必须在声明之后，注释不能嵌套，不能在标记中，注释内容不能包含"--"。

5．处理指令（Processing）

处理指令是 XML 文档中包含的、供应用程序使用的可执行程序。处理指令的格式如下：

<? ProcessingName param1="value1" ?>

从形式上来说，XML 声明就是处理指令，样式声明也是一种处理指令。

6．不可解析字符数据（CDATA）

XML 文档中的字符分为可解析字符数据（Parsed Character DATA，PCDATA）和不可解析字符数据（unparsed Character DATA，CDATA）。文档中的普通字符都为可解析字符，XML 解析器会处理这些字符，识别其中的标记、属性及其他语法元素；用专门的格式标注的内容为不可解析字符，XML 解析器将其作为一个字符数据段，不再对其中的内容进行识别。标注不可解析字符的格式如下：

<![CDATA[
    内容
]]>

CDATA 节中不能有"]]>"字符且不允许嵌套。

7．规则声明（DTD）

DTD 定义了 XML 文档中的标签集及其结构等语法规则，详见 5.3 节。在 XML 文档中声明规则所遵循的 DTD 格式如下：

<!DOCTYPE rootElement SYSTEM "DTD URL">

8．样式声明（CSS）

在 XML 文档中可以声明样式表、CSS 或 XSLT，用来对 XML 文档进行格式化。声明格式如下：

```
<?xml-stylesheet type="text/css" href="xmlformat.css" ?>
<?xml-stylesheet type="text/xsl" href="xmlformat.xsl" ?>
```

5.2.3 格式良好和有效的 XML 文档

XML 的语法要求有两种不同的级别。第一种级别为基本语法规则，所有的 XML 文档必须遵循。符合基本语法规则的 XML 文档为格式良好（Well-Formed）的 XML 文档。第二种级别的语法是由 DTD 或 Schema 定义的，DTD 或 Schema 规定了允许在文档中出现的标记和属性集，以及其在文档中的次序和排放位置。如果格式良好的 XML 文档同时满足 DTD 和 Schema 的规定，则被称为有效（Validated）的 XML 文档。

检验 XML 文档是否为有效文档的过程被称为有效性验证。对 XML 文档进行有效性验证，需要使用专门的程序，此类程序被称为 XML 验证器。

5.3 DTD

DTD（Document Type Define，文档类型定义）定义了 XML 文档的具体语法结构。我们说 XML 标记是自定义的，但标记的定义不是随意的，要具有一定的稳定性。类似于程序中的变量名，XML 标记虽然是自定义的，但是定义后基本固定，并按此名称编写代码。DTD 明确地定义了 XML 文档的构成内容，这样用户根据 DTD 可以编写有效的 XML 文档，以及编写处理此类 XML 文档的应用程序，从而实现数据与程序的分离。如此，XML 应用才是有实际意义的。除此之外，每个 DTD 文档定义一类 XML 文档，实际上就是创建了一种新的标记语言，如每个版本的 HTML 都是由一个 DTD 文档定义的。

5.3.1 DTD 定义示例

DTD 文档的扩展名为.dtd。DTD 定义了一个 XML 文档中出现的元素、元素之间的嵌套次序、元素的数据类型、元素可以出现的次数、元素具有的属性、属性的数据类型、属性的默认值、属性是否必需等。DTD 是 SGML 中的技术内容，使用一套特殊的语法规则，详见附录 C。图 5-3 所示的 DTD 定义了图 5-2 中 XML 文档的语法结构。

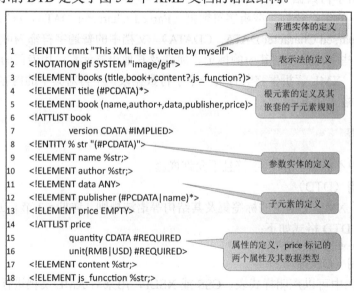

图 5-3 DTD 定义示例

行 1 定义普通实体。普通实体在 XML 文档中被使用，类似于 HTML 中的特殊字符，如空格（ ）、小于号（<）、大于号（>）、版权符号（©）等，是特殊字符表示法的扩展。

行 2 定义表示法，相当于自定义的类型。

行 3 定义 XML 的根标记为 books，其包含一个 title 子标记，至少一个、至多无数个 book 子标记，以及可选的 content、js_function 子标记。

行 4 定义 title 标记，类型为#PCDATA，可解析字符数据。DTD 的数据类型很有限。

行 6～7 定义属性 version，属于 book 标记，类型为 CDATA，不可解析字符数据，其中不能包含标记。version 是可选属性。

行 8 定义参数实体，参数实体用于 DTD 自身，实际上相当于字符串替换。

5.3.2 在 XML 中声明 DTD

DTD 可以内嵌于由它来定义语法规则的 XML 文档中，这样的 DTD 被称为内部 DTD。通常把 DTD 存储在一个独立文件中，这样的 DTD 被称为外部 DTD。因为外部 DTD 可以被多个 XML 文档使用，所以将 DTD 与 XML 文档的代码分离，从而避免两种不同形式的记号出现在同一个文档中。外部 DTD 是优先考虑的 DTD 类型。在 XML 文档中声明 DTD 的方式如下。

1．使用 SYSTEM 声明 DTD 文档

声明格式：

`<!DOCTYPE RootElement SYSTEM "dtd uri">`

即

`<!DOCTYPE 根元素名 SYSTEM "外部 DTD 文档的存储位置">`

使用实例如图 5-4 所示。

```
<?xml version="1.0" encoding="GB2312" ?>
<!DOCTYPE books SYSTEM "book.dtd">        使用SYSTEM声明
<?xml-stylesheet type="text/css" href="book.css" ?>    DTD文档
<books>
    <title>计算机</title>
    <?word.exe mydoc.doc ?>
    <book>
        <name>XML 教程</name>
        <author>印旻</author>
        <author>景建萍</author>
        <date>2000 年 1 月</date>
        <publisher>高等教育出版社</publisher>
        <price unit="RMB">16</price>
    </book>
</books>
```

图 5-4　使用 SYSTEM 声明 DTD 文档

2．使用 PUBLIC 声明公用的 DTD 名称

声明格式：

`<!DOCTYPE RootElement PUBLIC "FPI">`

即

`<!DOCTYPE 根元素名 PUBLIC "公用的 DTD 名称">`

使用实例如图 5-5 所示。

```
<?xml version="1.0" encoding="GB2312" ?>
<!DOCTYPE books PUBLIC "FPI">
<?xml-stylesheet type="text/css" href="book.css" ?>
<books>
    <title>计算机</title>
    <?word.exe mydoc.doc ?>
    <book>
        <name>XML 教程</name>
        <author>印旻</author>
        <author>景建萍</author>
        <date>2000 年 1 月</date>
        <publisher>高等教育出版社</publisher>
        <price unit="RMB">16</price>
    </book>
</books>
```

使用PUBLIC声明公用的DTD名称

PUBLIC：SGML 中使用的资源标识方法
FPI：Formal Public Identifiers，连接到一个通用的公有文件函式库

图 5-5　使用 PUBLIC 声明公用的 DTD 名称

3．同时声明公用的 DTD 名称和 DTD 文档位置
声明格式：
```
<!DOCTYPE RootElement PUBLIC "FPI" "dtd uri">
```
即
```
<!DOCTYPE 根元素名 PUBLIC "公用的 DTD 名称" "外部 DTD 文档的存储位置">
```
使用实例如图 5-6 所示。

```
<?xml version="1.0" encoding="GB2312" ?>
<!DOCTYPE books PUBLIC "FPI" "book.dtd" >
<?xml-stylesheet type="text/css" href="book.css" ?>
<books>
    <title>计算机</title>
    <?word.exe mydoc.doc ?>
    <book>
        <name>XML 教程</name>
        <author>印旻</author>
        <author>景建萍</author>
        <date>2000 年 1 月</date>
        <publisher>高等教育出版社</publisher>
        <price unit="RMB">16</price>
    </book>
</books>
```

同时声明公用的DTD名称和DTD文档位置

两种方式同时使用，先从指定的"FPI"查找，后从指定的"URI"中查找。

图 5-6　同时声明公用的 DTD 名称和 DTD 文档位置

4．内部 DTD
将 DTD 直接嵌入 XML 文档。DTD 只能约束当前的 XML 文档，实用性不大，很少使用。
定义格式：
```
<!DOCTYPE RootElement [
    DTD Content
]>
```
使用实例如图 5-7 所示。

```
<?xml version="1.0" encoding="GB2312"?>
<!DOCTYPE books [
<!ENTITY cmnt "This XML file is writen by myself">
<!NOTATION gif SYSTEM "image/gif">
<!ELEMENT books (title,book+,content?,js_function?)>
<!ELEMENT title (#PCDATA)*>
<!ELEMENT book (name,author+,data,publisher,price)>
<!ATTLIST book
        version CDATA #IMPLIED>
<!ELEMENT name (#PCDATA)>
<!ELEMENT author (#PCDATA)>
<!ELEMENT data (#PCDATA)>
<!ELEMENT publisher (#PCDATA)>
<!ELEMENT price (#PCDATA)>
<!ATTLIST price unit (RMB|USD) #REQUIRED>
<!ELEMENT content (#PCDATA)>
<!ELEMENT js_function (#PCDATA)>
]>
<books>
    …
</books>
```
（内部DTD 在XML文档中定义）

图 5-7　内部 DTD

5．内部与外部 DTD 组合

引入外部 DTD 的同时定义内部的 DTD 规则，在内部 DTD 中定义的规则将覆盖外部 DTD 定义的规则。定义格式：

```
<!DOCTYPE RootElement SYSTEM "dtd uri" [
    DTD Content
]>
```

使用实例如图 5-8 所示。

```
<?xml version="1.0" encoding="GB2312"?>
<!DOCTYPE books SYSTEM "book.dtd" [
<!ENTITY cmnt "I wrote this XML file">
]>
<books>
<title>计算机</title>
<?word.exe mydoc.doc?>
<book>
        <name>XML教程</name>
        <author>印旻</author>
        <author>景建萍</author>
        <data>2000年1月</data>
        <publisher>高等教育出版社</publisher>
        <price unit="RMB">16</price>
</book>
    …
</books>
```
（同时使用内部DTD与外部DTD；在内部DTD中定义的规则将覆盖外部DTD定义的规则）

图 5-8　内部与外部 DTD 组合

5.4　名称空间

在同一个 XML 文档中可能会使用由不同的文档类型定义的标记集（词汇表），在两个或多个标记集中定义的标记名称可能会发生冲突，为了避免 XML 文档中的名称冲突，在 XML 中引入了名称空间（Namespace）。使用名称空间，可以把元素限定在特定的名称空间中，从而消除元素名称的歧义性，并允许支持名称空间的应用程序处理该文档。W3C 针对 XML 名称空间制定了一个标准。

1．名称空间的概念

名称空间是 XML 名称的集合。它允许 XML 文档中的每个元素和属性放在不同的名称空间中。名称空间的名称通常使用统一资源标识符（Uniform Resource Identifier，URI）的形式表示。这个 URI 不必指向任何特定的文件，甚至没有必要指向任何内容，或者保证任何文档在 URI 中存在。简单地说，名称空间引用的文档可以不存在。也就是说，名称空间的 URI 只是一个逻辑概念，可以不把它与实际的物理路径联系起来。

表示名称空间的 URI 必须是合法的。在 XML 文档中，如果使用了不同标记集中的元素对象，则应该使用不同的 URI 来标识名称空间的作用域。虽然 URI 是逻辑上的，可以不存在，但是在实际应用中，名称空间的 URI 通常与定义标记集的文档类型文件相关联。

2．名称空间的声明

在 XML 文档中声明名称空间的格式如下：

```
<ElementName xmlns[:prefix]="URI">
```

其中，xmlns 是名称空间声明的关键字；方括号（[]）代表其中的内容是可选项；prefix 是自定义的名称空间前缀。如果定义了前缀，则属于该名称空间中的标记和属性名之前要加此前缀来标识，前缀和名称之间加"："（半角冒号）分隔。如果未定义前缀，则该名称空间是当前 XML 文档的默认名称空间，所有未加前缀的标记和属性都属于该名称空间。每个 XML 文档只能定义一个默认名称空间。使用前缀有两个原因：首先，URI 太长，为一个名称输入 URI 来标识其名称空间，显得过于烦琐；其次，URI 中包含了 XML 中的非法字符。通常把名称空间的声明写在根元素中，但这不是必须的，也可以将其写在需要进行名称空间声明的每个具体的元素中。在一个 XML 元素中可以多次使用 xmlns 属性来声明多个名称空间。

例程 5-2 namespace.xml

```xml
<?xml version="1.0" encoding="utf-8"?>
<books xmlns="http://www.hep.***.**/book">
<!-- 无前缀的元素与属性属于以上声明的默认名称空间 -->
    <title>计算机</title>
    <comment>关于计算机技术的书籍</comment>
    <book>
        <name>XML 教程</name>
        <!-- au 名称空间的作用域是 author 及其子标记中 -->
        <au:author xmlns:au="http://www.hep.***.**/author">
            <!-- 名称空间作用于标记与属性，解决文档中的同名问题 -->
            <au:name au:title="professor">印旻</au:name>
            <au:name au:title="associate professor">景建萍</au:name>
        </au:author>
        <date>2000 年 1 月</date>
        <publish>高等教育出版社</publish>
        <price unit="RMB">16.00</price>
    </book>
    <!-- more books 其他的书籍 -->
</books>
```

5.5　Schema

Schema 是模式的意思，在 XML 中 Schema 被称为 XML 架构，简称架构。Schema 的作用与 DTD 相同，用于定义 XML 文档的具体语法结构。

5.5.1　Schema 定义示例

Schema 采用 XML 语法规则，其本身是一个 XML 文档，也是一种标记语言。Schema 文档的扩展名为.xsd。与 DTD 一样，Schema 也定义了一个 XML 文档中的元素、属性等语法结构。Schema 较 DTD 具有更丰富的数据类型，其数据类型的细分程度甚至超越了高级语言。Schema 支持名称空间。Schema 的类型定义具有面向对象的特征，而 XML 元素对应一个自定义类型，元素之间的嵌套对应类的关联与继承关系。因此，Schema 具有更好的可扩展性。Schema 标记语言的语法很复杂，详见附录 D。图 5-9 所示的 Schema 定义了例程 5-1 中 XML 文档的语法结构。

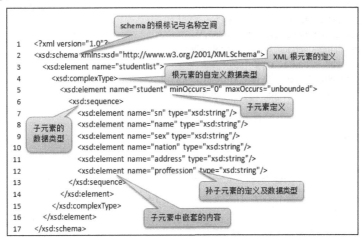

图 5-9　Schema 定义示例

行 2 是 Schema 文档的根标记，并指定 Schema 中标记的名称空间。Schema 文档与其定义的 XML 文档中的标记通常属于不同的名称空间，在同一个文件中需要区分。Schema 标记的名称空间是确定的，其定义的 XML 标记的名称空间，须由属性 targetNamespace 定义。

行 3 定义 XML 文档的根标记，其类型是一个自定义的复杂类型，可以由 type 属性指定，也可以由它嵌套的标记定义。

行 4 定义了一个复杂类型，其由一个 student 子标记构成。student 标记可以没有，也可以有无限多个。

行 5 定义 student 子标记的类型，其由一个序列构成。

行 7~12 定义序列中包含的标记及其数据类型。

5.5.2　在 XML 中声明 Schema

在 XML 文档中使用 schemaLocation 属性或 noNamespaceSchemaLocation 属性来声明定义其标记集的 Schema。schemaLocation 或 noNamespaceSchemaLocation 应放在 XML 的根元素中。

在 XML Schema 规范中有两个基础的命名空间：一个是 Schema 文档自身的名称空间，即 http://www.w3.***/2001/XMLSchema，通常使用 xsd 作为该名称空间的前缀；另一个是 XML Schema 实例的名称空间，即 http://www.w3.***/2001/XMLSchema-instance，通常使用 xsi 作为该名称空间的前缀。schemaLocation 和 noNamespaceSchemaLocation 既不属于 XML 文档中的标记集，又不属于 Schema 文档中的标记集，它们属于 http://www.w3.***/2001/XMLSchema-instance 名称空间，这两个属性前都要加上名称空间前缀。

如果在 Schema 文档中定义了 targetNamespace 属性，即 Schema 约束的 XML 文档属于特定的名称空间，则要使用 schemaLocation；如果在 Schema 文档中没有定义 targetNamespace 属性，即 Schema 约束的 XML 文档不属于特定的名称空间，则使用 noNamespaceSchemaLocation。在 XML 文档中声明 Schema 的格式如图 5-10 所示。

例程 5-3　simpleschema.xsd

```
<?xml version="1.0" encoding="utf-8"?>
```

```
<xsd:schema xmlns:xsd="http://www.w3.***/2001/XMLSchema">
<xsd:element name="studentlist">
<xsd:complexType>
    <xsd:element name="student" minOccurs="0" maxOccurs="unbounded">
    <xsd:sequence>
      <xsd:element name="sn" type="xsd:Long"/>
      <xsd:element name="name" type="xsd:token"/>
      <xsd:element name="gender" type="xsd:token"/>
      <xsd:element name="nation" type="xsd:token"/>
      <xsd:element name="address" type="xsd:token"/>
      <xsd:element name="profession" type="xsd:token"/>
    </xsd:sequence>
    </xsd:element>
</xsd:complexType>
</xsd:element>
</xsd:schema>
```

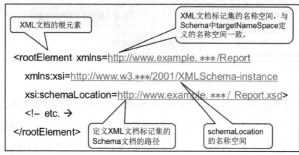

图 5-10 在 XML 文档中声明 Schema 的格式

5.6 CSS 格式化 XML

在浏览器中打开 XML 文档时，如果没有为 XML 文档指定样式表，则浏览器将使用默认的样式表显示 XML 文档。大部分浏览器将未指定样式表的 XML 文档显示为一个树状结构的列表。类似于 HTML 文档，XML 文档也可以使用 CSS 进行格式化。CSS 格式化 XML 文档只能使用外部样式表，因为 XML 元素没有预定义的<style>标记，也没有预定义的 style 和 class 属性，所以 XML 文档中没有内部样式表和内联样式，不能使用类选择器。样式的定义和其他选择器的使用基本同 HTML。在 XML 文档中引用外部样式表的样式声明格式如下：

```
<?xml-stylesheet type="text/css" href="cssformat.css" ?>
```

CSS 格式化 XML 如例程 5-4 和例程 5-5 所示，显示效果如图 5-11 所示。

例程 5-4 cssformat.css

```
students {
     display: table;
     border-collapse: collapse;
     margin: auto;
     margin-top: 20px;
}
student {
     display: table-row;
     line-height: 24px;
}
sn, name, sex, nation, address, profession {
     display: table-cell;
     border: 1px solid;
```

```
        padding: 6px;
}
```

例程 5-5   cssxml.xml

```xml
<?xml version="1.0" encoding="gb2312"?>
<?xml-stylesheet type="text/css" href="cssformat.css"?>
<students>
  <student>
    <sn>20040112</sn>
    <name>张三</name>
    <sex>男</sex>
    <nation>汉族</nation>
    <address>山东临沂</address>
    <profession>英语</profession>
  </student>
  <student>
    <sn>20040201</sn>
    <name>李四</name>
    <sex>女</sex>
    <nation>白族</nation>
    <address>云南大理</address>
    <profession>中文</profession>
  </student>
  <student>
    <sn>20031514</sn>
    <name>王五</name>
    <sex>女</sex>
    <nation>汉族</nation>
    <address>河南郑州</address>
    <profession>计算机</profession>
  </student>
  <student>
    <sn>20031514</sn>
    <name>赵六</name>
    <sex>女</sex>
    <nation>汉族</nation>
    <address>山东济南</address>
    <profession>计算机</profession>
  </student>
</students>
```

图 5-11   CSS 格式化 XML 文档

5.7　XSL

XSL（Extensible Stylesheet Language，可扩展样式表语言）是用于定义 XML 文档转换和表现的一系列建议规范。

5.7.1 XSL 概述

XSL 包括两部分内容：一是 XSLT（XSL Transformation，格式转化语言），可以把一份 XML 文档从某个结构转换成另一种结构的 SGML，可以将一份文件的树形图转换成另一份文件的树形图，还可以将 XML 文档转化为 HTML 文档；二是 XSL-FO（XSL Formatting Objects，格式化对象），用于定义一系列 XSL 格式化对象、属性，并通过使用这些对象和属性来显示 XML 文档的内容。基于 XSL-FO 的应用比较少，应用软件的支持力度也不够。通常 XSL 仅指 XSLT。

XSLT 与 CSS 的比较如下。

（1）XSLT 与 CSS 在很多功能上是重复的，但 XSLT 比 CSS 更强大，当然也更复杂。

（2）CSS 只能格式化元素内容，不能改变或重新安排这些内容。而 XSLT 没有这些限制，它能够提取元素内容、属性值、注释、文本等几乎所有的文档节点。

（3）XSLT 是 XML 的应用。

5.7.2 XSLT 文档结构

XSLT 本身是 XML 的应用，它的语法结构就是 XML，根标记为<stylesheet>。XSLT 标记集的名称空间为 http://www.w3.***/TR/WD-xsl。XSLT 文档结构如图 5-12 所示。

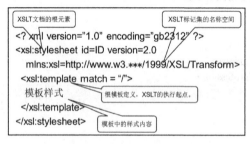

图 5-12 XSLT 文档结构

XSLT 文档主要由一个或多个模板组成，每个模板中都包含一段目标格式，可以使用 match 属性设定与 XML 文档中元素和属性相关联的模式匹配规则。当在 XML 文档中找到与模式相匹配的内容时，该部分内容将转化为模板中定义的目标格式。在 XML 文档中声明 XSLT 的格式与声明 CSS 的样式相似。

```
<?xml-stylesheet type="text/xsl" href="xsltransf.xsl" ?>
```

XSLT 解析器将 XSLT 文档作为程序执行，将 XML 文档作为待处理的输入内容。XML 文档是由一个个节点组成的，这些节点可能是元素、属性、注释、文本及处理指令等。在处理过程中，XMLT 解析器按顺序检查输入的 XML 文档，查找 XML 文档中是否有与 XSLT 的某个模板相匹配的节点。如果某个模板与一个节点相匹配，则该节点将按照模板中的格式和内容转化，从而形成新的内容片断。所有这些内容片断构成一个新文档，这个新文档是另一种结构的 XML 文档，通常为 HTML 文档，可以直接由浏览器显示，也可以保存下来以供其他应用程序使用，还可以再次由 XSLT 解析器处理。

5.7.3 XSLT 模板

XSLT 是由模板驱动的，模板驱动的数据处理模型可以非常有效地处理结构化的数据。一个 XSLT 样式表通常由一个或多个包含了"模块样式"（patterns）的模板组成。模块样式用于定义节点的处理规则，提供输出文件的架构，通过节点实例化的方式创建整个或部分目标树。模式匹配用于定位源文档树中的节点，可以对源文档树进行过滤、排序等。模板的定义格式如下：

```
<xsl:template match="pattern" name=QName  priority=number>
```

（1）template 属性：用于定义模板的标记关键字。

（2）match 属性：用于确定与模板匹配的节点或元素，是必需属性。

（3）name 属性：标识的模板是命名模板。

（4）priority 属性：用于定义优先级。

1. 根模板

根模板是 XSLT 的顶级模板，即将 match 属性值设为"/"的模板。根模板匹配 XML 文档的根节点，是 XSLT 文档的执行起点，定义了从根节点开始的所有 XML 节点的转换方式。在一个 XSLT 样式表中，应用于根节点的模板只能出现一次。当 XSLT 解析器处理 XML 文档的根节点时，会将模板内容输出。根节点代表文档本身，它的第一个子元素是根元素。

2. 模板的执行

根模板之外定义的模板必须使用模板执行显示调用才会执行。模板执行的定义格式如下：

```
<xsl:apply-templates select="model" order-by ="sequence">
```

（1）apply-templates 属性：用于定义模板执行的标记关键字。

（2）select 属性：用于选择节点环境，执行与其匹配的模板。如果该节点没有包含 select 属性，则 XSLT 解析器将把模板应用到所有的后代节点上。对于那些没有被 XSLT 文档定义模板的节点，XSLT 解析器将使用默认模板，如文本节点和属性节点，默认模板将其输出为简单文本。

（3）order-by 属性：用于排序选项，默认为升序（ascending），可取降序（descending）或排序函数。

例程 5-6　template.xsl

```xml
<?xml version="1.0" encoding="utf-8"?>
<xsl:stylesheet version="1.0" xmlns:xsl="http://www.w3.***/1999/XSL/Transform">
  <xsl:output method="html" encoding="utf-8"/>
  <xsl:template match="/">
    <html>
      <head>
        <meta charset="utf-8"/>
        <title>XSLT 示例</title>
      </head>
      <body>
        <xsl:for-each select="myMessage/message">
          <p><xsl:value-of select="." /></p>
        </xsl:for-each>
        <xsl:value-of select="myMessage/msg1" />
      </body>
    </html>
  </xsl:template>
</xsl:stylesheet>
```

例程 5-7　xsltemplate.xml

```xml
<?xml version="1.0" encoding="utf-8"?>
<?xml-stylesheet type="text/xsl" href="template1.xsl"?>
<myMessage>
  <message>Welcome to XSL!</message>
  <message>Another message!</message>
  <msg1>Test message!</msg1>
</myMessage>
```

在 XSLT 文档中至少要涉及两个名称空间，即 XSLT 标记集的名称空间和转化后新文档的名称空间，通常要在 XSLT 标记前加名称空间以便与另一个名称空间区别。例程 5-8 是例程 5-6 的另一种编写方式。

例程 5-8　template2.xsl

```
<?xml version="1.0" encoding="utf-8"?>
<xsl:stylesheet version="1.0" xmlns:xsl="http://www.w3.***/1999/XSL/Transform">
    <xsl:output method="html" encoding="utf-8"/>
    <xsl:template match="/">
        <html>
            <head>
                <meta charset="utf-8"/>
                <title>XSLT 示例</title>
            </head>
            <body>
                <xsl:apply-templates    />
            </body>
        </html>
    </xsl:template>
    <xsl:template match="myMessage/message">
        <p><xsl:value-of select="."/></p>
    </xsl:template>
</xsl:stylesheet>
```

5.7.4　模式处理

XSLT 有多种控制页面版式的功能，包括定位、书写方向、页边空白大小及页码，提供了 50 多种格式对象（标记）类型和 230 多种属性，是个非常庞大复杂的标签集合。下面只介绍两个常用的标签。

1. 提取数据

在 XSLT 中常需要将 XML 文档中节点的内容复制到输入文档中，XSLT 提供的 value-of 元素可实现该功能。value-of 元素的格式如下：

```
<xsl:value-of select="element" />
```

select 属性用于指定节点，默认取当前节点环境下的文本值。属性值"."表示选取当前节点环境下的所有元素，除非当前节点没有包含嵌套元素。

2. 循环

XSLT 提供的 for-each 元素可循环处理 XML 文档中重复的数据结构。for-each 元素的格式如下：

```
<xsl:for-each select="element" order-by ="sequence">
```

for-each 关键字用于定义循环标记，对所有的匹配元素进行迭代处理；select 属性用于选择元素，是必需属性；order-by 属性用于设置排序方式，默认为升序（ascending），可取降序（descending）。

5.7.5　节点选择

1. 节点选择运算符

XSLT 中常用的节点选择运算符如下。

（1）/　直接子元素、根节点。

（2）//　任意级别的后代元素。

（3）.　当前元素。

(4) * 通配符、任意元素。

(5) @ 取属性值，属性名的前缀。

(6) [] 应用过滤样式，相当于 where。

2. 典型的节点匹配

将 XSLT 中典型的节点匹配总结如下。

(1) 匹配根节点。

`<xsl template match="/">`

(2) 匹配元素名。

`<xsl:for-each select="eleName1/eleName2">`
`<xsl:value-of select="eleName3"/>`

(3) 匹配后代节点。

`<xsl:value-of select="//eleName"/>`

注意其与下式的区别。

`<xsl:value-of select="*[nodeName()='eleName']"/>`

该式匹配的范围更广，还包括了非后代的"eleName"节点。

(4) 通过 id 匹配节点。

`<xsl:value-of select="id(009607)"/>`

(5) 匹配属性@。

`<xsl:value-of select="element/@attrname">`

(6) 匹配多个节点|。

`<xsl:value-of select="ele1|ele2">`

(7) 扩展匹配[]。

`<xsl:apply-templates select="eleName[@attr1='value']"/>`

使用[]附加条件，进行多重过滤。

例程 5-9 xsltformate.xsl

```xml
<?xml version="1.0" encoding="utf-8"?>
<xsl:stylesheet version="1.0" xmlns:xsl="http://www.w3.***/1999/XSL/Transform">
  <xsl:output method="html" encoding="utf-8"/>
  <xsl:template match="/">
    <html>
    <head>
    <meta charset="utf-8"/>
    <title>XSLT 格式化 XML 文档</title>
    </head>
    <body>
    <table border="1" cellpadding="6" align="center">
      <caption>
      studentlist
      </caption>
      <tr>
        <td>学号</td>
        <td>姓名</td>
        <td>性别</td>
        <td>民族</td>
        <td>籍贯</td>
        <td>专业</td>
      </tr>
      <xsl:for-each select="students/student">
        <tr>
          <td align="center"><xsl:value-of select="sn"/></td>
          <td align="center"><xsl:value-of select="name"/></td>
```

```
                <td align="center"><xsl:value-of select="sex"/></td>
                <td align="center"><xsl:value-of select="nation"/></td>
                <td align="center"><xsl:value-of select="address"/></td>
                <td align="center"><xsl:value-of select="profession"/></td>
            </tr>
        </xsl:for-each>
    </table>
    </body>
    </html>
</xsl:template>
</xsl:stylesheet>
```

例程 5-10　xsltxml.xml

```
<?xml version="1.0" encoding="gb2312"?>
<?xml-stylesheet type="text/xsl" href="xsltformate.xsl"?>
<students>
    …
</students>
```

除了第 2 行格式声明为<?xml-stylesheet type="text/xsl" href="xsltformate.xsl"?>，其他均与例程 5-5 相同。显示效果亦同。

因为 Chrome 浏览器的安全机制禁止跨域访问，所以在本地以无域名的方式加载本地 xsl 样式文件时，按跨域处理，不允许访问。解决方法是：将网站发布到服务器上，从客户端浏览器访问；或者带参数启动 Chrome 浏览器，即在命令行启动 Chrome 时附加上--allow-file-access-from-files 参数；或者在客户端先用 IE 或 Firefox 浏览器进行显示。

5.8　XML 解析器

XML 文档表示的结构化数据，特别适合计算机处理。创建一个 Schema 或 DTD 文档，就定义了一套标记，也就是创建了一种标记语言，根据该标记语言的语法结构可以编写具体的应用程序。虽然 XML 文档有着规范而良好的结构，但是要使应用程序可以方便地访问文档中的数据，还需要构建相应的结构体对象。另外，加载 XML 文档并对其进行语法分析、实体和默认属性值的替换、有效性验证等是每个应用程序都需要重复的过程。因此，有必要将这些基础性的、通用的操作过程抽取出来，这样的处理程序就是 XML 解析器。

XML 解析器位于 XML 文档与 XML 应用程序之间，它先读取 XML 文档，做适当的语法和结构检查，进行实体和属性默认值的替换，然后对 XML 文档中的数据进行构建，提供给 XML 应用程序。为了使应用程序能简单、一致地使用解析器提供的数据，解析器构建的 XML 数据应遵循一定的标准，即实现特定的接口，此接口被称为 XML 解析器接口。根据 XML 解析器遵循的接口标准，将 XML 解析器分为树状接口解析器与事件驱动解析器。

1．树状接口解析器

基于树结构的解析器实现 DOM 接口，又称 DOM 解析器。DOM 解析器在内存中构建树状结构体的数据，向应用程序提供 DOM API。常用的 DOM 解析器如下。

（1）SUN 公司的 JAXP（Java API for XML Parsing）。

（2）Jakarta Apache 基金组织的 Xerces（Xerces Java Parser）。

（3）Microsoft 的 MSXML。

（4）IBM 的 XML4J（XML Parser for Java）。

（5）DataChannel 的 DXP（DataChannel XML Parser）。

（6）Python 的 4DOM。

（7）dom4j.org 组织的 dom4j。

（8）JDOM 组织的 JDOM。

2．事件驱动解析器

基于事件的解析器实现 SAX（Simple API for XML）接口，又称 SAX 解析器。SAX 解析器以数据流的方式处理 XML 文档。SAX 解析器从头至尾扫描 XML 文档，每当遇到一个语法结构时，就引发一个事件，继而调用应用程序中对应的事件处理程序，传递事件对象。事件对象中包含引发事件的结构信息。SAX 提供一系列的事件接口 API，在应用程序中编写相应的事件监听程序，就可以使用 XML 文档中的数据。常用的 SAX 解析器如下。

（1）SUN 公司的 JAXP（JavaAPI for XML Parsing）。

（2）Jakarta Apache 基金组织的 Xerces（Xerces Java Parser）。

（3）Microsoft 的 MSXML。

（4）IBM 的 XML4J（XML Parser for Java）。

（5）Microstar 的 Alfred XML。

（6）James Clark 的 JavaXML。

（7）dom4j.org 组织的 dom4j。

（8）JDOM 组织的 JDOM。

在构建 XML 文档的 DOM 对象时，解析器会顺序读取 XML 文档，此时亦可实现 SAX 的事件接口，同时提供 SAX 解析器的功能，这两类 XML 解析器不会相互排斥。目前大部分 DOM 解析器的 DOM 对象被一个 SAX 流载入并执行，因此，大部分 DOM 解析器也是 SAX 解析器，在提供 DOM 树状结构体的同时，还能提供事件处理编程接口。

DOM 解析器的优点如下。

（1）DOM 树状结构体的各个部分可以被随机访问。

（2）DOM 树状结构体的各个部分可以被重复访问。

（3）可以一次性地访问整个文档。

SAX 解析器的优点如下。

（1）占用内存少。

（2）对 XML 文档的大小没有限制。

（3）处理速度快。

XML 解析器还可以被分为确定性解析器与非确定性解析器。确定性解析器在解析 XML 文档时进行有效性验证，非确定性解析器在解析 XML 文档时不进行有效性验证。大部分 XML 解析器都提供了有效性验证功能，某些解析器可以通过参数开启/关闭有效性验证功能。目前已很少对 XML 解析器进行这样的分类。

5.9　XML DOM

DOM 解析器在对 XML 文档进行分析之后，会在内存中构建一个 DOM 结构对象，DOM 对象映射了 XML 文档的树状结构。使用 DOM 接口的 API，用户可以访问 XML 文档的信息。XML DOM API 与 HTML DOM API 类似，下面介绍其 4 个主要的接口对象：Document、Node、NodeList 和 NamedNodeMap。

5.9.1　XMLDocument 文档对象

XML DOM 是一种分层对象模型，这个层次结构是根据 XML 文档生成的一棵节点树。

在这棵节点树中,有一个顶级节点——文档节点,由 XMLDocument 接口的对象表示。XMLDocument 接口对象代表了整个 XML 文档,提供了对文档中的数据进行访问和操作的入口。XML DOM 中其他的节点都是文档节点的后代节点。DOM 节点树生成之后,从文档节点开始,使用 DOM API 提供的方法就可以访问、修改、添加、删除、创建树中的节点和内容。

1. XMLDocument 对象的建立

在 IE 和 Firefox 浏览器中,可以直接创建 XMLDocument 对象来载入 XML 文档。在 Chrome 和 Opera 等 Webkit 内核的浏览器中,需要通过 XMLHttp 方式获取 XMLDocument 对象。使用 XMLHttp 需要将网站发布到 Web 服务器上,启动服务器并向服务器端发送 GET 请求,服务器端应答客户端请求的 XML 文档。如果正常返回,则 XMLHttp 对象的 responseXML 属性中是 XMLDocument 对象。在 IE 和 Firefox 中创建的 XMLDocument 对象可以跨域访问 XML 文档,但 XMLHttp 为了安全性禁止跨域访问,访问非本域名地址下的 XML 文档时,XMLHttp 会报错。当 XMLDocument 对象在本地以无域名的方式访问本地 XML 文档,同样当作跨域处理,XMLHttp 也将出错。

(1) IE XMLDocument 对象的建立。

在 IE 浏览器中 Document 对象是一个 ActiveX 控件对象,使用下面的代码进行创建。

```
var xmlDom = new ActiveXObject("Microsoft.xmldom");   //创建 Document 对象
xmlDom.async = "false";                                //设置同步处理
xmlDom.load("book.xml")                                //加载并解析 XML 文档
var rootEle = xmlDom.DocumentElement                   //获取根元素节点对象
```

(2) Firefox XMLDocument 对象的建立。

在 Firefox 浏览器中创建 Document 对象的 JavaScript 代码如下:

```
//参数 nsurl 为名称空间,rootEle 为根元素,docType 为 DTD,均可设置为 null
var xmlDom = document.implementation.createDocument("nsurl", "rootEle",docType)
xmlDom.async = "false"                                 //设置同步处理
xmlDom.load("book.xml")                                //加载并解析 XML 文档
var rootEle = xmlDom.DocumentElement                   //获取根元素节点对象
```

(3) Chrome XMLDocument 对象的建立。

```
var xmlDom = null;
var xmlhttp = new XMLHttpRequest();                    //创建 XMLHttpRequest 对象
xmlhttp.open("GET", "book.xml", false);                //打开请求通道
xmlhttp.send(null);                                    //发送请求
if (xmlhttp.status == 200) {                           //HTTP 应答状态 OK
    xmlDom = xmlhttp.responseXML;                      //返回 XMLDocument 对象
}
var rootEle = xmlDom.DocumentElement                   //获取根元素节点对象
```

2. Document 接口对象的常用属性

(1) xmlDoc.async=true|false。

(2) xmlDoc.readystate=0|1|2|3|4。

(3) xmlDoc.documentElement 根元素。

(4) xmlDoc.url xml 文件的 url。

例如:

xmlDoc.url="file:///D:/xml/xmlsrc/dom/book.xml

(5) xmlDoc.parseError=0 时无错误。

xmlDoc.parseError.reason
xmlDoc.parseError.url
xmlDoc.parseError.errorCode
xmlDoc.parseError.filepos

```
xmlDoc.parseError.line
xmlDoc.parseError.linepos
```
parseError 代码实例：
```
if(xmlDoc.parseError!=0)
{
        str=xmlDoc.parsError.reason;
        str+="<br>"+xmlDoc.parseError.errorcode;
        str+="<br>"+xmlDoc.parseError.file;
        str+="<br>"+xmlDoc.parseError.filepos;
        str+="<br>"+xmlDoc.parseError.line;
        str+="<br>"+xmlDoc.parseError.linepos;
}
else
        str="XML loaded successfully";
document.writeln(str);
```

3. Document 接口对象的常用方法

（1）xmlDoc.load (url) 从指定位置加载 XML 文档。

（2）xmlDoc.loadXML(xmlString) 加载一个 XML 字符串。

（3）xmlDoc. abort() 取消一个进行中的异步加载。

（4）xmlDoc.getDocumentElement()。

（5）xmlDoc.getElementById("elementId")。

（6）xmlDoc.getElementByTagName("tagName")。

5.9.2 Node 节点对象

1．Node 对象的获取

currentNode=xmlDoc.documentElement.childNodes.item(0)

2．Node 接口对象的常用属性

（1）currentNode.text。

xmlDoc.documentElement.childNodes.item(0).text

（2）currentNode.attributes。

表示节点的属性集合，类型为无序节点集(NamedNodeMap)。

根元素下第二个节点的属性值为：

xmlDoc.documentElement.childNodes.item(1).attributes.getNamedItem("attrName").text

（3）currentNode.childNodes。

表示节点的元素集合，类型为节点集(nodeList)。

根元素下第二个节点的第一个元素值为：

xmlDoc.documentElement.childNodes.item(1).childNodes.item(0). text

（4）currentNode.firstChild。

（5）currentNode.lastChild。

（6）currentNode.nodeName。

（7）currentNode.nodeType。

表示节点类型，返回一个整数值，所代表的节点类型如下。

1：Element   2：Attribute   3：text   4：CDATA

5：ENTITYref   6：ENTITY   7：PI   8：COMMENT

（8）currentNode.previousSibling。

（9）currentNode.nextSibling。

（10）currentNode.parentNode。

3．Node 接口对象的常用方法

（1）currentNode.hasChildNodes()。

（2）currentNode.appendChild()。

（3）currentNode.removeChild()。

（4）currentNode.replaceChild()。

5.9.3 NodeList 节点列表对象

1．NodeList 对象的获取

nodeList=xmlDoc.documentElement.childNodes

2．NodeList 接口对象的常用属性

nodeList.length。

3．NodeList 接口对象的常用方法

（1）nodeList.item()。

表示返回 Node 对象。

（2）nodeList.nextNode()。

表示返回下一个 Node 对象。

（3）nodeList.reset()。

表示重设游标，指向第一个节点。

5.9.4 NamedNodeMap 无序节点集对象

1．NamedNodeMap 对象的获取

nodeMap=xmlDoc.documentElement.attributes

2．NamedNodeMap 的常用属性

nodeMap.length。

3．NamedNodeMap 的常用方法

（1）nodeMap.item()。

表示返回 Node 对象。

（2）nodeMap.getNamedItem()。

表示返回 Node 对象。

例如：

xmlDoc．documentElement．childNodes.item(2)．childNodes.item(4)．attributes．getNamedItem ("unit")．text

5.9.5 DOM 例程

1．使用 XML DOM 在 IE 中显示 simplexml.xml

例程 5-11　xmldom4ie.html

```
<!doctype html>
<html>
<head>
<meta charset="utf-8">
<title>XML DOM 应用</title>
</head>
<body>
<table border="1" align="center">
    <caption>
```

```
        使用 DOM 显示 XML 文档
      </caption>
      <tr>
          <td>学号</td> <td>姓名</td>
          <td>性别</td> <td>民族</td>
          <td>籍贯</td> <td>专业</td>
      </tr>
      <script type="text/javascript">
          var xmlDoc=new ActiveXObject("Microsoft.XMLDOM");
          xmlDoc.async=false;
          xmlDoc.load("simplexml.xml");
          var stuList=xmlDoc.getElementsByTagName("student");
          for(var i=0; i<stuList.length; i++) {
              document.write("<tr>");
              var subList=stuList[i].childNodes;
              for(var j=0; j<subList.length; j++) {
                  document.write("<td>" + subList[j].text + "</td>");
              }
              document.write("</tr>");
          }
      </script>
    </table>
  </body>
</html>
```

2. 使用 XML DOM 在 Firefox 中显示 simplexml.xml

例程 5-12   xmldom4ff.html

```
<!doctype html>
<html>
<head>
<meta charset="utf-8">
<title>XML DOM 应用</title>
</head>
<body>
<table border="1" align="center">
    <caption>
        使用 DOM 显示 XML 文档
    </caption>
    <tr>
        <td>学号</td> <td>姓名</td>
        <td>性别</td> <td>民族</td>
        <td>籍贯</td> <td>专业</td>
    </tr>
    <script type="text/javascript">
        //在 Firefox 中创建 Document 对象
        var xmlDoc=document.implementation.createDocument("","",null);
        xmlDoc.async=false;
        xmlDoc.load("simplexml.xml");
        var stuList=xmlDoc.getElementsByTagName("student");
        for(var i=0; i<stuList.length; i++) {
            document.write("<tr>");
            var subList=stuList[i].childNodes;
            for(var j=0; j<subList.length; j++) {
                if(subList[j].nodeType==1) {
                    //使用 W3C DOM 标准取得文本节点值的两种方法
                    //文本本身是子节点
                    //document.write("<td>" + subList[j].childNodes[0].nodeValue + "</td>");
                    //使用节点的 textContent 属性
                    document.write("<td>" + subList[j].textContent + "</td>");
```

```
                        }
                }
                document.write("</tr>");
        }
    </script>
</table>
</body>
</html>
```

3. 同时兼容 IE 和 Firefox，显示 simplexml.xml 的 XML DOM 程序

例程 5-13   xmldom4ieff.html

```
<!doctype html>
<html>
<head>
<meta charset="utf-8">
<title>XML DOM 应用</title>
</head>
<body>
<table border="1" align="center">
  <caption>
  使用 DOM 显示 XML 文档
  </caption>
  <tr>
    <td>学号</td> <td>姓名</td>
    <td>性别</td> <td>民族</td>
    <td>籍贯</td> <td>专业</td>
  </tr>
  <script type="text/javascript">
      var isie=true;
      var xmlDoc;
      try {
          xmlDoc=new ActiveXObject("Microsoft.XMLDOM");
      }
      catch(e) {
          isie=false;
          //在 Firefox 中创建 Document 对象
          xmlDoc=document.implementation.createDocument("","",null);
      }
      xmlDoc.async=false;
      xmlDoc.load("simplexml.xml");
      var stuList=xmlDoc.getElementsByTagName("student");
      for(var i=0; i<stuList.length; i++) {
          document.write("<tr>");
          var subList=stuList[i].childNodes;
          for(var j=0; j<subList.length; j++) {
            if(isie) {
                document.write("<td>" + subList[j].text + "</td>");
            }
            else {
                if(subList[j].nodeType==1) {
                    //使用 W3C DOM 标准取得文本节点值的属性
                    document.write("<td>" + subList[j].textContent + "</td>");
                }
            }
         }
         document.write("</tr>");
     }
   </script>
</table>
```

```
</body>
</html>
```

5.10 XHTML

XHTML 是符合 XML 基本语法规则的 HTML。XHTML 对 HTML 4.01 进行了重新组织，是严格化的修正版。XHTML 对 HTML 的更新主要体现在以下两个方面。

1．符合 XML 语法规则

XHTML 应符合 5.2.1 中 XML 的语法规则。与 HTML 4.01 相比，XHTML 语法有如下要求。

（1）必须进行文件类型声明（DOCTYPE declaration）。

例如：
```
<!DOCTYPE html PUBLIC "-//W3C//DTD XHTML 1.0 Strict//EN"
    "http://www.w3.***/TR/xhtml1/DTD/xhtml1-strict.dtd">
<html xmlns="http://www.w3.***/1999/xhtml">
    …
</html>
```

（2）标记与属性名均为小写字母。

（3）所有标记必须被正确封闭。

例如：
```
<img src="images/p1.gif" />
<input type="text" name="uname" id="uname" />
<br />
```

（4）属性值必须加上引号。

例如：
```
<td width="200">单元格内容</td>
```

（5）不能使用简写属性。

例如：
```
<input type="checkbox" name="favorite" id="favorite1" value="1" checked="checked"/>
<input type="text" name="uid" id="uid" value="20130101" readonly="readonly" />
<input type="button" name="btn" id="btn" value="按钮" disabled="disabled" />
<select name="choice" id="choice">
    <option value="x1">济南</option>
    <option value="x2" selected="selected">临沂</option>
</select>
```

2．弃用一些格式标记和属性

XHTML 废除了部分表现层的标记和属性。弃用的常用标记有<font>、<center>、<i>、<s>、<strike>、<u>；弃用的一些属性有 align、background、color、border、face，以及列表标记<ol>和<ul>的 type、start 属性。

1998 年 2 月，W3C 发布了 XML 1.0 标准。2000 年 1 月 26 日，XHTML 1.0 成为了 W3C 的推荐标准。2002 年开始，Web 进入了 XHTML 的新阶段，W3C 又着手开发 XHTML 2.0，旨在把 Web 引向建立在 XML 之上的光明的美好未来。

XHTML 在内容结构上改进了原有的 HTML 系统，而 XHTML 2.0 在 XHTML 1.1 的基础上更加注重页面的规范性和可用性，但缺乏交互性。在这个 Web App 非常受欢迎的年代，XHTML 有些"落伍"了，于是就催生了 HTML 5。

2004 年，Opera、Apple 及 Mozilla 等浏览器厂商组建了一个以推动网络 HTML 5 标准为目的的组织——网页超文本技术工作小组（Web Hypertext Application Technology Working

Group，WHATWG）。W3C 与 WHATWG 经过多年努力，终于在 2006 年达成协议。2009 年，W3C 明智地放弃了推出 XHTML 2.0 标准的计划，转而选择了 WHATWG 的成果 HTML 5 作为新的 HTML 标准。

本 章 小 结

本章介绍了 XML 的基本原理及其核心技术内容。XML 是自定义标签的标记语言，但 XML 文档中的标记不是随意的，要具有一定的稳定性。DTD 明确地定义了 XML 文档的标记构成。定义好 DTD 文档，用户据此可以编写有效的 XML 文档，以及编写处理这类 XML 文档的应用程序，从而实现数据与程序的分离，使 XML 得到有效应用。每个 DTD 文档都定义了一类 XML 文档，实际上就是创建了一种新的标记语言，从这种意义上说，XML 是一种可以形成具体标记语言的元语言。DTD 来自 SGML。由于 DTD 使用与 XML 无关的语法，所以 XML 解析器不能分析 DTD 文档。DTD 的数据描述功能也很弱。W3C 开发的 XML Schema，其作用与 DTD 相同，可以代替 DTD 定义 XML 文档的具体语法结构。XML Schema 功能强大，对信息的描述和定义功能堪比面向对象的编程语言，某些方面甚至超越了高级编程语言。

XML 是一种通用的且适应性强的标记语言，用来结构化、存储及传输信息。XML 中的标记主要用来表示语义。一个 XML 文档是一个树状的结构体对象，其包含的数据信息等价于一个数据表。使用 HTTP 协议可以在互联网上传输 XML 文档，使用 CSS 对 XML 文档进行格式化，并在浏览器中显示。可以说，这个简单的 XML 文档同时具有面向对象技术、数据库技术、Web 技术三大功能特性，包含了计算机软件领域的主要技术点，体现了简单就是美（Simple is the best）的哲学思想。

XML 应用程序对 XML 文档表示的结构化数据进行解析处理。所有的 XML 应用程序都要加载 XML 文档并对其进行语法分析、实体和默认属性值的替换、有效性验证、建立相应的数据结构等。将这些过程提取出来，由专用的程序来处理，这样的处理程序就是 XML 解析器。XML 解析器位于 XML 文档与 XML 应用程序之间，执行一些基础性的、通用的操作，为 XML 应用程序提供简单、一致的数据结构。根据 XML 解析器遵循的接口标准，将 XML 解析器分为树状接口解析器与事件驱动解析器。一个 XML 解析器可以同时实现 DOM 和 SAX 两种接口，既是树状接口解析器，又是事件驱动解析器。

XML 文档除了可以使用 CSS 进行格式化，还可以使用 XSLT 转化为另一种结构的文档，即将 XML 文档转化为 HTML 文档。XSLT 本身是 XML 应用。XHTML 是符合 XML 基本语法规则的 HTML，是 HTML 4.01 的严格化版本。目前流行的 HTML 5 与 XHTML 相反，是 HTML 的宽松化版本。

思 考 题

1. XML 有什么特点？在科技领域有哪些应用？
2. 什么是格式良好的 XML？什么是有效的 XML？
3. 写出 DTD 声明 XML 元素和属性的语法格式。
4. 写出 XML 文档中引用 DTD 的语法格式。
5. 写出在 Schema 中声明元素和属性的语法格式。
6. 写出在 Schema 中声明复杂类型和简单类型的语法格式。
7. 写出在 XML 文档中引用 Schema 的语法格式。
8. 举例说明 CSS 中哪些选择器不能应用于 XML 文档。
9. 写出 XSLT 文档的基本结构。
10. 什么是 XML 解析器？DOM 解析器和 SAX 解析器分别都有哪些？
11. XHTML 对 HTML 都做了哪些修正？

第 6 章　Web 编程工具

（视频学习）

　　Dreamweaver 是 Macromedia 公司出品的网页编辑工具，与矢量动画设计软件 Flash 及 Web 图像处理软件 Firework 被称为网页设计三剑客。Macromedia 公司称三者为 Dream Team（梦之队）。2005 年 4 月，Macromedia 公司被 Adobe 公司收购，之后这三款软件分别被称为 Adobe Dreamweaver、Adobe Flash、Adobe Firework。在众多的网页设计软件中，Dreamweaver 是功能非常强大、效率非常高、非常专业的所见即所得网页编辑工具。

6.1　Dreamweaver 界面

　　首次启动 Dreamweaver 时会出现一个"工作区设置"对话框，有编辑器与设计器两个选项。Dreamweaver 设计器布局提供了一个将全部元素置于一个窗口中的集成工作布局，通常选择设计器布局，通过"窗口"菜单的"工作区布局"菜单项可随时改变工作区布局。

　　启动 Dreamweaver 后首先显示一个"起始页"页面。在这个页面中有"打开最近项目""创建新项目""从范例创建" 3 类方便、实用的快捷菜单。可以勾选这个窗口下部的"不再显示此对话框"复选框来隐藏它。隐藏后可以在"首选参数"对话框的"常规"类别中选择"显示起始页"，重新打开"起始页"页面。

　　新建或打开一个文档，进入 Dreamweaver 的标准工作界面。标准工作界面包括标题栏、菜单栏、插入工具栏组、文档工具栏、标准工具栏、文档窗口、标签选择器、状态栏、属性面板和浮动面板组，如图 6-1 所示。

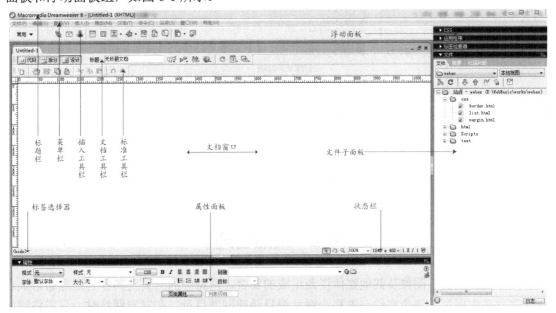

图 6-1　Dreamweaver 工作界面

　　工具栏可以通过右键菜单设置显示与隐藏；浮动面板组中的各个子面板及属性面板可以通过面板标题行及其前面的三角形按钮来展开和收缩，通过面板标题行最右侧的下拉菜单设置和关闭，关闭后可以通过"窗口"菜单中的各菜单项打开；状态栏可以在"首选参数"对话框的"状态栏"类别中设置。

在 Dreamweaver 中编辑环境的参数,用"编辑"菜单下的"首选参数""快捷键""标签库"3 个菜单项设置。"首选参数"对话框主要用来设置各类编辑项的默认值,"标签库编辑器"对话框主要用来设置各类标记的默认格式,如图 6-2、图 6-3 所示。

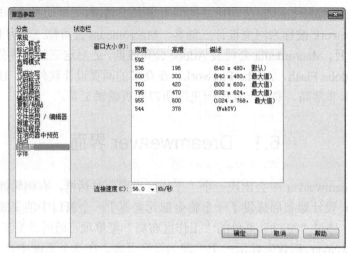

图 6-2　Dreamweaver 中的"首选参数"对话框

图 6-3　Dreamweaver 中的"标签库编辑器"对话框

6.2　站点管理

网站是由网页、图像及其他媒体资源组成的集合。网站中的网页及其各类资源通常放在一个文件夹中保存,这个文件夹被称为网站根目录或网站目录。在发布网站时,只需将网站根目录上传到 Web 服务器特定的位置即可。为了清晰、高效地管理网站内的资源,通常在网站根目录内建立各级子目录来组织网站的资源。在某些类型的动态网站中,如 JSP 网站,对网站根目录内的部分子目录结构及其文件的组织有特殊的要求。在设计网站时,首先要创建网站根目录及其部分子目录,将网站需要的图像及其他资源保存在特定的子目录中,然后新建网页，保存在网站根目录相应的位置。Dreamweaver 提供了功能强大的站点管理工具，可以轻松实现站点定义、地址映射（与网站根目录的对应）、网站资源的组织管理、远程服务器连接、版本控制、测试、FTP 上传等功能。

6.2.1 站点建立

Dreamweaver 提供了"站点"主菜单，可以新建站点，编辑、复制、删除、导出、导入已有站点。在使用 Dreamweaver 设计网站时，首先应在本地文件系统中创建网站根目录，然后在 Dreamweaver 中建立站点，用 Dreamweaver 来管理网站，以便组织网站资源，如图 6-4 所示。较简单的站点定义是给一个网站命名，使其与网站根目录对应。较复杂的站点定义还包括指定 Web 服务器。Web 服务器既可以位于本地（服务器程序与 Dreamweaver 软件一样，位于本地计算机上），又可以位于网络上。如果设置并与服务器连接，则在开发过程中，网站内的资源文件可以保存两份，分别位于本地文件夹与远程文件夹中。通常在本地文件夹中进行编辑，完成后上传到服务器上发布。还可以从服务器上获取文件，编辑后再上传到服务器。

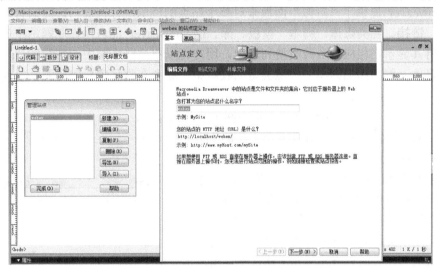

图 6-4　Dreamweaver 站点建立

站点的导入、导出功能可以将站点从一台计算机转移到另一台计算机上。站点导出得到的站点配置文件（*.ste），仅包含站点的配置信息，要完整地在计算机之间迁移站点，还需同时复制站点的文件。

6.2.2 文件管理

Dreamweaver 提供了"文件"面板来管理网站内的文件，如文件夹和文件的新建、选择、复制、粘贴、打开、删除、重命名等，如图 6-5 所示。如果配置了站点的 Web 服务器，还可以将网站上传到服务器上进行测试与发布。从"文件"面板右上角的下拉菜单中，可以选择"远程视图"查看发布到服务器上的网站文件。单击"文件"面板工具栏右侧的"展开以显示本地和远程视图"按钮，可以在 Dreamweaver 的整个窗口中打开"文件"面板，其中左侧显示服务器发布目录中的内容，右侧显示本地目录中的文件，类似于图形界面的 FTP 客户端，可以使用鼠标拖动来实现文件的上传、下载。

"文件"面板中还有支持代码管理的功能。如果是单人开发，使用"上传"和"获取"命令，可以在本地和远程服务器之间交换文件。如果是团队开发，须使用"存回"和"取出"

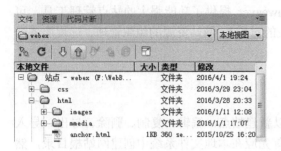

图 6-5　站点文件管理

命令。存回文件可以使文件供团队其他成员取出和编辑，并使该文件的本地版本变为只读，在文件旁边显示一个锁形符号，以防止本地用户修改该文件。取出文件，好像在声明"我正在编辑这个文件！"，"文件"面板中会显示取出该文件的人员的注册名称，并在文件图标的旁边显示一个绿色标记（取出文件者是用户本人）或红色标记（取出文件者是团队其他成员）。"存回"和"取出"命令不能用于测试服务器。高版本的 Dreamweaver 可以设置 SVN（Subversion，版本控制服务器），使 Dreamweaver 具有 SVN 客户端的简易功能，从而进行更多的代码版本管理。

6.2.3　资源管理

Dreamweaver 提供了"资源"面板来对整个站点的资源进行直观、快捷的管理，包括图片、颜色、链接、各类媒体、脚本、模板、库。Dreamweaver 能自动提取网站中使用的各类资源，并将其显示在相应的资源类型列表中。用户可以将这些资源中的某张图片、颜色、链接、各类媒体、脚本添加到相应资源类型的收藏中，或者在收藏中新建资源，以便在网站中共享使用，如图 6-6 所示。

库是网站中由多个 HTML 文件共享的网页片断。通过"资源"面板的"库"选项卡右下角的"新建"按钮新建库文件，Dreamweaver 将自动在站点根目录下创建名为 Library 的文件夹。所有库文件都保存在该文件夹中，扩展名为.lbi，将其称为库项目。库文件的编辑基本上与普通网页相同。将库项目插入网页中，实际上是插入库项目的一个副本和对该库项目的引用。如果修改了库文件，所有插入该库文件的网页内容都将自动更新。

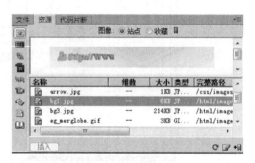

图 6-6　站点资源管理

6.2.4　站点地图

站点地图提供了直观、快捷地组织网站内容的方式。使用站点地图必须先设置网站的首页。Dreamweaver 以首页为起点，按照网页中的链接线索，显示网站内网页的组织结构，如图 6-7 所示。

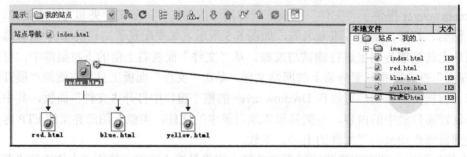

图 6-7　站点地图

在站点地图的节点上单击，其右上角将出现拖放图标，用鼠标拖动拖放图标到其他网页上后释放，可以在节点文件中自动生成到拖放目标网页的链接。也可以在站点地图的节点上右击，用右键菜单中的"链接到已有"命令建立链接。

站点地图主要用来显示网站中网页的链接概况，在新版本的 Dreamweaver 中已经没有了这个功能。

6.3 网页编辑

Dreamweaver 的基本功能是编辑网页，它提供了 3 种视图模式：代码视图、设计视图及拆分视图。代码视图是组成网页的 HTML、CSS、JavaScript 代码，可以直接在网页中进行各类代码的编辑。代码视图支持代码智能提示功能（Code Sensitive），提供编码工具栏。设计视图显示页面的预览效果，可以在网页中进行可视化编辑，具有所见即所得（What You See Is What You Get，WYSIWYG）的编辑功能。设计视图的编辑效果会自动转化为网页代码，同时在代码视图中反映。拆分视图是将窗口分成上下（左右）两部分，上半部分显示代码，下半部分显示页面的预览效果，在拆分视图中可以将页面显示效果与具体代码进行对照。

6.3.1 编码辅助功能

1. 代码智能提示

代码智能提示是集成开发环境（Integrated Development Environment，IDE）的基本功能。Dreamweaver 作为 Web 应用的集成开发环境，在代码视图中提供了完备的代码智能提示功能。输入标记开始符"<"后，立即弹出 HTML 标记列表供参考选择；在标记名之后按空格键，会弹出该标记支持的属性列表供参考选择；在属性名、等号后输入引号，将显示该属性可选的值列表；对 URL、颜色、字体值还会进一步弹出"选择文件"对话框、"颜色选取"对话框、"字体列表"对话框供选择；输入标记结束符"</"将自动完成最匹配标记的结束。编辑 CSS 时同样会显示属性列表，以及可供选择属性值的提示。对 JavaScript 也提供了代码智能提示功能，如图 6-8 所示。

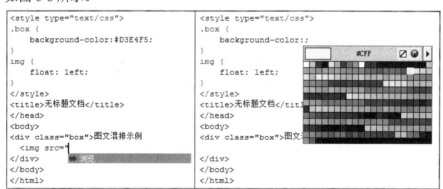

图 6-8 代码智能提示

2. 编码工具栏

代码视图中还提供了编码工具栏。编码工具栏默认以纵栏形式显示在代码视图的最左侧，提供了折叠或展开代码、添加或删除注释、添加环绕标签、格式化代码等快捷按钮，如图 6-9 所示。

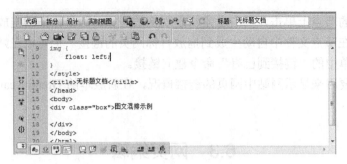

图 6-9　编码工具栏

6.3.2　可视化编辑

1. 所见即所得编辑

Dreamweaver 的设计视图提供了强大的所见即所得编辑功能，可直接编辑文本，设置格式，用鼠标拖动改变对象的大小等。通过菜单、工具栏、功能面板、属性面板几乎可以完成全部的网页设计工作。

选择文本后，可以通过属性面板设置其字体、段落格式、对齐方式、各级标题样式、向右缩进、向左缩进等。通过"文档"工具栏的"文本"选项，或者从菜单栏中选择"插入"→"HTML"→"特殊字符"命令在页面中插入特殊的文本字符。按回车键输入段落标记<p>，按 Shift+Enter 组合键使文本实现换行，即输入
标记，如图 6-10 所示。

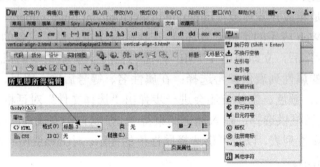

图 6-10　可视化编辑

选中若干行文字，通过属性面板中的"列表项目"按钮或"编号列表"按钮，将其设为项目列表或编号列表。通过属性面板中的"列表项目"按钮，打开"列表属性"对话框，设置"列表类型""样式""开始计数"等，如图 6-11 所示。

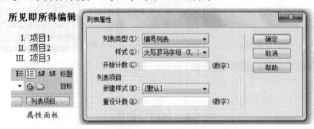

图 6-11　列表项编辑

通过属性面板中的"页面属性"按钮，或者从菜单栏中选择"修改"→"页面属性"命令，打开"页面属性"对话框，可以在其中设置页面的标题、背景图像、页面边距等，如图 6-12 所示。

2. 标签选择器

标签选择器是 Dreamweaver 提供的非常具有特色和实用性的工具，在所有的编辑视图中都可以被使用。网页文件通常包含大量的标记，许多标记又包含多层次嵌套，这使得选择一个标记很不方便，而标签选择器列出了当前网页元素所有的上级标记，使标记的选取得以方便地进行。

3. 批量修改

Dreamweaver 的查找、替换功能非常强大，可以在"选定文本""当前文档""打开的文档""某个文件夹""站点中选定的文件""整个站点"范围内进行查找和替换，能够一次性进行大批量的修改。这也是 Dreamweaver 非常具有特色和实用性的功能。

4. 编码转换

Dreamweaver"页面属性"对话框中的编码功能可以转换网页的编码，这也是 Dreamweaver 非常具有特色和实用性的功能。Notepad（记事本）将文件另存为 UTF-8 编码后，文件头部总是带有 BOM 标识。Dreamweaver 将文件转换为 UTF-8 编码后，文件头部默认不带 BOM 标识。在转换时也可以勾选"包括 Unicode 签名（BOM）"复选框，如图 6-13 所示。

图 6-12　页面属性编辑　　　　　　　图 6-13　网页编码转换

6.3.3　超链接

1. 拖放链接

超链接是网页的核心，是网页设计中被频繁操作的元素。Dreamweaver 对超链接提供了强有力的支持，其中非常具有特色和实用性的工具是拖放链接。具体方法是：选择要建立超链接的页面元素，在属性面板中"链接"下拉列表框的右侧，有一个拖放图标，拖动该图标到右侧网站文件列表中的某个文件上。这样就为选择的元素建立了以该文件为目标的超链接，如图 6-14 所示。

图 6-14　使用拖放图标建立链接

在设计视图中，除了使用拖放图标建立链接，还可以在属性面板中"链接"下拉列表框中输入目标文件，或者选择目标文件，或者单击拖放图标右侧的"文件夹"按钮，打开"选择文件"对话框，选择要链接的目标文件。建立链接后，通过属性面板中的"目标"下拉列表框，还可以设置链接的目标窗口。

2. 锚记链接

首先，建立锚记。选择要设置锚记的网页元素或位置，从菜单栏中选择"插入"→"命名锚记"命令，打开"命名锚记"对话框，填写锚记名称，单击"确定"按钮，即在选择的位置插入了锚记，此处将出现一锚记图标，如图 6-15 所示。

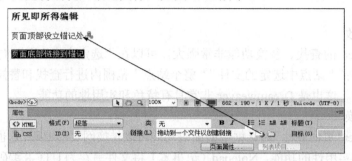

图 6-15　建立锚记

其次，建立到锚记的链接。选择链接源元素，同样将拖放图标拖动到锚记图标上释放，即建立了到该锚记的链接。也可以在"链接"下拉列表框中输入锚记名称。注意，指向锚记的链接地址以"#"开头。如果要链接指向其他网页中的锚记，则在链接地址后加上"#锚记名称（id 值）"。指向其他文件中的锚记链接由 3 部分组成：第 1 部分是目标文件的链接；第 2 部分是"#"；第 3 部分是锚记名称或锚记的 id 属性值。

3. 检查链接

Dreamweaver 提供的链接检查功能可以快速找到失效的链接，到网站外的链接，以及没有被任何链接指向的孤立文件，以便进行修复和处理。检查链接的方法是：切换至"文件"面板，在站点文件列表中，从右键菜单中选择"检查链接"→"选择文件/文件夹"命令，在选定范围内检查链接之后，将打开"链接检查器"面板，显示检查的结果，如图 6-16 所示。

图 6-16　链接检查

4. 批量更新链接

在"文件"面板中重命名或移动网页、图像等资源时，Dreamweaver 会弹出提示更新链接的对话框，对话框中列出了网站内因资源重命名或移动位置而引起变化的所有链接，单击对话框中的"更新"按钮可一次性批量更新所有的需要更新的链接，如图 6-17 所示。这也是 Dreamweaver 非常具有特色和实用性的功能。注意，使用此功能的前提是在 Dreamweaver 中建立站点，对网站进行管理。

图 6-17　批量更新链接对话框

6.3.4　图像

1. 插入图像与图像占位符

从"插入"工具栏中的"常用"面板的图像下拉菜

单中，或者从"插入"菜单中选择"图像"或"图像对象"命令，打开"文件选择"对话框或"图像占位符"对话框，可以很方便地在网页中插入图像或图像占位符。图像占位符能够在真正创建图像之前确定图像在页面上的位置，支持在 Dreamweaver 中直接打开 Fireworks 图像处理软件创建图像，但是需要安装合适版本的Dreamweaver 和 Fireworks，实用性不大。

2．插入鼠标经过图像和 Fireworks HTML

插入鼠标经过图像实际上是在插入图像的同时，为图像加上了链接和鼠标事件，以及 JavaScript 事件处理程序。无须编写任何代码，即可实现交换图像的动态效果。当鼠标移动到图像时，变换为另一幅图像，鼠标移出时又恢复为原来图像。操作界面如图 6-18 所示。

图 6-18　插入鼠标经过图像

在 Fireworks 中，可以制作部分网页元素，如最实用的弹出菜单，最终结果将导出为 HTML 文件，一般在网页中使用。在 Dreamweaver 中插入 Fireworks HTML 即可完成此功能。

3．图像热点截取

使用<map>和<area>标记定义图像的热点较复杂，而 Dreamweaver 提供的图片地图功能，通过鼠标操作可以简单地完成图像热点的定义和映射，这也是 Dreamweaver 中非常具有特色和实用性的工具。选择图像，从"插入"工具栏的"常用"面板的图像下拉菜单中，或者从"属性"面板的地图功能中，选择"绘制矩形热点""绘制椭圆热点""绘制多边形热点"工具，在图像上用鼠标画出需要的热点形状，并在"热点"的属性面板中，设置超链接、链接目标和热点替换文本。绘制多边形时要依次画出多边形的各个顶点，如图 6-19 所示。

图 6-19　图像热点截取

6.3.5　多媒体

Dreamweaver 对网页中多媒体的支持是出类拔萃的，其中非常具有特色和实用性的是插入 Flash 动画和插入 Flash 视频功能。插入 Flash 动画可以生成兼容各主流浏览器的<object>代码，通过简单的鼠标操作，可以实现需要编写一大堆复杂代码才能完成的工作。插入 Flash

视频省略了用 Flash 工具导入 flv 视频文件和生成 swf 文件的过程，简化了在网页中播放 flv 视频文件的设计步骤。

1．插入 Flash 动画

Flash 动画是使用 Flash 软件制作发布，扩展名为.swf 的矢量动画，在浏览器中使用 Flash Player 插件播放。Flash Player 是绝大多数浏览器的标配。使用 Dreamweaver 在网页中插入 Flash 动画无须编辑 HTML 标记和属性，从"插入"菜单的"媒体"子菜单中，或者从"插入"工具栏的"常用"面板的媒体下拉菜单中，选择"SWF"命令，打开"文件选择"对话框，选取 swf 动画文件，并在"属性"面板中设置动画的宽度、高度及其他参数。如图 6-20 所示。

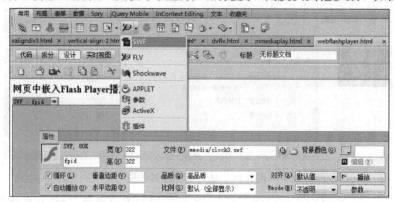

图 6-20　插入 Flash 动画

2．插入 Flash 视频

Flash 视频的扩展名为.flv，类似于.rm、.asf、.wmv、.mp4 格式，是一种流媒体格式的视频。flv 是 Flash Video 的简称，它的视频采用 Sorenson Media 公司的 Sorenson Spark 编码，音频采用 MP3 编码，有效地减小了文件的大小，并保证了视频的质量，克服了视频文件导入 Flash 后，导出的 swf 文件体积庞大，不易在网络上传输等缺点。播放 flv 视频文件需要专用的 FLV Player 播放器，但网页中的 flv 视频文件都不使用 FLV Player 播放，而是作为库元素预先导入 Flash 动画，通过 Flash Player 播放动画间接地播放视频。使用 Dreamweaver 在网页中插入 Flash 视频，只需提供 flv 视频文件，Dreamweaver 将自动生成 Flash 动画文件：FLVPlayer_Progressive.swf 和 Halo_Skin_3.swf。前者调用 Flash 视频进行播放，后者控制界面的皮肤设置。无须使用 Flash 软件导入 flv 视频文件，生成 swf 文件，由此简化了在网页中用 Flash Player 插件间接播放 flv 视频文件的步骤，如图 6-21 所示。

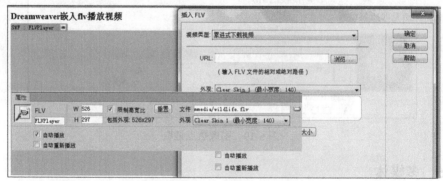

图 6-21　插入 Flash 视频

3．插入其他媒体文件

Shockwave 是由 Adobe 公司的 Director 软件制作生成的媒体文件，扩展名为.dir，是 Web

上用于交互式媒体的一种标准。插入 Shockwave 媒体文件将在页面中生成<object>标记代码，嵌入 Shockwave Player 插件中。浏览器要播放 Shockwave 动画，需安装 Shockwave Player 插件。

ActiveX 是 Windows 系统中注册的组件，插入 ActiveX 组件将在页面中生成<object>标记代码。classid 属性值为组件在注册表的键值，可唯一地标识嵌入的组件对象，如图 6-22 所示。可以使用插入"参数"辅助功能为<object>标记添加附加参数，生成嵌套的<param>标记。该功能只有在 IE 浏览器中有效。

图 6-22　插入 ActiveX 组件

Applet 是采用 Java 语言编写生成的程序，扩展名为.class，此类程序可以嵌入网页中运行，通常将其称为 Java 小程序。插入 Applet 操作将在页面中生成<applet>标记代码。可以使用插入"参数"辅助功能为<applet>标记添加附加参数，生成嵌套的<param>标记。

插入"插件"将在页面中生成<embed>标记代码，可以选择音频、视频文件，在网页中嵌入相应的媒体。

插入 Flash 按钮、Flash 文本，类似于插入 Flash 视频。Dreamweaver 可以自动生成 Flash 按钮、Flash 文本的 swf 文件，并插入网页中。用户只需按照提示在对话框中设置一些参数，无须使用 Flash 软件进行设计。Flash 按钮与 Flash 文本的动态交互效果可以使用 JavaScript 甚至 CSS 来轻易地完成，在高版本的 Dreamweaver 中已取消了该功能。

4．网页中媒体的播放方式

在网页上播放音频和视频是比较复杂的，不同的媒体格式要求不同的播放器插件，而要求客户浏览器安装各种播放器插件是不现实的。事实上，大部分浏览器都预装了 Flash Player 播放器插件，Flash Player 实际上成了浏览器的标配。针对这种情况，网页中嵌入的音频和视频都应转化为可用 Flash Player 间接地播放的格式，这种格式主要有 flv 和新的 mp4 两种。Flash 视频有效地克服了视频文件导入 Flash 后，导出的 swf 文件体积庞大，不易在网络上传输等缺点。flv 虽然是 Flash 延伸出来的一种网络视频格式，但是 Flash Player 和 Media Player 等播放器都不能直接播放 flv 视频文件，播放 flv 视频文件需专用的 FLV Player 播放器。Web 中的 flv 视频文件都不使用 FLV Player 播放，而是将 flv 视频预先导入 swf 文件，使用 Flash Player 间接地播放。新的 mp4 视频文件采用 H.264 编码，同 flv 视频文件一样，mp4 视频文件也可以嵌入 swf 文件中，统一用 Flash Player 间接地播放。采用这种嵌入 swf 文件的方式除了能解决客户端浏览器插件的统一问题，还具有防下载、保护视频版权的功能。目前的视频网站也正是采用了这种技术，如 YouTube 推荐使用 mp4。YouTube 接收多种格式，并全部转换为 flv 或 mp4 格式分发。在网页中播放多媒体的主要方式如下。

（1）新建 Flash 动画，将 flv 或 mp4 视频文件导入 Flash 动画中，使之以库元素的形式存在，将该元素拖入场景，调整位置后，发布为 swf 文件。在网页中使用<object>或<embed>标记嵌入 swf 文件，即可间接地使用通用的 Flash Player 插件播放相应的视频。

（2）上面的方法首先要制作 swf 文件，较为烦琐。Dreamweaver 提供了在网页中直接插入 Flash 视频的功能，只需提供 flv 视频文件，Dreamweaver 将自动生成调用 flv 视频文件的 Flash 动画。把 swf 文件、flv 视频文件与网页文件放在一个网站中发布，即可在网页中用 Flash

Player 插件播放 flv 视频文件，具体操作详见本节前面的介绍。

（3）使用其他第三方开发的 Flash 动画程序或 JavaScript 播放程序，在网页中播放 flv 或 mp4 视频文件，如 Google 的 googleplayer.swf。向这些播放器程序提供视频文件路径，传递 flv 或 mp4 数据参数，即可简单地完成媒体的播放工作。原理与程序代码类似于上面使用 Dreamweaver 在网页中插入 flv 视频文件。

（4）对于较大的媒体文件，要流畅地在网页中播放，最好将其发布在流媒体服务器中。流媒体采用流式传输技术在网络上传递媒体数据，流式传输先在用户计算机上创建一个缓冲区，播放前预先下载一段数据，再让用户一边下载一边观看、收听，而无须等到整个压缩文件下载完才能观看，这样下载与播放时间交叠，提供了更好的用户体验。如果没必要，或者没条件自建流媒体服务器，则可以将媒体文件上传到一些大型视频网站，如优酷（Youku）、土豆（Tudou）等，然后，在网页中嵌入相应的代码进行播放，如例程 6-1 所示。使用这些网站的流媒体服务器播放视频时会插入广告，去除广告是要收费的。

例程 6-1 youkuplay.html

```
<body>
<h3>Youku 视频播放 </h3>
<embed src=http://player.youku.com/player.php/sid/XMTQzMzY2MTcxMg==/v.swf
width="540" height="360" type="application/x-shockwave-flash" allowFullScreen="true" quality="high" align="middle" allowScriptAccess="always">
</embed></body>
```

（5）Flash 曾经是 Web 领域非常重要、应用非常广泛的技术，不仅网页中的多媒体主要通过 Flash Player 播放，早期一些华丽的网站的架构与交互功能也通过 Flash 实现，甚至一些 PowerPoint 文档和 Word 文档直接通过 Flash 搬到 Web 上。但由于 Flash Player 存在闭源、安全性差、性能低、耗能大、不符合移动需求等问题，Adobe 公司已不再对 Flash Player 进行更新、维护，各大浏览器与操作系统平台也纷纷放弃对 Flash Player 的支持，微软已于 2020 年年末在 Windows 10 系统中永久删除 Flash Player。HTML 5 和 WebGL（Web Graphics Library）等开放标准成为 Flash 在 Web 上的替代技术。

6.3.6 表格

表格是常用的网页元素，Dreamweaver 对表格设计提供了非常完善的支持。

1. 编辑表格

从菜单栏中选择"插入"→"表格"命令，或者从"插入"工具栏的"常用"面板中选择"表格"，打开"表格"对话框，输入行数、列数、表格宽度、边框粗细、单元格边距、间距、标题等属性值，选择标题位置，创建表格，如图 6-23 所示。除行数、列数外，其他属性值不是必需的，可以在创建表格后设置，行数、列数也可以随时更改。表格的各种属性可以在表格的属性面板中设置，见表格的行列数、表格宽度、边框粗细、单元格边距、间距、对齐方式、CSS 样式等。还可以在代码视图中，直接修改标记和属性值。

2. 编辑单元格

在单元格的属性面板中，可以设置单元格的宽度、高度、背景颜色、单元格的合并及拆分、水平对齐、垂直对齐、内容的格式等，如图 6-24 所示。还可以在界面上直接用鼠标拖动的方式改变表格或单元格的宽度、高度等属性。注意，表格的对齐是表格水平方向上相对于浏览器窗口或表格父容器的对齐，而单元格的水平对齐和垂直对齐是单元格的内容相对于单元格在水平和垂直方向上的对齐。

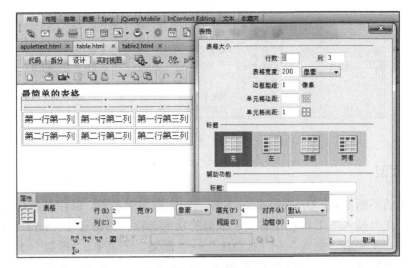

图 6-23 编辑表格

图 6-24 编辑单元格

3. 格式化与排序表格

从菜单栏中选择"命令"→"格式化表格"命令,打开"格式化表格"对话框,可以设置单元格背景色隔几行交错显示,以及为第一行、第一列单独设置样式。这些功能也可以通过属性面板完成,高版本的 Dreamweaver 已无此菜单项。

从菜单栏中选择"命令"→"排序表格"命令,打开"排序表格"对话框,可以按表格某一列或两列的内容,对表格行进行排序,如图 6-25 所示。

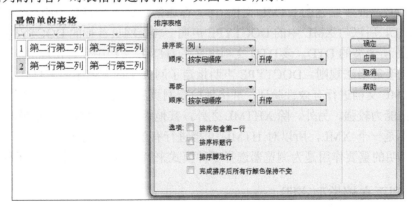

图 6-25 对表格行进行排序

6.3.7 表单

Dreamweaver 在"插入"菜单的"表单"子菜单中,以及"插入"工具栏的"表单"选项卡中,提供了编辑表单及各个表单控件的快捷按钮。新建表单控件对话框及表单与表单控件对应的"属性"面板都有设置对应表单控件的属性项,如图 6-26 所示。

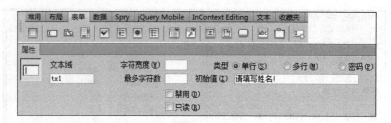

图 6-26　编辑表单

6.3.8　框架

随着版本的不断更新，Dreamweaver 对框架的支持越来越弱。以往在新建网页时可以选择框架类型，在"插入"工具栏也有关于框架的功能选项。目前在 Dreamweaver CS6 中，对框架的支持，主要有"插入"→"HTML"→"框架"子菜单、"框架"子面板和框架集与框架对应的"属性"面板，如图 6-27 所示。从菜单中插入各类框架后，除了添加相应的框架集<frameset>标记及框架<frame>标记，还需要用<noframes>标记将原来的<body>标记环绕起来。框架涉及多个网页，在界面中编辑时，不易选择目标对象，此时右侧的"框架"子面板就派上了用场，在其中单击相应的部位，会出现选择框，由此可方便地选择框架中的各个对象。

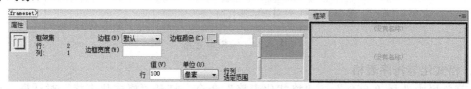

图 6-27　框架集与框架对应的"属性"面板

6.4　DOCTYPE 声明与网页解析模式

在 Dreamweaver 中新建的 HTML 文档，第一行通常是 DOCTYPE 声明。大体上说，HTML 就是一种 XML，所以与 XML 中的 DOCTYPE 声明一样，网页首行的 DOCTYPE 也是指定文件中的 HTML 所遵循的 DTD。该 DTD 文档定义了 HTML 文档中允许出现的元素，以及各元素的组成、嵌套等语法规则。DOCTYPE 声明指定了网页文件所遵循的 HTML 具体版本，据此可以对 HTML 文档进行有效性验证，严格地检查网页的语法规则。因为浏览器都有一定的兼容性，容错能力较强，另外，除 XHTML 之外，其他版本的 HTML，包括最新的 HTML 5，严格地说并不是一个 XML，所以对 HTML 文档进行有效性验证的实际意义并不大。网页中 DOCTYPE 声明的重要作用是为浏览器选择哪种模式来解析 HTML 文档提供了依据。

6.4.1　网页文档类型声明

1．DOCTYPE 声明格式

DOCTYPE 声明格式如图 6-28 所示，示例解析如图 6-29 所示。

图 6-28　DOCTYPE 声明格式

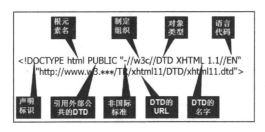

图 6-29 DOCTYPE 声明解析

（1）Top Element：DTD 中声明的顶层元素，根元素。
（2）Availability：PUBLIC or SYSTEM。
（3）Registration：是否注册为 ISO 成员的组织，+ 或 -。
（4）Organization：维护 DTD 的组织。
（5）Type：Public Text Class，引用对象的类型，DTD。
（6）Label：Public Text Description，名称、描述、版本或定义。
（7）Language：语言代码。
（8）URL：引用 DTD 的 URL。

2．HTML 的常用 DOCTYPE 声明

HTML 4.01 的 3 种 DOCTYPE 声明如下：

（1）宽松型（Transitional），定义了宽松的 HTML 语法，主要兼顾与以前的版本兼容。

`<!DOCTYPE HTML PUBLIC "-//W3C//DTD HTML 4.01 Transitional//EN" "http://www. w3.***/TR/html4/loose.dtd">`

（2）严格型（Strict），严格按照 HTML 4.01 版本的要求定义。

`<!DOCTYPE HTML PUBLIC "-//W3C//DTD HTML 4.01//EN" "http://www.w3.***/TR/ html4/strict.dtd">`

（3）框架型（Frameset），框架网页的语法标准。

`<!DOCTYPE HTML PUBLIC "-//W3C//DTD HTML 4.01 Frameset//EN" "http://www.w3.***/TR/html4/frameset.dtd">`

XHTML 1.0 的 3 种 DOCTYPE 声明如下：

（1）过渡型（Transitional），DTD 要求的语法非常宽松，允许继续使用在 XHTML 中已经被淘汰的标记，但要符合 XML 的写法。

`<!DOCTYPE html PUBLIC "-//W3C//DTD XHTML 1.0 Transitional//EN" "http://www.w3.***/TR/xhtml1/DTD/xhtml1-transitional.dtd">`

（2）严格型（Strict），DTD 要求的语法严格，不允许使用任何在 XHTML 中已经被淘汰的标记，如表示样式的标记和属性，<font>标记，<ol>与<ul>标记的 type 属性等。

`<!DOCTYPE html PUBLIC "-//W3C//DTD XHTML 1.0 Strict//EN" "http://www.w3.***/TR/xhtml1/DTD/xhtml1-strict.dtd">`

（3）框架型（Frameset），定义了框架网页的语法标准。

`<!DOCTYPE html PUBLIC "-//W3C//DTD XHTML 1.0 Frameset//EN" "http://www.w3.***/TR/xhtml1/DTD/xhtml1-frameset.dtd">`

HTML 5 的 DOCTYPE 声明如下：

`<!DOCTYPE html >`

严格地说，HTML 5 并不是 XML，可以不引用 DTD，为了规范浏览器的解析模式，HTML 5 使用了非常简洁的 DOCTYPE 声明。使用此 DOCTYPE 声明，浏览器将按照标准模式来解析网页，目前设计网页都推荐使用此 DOCTYPE 声明。通过菜单栏中的"编辑"→"首选参数"→"新建文档"→"默认文档类型（DTD）"下拉列表，可以设置 Dreamweaver 创建网页时默认的 DOCTYPE 声明类型。同时，应将"首选参数"对话框中的"W3C 验证程序"选项修改为相同的 DOCTYPE。如图 6-30 所示。

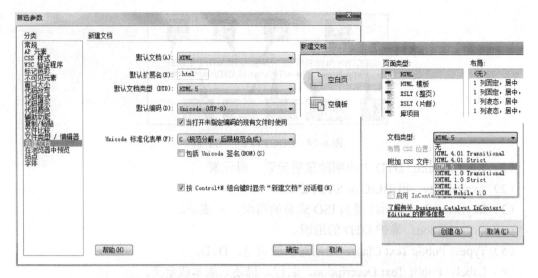

图 6-30　通过新建 HTML 文档设置 DOCTYPE 声明类型

6.4.2　浏览器的工作模式

由于历史的原因，早期的 HTML 并不遵循统一的标准，各厂家的浏览器，甚至同一浏览器的不同版本，对 HTML 的解析也有差异。现代浏览器除了提供按照 W3C 标准解析 HTML 的标准模式，还提供了兼容模式，专门用于解析非 W3C 标准的网页。主流的浏览器一般有 3 种工作模式：标准模式（Standards Mode）、几乎标准模式（Almost Standards Mode）和怪异模式（Quirks Mode）。

浏览器的工作模式是浏览器解析 HTML 代码、呈现页面的渲染方式，也称渲染模式。标准模式又称严格模式（Strict Mode）、CSS 模式（CSS compat），是按照 W3C 规范制定的标准解析网页。怪异模式又称混杂模式、兼容模式（Compatibility Mode），以老版本的方式处理网页。在该模式下，浏览器的盒模型、样式解析、布局等都与标准规定的存在差异。几乎标准模式又被译为接近标准模式，基本上同标准模式，只有个别样式在解析上有些不同，如单元格高度仍以老版本的样式来处理。

浏览器采用哪种模式主要依据网页头部的 DOCTYPE 声明。目前的主流浏览器，如 Chrome、Firefox、Safari、Opera 10、IE 10，对模式选择有如下一些规则。

（1）没有 DOCTYPE 声明的，采用 Quirks Mode 解析网页。

（2）DOCTYPE 声明为 HTML 4 以下（不包括 HTML 4）的 DTD 时，基本上使用 Quirks Mode 呈现网页。

（3）DOCTYPE 声明为 HTML 4.0 Transitional、HTML 4.01 Transitional，不带 DTD URL 时，基本上使用 Quirks Mode 呈现网页。

（4）DOCTYPE 声明为 HTML 4.01 Transitional 并带 DTD URL、XML 1.0 Transitional 时，基本上使用 Almost Standards Mode。

（5）DOCTYPE 声明为 HTML 5、XHTML 1.0 Strict、HTML 4.01 Strict、HTML 4.0 Strict 等时，基本上使用 Standards Mode。

（6）对于那些不能识别的 DOCTYPE 声明，浏览器采用 Strict Mode 解析。可以这么说，在目前有 DOCTYPE 声明的网页，绝大多数是采用 Strict Mode 进行解析的。

由于标准中没有对 Quirks Mode 做出任何的规定，因此不同的浏览器在 Quirks Mode 下的处理是不同的，应用 Quirks Mode 甚为困难。目前设计网页都推荐使用 HTML 5 的 DOCTYPE

声明，以使网页在 Strict Mode 下解析。如果一个页面能使各浏览器都工作在 Strict Mode 下，那么各浏览器都将尽量兼容标准，因此各浏览器之间表现出的差异是很小的。相反，如果一个页面使各浏览器都工作在 Quirks Mode 下，那么各浏览器都将尽量向后兼容，因此各浏览器之间表现出的差异将会最大化。

使用 JavaScript 脚本判断当前网页的解析模式时，可以使用 document 对象的 compatMode 属性。该属性返回 BackCompat，表示怪异模式，返回 CSS1Compat，表示标准模式或几乎标准模式。注意，目前浏览器的工作模式一般有三种，而 document.compatMode 的返回值只有两个，因此无法区分标准模式和几乎标准模式。

例程 6-2 compatmode.html

```html
<!doctype html>
<html>
<head>
<meta charset="utf-8">
<title>浏览器工作模式</title>
</head>
<body>
<h3>浏览器的工作模式</h3>
<script type="text/javascript">
   var cmode="未知模式";
   if(document.compatMode=="BackCompat") cmode="怪异模式";
   else if(document.compatMode=="CSS1Compat")
cmode="标准模式或几乎标准模式";
   document.write("浏览器当前的工作模式为：" + cmode);
   alert("浏览器当前的工作模式为：" + cmode);
</script>
</body>
</html>
```

6.5 网页布局

Dreamweaver "插入"工具栏中的"布局"选项卡为网页布局提供了支持。

1．表格布局

布局表格仍然是普通的表格，可以用设计普通表格的方法进行表格布局。Dreamweaver 的扩展表格模式是将实际表格放大显示，以便在表格内部和表格周围进行选择。早期版本的 Dreamweaver 还有布局表格模式，在此模式下除了可以从菜单或工具栏中插入布局表格、布局单元格，还可以用鼠标手动绘制布局表格和布局单元格。但此功能实用性不强，在 Dreamweaver CS6 中已没有了布局表格模式，以及手动绘制布局表格和布局单元格的功能。

2．层布局

层布局实际上是将 CSS 的 position 属性设置为 absolute 的<div>块。在设计界面可以用鼠标绘制层，移动层，调整层的大小，设置层的可见性、嵌套、重叠及其顺序。

3．网格、标尺与辅助线

Dreamweaver 提供了网格、标尺等工具为页面内容精确定位。通过"查看"菜单中的"设置网格"和"标尺"命令可以设置和显示网格与标尺。

将鼠标指针放到水平标尺上，向下拖动，就会建立一条水平辅助线。重复该步骤可建立多条水平辅助线。按照同样的方法，在垂直标尺上向右拖动，可建立垂直辅助线，如图 6-31 所示。

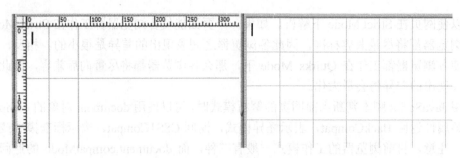

图 6-31 标尺、辅助线、网格

4. 跟踪图像

在网站开发之前，我们可以将网页的布局效果做成图像，以便在设计过程中参考。跟踪图像即网页设计的参考图。从菜单栏中选择"查看"→"跟踪图像"→"载入"命令，可以插入网页的效果参考图。在设计视图中它像页面背景图像一样显示，可以直接仿照图像的效果设计网页。跟踪图像只在 Dreamweaver 开发环境中可见，在最终的网页中不会显示。

6.6 网站模板

模板设计策略很常见，如 PowerPoint 电子演示文稿设计中的模板。在一个网站中，通常有部分甚至全部网页，其中有些内容是相同的，典型的如布局、导航等。将网页中这些相同的内容抽取出来，设计在一个独立的文件中，此文件就被称为模板。网站中的其他网页可在此模板文件的基础上，增加各自独有的网页内容。使用模板开发网站，可以减少工作量，使网站中的网页风格一致，而且便于维护。当模板的内容发生变化时，所有使用此模板的网页都会随之变化。

1. 模板的建立与使用

Dreamweaver 中的模板设计与普通网页设计基本一样，新建文件时可以选择"HTML 模板"，也可以把已有的网页保存为模板（通常要进行一些修改）。模板文件的扩展名为.dwt，保存在网站根目录下的 Template 子目录中。

新建网页时可以选择"模板中的页"，接着选择要使用的模板，即可创建基于模板的网页。也可以在面板组中展开"资源"面板，在"模板"选项卡中打开网站的模板列表，选择要使用的模板，从其右键菜单中选择"从模板新建"命令创建基于此模板的网页。还可以将模板应用于已有的网页，但网页与模板之间会有不一致区域的冲突问题，一般不提倡使用。

2. 模板中的编辑区域

模板中的通用内容在网页中是不可编辑的，若要在网页中增加各自的内容，则需要在模板中添加可编辑区域。Dreamweaver 中的模板功能很强大，模板中除了有普通可编辑区域，还有可选区域、重复区域、可编辑的可选区域、重复表格等类型，可在基于模板的网页中，在这些编辑区域进行相应的编辑，如图 6-32 所示。

（1）可选区域：该区域在网页中是否显示是可选的。从菜单栏中选择"修改"→"模板属性"命令，打开"模板属性"对话框，在其中可手动设置各可选区域是否显示。在模板中新建可选区域时还可以设置参数控制其在网页中是否显示。

（2）重复区域：该区域在网页中可出现多次。在网页设计视图，重复区域上方会出现一个小工具栏，单击"+"按钮可添加重复区域，单击"-"按钮可删除重复区域。设置重复区域之后，通常要添加可编辑区域，这样能够在页面编辑时选择重复区域，以便删除它。否则，添加重复区域后，就再也无法删除了。

（3）可编辑的可选区域：同可选区域，在网页设计视图中可选择其是否显示，如果显示，则它还是可编辑的。实际上是可选区域内嵌套可编辑区域的组合。

（4）重复表格：重复表格某些行的每个单元格内部都将自动添加可编辑区域，类似于重复区域，在重复表格上方也会出现一个小工具栏，单击"+"按钮表格中将重复这几行，单击"-"按钮将删除这几行。

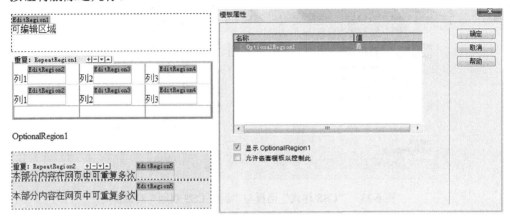

图 6-32 模板中的编辑区域

3．嵌套模板

嵌套模板是指在模板的基础上再制作模板，这种模板适合制作比较复杂的网站。制作嵌套模板的过程：先建立基本模板，根据基本模板建立网页，再从菜单栏中选择"插入"→"模板对象"→"创建嵌套模板"命令，将基于模板的网页转换成嵌套模板。

4．导出网站

Dreamweaver 的模板，以及其中的各类编辑区域是用专用的 HTML 注释标注的。这些模板标注在 Dreamweaver 中有特定的含义，包括在代码视图中，非可编辑内容是不能修改的。在浏览器或其他的网页编辑器中，模板标注只是普通的 HTML 注释，并无特别的用途。设计完成后，可以删除模板标注，也可以不带模板标注将模板导出网站。

6.7 CSS 的支持

Dreamweaver 对 CSS 的支持除了在编辑 CSS 代码时提供完善的代码智能提示功能，其他主要集中在 CSS 样式面板中，在该面板中可以完成 CSS 样式表的新建、修改、添加、删除、应用等几乎全部设计工作。

1．新建样式

从"CSS 样式"面板底部右侧的工具栏中选择"新建 CSS 规则"选项，打开"新建 CSS 规则"对话框，选择选择器类型，然后选择或输入选择器名称，最后选择规则定义，即定义内部 CSS，还是外部 CSS，如图 6-33 所示。单击"确定"按钮后，打开".test 的 CSS 规则定义"对话框，进行样式定义，如图 6-34 所示。新建的外部样式表将自动链入网页中。

从"CSS 样式"面板只能新建内部样式表和外部样式表。外部样式表还可以从 Dreamweaver 新建文档中选择 CSS 直接建立。

2．编辑样式

从"CSS 样式"面板上部的规则列表中选中 CSS 选择器，下部属性列表中将显示该选择器定义的样式属性,可以直接在列表中各属性值栏修改属性的值。单击列表最后一行的"添加属性"链接,可以直接在属性列表中添加样式属性,并设置其值。单击"CSS 样式"面板底部左侧的"显示类别视图"按钮,可以按样式类别添加 CSS 属性。选择属性列表中的某行属性,单击面板底部最右侧的"删除 CSS 属性"按钮,可删除选择的 CSS 属性。如果选中上部列表中的某个选择器,则将该选择器及其设置的 CSS 属性全部删除。

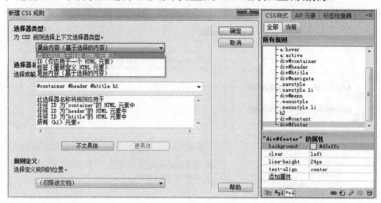

图 6-33 "CSS 样式"面板与"新建 CSS 规则"对话框

图 6-34 ".test 的 CSS 规则定义"对话框

3. 附加样式表

从"CSS 样式"面板底部右侧的工具栏中选择"附加样式表"选项,可以选择外部样式表文件,将其链接到网页中。

4. 应用样式

标记选择器定义的样式会自动应用到页面中相应的标记上。对于类选择器和 id 选择器,需要将选择器与网页元素关联,从而将选择器定义的样式应用于特定的网页元素。在设计界面时,选中将要应用样式的网页元素,并从"CSS 样式"面板上部的规则列表中选中类或 id 选择器,从其右键菜单中选择"应用"命令,则可设置选中网页元素的 class 属性值或 id 属性值为相应的选择器名,进而应用选择器定义的样式。对于类选择器还可以从元素的属性面板中,从"类"下拉列表中选择网页中定义的,以及引入外部样式表中定义的 CSS 类,使该元素应用所选 CSS 类中定义的样式。

6.8 JavaScript 的支持

Dreamweaver 对 JavaScript 的支持除了代码视图中的代码智能提示功能,在设计视图中主要集中在"行为"面板中。使用"行为"面板中提供的功能，设计人员无须编码，通过简单的鼠标操作即可自动生成一些交互行为的 JavaScript 代码。

使用"行为"面板进行 JavaScript 可视化编程的基本步骤如下。

（1）给网页元素设置 id 属性。要给一个页面元素的事件属性添加事件处理程序，从而实现可视化的交互行为，元素必须要有 id 属性值，以便获取该元素的 DOM 对象。

（2）选择网页元素。行为实际上是一些预定义的常用事件处理程序，行为必须设置给特定的网页元素，即必须与事件源对象关联。

（3）从"行为"面板添加行为。如果"行为"面板未显示，可以从"窗口"菜单的"行为"命令打开。打开"行为"面板上工具栏中的"添加行为"下拉列表，工具栏中的图标为"+"，所选对象支持的事件行为在下拉列表中显示为可选的，不支持的事件行为在下拉列表中显示为不可选择的浅灰色，如图 6-35 所示。

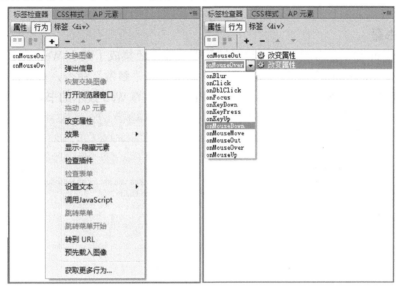

图 6-35　从"行为"面板中添加行为

（4）在事件行为左侧一栏中设置事件属性。添加行为时，"行为"面板会自动设置一个事件属性，但通常需要将其修改为需要的事件类型。也可以从"行为"面板工具栏上选择"显示所有事件"，在"行为"面板中将列出所选页面元素支持的所有事件类型，在相应事件类型的右侧栏中设置行为。

Dreamweaver 的早期版本中还有"时间轴"面板，使用该面板可以制作简易的矢量动画，但操作较复杂，实用性不强，在 CSS 6 版本中已没有此功能了。

6.9　XML 的支持

Dreamweaver 提供了新建 XML 文档和 XSLT 文档的功能，支持编辑 XML 和 XSLT 文档。新建 XSLT 文档有 XSLT（整页）和 XSLT（片断）两种。XSLT（整页）的根模板中嵌入了<html>、<head>、<title>、<body>等标记，可将 XML 文档转化为完整的 HTML 文档；XSLT（片断）的根模板中无内容，默认将 XML 文档转化为部分 HTML 网页片断。在新建 XSLT 文档时，或者在创建之后，从"绑定"面板上右侧工具栏中选择"源"，打开"定位 XML 源"对话框，为 XSLT 绑定其要转化的 XML 文档，如图 6-36 所示。绑定 XML 文档后，在编写 XSLT 时，双击"绑定"面板中列出的 XML 元素，即可在 XSLT 文档的插入点处自动添加此元素的 XML 文档路径。

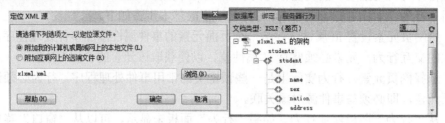

图 6-36 绑定 XML 文档

6.10 参考资源

1．参考书籍

Dreamweaver 除了具有网页制作和网站管理功能，还集成了关于 Web 技术方面的各种学习和参考资源。从菜单栏中选择"窗口"→"结果"→"参考"命令，打开"参考"面板，可参阅有关 HTML、CSS、JavaScript、ASP、PHP、JSP 等 Web 技术的书籍，如图 6-37 所示。

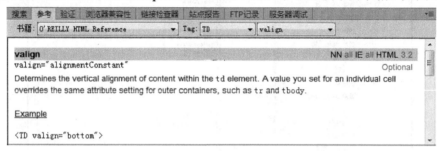

图 6-37 参考书籍

2．代码片断

Dreamweaver 中的代码片断功能提供了一些常用的代码可供设计人员参考使用。从菜单栏中选择"窗口"→"代码片断"命令，打开"代码片断"面板，可以查看 Dreamweaver 自带的代码片断，如图 6-38 所示。通过该功能面板，还可以定义自己的代码片断。在"代码片断"面板中右击，新建文件夹并命名，然后在文件夹中右击，即可新建代码片断，如图 6-39 所示。将常用的 HTML 片断或 JavaScript 代码设置为"代码片断"，并为其设置快捷键，可以在设计时方便地反复使用，从而提升工作效率。

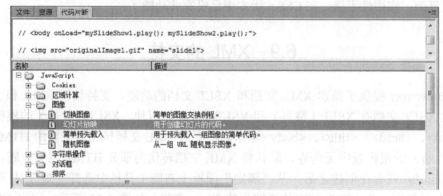

图 6-38 代码片断

图 6-39　新建代码片断

本 章 小 结

本章介绍了 Dreamweaver 的基本功能和实际应用技巧。作为业界领先的网页制作软件，Dreamweaver 功能强大、实用高效、独具特色。Dreamweaver 提供了几种视图模式，在代码视图中，可以直接进行各类代码的编辑，支持代码智能提示功能；在设计视图中，可以进行可视化编辑，具有所见即所得的编辑功能；在拆分视图中，可以将页面显示效果与具体代码进行对照。Dreamweaver 的基本功能是编辑网页，可以进行文本排版处理、链接设置、图像插入、多媒体嵌入、表格编辑、表单设计等。Dreamweaver 的站点管理工具，可以实现站点定义、地址映射（站点与网站根目录的对应）、网站资源的组织管理、远程服务器连接、版本控制、测试、FTP 上传等功能。Dreamweaver 的布局功能提供了对表格布局、层布局的支持，借助于网格、标尺与辅助线等工具可实现页面内容的精确定位。Dreamweaver 还提供了库、模板功能，以及对 CSS、JavaScript、XML 文档编辑的专门支持。在 Dreamweaver 提供的各种功能中有一些非常具有特色与实用性的工具，如"标签选择器""在多文件中查找替换""拖放链接""图像热点截取""插入 Flash 视频"等。

思 考 题

1. Dreamweaver 中有哪些视图？各有什么功能？
2. Dreamweaver 站点管理对话框中有哪些功能按钮？
3. Dreamweaver 的资源面板可以管理哪些资源？
4. Dreamweaver 的编码工具栏有什么功能？
5. Dreamweaver 建立的 HTML 文档中第一行 DOCTYPE 声明是什么语法？有什么作用？
6. 如何修改 Dreamweaver 创建网页时默认的 DOCTYPE 声明类型？
7. 在 Dreamweaver 的设计界面中，如何将定义好的 CSS 样式应用于网页元素？
8. 简述使用"行为"面板进行 JavaScript 可视化编程的基本步骤。
9. 在创建 XSLT 文档后，如何为 XSLT 绑定其要转化的 XML 文档？
10. 如何打开 Dreamweaver 中内嵌的参考书籍？
11. 如何将一个网站中所有网页的"字符串"批量修改为"文本"？

第 7 章 HTML 5

（视频学习）

HTML 5 是新一代的 HTML，是 HTML、XHTML 及 HTML DOM 的新标准。与 XHTML 相反，HTML 5 是 HTML 的宽松化版本，它并不是一次革命性的升级，而是规范向习惯的妥协。HTML 5 与 HTML 4.0 和 XHTML 完全兼容，且基本结构与语法没有变化。HTML 5 的另一个出发点是实用性，它增加了许多实用的新功能，使得前端开发人员可以用更少的时间，设计出功能更强大的 Web 界面。

7.1 HTML 5 概述

HTML 5 是 W3C 与 WHATWG 合作的结果。HTML 本应是沿着严格化的道路从 XHTML 1.0 走向 XHTML 2.0 的，然而却向着相反的方向发展到了 HTML 5。

7.1.1 从 HTML 到 XHTML 和 HTML 5

1．从 HTML 到 XHTML

HTML 于 1991 年年底推出，但最早的 HTML 并没有任何严格的定义。直到 1993 年，因特网工程任务组（Internet Engineering Task Force，IETF）才开始发布 HTML 规范的草案。由于早期的 HTML 从未执行严格的规范，而且各浏览器对一些错误的 HTML 极为宽容，导致了 HTML 较为混乱。为了改变这种局面，W3C 制定了 XHTML。XHTML 将 XML 和 HTML 的长处加以结合，用 XML 规范来约束 HTML 文档。XHTML 是新版本的 HTML 规范，是严格化的 HTML 版本。HTML 的发展历史大致经历了如下几个阶段。

（1）HTML 1：1993 年 6 月由 IETF 发布的 HTML 草案。

（2）HTML 2.0：1995 年 11 月作为 RFC 1866 发布。

（3）HTML 3.2：1996 年 1 月 14 日由 W3C 发布，是第一个被广泛使用的 HTML 标准。

（4）HTML 4.0：1997 年 12 月 18 日由 W3C 发布。

（5）HTML 4.01：1999 年 12 月 24 日由 W3C 发布，是另一个重要的、被广泛使用的 HTML 标准。

（6）XHTML 1.0：2000 年 1 月 26 日发布，是 W3C 的推荐标准。后来经过修订于 2002 年 8 月 1 日重新发布。

2．HTML 5 的发展历程

虽然 W3C 制定了严格的规范 XHTML，但是互联网上大部分 HTML 页面是不符合规范的，然而各种浏览器却可以正常解析、显示这些页面。在这样的局面下，WHATWG 组织开始制定"妥协式"规范 HTML 5。

（1）2004 年，为了推动 Web 标准化的发展，Opera、Apple 及 Mozilla 等浏览器厂商组建了 WHATWG 并提出了 Web Applications 1.0 草案，其是 HTML 5 的前身。而此时 W3C 正专注于 XHTML 2.0 标准的制定。

（2）W3C 与 WHATWG 经过多年努力，终于在 2006 年达成妥协，双方决定进行合作，共同创建一个新版本的 HTML。2007 年 W3C 接纳了 Web Applications 1.0 草案，成立了新的 HTML 工作团队。

（3）HTML 5 的第一份正式草案于 2008 年 1 月 22 日公布。

（4）2009 年，W3C 明智地放弃了推出 XHTML 2.0 标准的计划，选择了 WHATWG 的成果 HTML 5 作为新的 HTML 标准。

（5）2012 年 12 月 17 日，W3C 正式宣布凝结了大量网络工作者心血的 HTML 5 规范已经正式定稿。W3C 的发言稿称"HTML 5 是开放的 Web 网络平台的奠基石"。

（6）2013 年 5 月 6 日，HTML 5.1 草案正式公布。在这个版本中，不断推出新功能，以帮助 Web 应用程序的开发者努力提高新元素的互操作性。

（7）2014 年 10 月 29 日，W3C 宣布，经过接近 8 年的艰苦努力，该标准规范终于制定完成，并已公开发布。

HTML 5 将会取代 1999 年制定的 HTML 4.01、XHTML 1.0 标准，以期能在互联网应用迅速发展期间，使网络标准达到符合当代的网络需求，为桌面和移动平台带来无缝衔接的丰富内容。

7.1.2 HTML 5 的优势

1. 兼容性更好

所谓的浏览器兼容性问题，是指由于不同的浏览器对同一段代码有不同的解析，造成页面显示效果不统一的情况。在大多数情况下，我们希望无论用户用什么浏览器来查看网站或登录系统，都应该是统一的显示效果。所以浏览器的兼容性问题是前端开发人员经常会碰到且必须要解决的问题。

HTML 5 的目标是详细分析各浏览器所具有的功能，并以此为基础制定一个通用规范，并且要求各浏览器能支持这个通用规范。如果各浏览器都能统一地遵守 HTML 5 规范，今后前端开发人员开发 HTML+CSS+JavaScript 页面时将会变得更加轻松。

2. 语义更明确

在 HTML 5 之前，Web 的前端开发人员经常定义如下页面结构：

```
<div id="header">...</div>
<div id="nav">...</div>
<div id="article">
    <div id="section">...</div>
</div>
<div id="aside">...</div>
<div id="footer">...</div>
```

在这种页面结构中，所有内容都是 <div> 元素，缺乏明确的语义。HTML 5 则为上面的页面结构提供了更明确的语义元素。上面的页面结构可改为如下形式：

```
<header>...</header>
<nav>...</nav>
<article>
   <section>...</section>
</article>
<aside>...</aside>
<footer>...</footer>
```

除此之外，HTML 5 还提供了很多其他的语义元素，一个语义元素能够为浏览器和开发人员清楚地描述其意义。

3. 功能更实用

HTML 5 为标记增加了一些属性，这些属性可以实现一些非常实用的功能，可以取代部分 JavaScript 代码，如：

```
<input type="text"  name="username"  value="Kate"  autofocus/>
```

autofocus 属性可以使浏览器在打开一个页面后立即让这个单行文本框获得输入焦点。在 HTML 5 之前，则需要通过 JavaScript 来实现。HTML 5 支持的类似 autofocus 的属性还有很多。

4．新功能

新增的表单控件及属性加强了表单的功能；新增的音频与视频标记<audio>与<video>，使得浏览器能够实现原生的多媒体播放功能；拖放 API 可在网页内实现媲美原生桌面程序的拖放功能；新增的<canvas>标记为 JavaScript 添加了绘图功能，使 Web 页面支持 2D 图形绘制。

5．新技术

HTML 5 新增的 Web Storage，使得浏览器支持本地存储。离线应用技术允许浏览器按照预设的配置缓存网站资源，以便在离线时仍然能够浏览。将本地存储和离线应用结合起来，可以开发出功能更强大的 Web 应用，无论用户是处于联网状态还是离线状态都可以使用该 Web 应用。Web Worker 使得 Web 前端也能够实现多线程。Web Geolocation 可在网页内进行地理定位。Web Socket 可在网页内建立额外的连接，与服务器进行全双工通信。

7.2 HTML 5 新增常用元素和属性

HTML 5 规范的设计初衷是最大限度地"兼容"互联网上已经存在的网页，它"非常宽容"地保留了 HTML 4 和 XHTML 的几乎所有功能。同时，HTML 5 从实用性出发，新增了许多元素、属性、属性值、API 等，极大地增强了 HTML 的功能。

7.2.1 新增的文档结构元素

在 HTML 5 之前，只能使用<div>标记定义文档的结构，而 HTML 5 新增了一些具有语义功能的标记，如<article>、<section>、<nav>等。

1．<article>

表示页面中一块与上下文不相关的独立内容，可以是一个帖子、一篇博文、一条完整的回复。<article>的简单使用规则如下：

（1）<article>标记可嵌套<header>标记定义文章标题部分。

（2）<article>标记可嵌套<footer>标记定义文章脚注部分。

（3）<article>标记可嵌套多个<section>标记把文章内容分成几个段落。

（4）<article>标记可嵌套多个<article>标记作为它的附属文章，如一篇博文后面可以有多篇回复文章。

2．<section>

可用于对页面中的内容进行分块，如章节、页眉、页脚或页面中的其他部分。< section > 标记的简单使用规则如下：

（1）<section>标记可以与标题元素（<h1>...<h6>）结合起来使用。

（2）<section>标记可以包含多个<article>标记，表示该分块内部包含多篇文章。

（3）<section>标记可以包含多个< section >标记，表示该分块包含多个子分块。

3．<nav>

专门用于定义页面上的导航条。

4. <aside>

用于定义<article>标记内容之外的且与<article>标记内容相关的辅助信息。推荐使用 CSS 把<aside>标记的内容渲染成侧边栏。

5. <header>

主要用于为<article>标记定义文章"头部"信息。通常用于定义文档的页眉。可包含标题（<h1>…<h6>）、<hgroup>、<p>、<span>等元素。

6. <hgroup>

用于对整个页面或页面中一个内容区域的标题进行组合。当<header>标记包含多个标题元素时，可以使用<hgroup>标记把它们组成一组。

7. <footer>

用于定义<article>标记内容的脚注，如文章的版权信息、作者相关信息等。

8. <figure>

表示一段独立的流内容（图像、图表、照片、代码等）。经常用于表示一块独立的图片区域。可包含若干个<img>标记代表的图片；可包含<figcaption>标记，用于定义该图片区域的标题。

9. <figcaption>

用于定义图像区域的标题，通常嵌套在<figure>标记中。

例程 7-1 article.html

```html
<!doctype html>
<html>
<head>
<meta charset="utf-8">
<title>HTML 5</title>
</head>
<body>
<article>
<header>
   <h1>HTML 5</h1>
</header>
<section>
   <ul>
      <li><a href="#first">发展历程</a></li>
      <li><a href="#second">设计目的</a></li>
      <li><a href="#third">特性</a></li>
   </ul>
</section>
<section>
   <h3 id="first">发展历程</h3>
   <p>由于 W3C 在制定 XHTML 规范时对页面错误处理严肃，对兼容要求苛刻，在 2004 年，浏览器供应商、Web 开发公司和一些 W3C 的成员成立了 WHATWG。WHATWG 开始以 HTML 4.01 为基础开发下一个版本的 HTML，致力于 Web Form 2.0 和 Web Application 1.0。其中，Web Application 1.0 是 HTML 的新版本。在 2006 年，W3C 决定和 WHATWG 进行合作，将 Web Application 1.0 重新命名为 HTML 5。</p>
   <p>HTML 5 的第一份正式草案已于 2008 年 1 月 22 日公布。</p>
   <p>2012 年 12 月 17 日，W3C 正式宣布凝结了大量网络工作者心血的 HTML 5 规范已经正式定稿。W3C 的发言稿称"HTML 5 是开放的 Web 网络平台的奠基石"。</p>
   <p>2013 年 5 月 6 日， HTML 5.1 正式草案公布。</p>
</section>
<section>
   <h3 id="second">设计目的</h3>
   <p>HTML 5 的设计目的是在移动设备上支持多媒体。新的语法被引进以支持这一特点，如 video、audio 和 canvas 标记。HTML 5 还引进了新的功能，可以真正改变用户与文档的交互方式。 </p>
   <p>HTML 5 在 2007 年被 W3C 新的工作组采用。这个工作组在 2008 年 1 月发布了 HTML 5 的首个公开草
```

案。当时，HTML 5 处于"呼吁审查"状态，2012 年 12 月，W3C 发布了 HTML 5 规范的正式定稿。</p>
       </section>
       <section>
          <h3 id="third">特性</h3>
          <p>语义特性（Class：Semantic）
              HTML 5 赋予了网页更好的意义和结构。更加丰富的标签将随着对 RDFa、微数据与微格式等方面的支持，构建对程序、对用户都更有价值的以数据驱动的 Web。
              本地存储特性（Class: OFFLINE & STORAGE）
              基于 HTML 5 开发的网页 App 拥有更短的启动时间，更快的联网速度，这些全都得益于 HTML 5 App Cache、本地存储功能、Indexed DB（HTML 5 本地存储非常重要的技术）和 API 说明文档。</p>
          <p>连接特性（Class: CONNECTIVITY）
              更有效地连接工作效率，使基于页面的实时聊天、更快速的网页游戏体验、更优化的在线交流得到了实现。HTML 5 拥有更有效的服务器推送技术，Server-Sent Event 和 WebSockets 就是其中的两个特性，这两个特性能够帮助用户实现通过服务器将数据"推送"到客户端的功能。 </p>
          <p> 网页多媒体特性(Class: MULTIMEDIA)
              支持网页客户端的 Audio、Video 等多媒体功能，与网站自带的 APPS、摄像头、影音功能相得益彰。
              三维、图形及特效特性（Class: 3D, Graphics & Effects）
              基于 SVG、Canvas、WebGL 及 CSS 3 的 3D 功能使用户惊叹于浏览器所呈现的惊人视觉效果。</p>
          <p> 性能与集成特性（Class: Performance & Integration）
              没有用户会永远等待 Loading——HTML 5 能通过 XMLHttpRequest2 等技术解决以前的跨域等问题，使用户的 Web 应用和网站在多样化的环境中也能更快速地工作。</p>
       </section>
    </article>
    <footer> 本网页是对 HTML 5 发展历程、设计目的、特性的介绍。 </footer>
    <aside style="border:1px red solid;background-color:#eeff66;width:200px;position:absolute;left:1000px;top:40px;">
       <h3>页面导航</h3>
       <nav>
          <ul>
             <li><a href="http://www.w3school.***.**/">w3school</a></li>
             <li><a href="http://www.html5cn.***/">HTML 5 中国</a></li>
             <li><a href="http://developer.51cto.***/art/200907/133407.htm">51cto.com</a></li>
          </ul>
       </nav>
    </aside>
    <figure style="border:1px green solid; width:400px; position:absolute; left:400px; top:40px;">
       <figcaption>Logo 图片</figcaption>
       <img src="images/HTML 5 logo.jpg" alt="HTML 5 的 Logo 图片" width="100px" height="100px"/> <img src="images/HTML 5 中国.png" alt="HTML 5 中国" width="100px" height="100px"/> <img src="images/get.jpg" alt="W3C" width="100px" height="100px"/> </figure>
   </body>
</html>
```

将例程 7-1 在浏览器中打开可以看出，HTML 5 提供的这些文档结构元素，并没有设置网页内容的样式，它提供的是一种文档结构。

### 7.2.2 新增的通用属性

HTML 5 为大部分的 HTML 元素增加了一些通用属性，这些属性可以极大地增强了 HTML 元素的功能。

#### 1. contentEditable 属性

大部分 HTML 元素都支持 contentEditable 属性，如果把该属性值设为 true，那么浏览器将允许用户直接编辑该元素的内容。如<table>、<div>、<p>等标记定义的内容都会变成可编辑状态。

contentEditable 属性是可继承的。如果一个 HTML 元素的父元素是可编辑的，那么它默认也是可编辑的，除非显式设定 contentEditable="false"。
```

用户编辑完之后,新的内容会显示在该页面中。如果刷新页面,浏览器将重新加载页面,编辑的内容会消失,可以通过访问该元素的 innerHTML 属性来获取编辑后的内容。

例程 7-2 contentEditable.html

```html
<body>
<table border="1" align="center" cellpadding="5" cellspacing="5" contentEditable="true">
    <caption style="font-size:24px;font-weight:bold;">
    我的课程表
    </caption>
    <tr>
        <th colspan="2" ></th>
        <th>星期一</th>
        <th>星期二</th>
        <th>星期三</th>
        <th>星期四</th>
        <th>星期五</th>
    </tr>
    <tr>
        <td rowspan="4">上午</td>
        <td>第一节</td>
        <td rowspan="2">Java Web 应用程序开发</td>
        <td rowspan="2">ASP.NET 程序设计</td>
        <td rowspan="2">计算机组成原理</td>
        <td rowspan="2">数据结构</td>
        <td rowspan="2">大学英语</td>
    </tr>
    <tr>
        <td>第二节</td>
    </tr>
    <tr>
        <td>第三节</td>
        <td rowspan="2">Java Web 应用程序开发</td>
        <td rowspan="2"></td>
        <td rowspan="2">大学英语</td>
        <td rowspan="2"></td>
        <td rowspan="2">计算机组成原理</td>
    </tr>
    <tr>
        <td>第四节</td>
    </tr>
    <tr>
        <td rowspan="4">下午</td>
        <td>第五节</td>
        <td rowspan="2"></td>
        <td rowspan="2">Oracle 数据库</td>
        <td rowspan="2">ASP.NET 程序设计</td>
        <td rowspan="2"></td>
        <td rowspan="2"></td>
    </tr>
    <tr>
        <td>第六节</td>
    </tr>
    <tr>
        <td>第七节</td>
        <td rowspan="2">数据结构</td>
        <td rowspan="2"></td>
        <td rowspan="2"></td>
        <td rowspan="2">Oracle 数据库</td>
        <td rowspan="2"></td>
```

```
    </tr>
    <tr>
      <td>第八节</td>
    </tr>
  </table>
</body>
```

上述例程将<table>标记变为了可编辑状态。

在浏览器中浏览该页面并单击每一个单元格,单元格都将变成可编辑状态。

2. designMode 属性

designMode 属性值为 on 或 off,相当于一个全局的 contentEditable 属性,一般与 JavaScript 代码结合使用。

如果把 ondblclick="document.designMode='on'"放在<body>标记中,那么当双击该页面时,页面中所有支持 contentEditable 属性的元素都将变成可编辑状态。属性值对 ondblclick="document.designMode='on'"同样可以放在<table>标记或其他标记中,那么当双击该表格或相应元素时,页面中所有支持 contentEditable 属性的元素也都将变成可编辑状态。如例程 7-3 所示。

例程 7-3 designMode.html

```
<body onDblClick="document.designMode='on'">
<table border="1" align="center" cellpadding="5" cellspacing="5">
  <caption style="font-size:24px;font-weight:bold;">
    我的课程表
  </caption>
...
```

3. hidden 属性

HTML 5 为所有元素都提供了一个 hidden 属性,属性值为 true 或 false。如果把一个元素的 hidden 属性值设为 true,则意味着浏览器不再显示该组件,也不会保留该组件所占用的空间,相当于 CSS 中 display:none。

例如:

```
<table border="1" align="center" cellpadding="5" cellspacing="5">
    <caption style="font-size:24px;font-weight:bold;" hidden="true">
    我的课程表
    </caption>
...
```

4. spellcheck 属性

用于设置是否对元素进行拼写和语法检查,属性值为 true 或 false。可设置对<input>元素中的文本值(非密码)、<textarea>元素中的文本、其他可编辑元素中的文本进行拼写检查。

7.2.3 其他元素

HTML 5 新增的其他元素如下。

1. <mark>

用于定义需要突出显示的文本。<mark>是语义标记,表示带有记号的文本,用于标注页面中的重点内容,还可用于搜索引擎检索的关键字。

2. <time>

用于定义日期/时间。<time>是语义标记,表示被标注的内容是日期/时间。<time>标记可指定 datetime 属性,规定日期/时间值。在<time>标记的内容中未指定日期/时间时,使用该属性,属性值应符合"yyyy-MM-ddTHH:mm:ss"格式。

3. <details>

用于描述文档或文档某个部分的细节,默认不可见。应与<summary>标记配合使用。

4. <summary>

为<details>标记定义摘要。应与<details>标记一起使用，摘要是可见的，当用户单击摘要时会显示出详细信息。

5. <meter>

用于定义已知范围或分数值内的标量测量，表示一个计数仪表。除了通用属性，<meter>标记可指定如下属性。

（1）high：规定被视作高的值的范围。
（2）low：规定被视作低的值的范围。
（3）max：规定范围的最大值。
（4）min：规定范围的最小值。
（5）optimum：规定度量的优化值。
（6）value：为必需属性。规定度量的当前值。

6. <progress>

用于标示任务的进度（进程），表示一个进度条。通常与 JavaScript 一同使用，来显示任务的进度。除了通用属性，<progress>标记可指定如下属性。

（1）max：规定任务一共需要多少工作。
（2）value：规定已经完成了多少任务。

例程 7-4　othertag.html

```html
<!DOCTYPE html>
<html>
<head>
<meta http-equiv="Content-Type" content="text/html; charset=UTF-8" />
<title>HTML 5 新增元素</title>
</head>
<body>
<h3>突出显示的文本 mark</h3>
<mark>HTML 5</mark>是新一代的 HTML 标准。
<h3>日期和时间</h3>
我们每天早上<time>8:30</time>开始上课。<br/>
今年<time datetime="2022-09-10">教师节</time>前要发表一篇论文。
<h3>摘要与细节 summary details</h3>
<details>
<summary>Web 技术基础</summary>
本书系统地介绍了 Web 技术领域的各种知识。
</details>
<h3>计数仪表 meter</h3>
当前速度：
<meter value="80" min="0" max="220">80</meter>千米/小时
<h3>进度条 progress</h3>
任务完成进度：
<progress value="32" max="100">32%</progress>
</body>
</html>
```

7.3　HTML 5 增强的表单功能

HTML 5 为原有的表单、表单控件元素新增了大量的属性，为原有的属性增加了更多的属性取值，极大地增强了 HTML 表单的功能。

7.3.1 新增的表单元素和属性

HTML 5 为表单控件新增了一些属性，如 form 属性、formxxx 属性（formaction、formmehtod、formtarget、formenctype）、autofocus 属性、placeholder 属性等，这些属性给表单带来了很实用的功能。

1. form 属性

有时为了让页面更美观，需要把一些表单控件放到\<form\>标记外部。在 HTML 5 之前，这是不允许的。所有的表单控件必须放在\<form\>标记内部，这样当用户单击 submit 按钮时，表单控件生成的请求参数才会传给目标页面。

HTML 5 新增的 form 属性可以让表单控件定义在\<form\>标记外部，只需把表单的 id 属性值赋给控件的 form 属性，就可以定义该表单控件所属的表单。如此一来，网页开发人员可以随意地放置表单控件，使页面布局变得更加灵活。

例程 7-5　formAttribute.html

```html
<body>
<table align="left">
  <form action="" method="post" id="form1">
  <tr>
    <td colspan="2" align="center">请输入正确的信息</td>
  </tr>
  <tr>
    <td>用户名：</td>
    <td><input type="text" name="username" /></td>
  </tr>
  <tr>
    <td>密  码：</td>
    <td><input type="password" name="password"/></td>
  </tr>
  <tr>
    <td><input type="submit" value="登录"/></td>
    <td><input type="submit" value="注册"/></td>
  </tr>
  </form>
</table>
<div style="position:absolute;left:400px;top:0px;">
  <table>
    <tr>
      <td>欢迎您提出宝贵意见：</td>
    </tr>
    <tr>
      <td><textarea name="message" cols="50" rows="10" wrap="soft" form="form1">
          请发表留言
      </textarea>
      </td>
    </tr>
  </table>
</div>
</body>
```

以上\<textarea\>标记定义了一个多行文本框。虽然它不在\<form\>标记内部，但由于为它指定了 form="form1"，因此它也属于 form1（表单 id 属性值）。单击该表单的"提交"按钮，多行文本框生成的请求参数也会被提交给目标页面。

2. formxxx 属性

（1）formaction 属性，如例程 7-6 所示，当用户单击"登录""注册"按钮时，表单中的数据将会被提交给同一个目标页面 target.jsp，而在很多情况下，需要将其提交给不同的目标页面。为"登录""注册"按钮对应的<input>标记分别添加 formaction 属性，就可以动态地将表单数据提交到不同的目标页面，formaction 的属性值就是相应目标页面的 URL。

例程 7-6 formAction.html

```html
<body>
<table align="left">
  <form action="target.html" method="post">
    <tr>
      <td colspan="2" align="center">请输入正确的信息</td>
    </tr>
    <tr>
      <td>用户名：</td>
      <td><input type="text" name="username" /></td>
    </tr>
    <tr>
      <td>密  码：</td>
      <td><input type="password" name="password" /></td>
    </tr>
    <tr>
      <td><input type="submit" value="登录" formaction="login.jsp"/></td>
      <td><input type="submit" value="注册" formaction="register.jsp"/></td>
    </tr>
  </form>
</table>
</body>
```

（2）formenctype 属性，可以让按钮动态改变表单的 enctype 属性，属性值为相应的 enctype 属性值。

（3）formmethod 属性，可以让按钮动态改变表单的 method 属性，属性值为 get 或 post。

（4）formtarget 属性，可以让按钮动态改变表单的 target 属性，属性值为相应的 target 属性值。

以上 4 个属性只能用于<input type="submit".../>、<input type="image".../>和<button type="submit".../>元素。

3．autofocus 属性

当浏览器打开一个页面时，添加了 autofocus 属性的表单控件会自动获得焦点（一个页面同一时刻只能有一个表单控件获得焦点）。

给例程 7-6 的用户名<input>标记添加 autofocus 属性。在浏览器中打开时，用户名控件获得焦点，用户可以直接输入信息。

```html
<tr>
    <td>用户名：</td>
    <td><input type="text" name="username" autofocus/></td>
</tr>
```

4．placeholder 属性

该属性用于在文本输入控件内显示对用户的提示信息。如例程 7-7 所示，给注册表单的用户名单行文本框和密码框添加上 placeholder 属性，该表单在浏览器中显示时，用户名单行文本框和密码框中会有提示信息，提示信息就是 placeholder 的属性值，当用户开始输入时，获得焦点的控件提示信息将消失。

例程 7-7 formPlaceholder.html

```html
<table align="left">
  <form action="target.html" method="post">
    <tr>
      <td colspan="2" align="center">请输入正确的信息</td>
    </tr>
    <tr>
      <td>用户名：</td>
      <td>
        <input type="text" name="username" placeholder="请输入正确的用户名" />
      </td>
    </tr>
    <tr>
      <td>密  码：</td>
      <td>
        <input type="password" name="password" placeholder="请输入正确的密码" />
      </td>
    </tr>
    <tr>
      <td><input type="submit" value="登录"/></td>
      <td><input type="submit" value="注册"/></td>
    </tr>
  </form>
</table>
```

5. list 属性

该属性用于为<input>文本输入框设置输入选项。list 属性值是一个<datalist>标记的有效 id 值，<datalist>标记定义了输入字段的预定义选项。<input>文本输入框、list 属性及其引用的数据列表<datalist>一起构成了组合框控件（ComboBox），相当于文本框与下拉菜单结合的组件，既可以直接输入信息，也可以通过提供的下拉菜单进行选择。

6. <datalist>元素

该元素用于定义数据列表，为文本输入框提供选项，由其 list 属性引用。<datalist>相当于一个隐藏的<select>，其包含的子元素与<select>相同。<datalist>与<input>及其 list 属性结合使用。当双击指定了 list 属性的文本框时，该文本框下将会显示<datalist>定义的下拉菜单供选择使用。

例程 7-8 combobox.html

```html
<body>
<h3>组合框应用</h3>
<form method="post" action="buy">
  请输入 Web 技术知识点：
  <input type="text" name="name" list="books"/>   
  <input type="submit" value="转到"/>
</form>
<datalist id="books">
  <option value="html">超文本标记语言 HTML</option>
  <option value="css">层叠样式表 CSS</option>
  <option value="xml">可扩展标记语言 XML</option>
  <option value="js">JavaScript 脚本语言</option>
  <option value="dw">Web 编辑工具 Dreamweaver</option>
  <option value="html5">超文本标记语言版本 5 HTML 5</option>
  <option value="css3">层叠样式表版本 3 CSS 3</option>
</datalist>
</body>
```

7. <output>元素

该元素用于显示输出。与其他表单控件不同，<output>并不生成请求参数，只用于显示输出。除了通用属性，还可以为<output>设置 for 属性，指定<output>将会显示哪个元素的值。

例如：

```
<input type="range" id="r" min="0" max="100" value="50">
<output name="o" for="r"></output>
```

按照 HTML 5 规范，<output>应该自动显示拖动条 r 的值。由于浏览器对<output>的支持不理想，上述代码并不能正常显示，而需要添加事件监听器来实现。

7.3.2 <input>元素 type 属性新增的属性值

HTML 5 为<input>元素的 type 属性新增了一些属性值，这样<input>元素就可以生成更多的表单控件，如表 7-1 所示。

表 7-1 <input>元素 type 属性新增的属性值

type 属性值	功 能
color	生成一个颜色选择器
date	生成一个日期选择器
time	生成一个时间选择器
datetime	生成一个 UTC 日期、时间选择器
datetime-local	生成一个本地日期、时间选择器
week	生成一个供用户选择第几周的文本框
month	生成一个月份选择器
email	生成一个 E-mail 输入框，输入的字符串必须符合 E-mail 的规则
tel	生成一个只能输入电话号码的文本框
url	生成一个 URL 输入框，输入的字符串必须符合 URL 的规则
number	生成一个只能输入数字的文本框，或者通过文本框右边的箭头增减数字
range	生成一个拖动条
search	生成一个专门用于输入搜索关键字的文本框

电话输入框与普通的文本框没有明显区别，用户可以输入任意字符串，浏览器没有提供额外的校验。

对于定义拖动条控件的<input>标记，可以增加如下 3 个属性，这样用户通过拖动条只能输入指定范围、指定步长的值。

（1）min 属性：指定拖动条的最小值。
（2）max 属性：指定拖动条的最大值。
（3）step 属性：指定拖动条的步长。

搜索框与普通的文本框没有明显区别，只是当用户开始输入字符串时，在控件的右端会出现一个"×"图标，单击它，会删除用户输入的字符串。

如果用户输入的数据不符合相应类型控件要求的规则，当用户单击"提交"按钮时，浏览器会给出提示信息并阻止表单数据的提交。

例程 7-9 inputNew.html

```
<body>
<table align="center" border="1">
```

```html
<form action="" method="post">
    <tr>
        <td>颜色选择器：</td>
        <td><input type="color" name="color" /></td>
    </tr>
    <tr>
        <td>日期选择器：</td>
        <td><input type="date" name="date" /></td>
    </tr>
    <tr>
        <td>时间选择器：</td>
        <td><input type="time" name="time" /></td>
    </tr>
    <tr>
        <td>UTC 日期、时间选择器：</td>
        <td><input type="datetime" name="datetime" /></td>
    </tr>
    <tr>
        <td>本地日期、时间选择器：</td>
        <td><input type="datetime-local" name="datetime-local" /></td>
    </tr>
    <tr>
        <td>第几周：</td>
        <td><input type="week" name="week" /></td>
    </tr>
    <tr>
        <td>月份选择器：</td>
        <td><input type="month" name="month" /></td>
    </tr>
    <tr>
        <td>E-mail 输入框：</td>
        <td><input type="email" name="email" /></td>
    </tr>
    <tr>
        <td>电话输入框：</td>
        <td><input type="tel" name="tel" /></td>
    </tr>
    <tr>
        <td>URL 输入框：</td>
        <td><input type="url" name="url" /></td>
    </tr>
    <tr>
        <td>数字输入框：</td>
        <td><input type="number" name="number" /></td>
    </tr>
    <tr>
        <td>拖动条：</td>
        <td><input type="range" name="range" min="5" max="100" step="5"/></td>
    </tr>
    <tr>
        <td>搜索框：</td>
        <td><input type="search" name="search" /></td>
    </tr>
    <tr>
        <td colspan="2" align="center"><input type="submit" name="提交" /></td>
    </tr>
</form>
</table>
</body>
```

上述例程应用了以上表格中<input>元素新增的控件,在浏览器中显示的效果如图 7-1 所示。

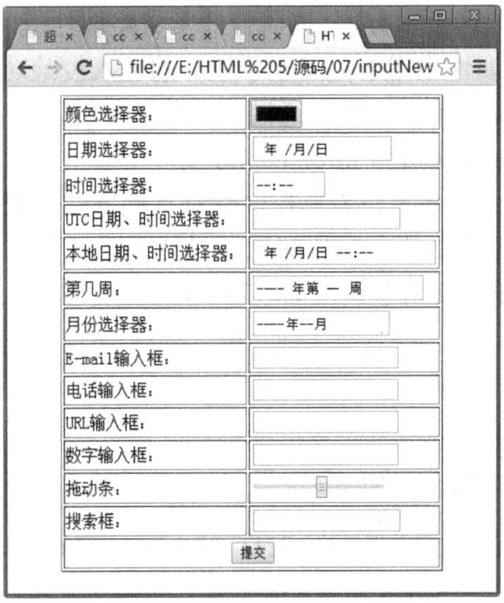

图 7-1　HTML 5 新增的<input>元素控件

7.3.3　新增的客户端校验属性

HTML 5 为表单控件新增了几个输入校验属性,可以代替之前 JavaScript 的功能。

(1) required 属性,指定该表单控件不能为空,属性值必须为 required 或完全省略。如果表单控件没有输入值,那么浏览器会给出提示信息。

(2) pattern 属性,属性值是一个正则表达式,指定该表单控件的值必须符合指定的正则表达式。如果用户在表单控件中输入的值与指定的正则表达式不匹配,那么浏览器会给出提示信息。

(3) min、max、step 属性。这 3 个属性控制表单控件的值在 min 和 max 之间,步长为 step。它们只对数值类型、日期类型的<input>元素有效。

例程 7-10　formValid.html

```
<body>
<table align="center" border="1">
    <caption>HTML 5 表单控件自动校验</caption>
    <form id="form1">
        <tr>
            <td>姓名：</td>
            <td><input type="text" name="username" required/></td>
        </tr>
        <tr>
            <td>家庭固定电话：</td>
            <td><input type="tel" name="tel" required pattern="^\d{3,4}-\d{7,8}$" /></td>
        </tr>
        <tr>
            <td>年龄：</td>
            <td><input type="number" name="number" min="15" max="30" step="1"/></td>
        </tr>
        <tr>
            <td colspan="2" align="center"><input type="submit" value="提交"/></td>
        </tr>
    </form>
</table></body>
```

（4）novalidate、formnovalidate 属性。<form>元素的 novalidate 属性用于关闭 HTML 5 提供的表单控件校验属性的自动验证功能，该属性通常省略属性值，或者取值为 novalidate。"提交"按钮的 formnovalidate 属性也用于关闭表单控件的输入校验功能，但只有在单击该按钮提交表单时才会关闭控件的输入验证功能，通过其他按钮提交，表单的校验功能并不受影响。该属性通常省略属性值，或者取值为 formnovalidate。

（5）checkValidaty()方法，表单与表单控件都具有此方法。表单对象调用 checkValidaty()方法返回 true，表明该表单内的所有控件都通过了验证；只要有一个控件没有通过校验，该方法就返回 false。如果表单控件对象调用 checkValidaty()方法返回 true，则表明该控件通过了输入验证；否则返回 false。

例程 7-11 formValid2.html

```
<script type="text/javascript">
  function inputcheck() {
    formobj=document.getElementById("form1");
    if(formobj.checkValidity()) { //表单的 checkValidity()方法
      return confirm("表单内所有控件通过输入校验，确认要提交表单？");
    }
    else {
      for(var i=0;i<formobj.elements.length;i++) {
        //控件的 checkValidity()方法
        if(!formobj.elements[i].checkValidity()) {
          alert(formobj.elements[i].name + "-验证没通过!");
        }
      }
    }
  }
</script>
```

为"提交"按钮设置 onclick="return inputcheck()"，可以执行 JavaScript 脚本中自定义的验证逻辑。如果改为<form>标记添加 onsubmit="return inputcheck()"，则由于只有表单内的所有控件通过验证才能提交表单，else 内的代码将永远不会被执行。

7.3.4 增强的文件上传域

1. 文件上传域新增的属性

HTML 5 为 type="file"的 input 元素新增了两个属性，如表 7-2 所示。

表 7-2 HTML 5 为文件上传域新增的属性

属 性 名	属 性 值	作 用
accept	一个或用逗号分隔的多个 MIME 类型字符串，如"image/*,text/html"	控制允许上传的文件类型
multiple	为"multiple"或不指定属性值	设置是否允许选择多个文件

只要为 type="file"的 input 元素添加 multiple 属性，该文件上传域就可以同时选择多个文件上传。而在 HTML 5 之前，文件上传域每次只能选择一个文件上传。

例程 7-12 inputFile.html

```
<body>
<table align="center" border="1">
  <form action="" method="post">
    <tr>
      <td>文件上传域：</td>
      <td><input type="file" name="file" accept="image/*" multiple /></td>
    </tr>
```

```
        </form>
    </table>
</body>
```

2. 客户端访问文件域中的文件

在 HTML 5 之前，客户端代码只能获取被上传文件的路径，而 HTML 5 允许客户端 JavaScript 访问文件上传域中文件的信息和内容。为此，HTML 5 提供了 FileList、File 和 FileReader 对象。

（1）FileList 对象：保存文件上传域中所有文件的集合对象，其中每个元素是一个 File 对象，可以使用类似数组的方法访问每个 File 对象。FileList 对象由文件上传域<input>的 DOM 对象的 file 属性返回。

（2）File 对象：含有文件的信息。通过该对象可以获取上传域中的一个文件信息。File 对象的常用属性如下：

① name：File 对象对应文件的文件名，不包括路径部分。
② type：文件的 MIME 类型字符串。
③ size：文件的大小。

（3）FileReader 对象：提供了在客户端读取文件上传域中文件内容的方法和事件。FileReader 是 HTML 5 新增的全局类型，在脚本程序中用 new 直接创建。FileReader 对象读取文件上传域中文件内容的主要方法如下：

① readAsText(file, encodeing)：以文本文件的方式读取文件内容。其中，encoding 参数指定读取文件时所用的字符集，默认为 UTF-8。
② readAsBinary(file)：以二进制方式读取文件内容。
③ readAsDataURL(file)：以 Base64 的编码方式读取文件内容。将文件的二进制内容以 Base64 编码成 DataURL 格式的字符串。
④ abort()：停止读取。

FileReader 的所有 readXxx()方法都是异步方法，不会直接返回读取的文件内容，程序只能以事件监听的方式获取读取的结果。FileReader 对象提供的事件如下：

① onloadstart：开始读取数据时触发。
② onprogress：正在读取数据时触发。
③ onload：成功读取数据时触发。
④ onloadend：读取数据完成后触发，无论读取成功还是失败都将触发该事件。
⑤ onerror：读取失败时触发。

例程 7-12 的文件上传域中，用户只能选择 HTML 文件。单击"选择文件"按钮，用户选取 formPlaceholder.html 文件；单击"显示文件"按钮，可以看到用户选取上传的文件的文件名、文件类型和文件大小；当用户单击"读取文本文件"按钮时，HTML 文件的内容将在页面中显示出来。

例程 7-13 readFile.html

```
<!DOCTYPE html>
<html>
<head>
<meta http-equiv="Content-Type" content="text/html; charset=UTF-8" />
<title>HTML 5 增强的文件上传域</title>
</head>
<body>
<table align="center" border="1">
    <form action="" method="post">
        <tr>
```

```html
            <td>文件上传域：</td>
            <td><input type="file" name="file" id="file" accept="text/html" multiple/></td>
        </tr>
        <tr>
            <td><input type="button" value="显示文件" onClick="showDetails();"/></td>
            <td><input type="button" value="读取文本文件" onClick="readText();"/></td>
        </tr>
    </form>
</table>
<div id="result" style="position:absolute;left:0px;top:200px;"></div>
<script type="text/javascript">
    var showDetails = function() {
        var imageEle = document.getElementById("file");
        var fileList = imageEle.files;//获取文件上传域中输入的多个文件
        //遍历每个文件
        for(var i = 0 ; i < fileList.length ; i ++) {
            var file = fileList[i];
            var div = document.createElement("div");
            div.innerHTML = "第" + (i + 1) + "个文件的文件名是：" + file.name +
                "，该文件类型是：" + file.type+ "，该文件大小为：" + file.size;
            //依次读取每个文件的文件名、文件类型、文件大小
            document.body.appendChild(div);//把 div 元素添加到页面中
        }
    }
</script>
<script type="text/javascript">
    var reader = null;
    if(FileReader) {//如果浏览器支持 FileReader 对象
        reader = new FileReader();
    }//如果浏览器不支持 FileReader 对象，将弹出提示信息
    else {
        alert("浏览器暂不支持 FileReader");
    }
    var readText = function() {
        //通过正则表达式验证该文件是否为 HTML 文件
        if(/text\/html/.test(document.getElementById("file").files[0].type)) {
            //以文本文件的方式读取用户选择的第一个文件
            reader.readAsText(document.getElementById("file").files[0] , "UTF-8");
            //当 reader 读取数据完成时将会激发该函数
            reader.onload = function() {
                document.getElementById("result").innerHTML = reader.result;
            };
        } else {
            alert("你选择的文件不是 HTML 文件！");
        }
    }
</script>
</body>
</html>
```

7.4 多媒体播放

在 HTML 5 之前，在网页中播放音频和视频需要在浏览器上安装插件。HTML 5 新增了 <audio>和<video>标记,浏览器实现了这两个标记的功能,本身就可以支持音频和视频的播放。

7.4.1 音频和视频标记

HTML 5 提供的<audio>和<video>标记可以简单地在网页中播放音频和视频,类似使用<img>标记在网页中显示图像一样容易。

例程 7-14 audioplay.html

```
<h3>音频播放</h3>
<audio src="media/song.mp3" controls>当前浏览器不支持 audio 标记</audio>
```

1．<audio>和<video>标记支持的属性

<audio>和<video>标记支持的属性基本上相同,如表 7-3 所示。<video>标记还有 width、height 和 poster 属性,分别用于指定视频播放器的宽度、高度和播放前显示的图像。

表 7-3 <audio>和<video>标记支持的属性

属性	描述
autoplay	设置自动播放,可取值:autoplay
controls	设置显示播放控件条,可取值:controls
loop	设置循环播放,可取值:loop
muted	设置静音,可取值:muted
preload	设置预加载。可取值:auto,页面加载后载入整个视频;meta,页面加载后只载入元数据;none,页面加载后不载入视频。设置 autoplay 则忽略 preload
src	设置音频、视频的 URL

2．<audio>和<video>标记支持的音频和视频格式

虽然使用<audio>和<video>标记可简单地播放音频和视频,但是音频、视频的格式很多,有些格式还涉及厂商的专利,所以各浏览器厂家无法自由地使用这些音频、视频的解码器。目前,浏览器能支持的音频、视频格式比较有限。表 7-4 和表 7-5 是<audio>和<video>标记的音频和视频格式及各主流浏览器的支持情况。

表 7-4 <audio>标记的音频格式及主流浏览器的支持

音频格式	IE	Firefox	Opera	Chrome	Safari
Ogg Vorbis		3.5+	10.5+	3.0+	
MP3	9.0+			3.0+	3.0+
Wav	9.0+	3.5+	10.5+	3.0+	3.0+

表 7-5 <video>标记的视频格式及主流浏览器的支持

视频格式	IE	Firefox	Opera	Chrome	Safari
Ogg Theora		3.5+	10.5+	5.0+	
MP4/H.264	9.0+			5.0+	3.0+
WebM	9.0+	4.0+	10.6+	6.0+	

Ogg Vorbis 是一种新的音频压缩格式,类似于 MP3 音乐格式。Ogg Vorbis 采用了更先进的压缩算法来减少音质损失,在相同位速率(Bit Rate)编码的情况下,Ogg 比 MP3 的文件体积更小。Ogg 是完全免费、开放和没有专利限制的。Ogg Vorbis 文件的扩展名是.ogg。Ogg 格式可以不断地进行大小的改变和音质的改良,而不影响旧有的编码器或播放器。HTML 5 推荐使用 Ogg Vorbis 音频格式。

Ogg Theora 是开放且免费的视频编码格式,其技术基础是 On2 Technologies 公司开发的

VP3 视频压缩技术。Ogg Theora 支持 VP3 HD 高清和 MPEG-4/DivX 格式的视频,性能和 H.264 不相上下。WebM 是以 VP8 视频压缩编码的视频格式,VP8 也是 On2 Technologies 公司的技术,Google 收购 On2 Technologies 公司后,将 VP8 视频压缩技术开源并免费提供。VP8 能以更少的数据提供更高质量的视频,而且只需较小的处理能力即可播放视频,是网络电视、IPTV 和视频会议理想的视频压缩格式。HTML 5 最初将 Ogg Theora 作为默认的视频格式,后来又取消了 Ogg Theora 的默认格式。目前,HTML 5 推荐使用 WebM 视频格式。

3. <source>子标记

<audio>和<video>标记内可以嵌套<source>子标记,用于指定多种格式的媒体源供选择,以解决各浏览器支持不同的音频、视频格式的问题。<source>子标记有两个重要属性:src 属性用于指定音频、视频文件的 URL;type 属性用于指定音频、视频文件的类型,可以是 MIME 字符串值,也可以在 MIME 后附带 codecs 值,以便向浏览器提供更多的文件信息。例程 7-15 中指定了 MP4 和 WebM 两种格式的视频,基本可以兼容所有的主流浏览器。

例程 7-15 videoplay.html

```
<body>
    <h3>video 播放视频</h3>
    <video controls>
        <source src="media/movie.webm" type="video/webm" />
        <source src="media/movie.mp4" type="video/mp4" />
    </video>
</body>
```

7.4.2 JavaScript 脚本控制媒体的播放

HTML 5 支持用 JavaScript 脚本控制媒体的播放,提供了 audio 和 video 元素对应的 DOM 对象,即 HTMLAudioElement 和 HTMLVideoElement 对象。使用这两个对象提供的属性和方法,以及 audio 和 video 元素支持的事件,就可以编写 JavaScript 脚本程序来控制媒体的播放。

HTML 5 标准中 HTMLAudioElement 和 HTMLVideoElement 对象的属性和方法,以及 audio 和 video 元素支持的事件有很多,但浏览器不一定能全部实现。表 7-6 和表 7-7 分别列出了大多数浏览器支持的音频和视频对象的属性和方法;除了通用事件,表 7-8 还列出了 audio 和 video 元素支持的事件。

表 7-6 HTMLAudioElement 和 HTMLVideoElement 对象的常用属性

属性	只读	描述
currentSrc	true	正在播放的音频、视频的 URL
currentTime	false	正在播放的音频、视频的时间点,单位:秒
duration	true	音频、视频的持续时间,单位:秒
ended	true	表示播放是否结束的 boolean 值
error	true	如果出现错误,返回 MediaError 对象
paused	true	表示播放器是否处于暂停状态的 boolean 值
muted	true	表示播放器是否处于静音状态的 boolean 值
seeking	true	表示播放器是否正在尝试定位到时间点的 boolean 值
volume	false	播放器的音量

表 7-7　HTMLAudioElement 和 HTMLVideoElement 对象的常用方法

方　　法	说　　明
play()	播放音频、视频
pause()	暂停播放
load()	重新加载音频、视频文件
canPlayType(type)	判断是否可以播放参数指定类型的音频、视频，可返回 3 个值：probably，表示支持；maybe，表示可能支持；null，表示不支持

表 7-8　audio 和 video 元素支持的常用事件

事　件　名	触　发　状　态	事　件　名	触　发　状　态
onplay	开始播放	onempty	文件将要为空（网络、加载错误）
onpause	暂停	onemptied	文件已为空
onprogress	加载数据	onwaiting	等待下一帧数据
onerror	加载数据出错	onloadstart	开始加载数据
ontimeupdate	播放位置改变	onloadeddata	加载数据后
onended	播放结束	onloadedmetadata	加载元数据后
onabort	中止下载数据	onvolumechange	改变音量

例程 7-16　jsplay.html

```html
<body>
<h3>video 播放音乐</h3>
<select id="typeSel" style="width:160px">
    <option value="sequence">顺序播放</option>
    <option value="random">随机播放</option>
</select>
<br/>
<audio id="player" controls>当前浏览器不支持 audio 标记</audio>
<script type="text/javascript">
    //定义能播放的所有音乐
    var musics = [
            "bomb.ogg",
            "arrow.ogg",
            "love.ogg",
            "movie.ogg",
            "demo1.ogg",
            "song.mp3",
            "advert.mp3",
            "advert2.mp3",
            "advert3.mp3",
            "advert4.mp3",
            "market2.mp3",
        ];
    //定义正在播放的音频文件的索引
    var index = 0;
    //记录顺序播放、随机播放的变量
    var playType="sequence";
    var typeSel = document.getElementById("typeSel");
    var player = document.getElementById("player");
    //下拉菜单的事件处理程序
```

```
            //当用户更改下拉菜单的选项时，改变播放方式
            typeSel.onchange = function() {
                playType = typeSel.value;
                console.log("Here1 " + playType);        //调试信息
            }
            //页面加载时指定第一个音频文件
            player.src = "media/" + musics[index];
            player.play();//页面加载时播放指定的音频
            //audio 对象的事件处理程序，一个音频播放结束时触发
            player.onended = function() {
                if(playType == "random") {
                    //计算一个随机数
                    index = Math.floor(Math.random() * musics.length);
                    //随机指定下一个音频文件
                    player.src = "media/" + musics[index];
                    console.log("Here2 " + index);        //调试信息
                }
                else {
                    //按顺序指定下一个音频文件
                    player.src = "media/" + musics[++index % musics.length];
                }
                console.log("Here3 " + player.src);        //调试信息
                //继续播放下一个音频
                player.play();
            }
        </script>
    </body>
```

7.5 拖放行为

拖放是图形用户界面中常见的行为，即抓取对象以后将其拖到另一个位置。在 HTML 5 之前，要实现网页元素的拖放操作，需要监听 mousedown、mousemove、mouseup 等一系列事件，通过大量 JavaScript 代码改变元素的相对位置来模拟。这种实现过程复杂，功能有限，无法携带数据，并不是真正的拖放行为。HTML 5 新增的 DnD（Drag-and-Drop）API，使拖放变得简单，并且可以让 HTML 页面的任意元素都变成可拖动的。

7.5.1 拖放 API

HTML 5 提供了 draggable 属性，以及一系列拖放事件和 DataTransfer 对象等 API 来支持 HTML 元素的拖放行为。

1．draggable 属性

在 HTML 5 中，<img>元素默认是可拖动的，<a>元素设置了 href 属性，默认也是可拖动的。对于其他元素，需要设置其 draggable 属性为 true，才可实现拖动。

2．拖放事件

对拖放行为的控制，主要通过设置拖放过程中的事件监听器来实现。拖放操作由"拖"和"放"两个动作组成。在某个元素上开始拖动。在拖动过程中，只要没有松开鼠标，将会不断产生拖动事件——这个过程被称为"拖"。把被拖动的元素拖动到另外一个元素上并松开鼠标——这个动作被称为"放"。在放的过程中也将产生拖放事件。在用户拖动 HTML 元素的过程中，可能触发的事件如表 7-9 所示。

表 7-9 拖放操作可能触发的事件

事件	事件源	描述
dragstart	被拖动的 HTML 元素	拖动开始时触发该事件
drag	被拖动的 HTML 元素	拖动过程中会不断触发该事件
dragend	被拖动的 HTML 元素	拖动结束时触发该事件
dragenter	拖动时鼠标经过的元素	被拖动的元素进入当前元素的范围内时触发该事件
dragover	拖动时鼠标经过的元素	被拖动的元素进入当前元素的范围内，继续拖动时会不断地触发该事件
dragleave	拖动时鼠标经过的元素	被拖动的元素离开当前元素时触发该事件
drop	拖动时鼠标经过的元素	其他元素被放到了当前元素中时触发该事件

3. DataTranfer 对象

拖放事件的事件对象有一个 dataTransfer 属性，该属性值是一个 DataTransfer 对象，DataTransfer 对象包含了一些与拖动有关的属性和方法。

（1）属性。

① effectAllowed：设置或返回被拖动元素上允许发生的所有类型的操作。该属性值可设为 none、copy、copyLink、copyMove、link、linkMove、move、all 和 uninitialized（默认值）。

② dropEffect：获取当前选择的拖放操作的类型，或者将操作设置为一个新的类型。该属性值只允许为 null、copy、link 和 move 这 4 个值中的一个。

③ files：包含数据传输中可用的所有本地文件的列表。如果拖动操作不涉及拖动文件，则此属性为空列表。

④ items：该属性返回 DataTransferItems 对象，保存了所有拖动数据。

⑤ types：只读属性，返回一个字符串数组，包括存入 dataTransfer 中数据的所有类型。

（2）方法。

① setData(format,data)：在 DataTransfer 对象中设置 format 格式的数据。第一个参数 format 用来指定数据类型，第二个参数 data 代表数据。

② getData(format)：从 DataTransfer 对象中获取 format 格式的数据。

③ clearData([format])：从 DataTransfer 对象中删除 format 格式的数据，参数可选。若不给出参数，则意味着删除 DataTransfer 对象中所有的数据。

④ setDragImage(element,x,y)：在默认情况下，许多浏览器显示一个被拖动元素的半透明版本。此方法用于设置拖放操作的自定义图标。其中，element 用于设置自定义图标，x 用于设置图标与鼠标在水平方向上的距离，y 用于设置图标与鼠标在垂直方向上的距离。

7.5.2 拖放操作

处理拖放动作的基本过程如下。

1. 设置元素为可拖放

将被拖动元素的 draggable 属性设置为 true。

2. 设置拖动的数据

将元素的 draggable 属性设置为 true，只是使该元素可以拖动了，拖动时并未携带数据，看不到拖动效果。要使拖放操作有效，必须使用 DataTransfer 对象的 setData()方法设置被拖动的数据。

3. 接受"放"

HTML 元素默认不接受被拖动的元素。为了使目标元素接受"放",必须为目标元素的 ondragover 事件设置监听器,在监听器中取消目标元素对拖动事件的默认行为。浏览器对 drop 事件的默认行为是以链接形式打开的,可以通过调用目标元素 ondragover 事件的 event.preventDefault()方法来实现。

4. 进行放置

放置被拖动数据时,会发生 ondrop 事件,在该事件的事件监听器中可以进行具体的放置处理。

例程 7-17 dragndrop.html

```html
<!DOCTYPE html>
<html>
<head>
<meta http-equiv="Content-Type" content="text/html; charset=UTF-8" />
<title>HTML 5</title>
<style type="text/css">
#div1, #div2 {
    float: left;
    width: 100px;
    height: 35px;
    margin: 10px;
    padding: 10px;
    border: 1px solid #aaaaaa;
}
</style>
<script type="text/javascript">
function allowDrop(ev) {
   ev.preventDefault();
}
function drag(ev) {
   ev.dataTransfer.setData("Text",ev.target.id);
}
function drop(ev) {
   ev.preventDefault();
   var data=ev.dataTransfer.getData("Text");
   ev.target.appendChild(document.getElementById(data));
}
</script>
</head>
<body>
<h3>拖放操作</h3>
<div id="div1" ondrop="drop(event)" ondragover="allowDrop(event)">
    <img src="images/dragndrop.gif" draggable="true"
        ondragstart="drag(event)" id="drag1" /> </div>
<div id="div2" ondrop="drop(event)" ondragover="allowDrop(event)"></div>
</body>
</html>
```

7.6 绘图功能

HTML 5 之前的版本,页面中只能显示图像,不能绘制图像。要在网页中动态地生成图片,需要使用服务器端的动态功能,或者使用 Flash 等第三方工具。HTML 5 新增了客户端绘图功能,利用其强大的 2D 图形绘制 API,可以在页面中动态地绘制图片。

7.6.1 绘图 API

HTML 5 的绘图功能主要由<canvas>标记和 CanvasRenderingContext2D 对象支持。<canvas>标记只相当于一张空白画布,绘图功能主要通过强大的绘图 API 中的 CanvasRenderingContext2D 对象实现。

1. <canvas>标记

<canvas>标记相当于一个矩形区域的空白画布,是要绘制图形的容器。<canvas>标记本身并不绘制图形,必须使用脚本来完成实际的绘图任务。<canvas>标记是绘图的起点,通过该标记的 DOM 对象来获取 CanvasRenderingContext2D 对象。

<canvas>标记可以指定 width 和 height 两个属性,分别设置画布组件的宽度和高度。<canvas>标记定义的画布左上角是原点,向右是 X 轴,向下是 Y 轴。

2. CanvasRenderingContext2D 对象

CanvasRenderingContext2D 对象通过 Canvas 对象的 getContext("2d")方法获取,需传递唯一的字符串参数,目前只支持常量"2d"。CanvasRenderingContext2D 对象提供了丰富的方法和属性,用于图形绘制和控制绘图风格,如表 7-10 和表 7-11 所示。

表 7-10　CanvasRenderingContext2D 对象的方法

方　法	功　能　描　述
arc()	用一个中心点和半径,为一个画布的当前子路径添加一条弧线
arcTo()	使用目标点和一个半径,为当前的子路径添加一条弧线
beginPath()	开始一个画布中的一条新路径(或者子路径的一个集合)
bezierCurveTo()	为当前的子路径添加一条三次贝塞尔曲线
clearRect()	在一个画布的一个矩形区域中清除掉像素
clip()	使用当前路径作为连续绘制操作的剪切区域
closePath()	如果当前子路径是打开的,就关闭它
createLinearGradient()	返回代表线性颜色渐变的一个 CanvasGradient 对象
createPattern()	返回代表贴图图像的一个 CanvasPattern 对象
createRadialGradient()	返回代表放射颜色渐变的一个 CanvasGradient 对象
drawImage()	绘制一幅图像
fill()	使用指定颜色、渐变或模式来绘制或填充当前路径的内部
fillRect()	绘制或填充一个矩形
lineTo()	为当前的子路径添加一条直线线段
moveTo()	设置当前位置并开始一条新的子路径
quadraticCurveTo()	为当前路径添加一条贝塞尔曲线
rect()	为当前路径添加一条矩形子路径
restore()	将画布重置为最近保存的图像状态
rotate()	旋转画布
save()	保存 CanvasRenderingContext2D 对象的属性、剪切区域和变换矩阵
scale()	标注画布的用户坐标系统
stroke()	沿着当前路径绘制一条直线
strokeRect()	绘制(但不填充)一个矩形
translate()	转换画布的用户坐标系统

表 7-11 CanvasRenderingContext2D 对象的属性

属 性	说 明
fillStyle	设置或返回用于填充绘画的颜色、渐变或模式。支持 3 种类型的值：1 个符合颜色格式的字符串值，表示使用纯色填充；或者 1 个 CanvasGradient 对象；或者 1 个 CanvasPattern 对象
font	设置或返回文本内容的当前字体属性
globalAlpha	设置或返回绘图的当前 alpha 或透明值
globalCompositeOperation	设置或返回如何将新图像绘制到已有的图像上
lineCap	设置或返回线条的结束端点样式，合法值是 butt、round 和 square，默认值是 butt
lineJoin	设置或返回两条线相交时，所创建的拐角类型，合法值是 round、bevel 和 miter，默认值是 miter
lineWidth	设置或返回当前的线条宽度
miterLimit	设置或返回最大斜接长度
shadowColor	设置或返回用于阴影的颜色
shadowBlur	设置或返回用于阴影的模糊级别
shadowOffsetX	设置或返回阴影距形状的水平距离
shadowOffsetY	设置或返回阴影距形状的垂直距离
textAlign	设置或返回文本内容的当前对齐方式
textBaseline	设置或返回在绘制文本时使用的当前文本基线

CanvasRenderingContext2D 对象提供的方法和属性较多，为方便理解、记忆，可以将其分为以下几类。

（1）绘制矩形：strokeRect()、fillRect()、clearRect()方法。

（2）绘制图像：drawImage()方法。

（3）创建和渲染路径：beginPath()、closePath()、moveTo()、stroke()、fill()方法。

（4）颜色、渐变和模式：createLinearGradient()、createRadialGradient()方法及其返回值 CanvasGradient 对象，渐变颜色参见 8.3.2 节。createPattern()方法及其返回值 CanvasPattern 对象。

（5）线条宽度、线帽和线条连接：lineCap、lineJoin 属性。

（6）坐标空间和转换：translate()、scale()、rotate()、scale()、translate()方法。

（7）组合：globalCompositeOperation 属性。

（8）阴影：shadowColor、shadowOffsetX、shadowOffsetY、shadowBlur 属性。

（9）保存图形状态：save()、restore()方法。

7.6.2 绘制图形

利用 CanvasRenderingContext2D 对象提供的方法和属性，可以在<canvas>画布上绘制各种各样的图形。在 HTML 网页上绘图的基本步骤如下。

（1）获取<canvas>元素对应的 DOM 对象，这是一个 Canvas 对象。

（2）调用 Canvas 对象的 getContext("2d")方法，返回一个 CanvasRenderingContext2D 对象。getContext()方法的参数目前只能是"2d"，这是出于扩展性方面的考虑，以后也许可以传入"3d"参数。

（3）调用 CanvasRenderingContext2D 对象的相关方法绘图。

1. 绘制几何图形

CanvasRenderingContext2D 对象只提供了绘制矩形的方法，没有直接提供绘制其他几何形状的方法。绘制几何图形使用的方法和属性如下。

（1）fillRect(float x,float y,float width,float height)：填充一个矩形区域。参数 x、y 分别是矩形的左顶点的坐标。如果矩形画在画布的外面，那么在浏览器中就看不到了。参数 width 为矩形的宽度，参数 height 为矩形的高度。

（2）strokeRect(float x,float y,float width,float height)：绘制一个矩形边框。参数的定义同 fillRect()方法。

（3）fillStyle：设置填充风格，支持以下 3 种类型的值。

①表示颜色的字符串值：表明使用纯色填充。

②CanvasGradient 对象：表明使用渐变填充。

③CanvasPattern 对象：表明使用位图填充。

（4）strokeStyle：设置笔触风格，与 fillStyle 属性一样，支持 3 种类型的值。

（5）lineJoin：设置线条交汇时边角的风格，该属性支持如下 3 个值。

①miter：默认值，创建尖角。

②round：创建圆角。

③bevel：创建斜角。

（6）lineWidth：设置笔触线条的宽度。

例程 7-18 drawRectangle.html

```
<body>
<h3> 绘制矩形 </h3>
<canvas id="rect" width="480" height="230" style="border:1px solid black"> </canvas>
<script type="text/javascript">
        var canvas = document.getElementById('rect');           //获取 canvas 元素对应的 DOM 对象
        var crc2D = canvas.getContext('2d');                    //获取 CanvasRenderingContext2D 对象
        crc2D.fillStyle = '#D3E2F5';                            //设置填充颜色
        crc2D.fillRect(10 ,10 , 120 , 60);                      //填充一个矩形
        //创建 CanvasGradient 对象
        var grd=crc2D.createLinearGradient(0,0,240,160);        //设置渐变开始与结束点的坐标
        grd.addColorStop(0,"red");                              //设置渐变开始时的颜色为红色
        grd.addColorStop(0.5,"white");                          //设置渐变中间位置的颜色为白色
        grd.addColorStop(1,"green");                            //设置渐变结束时的颜色为绿色
        crc2D.fillStyle = grd;                                  //设置填充为线性渐变颜色
        crc2D.fillRect(80 ,40 , 120 , 60);                      //填充一个矩形
        crc2D.strokeRect(220 , 20 , 120 , 60);                  //绘制一个矩形边框
        crc2D.strokeStyle = "#00f";                             //设置线条颜色
        crc2D.strokeRect(280 ,40 , 120 , 60);                   //绘制一个矩形边框
        crc2D.strokeStyle = "#0ff";                             //设置线条颜色
        crc2D.lineWidth=10;                                     //设置线条宽度
        crc2D.lineJoin = "round";                               //设置线条交汇时边角为圆角
        crc2D.strokeRect(30 ,120 , 120 , 60);                   //绘制一个矩形边框
        crc2D.strokeStyle = "#f0f";                             //设置线条颜色
        crc2D.lineJoin = "bevel";                               //设置线条交汇时边角为斜角
        crc2D.strokeRect(120 , 150 , 120 , 60);                 //绘制一个矩形边框
        crc2D.strokeStyle = "#00f";                             //设置线条颜色
        crc2D.lineJoin = "miter";                               //设置线条交汇时边角为尖角
        crc2D.strokeRect(220 , 130 , 120 , 60);                 //绘制一个矩形边框
</script>
</body>
```

绘制矩形示例的显示效果如图 7-2 所示。

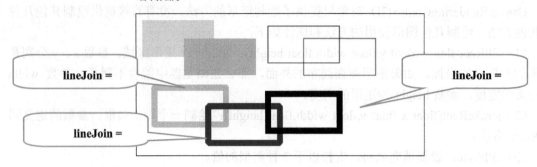

图 7-2 绘制矩形

2. 绘制字符串

CanvasRenderingContext2D 对象提供了两个绘制字符串的方法，以及设置绘制字符串所用字体、对齐方式的属性。

（1）fillText(String text,float x,float y,[float maxWidth])：从指定坐标点（x,y）位置开始绘制填充的字符串。参数 maxWidth 是可选的，如果文本内容宽度超过该参数设置的宽度，则会自动按比例缩小字体以适应宽度。与本方法对应的样式设置属性为 fillStyle。

（2）strokeText(String text,float x,float y,[float maxWidth])：从指定坐标点（x,y）位置开始绘制非填充的文本文字（文字内部是空心的）。与本方法对应的样式设置属性为 strokeStyle。

（3）font: 设置绘制字符串所用的字体，该属性的用法与 CSS font 属性一致。例如，20px 宋体，默认值为 10px sans-serif。

（4）textAlign：设置绘制字符串的水平对齐方式。支持的属性值有 start（内容对齐开始边界）、end（内容对齐结束边界）、left（内容向左对齐）、right（内容向右对齐）、center（内容居中对齐）。默认值为 start。

（5）textBaseAlign：设置绘制字符串的垂直对齐方式。支持的属性值有 top（顶部对齐）、hanging（同 top 类似）、middle（居中对齐）、alphabetic（垂直方向字形底部对齐）、idecgraphic（水平方向字形底部对齐）、bottom（底部对齐）。

例程 7-19　drawText.html

```
<body>
    <h3> 绘制字符串 </h3>
    <canvas id="text" width="500" height="180"
        style="border:1px solid black"> </canvas>
    <script type="text/javascript">
        var canvas = document.getElementById('text'); //获取 canvas 元素对应的 DOM 对象
        //获取在 canvas 上绘图的 CanvasRenderingContext2D 对象
        var crc2D= canvas.getContext('2d');
        crc2D.fillStyle = '#00f';
        crc2D.font = 'italic 40px 隶书';
        crc2D.textBaseline = 'top';
        crc2D.textAlign="start";
        crc2D.fillText('Web 技术基础',20, 20);//填充字符串
        crc2D.strokeStyle = '#f0f';
        crc2D.font='italic 40px 隶书';
        crc2D.strokeText('HTML、CSS 和 JavaScript',20, 70);//绘制字符串的边框
        crc2D.strokeText('HTML、CSS 和 JavaScript',20, 120,300);
    </script>
</body>
```

绘制字符串示例的显示效果如图 7-3 所示。

图 7-3　绘制字符串

3. 使用路径

如果想在网页上绘制除矩形之外的图形，则需要在 Canvas 上启用路径，借助路径来绘制需要的几何图形。步骤如下。

（1）调用 CanvasRenderingContext2D 对象的 beginPath()方法开始定义路径。

（2）调用 CanvasRenderingContext2D 对象的各种方法添加子路径。

（3）调用 CanvasRenderingContext2D 对象的 closePath()方法关闭路径。

（4）调用 CanvasRenderingContext2D 对象的 fill()或 stroke()方法来填充路径或绘制路径边框。

CanvasRenderingContext2D 对象提供的添加子路径的方法如下。

（1）arc(float x,float y,float radius,float startAngle,float endAngle,boolean clockwise)：在 Canvas 的当前路径上画一段弧，以(x,y)为圆心，radius 为半径，从 startAngle 角度开始，到 endAngle 角度结束。参数 clockwise 用于设置是否逆时针旋转。参数 startAngle、endAngle 以弧度为单位。

（2）arcTo(float x1,float y1,float x2,float y2,float radius)：在 Canvas 的当前路径上画一段弧。如图 7-4 所示，假设从当前点到 P1(x1,y1)绘制一条线，再从 P1(x1,y1)到 P2(x2,y2)绘制一条线，那么 arcTo 确定的圆弧同时与上面两条线相切，并且半径为 radius。

（3）lineTo(float x,float y)：把 Canvas 的当前路径从当前结束点连接到 x、y 对应的点。

（4）moveTo(float x,float y)：把 Canvas 的当前路径的结束点移动到 x、y 对应的点。

图 7-4　arcTo()方法示意图

例程 7-20　drawCircle.html

```html
<body>
<h3> 绘制圆形 </h3>
<canvas id="circle" width="200" height="140" style="border:1px solid black"> </canvas>
<script type="text/javascript">
    var canvas = document.getElementById('circle');
    var ctx = canvas.getContext('2d');
        ctx.beginPath();                            //开始定义路径
        ctx.arc(88, 68, 50, 0, Math.PI*2, true);    //添加一段圆弧
        ctx.closePath();                            //关闭路径
        ctx.fillStyle = '#f0f';                     //设置填充颜色
        ctx.fill();                                 //填充当前路径
</script>
</body>
```

上述例程用 arc()方法在画布上绘制了一个紫色的圆形，效果如图 7-5 所示。

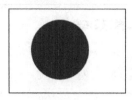

图 7-5 绘制圆形

例程 7-21 drawArc.html

```html
<body>
<h3> 绘制扇形</h3>
<canvas id="arc" width="200" height="140"
    style="border:1px solid black"> </canvas>
<script type="text/javascript">
  var canvas = document.getElementById('arc');
  var ctx = canvas.getContext('2d');
    ctx.beginPath();          //开始定义路径
    ctx.moveTo(40,50);
    ctx.arcTo(100,10,160,50,100);
    ctx.lineTo(100,110);
    ctx.closePath();          //关闭路径
    ctx.fillStyle = '#f00';   //设置填充颜色
    ctx.fill();               //填充当前路径
</script>
</body>
```

上述例程用 arcTo()、moveTo()、lineTo()方法绘制了一个扇形，效果如图 7-6 所示。

例程 7-22 drawMultianglestar.html

```html
<body>
<h3>绘制多角星</h3>
<canvas id="mc" width="430" height="130" style="border:1px solid black"></canvas>
<script type="text/javascript">
/*
该方法实现的是绘制多角星。
context：在 Canvas 上绘图的 CanvasRenderingContext2D 对象。
n：该参数通常被设为奇数，用于控制绘制 N 角星。
dx、dy：用于控制 N 角星的位置。
size：用于控制 N 角星的大小。
*/
function drawStar(context , n , dx , dy , size) {
    context.beginPath(); //开始创建路径
    var dig = Math.PI / n * 4;
    for(var i = 0; i < n ; i++) {
       var x = Math.sin(i * dig);
       var y = Math.cos(i * dig);
       context.lineTo(x * size + dx ,y * size + dy);
    }
    context.closePath();
}
var canvas = document.getElementById('mc');
var ctx = canvas.getContext('2d');
drawStar(ctx , 3 , 60 , 60 , 50);//绘制 3 角星
```

```
            ctx.fillStyle = "#f00";
            ctx.fill();
            drawStar(ctx , 5 , 160 , 60 , 50);//绘制 5 角星
            ctx.fillStyle = "#0f0";
            ctx.fill();
            drawStar(ctx , 7 , 260 , 60 , 50);//绘制 7 角星
            ctx.fillStyle = "#00f";
            ctx.fill();
            drawStar(ctx , 9 , 360 , 60 , 50);//绘制 9 角星
            ctx.fillStyle = "#f0f";
            ctx.fill();
        </script>
    </body>
```

上述例程用 moveTo()、lineTo()方法绘制了几个多角星，效果如图 7-7 所示。

图 7-6　绘制扇形

图 7-7　绘制多角星

4．绘制曲线

CanvasRenderingContext2D 对象提供了两个方法用于在当前路径上添加曲线，一个用于绘制二次贝塞尔曲线，一个用于绘制三次贝塞尔曲线。

（1）quadraticCurveTo(float cpx,float cpy, float x, float y)：绘制从路径的当前点（作为开始点）到结束点(x,y)的二次贝塞尔曲线。其中，(cpx,cpy)用于定义控制点的坐标。

（2）bezierCurveTo(float cpx1,float cpy1, float cpx2,float cpy2, float x, float y)：绘制从路径的当前点（作为开始点）到结束点(x,y)的三次贝塞尔曲线。其中，(cpx1,cpy1)用于定义第一个控制点的坐标，(cpx2,cpy2)用于定义第二个控制点的坐标。

贝塞尔曲线（Bézier curve），又称贝兹曲线或贝济埃曲线，是应用于二维图形应用程序的数学曲线，是计算机图形学中相当重要的参数曲线。一般的矢量图形软件通过它来精确绘制曲线，如图像处理软件 Photoshop 中的钢笔工具就是用来画这种矢量曲线的。贝塞尔曲线是连接两个端点的平滑曲线。要画出平滑曲线需在两个端点之间进行插值，这些插值的点不能随意，否则曲线就不平滑了。所以必须找到一个曲线方程，根据这个曲线方程来得到这些插值的点，所求的曲线方程即贝塞尔曲线。贝塞尔曲线由两个端点与一些控制点决定。控制点的变动将使贝塞尔曲线产生像皮筋一样的伸缩变化。每两个端点决定一条贝塞尔曲线，如果多条贝塞尔曲线在相邻交接处也是平滑的，那么画出来的整个曲线就可以将多个点平滑地连接起来。

有一个控制点的贝塞尔曲线是二次贝塞尔曲线，有两个控制点的贝塞尔曲线是三次贝塞尔曲线，没有控制点的一次贝塞尔曲线就是直线。

例程 7-23　drawQuadraticcurve.html

```
<body>
<h3>绘制二次贝塞尔曲线</h3>
<canvas id="curve" width="420" height="280" style="border:1px solid black"></canvas>
<script type="text/javascript">
    var canvas = document.getElementById('curve');
```

```
    var crc2D = canvas.getContext('2d');
    crc2D.beginPath();
    crc2D.moveTo(50 , 250);                    //开始点坐标
    crc2D.quadraticCurveTo(200,50,350,250);    //参数用于确定控制点和结束点的坐标
    crc2D.moveTo(200,50);
    crc2D.arc(200,50,5,0,Math.PI*2,true);      //用圆形标注控制点
    crc2D.closePath();
    crc2D.strokeStyle = "#f00";
    crc2D.stroke();
</script>
</body>
```

上述例程绘制了一条二次贝塞尔曲线，效果如图 7-8 所示。

例程 7-24   drawBeziercurve.html

```
<body>
<h3>绘制三次贝塞尔曲线</h3>
<canvas id="mc" width="420" height="280" style="border:1px solid black"></canvas>
<script type="text/javascript">
    var canvas = document.getElementById('mc');
    var ctx = canvas.getContext('2d');
    ctx.beginPath();
    ctx.moveTo(50 , 50);//开始点坐标
    ctx.bezierCurveTo(100,200,200,50,250,200);   //参数确定两个控制点和结束点的坐标
    ctx.moveTo(100,200);
    ctx.arc(100,200,5,0,Math.PI*2,true);         //用圆形标注第一个控制点
    ctx.moveTo(200,50);
    ctx.arc(200,50,5,0,Math.PI*2,true);          //用圆形标注第二个控制点
    ctx.closePath();
    ctx.strokeStyle = "#f00";
    ctx.stroke();
</script>
</body>
```

上述例程绘制了一条三次贝塞尔曲线，效果如图 7-9 所示。

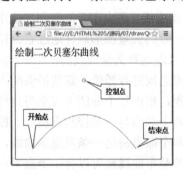

图 7-8   绘制二次贝塞尔曲线

图 7-9   绘制三次贝塞尔曲线

5．绘制位图

CanvasRenderingContext2D 对象提供了 3 个绘制位图的方法。

（1）drawImage(Image image, float x, float y)：从画布的(x,y)点（相对新图片的左上角）处开始绘制 image，图片保持原来大小。

（2）drawImage(Image image, float x, float y, float width, float height)：从画布的(x,y)点（相对新图片的左上角）处开始绘制 image，绘制的图片宽度为 width，高度为 height。

（3）drawImage(Image image, integer sx, integer sy, integer swidth, integer sheight, float x, float y, float width, float height)：此方法用于从 image 上"挖出"一块区域绘制到画布上。从原图片的(sx,sy)点（相对原图片的左上角）处开始挖取宽度为 swidth、高度为 sheight 的图片，绘制到画布的(x,y) 点（相对新图片的左上角）处，绘制的图片宽度为 width、高度为 height。

以上 3 个方法绘制位图时都需要指定一个 Image 对象，Image 有如下构造器。

Image()：创建的 Image 对象与原图片宽度、高度相同。

Image(integer width, integer height)：创建的 Image 对象宽度为 width，高度为 height。

为了保证图片装载完才去绘制图片，减少用户等待的时间，可以用如下代码来控制图片的绘制。

```
var image = new Image();
image.src =图片地址;
image.onload = function() {
    //在该函数中绘制图片
}
```

例程 7-25　drawImage.html

```
<!DOCTYPE html>
<html>
<head><title>绘制位图</title></head>
<body>
<h3> 绘制位图 </h3>
<canvas id="image" width="500" height="280"
    style="border:1px solid black"></canvas>
<script type="text/javascript">
    var canvas = document.getElementById('image');
    var crc2D = canvas.getContext('2d');
    var image = new Image();//创建 Image 对象
    image.src = "images/HTML 5 logo.jpg";          //指定 Image 对象装载图片
    //当图片装载完成时激发该函数
    image.onload = function() {
        crc2D.drawImage(image ,0 , 0);              //保持原大小绘制图片
        crc2D.drawImage(image , 200 , 0 , 97 , 112); //绘制图片时进行缩放
        //从源位图中挖取一块区域按原大小绘制在 Canvas 上
        crc2D.drawImage(image, 20, 40 , 150, 120, 300, 0, 150, 120);
    }
</script>
</body>
</html>
```

上述例程用 CanvasRenderingContext2D 对象绘制位图的 3 种方法在画布上绘制了 3 张图片，效果如图 7-10 所示。

图 7-10　绘制位图

为了让页面开发人员在 Canvas 上更方便地绘图，CanvasRenderingContext2D 对象还提供了很多图形特效处理的功能，如对坐标变换的支持，通过变换坐标，开发人员只需要对坐标系统进行整体变换，而无须去计算每个点的坐标，对渐变填充和位图填充的支持，以及对位图裁剪和像素处理的支持等功能。

7.7 Web Storage

对于传统的 Web 技术，浏览器只是一个简单的界面呈现工具，Web 应用程序数据只能存储在 Cookie 中。HTML 5 提供的 Web Storage 技术能够使应用程序在浏览器中对数据进行本地的存储。与 Cookie 的透明、限制严格、在服务器之间往返传输不同，本地存储的数据不会被传输到服务器上，可以在不影响网站性能的前提下更安全地存储大量的数据。

Web Storage 存储的数据以"键/值"对存在，"键"与"值"都必须是字符串类型的数据，字符编码为 UTF-16，每个"键/值"对的总长度最多为 5MB，占用的存储空间最大为 10MB。本地存储的数据量，即可保存的"键/值"对数量，HTML 5 标准没有明确规定，各浏览器的限制也不一样。Web 网页的数据只允许本网页访问使用。

7.7.1 Storage API 简介

1. Storage 接口

对本地存储进行操作的 API 都定义在 Storage 接口中，Storage 接口的属性和方法如表 7-12 所示。

表 7-12 Storage 接口的属性和方法

属性/方法	功　能
length	返回存储在 Storage 对象中的数据项数
key(n)	返回存储中第 n 个键的名称
getItem(keyname)	返回存储中指定键名的值
setItem(keyname, value)	将键添加到存储中，或者如果键已经存在，则更新该键的值
removeItem(keyname)	从存储中删除该键
clear()	清空所有键

2. Storage 实例

HTML 本地存储提供了两个在客户端存储数据的对象：localStorage 和 sessionStorage。它们是 JS 运行环境中的全局对象，属于顶级对象 window 的子对象，分别是 LocalStorage 和 SessionStorage 类型的实例，这两个类都能实现 Storage 接口。

（1）localStorage：用于长久保存整个网站的数据，保存的数据没有过期时间，直到手动去除。

（2）sessionStorage：用于存储一个会话（Session）期间的数据，即保存的数据与用户的会话期限相同，用户会话结束后，保存的数据也将过期丢失。会话是服务器记录客户端访问状态的技术。用户会话是从用户访问某网站开始，到用户关闭浏览器、离开该网站结束。

7.7.2 本地存储应用

使用本地存储对象 localStorage 实现的 Web 技术缩略语存储和查询程序，可以输入缩略语及其所代表的意义，以缩略语作为关键字存入 localStorage，根据缩略语名可以查询其含义，列出当前已保存的所有缩略语。

例程 7-26　webstorage.html

```html
<!DOCTYPE html>
<html>
<head>
<meta charset="utf-8">
<title>Web Storag 篇</title>
<style type="text/css">
.reststyle {
    margin: 6px;
    padding: 4px;
}
</style>
<script>
    //将所有存储在 localStorage 中的术语显示出来
    function loadAll(){
        var termlist = document.getElementById("termlist");
        if(localStorage.length>0){
            var result = "<table border='1'><caption>Web 技术缩略语列表</caption>";
            result += "<tr><td>Web 术语</td><td>Web 术语的意义</td></tr>";
            for(var i=0;i<localStorage.length;i++){
                var termname = localStorage.key(i);
                var termvalue = localStorage.getItem(termname);
                result += "<tr><td>"+termname+"</td><td>"+termvalue+"</td></tr>";
            }
            result += "</table>";
            termlist.innerHTML = result;
        }
    }
    //保存数据
    function saveterm(){
        var termname = document.getElementById("termname");
        var termvalue = document.getElementById("interpret");
        localStorage.setItem(termname.value, termvalue.value);
        alert("Web 术语保存成功");
        termname.value="";
        termvalue.value="";
        loadAll();
    }
    //查找数据
    function findterm(){
        var searchterm = document.getElementById("searchterm").value;
        var termvalue = localStorage.getItem(searchterm);
        var findresult = document.getElementById("findresult");
        findresult.innerHTML = "查询结果: " + searchterm + ": " + termvalue;
    }
</script>
</head>
<body>
<h2>HTML 5 本地存储示例</h2>
<table width="460">
  <caption>
  Web 技术缩略语
  </caption>
  <tr>
    <td colspan="2" align="center">Web 术语输入</td>
  </tr>
  <tr>
```

```html
            <td align="right"><label for="termname">Web 术语: </label></td>
            <td><input type="text" id="termname" name="termname"/></td>
        </tr>
        <tr>
            <td align="right"><label for="interpret">名称解释: </label></td>
            <td><input type="text" id="interpret" name="interpret"/></td>
        </tr>
        <tr>
            <td colspan="2" align="center"><input type="button" onclick="saveterm()" value="保存术语"/></td>
        </tr>
        <tr>
            <td colspan="2"><hr/></td>
        </tr>
        <tr>
            <td colspan="2" align="center">Web 术语查找</td>
        </tr>
        <tr>
            <td align="right"><label for="searchterm">输入缩略语: </label></td>
            <td><input type="text" id="searchterm" name="searchterm"/></td>
        </tr>
        <tr>
            <td colspan="2" align="center"><input type="button" onclick="findterm()" value="查找术语"/></td>
        </tr>
    </table>
    <div id="findresult" class="reststyle"> </div>
    <div id="termlist"> </div>
    <script>
        //加载所有存储在 localStorage 中的 Web 术语
        loadAll();
    </script>
</body>
</html>
```

7.8 离线应用

HTML 5 的离线应用可以在浏览器中缓存部分或全部页面,用户即使断开网络也能浏览缓存的网页。离线应用与浏览器自身的缓存不同,离线应用可以对整个网站资源进行细粒度的缓存,精确地控制缓存的资源,灵活地刷新缓存,构建 Web 应用的离线版本,提供不在线的网站服务功能。而浏览器缓存只能单纯地缓存网页,缓存完全依赖于浏览器固有的行为,程序无法控制缓存。浏览器缓存网页的目的是提高下载效率。浏览器显示网页前须与服务器连接,判断缓存是否过期,若不过期则直接显示缓存的网页,若缓存过期则下载新的网页显示,并不提供离线浏览功能。

7.8.1 离线应用的配置

为了给网页增加离线应用功能,须设置<html>标记的 manifest 属性。该属性值指定一个 manifest 文件,如<html manifest="sitecache.cache">。

在 manifest 文件中配置网站资源缓存的详细策略,可以设置哪些资源进行缓存,哪些资源必须实时下载,还可以设置在线和离线使用不同的资源。manifest 文件是一个简单的文本文件,其格式如下:

```
CACHE MANIFEST
# 该文件的第 1 行必须是 CACHE MANIFEST
# 以#开头的是注释行
```

```
# 下面指定该 manifest 文件的版本号
# version 1.0.0
# CACHE 用于设置需要缓存的资源
CACHE:
logo.jpg
theme.css
main.js
index.html
# NETWORK 用于设置不进行缓存的资源
NETWORK:
# 星号指示所有其他的资源文件
*
# FALLBACK 用于设置项的每一行列出两个资源
# 第 1 个是处于在线状态时使用的资源
# 第 2 个是处于离线状态时使用的资源
FALLBACK:
online.js offline.js
```
离线应用功能只有在网站被发布到 Web 服务器上运行时才能生效。服务器上须配置 manifest 文件正确的 MIME 类型：
```
<!-- 将 cache 后缀的文件映射成 manifest（缓存清单）文件 -->
<mime-mapping>
      <extension>cache</extension>
      <mime-type>text/cache-manifest</mime-type>
</mime-mapping>
```

7.8.2 离线状态的检测

为了判断浏览器的在线状态，HTML 5 提供了如下的属性和事件。

（1）navigator.online 属性：返回浏览器当前的在线状况，当值为 true 时在线，当值为 false 时离线。当网络状态发生变化时，navigator.online 属性的值也随之变化，通过读取该属性值可以获取当前网络的状态。

（2）online/offline 事件：当网络状态发生变化时触发。开发人员通过设置 online/offline 事件的监听器程序，进行在线/离线状态切换时的逻辑处理。

例程 7-27 onlinestate.html

```
<script type="text/javascript">
function onlineprompt() {
     alert("当前已处于离线状态，所有数据将被保存到本地！");
}
</script>
<body onoffline="onlineprompt()">
<h3>浏览器在线状态的判断</h3>
<script type="text/javascript">
     if (navigator.onLine) {
          alert("浏览器已在线！");
     }
     else {
          alert("浏览器已离线！");
     }
</script>
</body>
```

7.8.3 离线应用的缓存

1．applicationCache 对象

开启离线应用之后，JavaScript 脚本可以通过 applicationCache 对象来控制离线缓存。applicationCache 对象实现了 ApplicationCache 接口，其具有的属性、方法、事件如表 7-13 所示。

表 7-13 applicationCache 对象的属性、方法、事件

名 称	类 型	功 能 说 明
status	属性	UNCACHED：没有开启离线应用功能。IDLE：空闲状态。CHECKING：正在检查 manifest 文件的更新。DOWNLOADING：正在下载需要缓存的资源。UPDATEREADY：缓存的资源已下载，还未更新本地缓存。OBSOLETE：缓存已过期
void update()	方法	检查服务器上的 manifest 文件是否有更新
void swapCache()	方法	更新本地缓存，只能在 applicationCache 对象的 updateReady 事件触发时调用
void abort()	方法	中止资源的下载、更新操作
onchecking	事件	正在检查 manifest 文件时触发
onerror	事件	manifest 文件不存在时触发
ondownloading	事件	正在下载资源时触发
onprogress	事件	下载过程中接收一定的数据量时触发
onupdateready	事件	资源下载后还未更新时触发
oncached	事件	资源更新后触发
onnoupdate	事件	manifest 文件没更新时触发
onobsolete	事件	缓存资源过期时触发

2. 离线应用网页的处理过程

（1）浏览器首次请求一个网页。

（2）服务器返回请求的页面，浏览器解析并显示该页面。

（3）浏览器检查该页面是否指定了 manifest 属性值，如果没有设置该属性值，则不会有后续的行为。如果设置了该属性值，则触发 checking 事件并检查 manifest 文件是否存在，如果不存在则触发 error 事件，后续步骤不会执行。

（4）浏览器开始处理 manifest 文件。重新向服务器请求 manifest 文件中列出的所有需要缓存的资源，即使前面已经下载过这些资源，此时也要重新下载一遍。

（5）开始下载时触发 downloading 事件，在下载过程中不断触发 progress 事件，以便开发人员编程显示下载进度。

（6）下载完成后触发 cached 事件，表明离线资源缓存完成。

（7）当浏览器再次访问相同的网页时，重复步骤（1）～（3）。如果检查 manifest 文件没有改变，则触发 noupdate 事件，不再执行后续步骤。

（8）如果 manifest 文件发生更改，则继续执行步骤（4）～（5）。下载完成后触发 updateready 事件。如果在事件处理程序中没有中止更新，则进行资源的缓存。

例程 7-28 webcache.html

```
<body>
<h3>离线应用缓存的事件处理</h3>
<div id="eventmsg"></div>
<script type="text/javascript">
var eventmsg = document.getElementById("eventmsg");
//为 applicationCache 的不同事件绑定事件监听器
applicationCache.onchecking = function() {
     eventmsg.innerHTML += "正在检查 manifest 文件！<br/>";
};
applicationCache.onnoupdate = function() {
     eventmsg.innerHTML += "缓存清单文件没有修改，缓存资源无须更新！<br/>";
};
applicationCache.ondownloading = function() {
```

```
            eventmsg.innerHTML += "正在下载缓存资源！<br/>";
        };
        applicationCache.onprogress = function() {
            eventmsg.innerHTML += "缓存资源下载中……<br/>";
        };
        applicationCache.onupdateready = function() {
            eventmsg.innerHTML += "缓存资源已重新下载完成！<br/>";
        };
        applicationCache.oncached = function()    {
            eventmsg.innerHTML +="离线资源已缓存完成！<br/>";
        };
        applicationCache.onerror = function() {
            eventmsg.innerHTML += "离线应用发生错误！<br/>";
        };
    </script>
</body>
```

HTML 5 在缓存数据的容量方面没有标准规定，各浏览器的缓存容量限制也不同，部分浏览器设置的限制是每个站点 5MB。缓存的资源只有在 manifest 文件改变时才会被更新。更改资源本身，如修改了 JavaScript 代码，或者编辑了样式表文件，或者更换了一幅图像，这些资源并不会被重新缓存。要使改变的资源被重新缓存，必须修改 manifest 文件。更新 manifest 文件中注释行的日期和版本号是一种使浏览器重新缓存文件的办法。manifest 文件被修改后，只有再次请求网页才能检查到，也可以在页面中通过程序强制检查更新。

例程 7-29 webcheckupdate.html

```
<script type="text/javascript">
var cachecheck= function() {
        setInterval(function(){
             //强制检查服务器是否有更新
             applicationCache.update();
        }, 2000);
}
applicationCache.onupdateready = function()    {
        if(confirm("已从远程服务器下载了需要更新的缓存,是否立即更新？"))   {
             //立即更新缓存
             applicationCache.swapCache();
             //重新加载页面
             location.reload();
         }
}
</script>
<body>
<h3>检查离线应用的缓存资源</h3>
<button onClick="cachecheck()">检查更新</button>
</body>
```

7.9　Web Worker

在 HTML 5 之前，页面中的 JavaScript 脚本只有一个线程，也就是只有一条程序执行流。Web 开发人员无法创建多线程来执行脚本程序，如果脚本程序包含复杂的、耗时的代码，就会影响整个 JavaScript 脚本的执行流程，导致浏览器失去响应。为了适应页面中程序的并发执行需求，HTML 5 提供了 Worker API。Web 开发人员只要在脚本程序中创建一个 Worker 对象，就能创建一条新的线程，从而开启 JavaScript 多线程编程。

7.9.1 Web Worker API 简介

1．Worker 构造器

Worker(jsurl)，参数 jsurl 用于指定新创建的线程要执行的 JavaScript 脚本的路径。新线程执行的代码只能是外部 JavaScript 脚本，一般与网页自身位于相邻的目录下，用相对路径。

2．postMessage(data)

Worker 的核心函数。该函数可以在两种情况下使用：Worker 对象调用该函数向 Worker 对象启动的新线程提交消息，从而触发新线程中的 onmessage 事件监听器，在监听器函数中获取主线程提交的数据；在 Worker 对象启动的新线程中调用该函数，向父线程中发送消息，从而触发相应 Worker 对象的 onmessage 事件监听器，同样在监听器函数中获取子线程提交的数据。

3．onmessage

事件监听器属性，Worker 的核心 API。Worker 对象使用该属性绑定的事件处理函数来获取其子线程通过 postMessage()函数发送过来的数据。同样地，Worker 对象启动的新线程通过该属性绑定的事件监听器函数来获取父线程发送过来的数据。onmessage 绑定事件监听器函数的格式如下：

```
onmessage = function(event){
    var receivedata= event.data;
    //其他逻辑代码
};
```

当父、子线程之间传送消息时，会执行事件监听器中的代码，消息中传递的数据存储于 event.data 中。

4．importScripts(urls)

该函数用于向新线程导入 JavaScript 脚本，并且可以同时导入多个 JavaScript 文件，如 importScript("script1.jsp ", "script2.jsp ", "script3.js ")。

5．terminate()

该函数用于终止 Web Worker 子线程。创建 Worker 对象，即启动新线程后，它会持续监听消息（即使在外部脚本完成后）直到其被终止为止。调用 Worker 对象的 terminate()函数可以终止其子线程。

6．self

该对象在线程内可见，代表了当前 Worker 线程自身，调用 self.close()函数可以结束本线程。

Web Worker 创建的线程运行在后台，独立于页面的 JavaScript 主线程，不会影响页面的性能。在后台线程运行期间，可以继续在页面中进行单击、选取内容等操作。Web Worker 启动的线程中运行的 JavaScript 脚本不能动态地修改前台 HTML 界面组件，不能访问与界面相关的 DOM API，如 alert()、confirm()、prompt()等用户交互函数。后台线程可以使用与界面无关的函数，如 eval()、isNaN()、setTimeout()、setInterval()、parseInt()等，也可以使用 JavaScript 核心类，如 Object、Array、Data、String、Math、Number 等。

7.9.2 JavaScript 的多线程

例程 7-30 使用 Worker 类创建一个线程，并执行例程 7-31 的 work_count.js 脚本程序。work_count.js 脚本程序在后台计数，每隔 1 秒向前台主程序发送计数数字，主线程接收数据后在界面中显示。通常子线程不是这样简单的脚本，而是耗时的 CPU 密集型任务。

例程 7-30 works.html

```html
<!doctype html>
<html>
<head>
<meta charset="utf-8">
<title>Web Work</title>
<script>
var countwork;
function startWorker() {
    //检测浏览器是否支持 Web Worker
    if(typeof(Worker)!=="undefined") {
        if(typeof(countword)=="undefined") {
            countwork=new Worker("worker_count.js");
        }
        //设置 Worker 对象的 onmessage 事件监听器
        //该事件在子线程发送来数据时触发
        countwork.onmessage = function (event) {
            document.getElementById("result").innerHTML=event.data;
        };
    }
    else {
        document.getElementById("result").innerHTML="浏览器不支持 Web Worker!";
    }
}
function stopWorker() {
    countwork.terminate();
    countword=undefined;
}
</script>
<style type="text/css">
.divstyle {
    border: 1px solid #000;
    margin: 4px;
    padding: 16px;
    width:200px;
    height:90px;
}
</style>
</head>
<body>
<h3>JavaScript 多线程示例</h3>
<div class="divstyle">
<p>计数：　<span id="result"></span></p>
<button onclick="startWorker()">开始计数</button>
<button onclick="stopWorker()">停止计数</button>
</div>
</body>
</html>
```

例程 7-31 work_count.js

```javascript
var i = 0;
function timedCount() {
    i = i + 1;
    //向父线程发送计数，触发父线程中 Worker 对象的 onmessage 事件
    postMessage(i);
    setTimeout("timedCount()",1000);
}
timedCount();
```

除了在页面 JavaScript 脚本主线程中启动子线程，还可以在子线程中再次创建 Worker 对象来启动孙子线程，形成线程的嵌套。嵌套的子孙线程之间的数据传递与父子线程之间的数据传递方式类似。当然，在任意一个线程中都可以创建多个 Worker 对象启动多条线程，形成并列的多线程。并列的兄弟线程之间的数据传递要通过父线程，先要把需要交换的数据返回给父线程，再由父线程把数据发送给其他的子线程。

7.10　Web Geolocation

HTML 5 中的 navigator 对象新增了一个 geolocation 属性，用于获取用户的地理位置。地理定位对于带有 GPS 的设备（如智能手机）最为准确。鉴于地理定位可能侵犯用户的隐私，除非用户同意，否则定位功能是不可用的。

7.10.1　Geolocation API 简介

1．Geolocation 的主要方法

geolocation 属性是 Geolocation 类型的对象，该类中的常用方法如下。

（1）getCurrentPosition(onSuccess, onError, option)：用于获取地理位置。第 1 个参数为必需参数，是成功获取地理位置时触发的回调函数，回调函数的参数中封装了具体的地理信息；第 2 个参数为获取地理位置失败后触发的的回调函数，回调函数的参数中封装了详细的错误信息；第 3 个参数为额外的选项。第 2 个和第 3 个参数是可选的。

（2）int watchCurrentPosition(onSuccess, onError, option)：用于持续监听地理位置，相当于周期性地调用 getCurrentPosition()方法。该方法的 3 个参数与上一个方法的 3 个参数完全相同，返回值为 int 类型，是标识这个监听器的 id 值，用于之后在程序中调用 clearWatch(watchId) 取消监听。

（3）clearWatch(watchId)：用于停止持续监听地理位置，该方法的参数是 watchCurrentPosition() 方法返回的监听器标识。

2．方法参数介绍

Geolocation 定位功能的两个主要方法有 3 个形参，分别是 2 个回调函数与 1 个可选项。

（1）定位成功的回调函数：第 1 个形参为成功获取地理位置时调用的函数，该参数是必需的，函数的形式如下：

```
function(position) {
    //地理信息的具体处理逻辑
}
```

回调函数的参数 position 由 getCurrentPosition()方法在调用回调函数时传递。position 对象中封装了获取到的地理信息。该对象包含如下两个属性。

① timestamp：用于表示获取地理位置时的时间。

② coords：该属性是一个 Coordinates 类型的对象，包含了详细的地理位置信息。其具有的属性如表 7-14 所示。

表 7-14　coords 对象的属性

属　　性	含　　义
latitude	十进制数表示的纬度
longitude	十进制数表示的经度
accuracy	位置精度

续表

属性	含义
altitude	海拔，海平面以上以米计
altitudeAccuracy	位置的海拔精度
heading	方向，从正北开始以度计
speed	速度，以米/秒计

（2）定位失败的回调函数：第 2 个形参为获取地理位置失败时调用的函数，该参数为可选项，函数的形式如下：

```
function(error) {
    //错误处理逻辑
}
```

回调函数的参数 error 对象包含了错误信息，该对象有如下两个属性。

① code：错误代码，代码及含义如下。

1：用户拒绝了定位服务。

2：无法获取地理位置信息。

3：获取地理位置信息超时。

② message：错误描述信息。实践中有些浏览器并未提供错误描述信息。

（3）可选项：第 3 个形参为可选项，指定获取地理信息时的额外选项。该参数是一个 JavaScript 对象，支持下列属性。

① enableHighAccuracy：用于指定是否要求高精度的地理位置信息。

② timeout：用于设置获取地理位置信息时的超时时长，在指定的时长内没有获取到地理位置信息，将引发错误。

③ maximumAge：用于设置地理信息的缓存时长，单位为毫秒。

7.10.2 地理定位

1．获取地理位置

例程 7-32 使用 getCurrentPosition()方法来获得用户的地理位置，可返回用户当前的经度、纬度、高度、速度等信息。

例程 7-32 Webgeoloc.html

```
<script type="text/javascript">
var showPosition=function(position) {
    var geoStr="";
    var dt=new Date(position.timestamp);
    geoStr +="经度: " + position.coords.longitude + "<br/>";
    geoStr +="纬度: " + position.coords.latitude + "<br/>";
    geoStr +="高度: " + position.coords.altitude + "<br/>";
    geoStr +="经纬度的精度: " + position.coords.acccuracy + "<br/>";
    geoStr +="高度的精确度: " + position.coords.altitudeAccuracy + "<br/>";
    geoStr +="移动速度: " + position.coords.speed + "<br/>";
    geoStr +="移动方向: " + position.coords.heading + "<br/>";
    geoStr +="定位时间：" + dt.toLocaleString() + "<br/>";
    document.write(geoStr);
}
var showError=function(error)　{
    //JSON 对象，JavaScript 对象的简易定义法，见 9.1.8 节
    var errMsg={
        1: "用户拒绝了定位服务！",
        2: "无法获取地理位置信息！",
        3: "获取地理位置信息超时！"
```

```
            };
            var errStr=errMsg[error.code] + "<br/>";
            errStr += error.message;
            document.write(errStr);
        }
        //JSON 对象
        var optionObj={
            enableHeighAccuracy:true,
            maximumAge:1000
        };
    </script>
    <body>
    <h3>用户的地理位置</h3>
    <script type="text/javascript">
    if(navigator.geolocation) {
            navigator.geolocation.getCurrentPosition(showPosition, showError, optionObj);
    }
    else {
            document.write("当前浏览器不支持地理定位功能！");
    }
    </script>
    </body>
```

2. 在地图中定位

将 geolocation 对象获取的地理位置数据传递给地图服务，如谷歌地图或百度地图，可在地图中显示位置信息。例程 7-32 使用返回的经纬度数据在谷歌地图中显示位置。本例仅以静态图像的形式显示，如果以交互式动态地图的形式显示，则需要引入相应地图服务的 JavaScript 类库进行编程。google 地图服务的 API 为 http://maps.google.***/maps/api/js；百度地图服务的 API 为 https://api.map.baidu.***/api。

例程 7-33 webmapgeoloc.html

```
    <script type="text/javascript">
    var showPosition=function(position) {
            var locstr=position.coords.latitude + "," + position.coords.longitude;
            var imgurl=http://maps.googleapis.***/maps/api/staticmap?center=   +   latlon   +   "&zoom=12&size=480x320&sensor=false";
            document.getElementById("mapdiv").innerHTML="<img src='" + imgurl + "'/>";
    }
    </script>
    <body>
    <h3>用户的地理位置</h3>
    <div id="mapdiv"></div>
    <script type="text/javascript">
    if(navigator.geolocation) {
            navigator.geolocation.getCurrentPosition(showPosition);
    }
    else {
            document.write("当前浏览器不支持地理定位功能！");
    }
    </script>
    </body>
```

本 章 小 结

HTML 5 是 HTML 的宽松化、实用化版本，与 HTML 4.0 和 XHTML 完全兼容，但新增了许多元素、属性、事件、API 类等，极大地增强了 HTML 的功能。本章介绍了 HTML 5 新增的基本功能，包括新增的常用元素和属性、新增的表单元素和属性、多媒体播放、拖放 API、绘图功能等。HTML 5 新增的文档结构元素有<article>、<section>、<nav>、<aside>、<head>、<footer>，这些元素实际上与<div>元素并无本质的区别，只是增加了更明确的语义而已。HTML 5 新增的通用属性有 contentEditable、designMode、hidden、spellCheck，designMode 相当于一个全局的 contentEditable 属性，这些属性极大地增强了 HTML 元素的功能。HTML 5 新增的表单元素有<output>。表单控件新增的属性有 form、formation、autofocus、placeholder、list 等。新增的验证属性有 required、pattern、min、max、step。<input>元素的 type 属性新增的属性值有 date、time、datetime、week、month、color、email、tel、url、number、range，利用这些属性值，<input>元素可以生成功能丰富的各种表单控件。

HTML 5 提供了<audio>和<video>标记，浏览器实现了这两个标记的功能。浏览器本身就可以支持音频和视频的播放，但需注意各浏览器支持的音频、视频文件格式有差异。<audio>和<video>标记对应的 DOM 对象为 HTMLAudioElement 和 HTMLVideoElement，使用这两个对象提供的属性和方法，以及 audio 和 video 元素支持的事件，就可以编写程序，用 JavaScript 脚本来控制媒体的播放。

HTML 5 新增的拖放功能由 draggable 属性，ondragstart、ondrag、ondragend、ondragenter、ondrop 等一系列事件，以及事件对象的 DataTransfer 子对象提供支持。HTML 5 新增了<canvas>标记用于绘制 2D 图形，但<canvas>标记只显示一个空白的画布，绘图功能由<canvas>标记对应的 DOM 对象提供的 CanvasRenderingContext2D 对象提供，需要编写 JavaScript 脚本程序来完成具体的图形绘制。HTML 5 新增的功能不仅仅是增加了一些标记和属性，更是对页面脚本编程的支持。只有通过 JavaScript 脚本程序才能体现和发挥出 HTML 5 的强大作用。

HTML 5 新增的 Web Storage 功能，支持本地存储。当浏览器处于离线状态，无法把数据提交给远程服务器时，本地存储可以把用户提交的数据存储在本地；当浏览器处于联网状态时，程序可以把存储在本地的数据提交给远程服务器。离线应用可以显式地控制浏览器需要缓存哪些页面、哪些资源，使浏览器即使处于离线状态，也可以浏览 Web 应用。Web Worker 可以在网页内设计多线程的 JavaScript 脚本程序。Web Geolocation 用于在页面内获取用户的地理信息，并进行定位、跟踪、地图显示等。Web Socket 技术主要涉及网络编程的知识，由于本书篇幅所限，不再介绍。

思 考 题

1. HTML 5 新增的文档结构元素<article>、<section>、<nav>、<aside>、<head>、<footer>与原<div>元素有什么区别？
2. 简述<article>与<section>的关系。
3. 表单控件的 placeholder 属性与原 title 属性有什么区别？
4. <datalist>标记与原<select>标记有何异同？
5. 使用 HTML 5 的校验属性对用户输入的图书名称、图书 ISBN、图书价格进行验证。图书名称必须填写；ISBN 必须填写，格式为 "3 个数字-1 个数字-3 个数字-5 个数字"；使用 number 输入控件输入图书价格，最小值为 20，最大值为 150，间隔步长为 5。使用 HTML 5 的 email、url 输入控件输入作者邮箱、图书介绍网址。各输入控件使用 placeholder 属性给出提示信息。
6. 元素的可拖放性由哪一个属性设置？
7. 使用 HTML 5 的<video>标记，播放一段视频，使其具有播放、暂停、停止等功能，并可以兼容 IE、Chrome 等主流浏览器。
8. 在网页中绘制 10 个半径渐增，透明度逐渐降低，位置向右下方移动，颜色为粉红色的圆。

第 8 章　CSS 3

（视频学习）

1996 年 12 月，正式推出了 CSS 1.0 规范，其中加入了字体、颜色等相关属性。1998 年 5 月，正式发布了 CSS 2.0 规范，这是应用非常广泛的 CSS 版本。2004 年 2 月，发布了 CSS 2.1。CSS 2.1 对 CSS 2.0 进行了一些修改，删除了一些浏览器不支持的属性。CSS 2.1 是 CSS 2.0 的缩减版。CSS 3 是目前最新的 CSS 标准。CSS 3 分为盒模型、列表、超链接、语言、背景和边框、文字特效、多栏布局等一系列的模块，各模块分别被独立开发和发布。至 2012 年，绝大部分模块已被发布，并且在业界得到了各浏览器的支持。对于以前很多需要使用图片和脚本来实现的效果，CSS 3 只需要用短短几行代码就能实现。自此，Web 技术发展迎来了"HTML 5 + CSS 3"的新时代。

8.1　CSS 3 新增的选择器

CSS 3 增加了大量的伪类选择器，新增了兄弟选择器，进一步增强了 CSS 选择器的功能。

8.1.1　伪类选择器

伪类选择器主要用于对已有选择器做进一步的限制，对已有选择器能匹配的元素做进一步的过滤。CSS 3 新增的伪类选择器主要有 3 类：结构性伪类选择器、UI 元素状态伪类选择器、其他伪类选择器。

1. 结构性伪类选择器

结构性伪类选择器主要根据 HTML 元素之间的结构关系进行筛选定位，与 DOM 根据节点之间的父子、兄弟关系访问结构化文档类似。CSS 3 增加的结构性伪类选择器如下。

（1）selector:root：匹配文档的根元素。在 HTML 文档中，根元素永远是<html.../>元素。

（2）selector:first-child：匹配符合 selector 选择器，且必须是其父元素的第一个子节点的元素。

（3）selector:last-child：匹配符合 selector 选择器，且必须是其父元素的最后一个子节点的元素。

（4）selector:nth-child(n)：匹配符合 selector 选择器，且必须是其父元素的第 n 个子节点的元素。

（5）selector:nth-last-child(n)：匹配符合 selector 选择器，且必须是其父元素的倒数第 n 个子节点的元素。

（6）selector:only-child：匹配符合 selector 选择器，且必须是其父元素的唯一子节点的元素。

（7）selector:first-of-type：匹配符合 selector 选择器，且是与它同类型、同级的兄弟元素的第一个元素。

（8）selector:last-of-type：匹配符合 selector 选择器，且是与它同类型、同级的兄弟元素的最后一个元素。

（9）selector:nth-of-type(n)：匹配符合 selector 选择器，且是与它同类型、同级的兄弟元素的第 n 个元素。

（10）selector:nth-last-of-type(n)：匹配符合 selector 选择器，且是与它同类型、同级的兄弟元素的倒数第 n 个元素。

（11）selector:only-of-type：匹配符合 selector 选择器，且是与它同类型、同级的兄弟元素的唯一一个元素。

（12）selector: empty：匹配符合 selector 选择器，且其内部没有任何子元素（包括文本节点）的元素。

这些伪类选择器前面的 selector 选择器可以省略。省略后，selector 将不作为匹配条件，只以伪类条件进行匹配。:nth-child、:nth-last-child、:nth-of-type(n)、:nth-last-of-type(n)除了支持 odd/even 名称参数，匹配其父元素的第奇数/偶数、倒数第奇数/偶数个子节点的元素，还支持 xn+y 类型的参数。其中，x、y 为正整数值，匹配其父元素的第 xn+y、倒数第 xn+y 个子节点的元素。

例如：

```
/* 匹配第 2、4、6……个子元素，等价于:nth-child(even) */
:nth-child(2n)
/* 匹配第 1、3、5……个子元素，等价于:nth-child(odd) */
:nth-child(2n+1)
/* 匹配第 5、8、11……个子元素，从第 5 个开始每 3 个为一组的第 1 个 */
:nth-child(3n+5)
/* 匹配第 4、9、14……个子元素，5 的倍数减 1 个 */
:nth-child(5n-1)
/* 匹配第 8、5、2 个子元素，从第 8 个开始依次减 3 */
:nth-child(-3n+8)
/* 匹配前 8 个（包括第 8 个）子元素，用来限定前面 y 个元素，较常用 */
:nth-child(-n+8)
/* 匹配 p 元素，且<p>必须为父元素的第 3 个子元素，不一定是第 3 个 p 元素 */
p:nth-child(3)
/* 匹配父元素中的第 3 个 p 元素，<p>不一定是第 3 个子元素 */
p:nth-of-type(3)
```

例程 8-1　strucpseudo.html

```
<!doctype html>
<html>
<head>
<meta charset="utf-8">
<title>CSS 3</title>
<style type="text/css">
/* 定义对作为其父元素的第 1 个子节点的 li 元素起作用的 CSS 样式 */

li:first-child {
    border: 1px solid black;
}
/* 定义对作为其父元素的最后一个子节点的 li 元素起作用的 CSS 样式 */
li:last-child {
    background-color: #aaa;
}
/* 定义对作为其父元素的第 2 个子节点的 li 元素起作用的 CSS 样式 */
li:nth-child(2) {
    color: #888;
}
/* 定义对作为其父元素的倒数第 2 个子节点的 li 元素起作用的 CSS 样式 */
li:nth-last-child(2) {
    font-weight: bold;
}
/* 定义对作为其父元素的唯一的子节点的 span 元素起作用的 CSS 样式 */
span:only-child {
```

```html
            font-size: 30pt;
            font-family: "隶书";
        }
    </style>
</head>
<body>
<div style="width:360px">
<ol>
    <li>信息学院</li>
    <li>物流学院</li>
    <li>工程学院</li>
    <li>理学院</li>
    <li>信息中心</li>
</ol>
<ul>
    <li id="html">超文本标记语言 HTML</li>
    <li id="css">层叠样式表 CSS</li>
    <li id="js">JavaScript 脚本语言</li>
    <li id="xml">可扩展标记语言 XML</li>
    <li id="dw">Web 编辑工具 Dreamweaver</li>
    <li id="html5">超文本标记语言版本 5 HTML 5</li>
    <li id="css3">层叠样式表版本 3 CSS 3</li>
</ul>
<span>山东省临沂大学</span>
</div>
</body>
</html>
```

2．UI 元素状态伪类选择器

UI 元素状态伪类选择器主要根据 UI 元素的状态进行筛选定位，类似早期<a>标记支持的状态伪类。CSS 3 极大地扩展了伪类的应用范围。

（1）selector:link：匹配 selector 选择器且未被访问前的元素（通常只能是超链接）。

（2）selector:visited：匹配 selector 选择器且已被访问过的元素（通常只能是超链接）。

（3）selector:active：匹配 selector 选择器且处于被用户激活（在鼠标单击与释放之间的事件）状态的元素。

（4）selector:hover：匹配 selector 选择器且处于鼠标悬停状态的元素。

（5）selector:focus：匹配 selector 选择器且已得到焦点的元素。

（6）selector:enabled：匹配 selector 选择器且当前处于可用状态的元素。

（7）selector:disabled：匹配 selector 选择器且当前处于不可用状态的元素。

（8）selector:checked：匹配 selector 选择器且当前处于被选中状态的元素。

（9）selector:default：匹配 selector 选择器且页面打开时处于被选中状态（即使当前没有被选中亦可）的元素。

（10）selector:read-only：匹配 selector 选择器且当前处于只读状态的元素。

（11）selector:read-write：匹配 selector 选择器且当前处于读写状态的元素。

例程 8-2　uipseudo.html

```html
<!doctype html>
<html>
<head>
<meta charset="utf-8">
<title>CSS 3</title>
<style type="text/css">
td {
    border: 1px solid black;
```

```
        padding: 4px;
}
/* 为处于鼠标悬停状态的表格行定义 CSS 样式 */
tr:hover {
        background-color: #aaa;
}
/* 为处于激活状态的 input 元素定义 CSS 样式 */
input:active {
        background-color: blue;
}
/* 为得到焦点的任意元素定义 CSS 样式 */
:focus {
        text-decoration: underline;
}
/* 为可用的任意元素定义 CSS 样式 */
:enabled {
        font-family: "黑体";
        font-weight: bold;
        font-size: 14pt;
}
/* 为不可用的任意元素定义 CSS 样式 */
:disabled {
        font-family: "隶书";
        font-size: 14pt;
}
/* 为处于勾选状态的任意元素定义 CSS 样式 */
:checked {
        outline: red solid 5px;
}
/* 为页面打开时处于勾选状态的任意元素定义 CSS 样式 */
:default {
        outline: #bbb solid 5px;
}
</style>
</head>
<body>
<h3>UI 元素状态伪类</h3>
<table style="width:400px;border-collapse:collapse">
    <tr>
        <td>超文本标记语言  HTML</td>
        <td>超文本标记语言版本 5 HTML 5</td>
    </tr>
    <tr>
        <td>层叠样式表  CSS</td>
        <td>层叠样式表版本 3 CSS 3</td>
    </tr>
    <tr>
        <td>可扩展标记语言  XML</td>
        <td>XML 超文本标记语言  XHTML</td>
    </tr>
    <tr>
        <td>JavaScript 脚本语言</td>
        <td>Web 编辑工具  Dreamweaver</td>
    </tr>
</table>
<br/><br/>
<form name="form1" method="post" action="act.asp">
    <table cellpadding="4" cellspacing="4">
        <tr>
```

```html
            <td width="380" valign="top"><fieldset>
                <legend>基本信息</legend>
                <label for="tx1">姓名：</label>
                <input type="text" name="tx1" id="tx1" value="请填写姓名!">
                <p>
                <label>性别：
                    <input type="radio" name="gender" value="male" checked>
                    男
                    <input type="radio" name="gender" value="female">
                    女
                    </p>
                </label>
                <p>
                <label>爱好：
                    <input type="checkbox" name="qualifier" value="music" checked>
                    音乐
                    <input type="checkbox" name="qualifier" value="art">
                    美术
                    </p>
                </label>
                <p>
                <label for="choice">籍贯：</label>
                <select name="choice" id="choice">
                    <option value="-1" selected>请选择</option>
                    <option value="x1">北京</option>
                    <option value="x2">济南</option>
                    <option value="x3">临沂</option>
                    <option value="x4">上海</option>
                </select>
                </p>
                <p>
                    <input type="submit" value="提交">
                    <input type="reset" value="重设">
                </p>
            </fieldset></td>
        </tr>
    </table>
</form>
</body>
</html>
```

3．:not 和:target

CSS 3 还增加了两个特殊的伪类选择器。

（1）selector:target：匹配符合 selector 选择器且必须是命名锚点目标的元素。

（2）selector1:not(selector2)：匹配符合 selector1 选择器，但不符合 selector2 选择器的元素，相当于 selector1 减去 selector2。

:target 选择器要求必须是命名锚点目标的元素，即当前正在访问的目标元素。:target 选择器非常实用，页面可以通过该选择器高亮显示正在被访问的目标。

8.1.2 新增的伪元素选择器

CSS 3 新增了::selection 伪元素选择器。selector::selection 匹配 selector 选择器的元素中当前被选中的内容。

在 CSS 2 和 CSS 1 中，伪类和伪元素都使用了单冒号语法，如:first-line；在 CSS 3 中，双冒号取代了伪元素的单冒号表示法，如::first-line。为了向后兼容，伪元素仍可接受单冒号语法。

8.1.3 兄弟选择器

CSS 3 新增了后序兄弟选择器"~"。selector1~selector2 匹配 selector1 对应元素的后面，能匹配 selector2 的兄弟节点。其中，selector1、selector2 都是有效的选择器。

8.1.4 浏览器前缀

有时候浏览器可能会提供一些预览版的 CSS 属性，这些属性是少部分浏览器专属的。有些浏览器为了扩展某方面的功能，也会新增一些 CSS 属性，这些自行扩展的 CSS 属性也是浏览器专属的。为了让浏览器识别这些专属的属性，CSS 规范允许在选择器前添加各自的浏览器前缀。常见的浏览器前缀如表 8-1 所示。

表 8-1 常见的浏览器前缀

前缀	示例	组织	内核	说明
-ms-	-ms-interpolation-modc	Microsoft	Trident	Internet Explorer 浏览器专属的 CSS 属性前缀
-moz-	-moz-read-only	Mozilla	Gecko	所有基于 Gecko 引擎的浏览器（如 Firefox）专属的 CSS 属性前缀
-o-	-o-text-overflow	Opera	Presto	Opera 浏览器专属的 CSS 属性前缀
-webkit-	-webkit-box-shadow	Webkit	webkit	所有基于 Webkit 引擎的浏览器（如 Chrome、Safari）专属的 CSS 属性前缀

除此之外，还有一些行业与应用专属的前缀。例如，支持 WAP（Wireless Application Protocol，无线应用协议）的移动应用可能使用-wap-前缀，如-wap-accesskey；Microsoft 的 office 应用还可能使用-mso-这样的前缀。

8.2 服务器字体

在 CSS 3 之前，Web 设计师定义好的字体在用户计算机上能否正确呈现，依赖于用户的计算机上是否安装了该字体。因此，设计师必须使用 Web 安全字体，即日常最普通的字体。CSS 3 的出现改变了这种情况。CSS 3 允许使用服务器字体，并且将使用的字体文件存放到 Web 服务器上，在需要时自动下载到用户的计算机上。

8.2.1 @font-face

CSS 3 提供了@font-face 标识符用于定义服务器字体。@font-face 的语法格式类似于选择器，其中定义的字体使用服务器字体，可以作为 font-family 样式属性的取值。

```
@font-face{
    font-family: fontName;
    src: url(source) [format(fontFormat)] [,url(source) [format(fontFormat)]]*;
    [font-weight: fontWeight];
    [font-style: fontStyle];
}
```

以上语法格式中的参数定义说明如下。

1．font-family 属性

用于指定服务器字体的名称，名称 fontName 自定义。

2. src 属性

url 函数用于指定该字体的字体文件（字库）的存放路径，source 表示绝对或相对路径。可以使用多个 url 函数定义多个不同格式的字体文件，供浏览器选择。

3. format

用于指定自定义字体的字体格式，是对字体文件的辅助说明，帮助浏览器识别字体，该属性可选。不同的浏览器及浏览器的不同版本都可能支持不同的字体格式。format 属性的取值有以下几种字体格式。

（1）TrueType（.ttf）字体：.ttf 格式采用几何学中二次 B 样条曲线及直线来描述字体的外形轮廓，是由 Apple 公司和 Microsoft 公司共同开发的一种轮廓类型字体，是 Mac 和 Windows 中常用的字体。TrueType 字体由指令对字形进行描述，与分辨率无关，输出时可以调整到任意大小，且几乎都是清晰可读的，既可以用作打印字体，又可以用作屏幕显示。支持 TureType 字体的浏览器有 IE 9.0+、Firefox 3.5+、Chrome 4.0+、Safari 3.0+、Opera 10.0+、iOS Mobile Safari 4.2+。

（2）OpenType（.otf）字体：.otf 格式也是一种轮廓字体，由 Microsoft 公司和 Adobe 公司合作开发，是在 TrueType 字体基础上嵌入 PostScript 字体形成的。OpenType 字体比 TrueType 字体更为强大，提供了更多的功能，适用于多个平台，支持很大的字符集。支持 OpenType 字体的浏览器有 Firefox 3.5+、Chrome 4.0+、Safari 3.1+、Opera 10.0+、iOS Mobile Safari 4.2+。

（3）Web Open Format（.woff）字体：.woff 是 Web 字体中的最佳格式。Web Open Format 是一个开放的 TrueType/OpenType 的压缩版本，同时支持元数据包的分离。支持 Web Open Format 字体的浏览器有 IE 9.0+、Firefox 3.5+、Chrome 6.0+、Safari 3.6+、Opera 11.1+。

（4）Embedded Open Type（.eot）字体：.eot 格式是 IE 专用字体，可以从 TrueType 创建.eot 格式的字体。支持该字体的浏览器有 IE 4.0+。

（5）SVG（.svg）字体：.svg 格式是基于 SVG（Scalable Vector Graphics）二维矢量图形渲染的一种字体，具有 SVG 图形的特点，使用 XML 格式定义，可伸缩，在放大或缩小的情况下质量都不会有所损失，在任何分辨率下都能被高质量地打印。支持 SVG 字体的浏览器有 Chrome 4.0+、Safari 3.1+、Opera 10.0+、iOS Mobile Safari 3.2+。

4. font-weight

用于指定自定义字体是否为粗体，可选。定义为粗体时，需指定相应的字体文件。

5. font-style

用于指定自定义字体的样式，可选。定义样式后，需指定相应样式的字体文件。

使用服务器字体的步骤如下。

（1）下载需要使用的服务器字体对应的字体文件。
（2）使用@font-face 定义服务器字体。
（3）通过 font-family 属性指定使用服务器字体。

定义服务器字体，例如：

```
@font-face {
    font-family: ServerFont;
    src: url("Blazed.ttf")    format("TrueType");
}
```

使用服务器字体，例如：

```
<div style="font-family:ServerFont;font-size:36pt">
```

在网页上指定字体时，除了可以指定特定字体，还可以指定使用粗体字、斜体字。使用服务器字体时，粗体、斜体、粗斜体须使用不同的字体文件（需要相应地下载不同的字体文件）。定义粗体、斜体的服务器字体时，需要注意以下两点。

（1）使用粗体字、斜体字专门的字库。

（2）在@font-face 中增加 font-weight、font-style 属性定义。

定义粗体的服务器字体，例如：

```css
@font-face {
        font-family: ServerFont;
        src: url("Delicious-Bold.otf")    format("OpenType");
        font-weight:bold;
}
```

使用服务器字体，并设置粗体样式，例如：

```html
<div style="font-family:ServerFont;font-size:30pt;font-weight:bold">
```

例程 8-3　serverfont.html

```html
<!doctype html>
<html>
<head>
<meta charset="utf-8">
<title>CSS 3</title>
<style type="text/css">
/* 定义普通的服务器字体 */
@font-face {
    font-family: ServerFont;
    src: url("Delicious-Roman.otf") format("OpenType");
}
/* 定义粗体的服务器字体 */
@font-face {
    font-family: ServerFont;
    src: url("Delicious-Bold.otf") format("OpenType");
    font-weight: bold;
}
/* 定义斜体的服务器字体 */
@font-face {
    font-family: ServerFont;
    src: url("Delicious-Italic.otf") format("OpenType");
    font-style: italic;
}
/* 定义粗斜体的服务器字体 */
@font-face {
    font-family: ServerFont;
    src: url("Delicious-BoldItalic.otf") format("OpenType");
    font-style: italic;
    font-weight: bold;
}
</style>
</head>
<body>
<h3>服务器字体示例</h3>
<div style="font-family:ServerFont;font-size:30pt">
    临沂大学网址：Http://www.lyu.***.**/</div>
<div style="font-family:ServerFont;font-size:30pt;font-weight:bold">
    临沂大学网址：Http://www.lyu.***.**/</div>
<div style="font-family:ServerFont;font-size:30pt;font-style:italic;">
    临沂大学网址：Http://www.lyu.***.**/</div>
<div style="font-family:ServerFont;font-size:30pt;font-weight:bold;
    font-style:italic;">临沂大学网址：Http://www.lyu.***.**/</div>
</body>
</html>
```

8.2.2 服务器字体与客户端字体结合使用

使用服务器字体需要从远程服务器下载字体文件,因此效率并不高。在实际应用中,应尽量考虑使用浏览器的客户端字体。只有当客户端不存在这种字体时,才考虑使用服务器字体作为替代方案,CSS 3 也为这种方案提供了支持。

CSS 3 使用@font-face 定义服务器字体时,src 属性除了可以使用 url 来指定服务器字体的路径,还可以使用 local 定义客户端字体的名称。

例如:
```
@font-face {
    font-family: ServerFont;
    src: local("Goudy Stout"), url("Blazed.ttf") format("TrueType");
}
```

定义服务器字体 ServerFont,该字体优先使用客户端字体 Goudy Stout,当客户端字体不存在时,使用 Blazed.ttf 作为替代字体。

8.3 边框和阴影

CSS 3 提供了创建圆角边框、向矩形添加阴影、使用图片来绘制边框的样式功能,而在 CSS 3 之前实现这些功能需要使用图片并借助于设计软件。

8.3.1 圆角边框

CSS 3 为圆角边框提供了如下属性。

1. border-radius

该属性是圆角边框的复合属性,可以同时为边框的 4 个角指定圆角边框的圆角半径(半径越大,圆角圆的程度越大)。如果该属性指定 1 个长度,则 4 个圆角都使用该长度作为半径;如果指定 2 个长度,则第 1 个长度将作为左上角、右下角的半径,第 2 个长度作为右上角、左下角的半径;如果指定 3 个长度,则第 1 个长度将作为左上角的半径,第 2 个长度作为右上角、左下角的半径,第 3 个长度将作为右下角的半径;如果指定 4 个长度,则按顺时针方向左上、右上、右下、左下 4 个角依次使用 4 个长度作为圆角半径。

2. border-top-left-radius

该属性用于指定左上角的圆角半径。

3. border-top-right-radius

该属性用于指定右上角的圆角半径。

4. border-bottom-right-radius

该属性用于指定右下角的圆角半径。

5. border-bottom-left-radius

该属性用于指定左下角的圆角半径。

例程 8-4 bordradius.html

```
<!doctype html>
<html>
<head>
<meta charset="utf-8"
```

```html
<title>CSS 3</title>
<style type="text/css">
.borderex {
    width:400px;
    height:60px;
    border:3px solid black;
    border-radius:40px 40px 16px 16px;
    padding:8px;
    line-height:30px;
    text-indent:2em;
}
</style>
</head>
<body>
<h3>CSS 3 圆角边框 </h3>
    <div class="borderex">CSS 3 支持圆角边框，通过指定 4 个角的圆角半径
    设置圆角边框，半径越大，圆角圆的程度越大。</div>
</body>
</html>
```

8.3.2 图片边框

CSS 3 为图片边框提供了如下属性。

1．border-image

该属性是图片边框的复合属性，用于设置所有图片边框的属性。属性的取值有 border-image-source、border-image-slice、border-image-width、border-image-outset、border-image- repeat。

2．border-image-source

该属性用于指定边框图片，属性值可以为 none（没有边框图片），或者使用 url()函数指定图片、颜色渐变（Gradients）。

CSS 3 定义了两种类型的渐变，颜色渐变可参阅 7.6.2 节。

（1）线性渐变（Linear Gradients）。

`linear-gradient(direction, color-stop1, color-stop2, ...)`

第 1 个参数为渐变方向，可取值向下（to bottom）、向上（to top）、向左（to left）、向右（to right）、对角方向（to bottom right）、角度（-45deg）；其他参数为渐变的颜色，可取任何有效的颜色值，如带透明度的 rgba(255,0,0,0.8)函数。

（2）径向渐变（Radial Gradients）。

`radial-gradient(shape size at position, start-color, ..., last-color)`

第 1 个参数同时指定渐变的形状、大小、中心。在默认情况下，渐变的形状是 ellipse（表示椭圆形），大小是 farthest-corner（表示到最远的角落），中心是 center（表示在中心点）。

shape 参数用于定义渐变的形状，可取值 ellipse 或 circle；size 参数用于定义渐变的大小，可取值 farthest-corner、closest-side、farthest-side、closest-corner；position 参数用于定义渐变的中心位置，可取值为横向与纵向的两个相对坐标，近左上角为 10% 10%，近右下角为 90% 90%，中间为 50% 50%。

例如：

`radial-gradient(closest-side at 90% 10%, red, yellow, black);`

其他参数为渐变的颜色，同线性渐变，可取任何有效的颜色值。

3．border-image-slice

该属性可指定 1～4 个数值或百分比数值，这 4 个数值用于控制如何对边框图片进行切割。

假设指定了 10、20、30、40，这 4 个数值分别指定切割图片的上边框为 10 像素，右边框为 20 像素，下边框为 30 像素，左边框为 40 像素。

4．border-image-width

该属性用于指定图片边框的宽度。该属性可指定 1～4 个长度值、数值、百分比数值或 auto。

5．border-image-repeat

该属性用于指定边框图片的覆盖方式，支持 stretch（拉伸覆盖）、repeat（平铺覆盖）、round（取整平铺）3 种覆盖方式。

图片边框属性目前还没有得到浏览器的广泛支持，在 Firefox、Chrome、Safari 浏览器中应用图片边框需要添加相应的前缀。

8.3.3 阴影

CSS 3 提供了 box-shadow 属性为块元素添加阴影。box-shadow 属性用于向块框添加一个或多个阴影。该属性是由逗号分隔的阴影列表，每个阴影由 2～4 个长度值、可选的颜色值及可选的 inset 关键词来规定。省略长度的值是 0。语法格式如下：

box-shadow: h-shadow v-shadow blur spread color inset;

各属性值的含义如表 8-2 所示。

表 8-2 box-shadow 各属性值的含义

属 性 值	含 义
h-shadow	必需，水平阴影的位置，允许负值
v-shadow	必需，垂直阴影的位置，允许负值
blur	可选，模糊距离
spread	可选，阴影的尺寸
color	可选，阴影的颜色，请参阅 CSS 颜色值
inset	可选，将外部阴影改为内部阴影

例程 8-5 boxshadow.html

```
<!doctype html>
<html>
<head>
<title>CSS 3</title>
<style>
div {
    width: 260px;      height: 80px;
    margin: 8px;       padding: 24px;
    background-color: #D3E2F5;
    -moz-box-shadow: 10px 10px 5px #888888; /*早期版本的 Firefox */
    box-shadow: 10px 10px 5px #888888;
}
</style>
</head>
<body>
<h3>块框阴影 </h3>
<div>box-shadow 属性可为块元素添加阴影</div>
</body>
</html>
```

8.4 用户界面与分列显示

CSS 3 增加了一些样式属性来调整用户界面的特性，增加了分列属性来提供对文本的分栏显示。

8.4.1 用户界面

CSS 3 的用户界面属性用于调整元素的大小、框尺寸和外边框。主要的用户界面样式属性如下。

1．resize

用于指定一个元素是否可由用户调整大小，可取值如下：

```
none|both|horizontal|vertical
```

默认值 none 表示用户无法调整元素的尺寸；both 表示用户可调整高度和宽度；horizontal 表示用户可调整宽度；vertical 表示用户可调整高度。

要使 resize 属性生效，需要设置元素的 overflow 属性值为 auto、hidden 或 scroll。

2．box-sizing

用于设定元素宽度和高度的计算方式，是否应包含内边距和边框。属性可取值如下，含义如表 8-3 所示。

```
content-box|border-box|inherit
```

表 8-3　box-sizing 属性值及含义

属性值	含义
content-box	由 CSS 2.1 规定的宽度、高度行为，宽度和高度分别应用于元素的内容框，在宽度和高度之外绘制元素的内边距和边框
border-box	为元素设定的宽度和高度决定了元素的边框盒，即为元素指定的任何内边距和边框都将在已设定的宽度和高度内进行绘制。只有从已设定的宽度和高度分别减去边框和内边距才能得到内容的宽度和高度
inherit	规定应从父元素继承 box-sizing 属性的值

3．outline-offset

对轮廓进行偏移，并在超出边框边缘的位置绘制轮廓。outline-offset 是 3.5.3 节轮廓相关属性的补充。取值为数值和合法的长度单位。

例如：

```
outline-offset: 8px;    /* 设置在边框边缘之外 8 像素处绘制轮廓 */
```

8.4.2 分列显示

CSS 3 为分列提供了大量的分列属性，可以创建多个列来对文本进行布局。

1．column-count

用于设置文本应该被分隔的列数，可取值如下：

```
number|auto
```

number 为整数，具体的列数；auto 为其他属性决定的列数，如 column-width。

2．column-width

用于设定列的宽度，可取值如下：

```
length | auto
```

length 为数值和合法的长度单位；auto 为浏览器根据其他属性值计算的列宽。

3. columns

复合属性，为 column-count 和 column-width 属性的简写。

4. column-gap

用于设定列之间的间隔，可取值如下：

length|normal

length 为数值和合法的长度单位；normal 设定列之间为一个常规的间隔，W3C 建议的值是 1em。

5. column-rule-style

用于设定列之间分隔线的样式，取值及含义同边框样式 border-style。

none|hidden|dotted|dashed|solid|double|groove|ridge|inset|outset

6. column-rule-width

用于设定列之间分隔线的宽度，可取数值或表示相对宽度的名称。

length|thin|medium|thick

7. column-rule-color

用于设定列之间分隔线的颜色，可取合法的 CSS 颜色值。

8. column-rule

用于设置分隔线样式的复合属性，为所有 column-rule-* 属性的简写。

9. column-span

用于设定文本应该横跨的列数，可取值如下：

1|all

默认值为 1，表示跨越 1 列；值 all 表示跨越所有列。

10. column-fill

用于设定如何对列进行填充，即填充列时是否要进行协调，可取值如下：

balance|auto

balance 对列进行协调，浏览器应对列长度的差异进行最小化处理；auto 按顺序对列进行填充，列长度会各有不同。

使用 CSS 3 实现分栏非常简单，只要设置 column-count 属性即可。

例程 8-6　colsdisp.html

```
<!doctype html>
<html>
<head>
<meta charset="utf-8">
<title>CSS 3</title>
<style>
.coldisplay {
    -moz-column-count: 3; /* Firefox */
    -webkit-column-count: 3; /* Safari and Chrome */
    column-count: 3;
    -moz-column-gap: 40px; /* Firefox */
    -webkit-column-gap: 40px; /* Safari and Chrome */
    column-gap: 40px;
    -moz-column-rule: 4px outset #ff0000; /* Firefox */
    -webkit-column-rule: 4px outset #ff0000; /* Safari and Chrome */
    column-rule: 4px outset #ff0000;
    width:840px;
    border:dashed black 1px;
    line-height:1.8;
    text-indent:2em;
    padding:16px;
    margin:8px;
```

```
        }
    </style>
</head>
<body>
    <h3>分栏显示</h3>
    <div class="coldisplay">
        <div>信息学院拥有计算机科学与技术、软件工程、网络工程、通信工程、信息工程 5 个本科专业，通信技术、计算机应用技术、计算机软件技术、计算机网络技术 4 个专科专业，全日制在校生 2141 人。其中，本科生 1604 人，专科生 537 人。</div>
        <div>学院机构设置了计算机工程系、网络与信息工程系、软件工程系、通信工程系和公共计算机教学部 5 个教学系，以及信息技术实验中心、公共计算机基础教学中心两个教学中心。共有教职员工 98 人。其中，专职教师 82 人，正高级职称者 8 人，副高级职称者 27 人，具有博士学位者 18 人，在读博士 6 人，硕士研究生导师 4 人。</div>
        <div>学院现拥有山东省网络环境智能计算重点实验室临大研究所，临沂市物流信息工程技术研究中心，同时设有 3 个校级学科团队和 5 个院级学术团队。学院科研组织架构初步形成，良好的发展环境激发了师生的研究能力。</div>
    </div>
</body>
</html>
```

8.5 弹性盒布局

弹性盒子（Flexbox）是 CSS 3 的一种新布局模式，提供了一种更加有效的方式来对一个容器中的子项进行排列、对齐和分配空白空间。当页面需要适应不同的屏幕大小及设备类型时，弹性盒布局确保元素拥有恰当的行为。

弹性盒布局的两个角色是弹性容器（Flex Container）和弹性子项（Flex Item）。

8.5.1 弹性容器

HTML 的块元素（如<div>）通过设置 display 属性值为 flex，行内元素设置 display 属性值为 inline-flex，将其定义为弹性容器。弹性容器内包含了一个或多个弹性子项。弹性容器外及弹性子项内是正常渲染的。弹性盒子只定义了弹性子项如何在弹性容器内布局。

弹性容器通过其样式属性设置子项的排列方式，弹性容器支持的属性有 6 种。

1. flex-direction

用于设置容器的主轴方向，即子项在容器中的排列方向，可取值如下：

row|row-reverse|column|column-reverse|initial|inherit

row 表示水平方向排列子项，为默认值；row-reverse 表示水平反向排列；column 表示垂直方向排列；column-reverse 表示垂直反向排列；initial 表示取默认值，同 row；inherit 表示从父元素继承属性值。

2. flex-wrap

用于设置容器中的子项是否换行，可取值如下：

nowrap|wrap|wrap-reverse|initial|inherit

nowrap 为默认值，表示弹性盒子中的子项单行显示，不换行，在此情况下，如果水平方向上子项总长太大越界的话，各子项会自动等比例缩小以适应容器；wrap 表示弹性盒子内多行显示，子项在容器右边界处会自动断行到下一行；wrap-reverse 表示反向换行，即换行到上一行显示；initial、inherit 含义同前。

3. justify-content

用于设置容器中子项在主轴方向上的对齐方式，可取值如下：

flex-start|flex-end|center|space-between|space-around|initial|inherit

flex-start 为默认值，表示子项从主轴开头显示，如果主轴为水平方向则左对齐，如果主轴为垂直方向则为顶端对齐；flex-end 表示子项从主轴末尾显示，如果主轴为水平方向则右对齐，如果主轴为垂直方向则为底部对齐；center 表示子项在主轴中间显示，即居中对齐；space-between 表示分散对齐，子项之间留有等间距的空间，子项与两端边界之间不留空；space-around 表示分散对齐，子项与子项之间留有相等的间隔，子项与两端边界之间亦留有空间，但间隔是子项之间间隔的一半。

4．align-items

用于设置容器中子项在垂直主轴方向上的对齐方式，可取值如下：

align-items: stretch|center|flex-start|flex-end|baseline|initial|inherit

stretch 为默认值，表示子项在垂直主轴方向上拉伸以充满容器，是否会拉伸还与子项长、宽、伸、缩样式属性的设置有关；center 表示子项在垂直主轴方向的中间处显示，居中对齐；flex-start 表示子项从垂直主轴开头显示，左对齐或顶端对齐；flex-end 表示子项从垂直主轴末尾显示，右对齐或底部对齐；baseline 表示子项在垂直方向上基线对齐，水平方向上无基线对齐。

5．align-content

用于设置容器中轴线的对齐方式。轴线对齐是轴线在垂直轴线方向上的对齐，与 align-item 属性极度相似，align-content 属性值的设定会影响 align-item 的效果。align-content 属性可取值如下：

stretch|center|flex-start|flex-end|space-between|space-around|initial|inherit

stretch 为默认值，表示多条基线伸展以充满容器；center 表示基线处于容器的中间，即基线居中对齐；flex-start 表示基线从容器的左侧或顶部开始分布，即基线左对齐或顶端对齐；flex-end 表示基线在容器的右侧或底部分布，即基线右对齐或底部对齐；space-between 表示基线分散对齐，基线之间留有等间距的空间，基线与两端边界之间不留空；space-around 表示基线分散对齐，基线与基线之间留有相等的间隔，基线与两端边界之间亦留有空间，但间隔是基线与基线之间间隔的一半。

6．flex-flow

复合属性，为 flex-direction 与 flex-wrap 属性的简写。

例程 8-7　flexcantainer.html

```
<style>
.flexcan {
    height: 460px;
    width: 460px;
    background-color: #1E90FF;
    display: flex;              /* 弹性容器 */
    flex-wrap: wrap;            /* 子项换行 */
    flex-direction: column;     /* 容器主轴为竖向，即子项垂直排列 */
    justify-content: center;    /* 子项垂直居中 */
    align-items: flex-end;      /* 水平右对齐 */
    align-content: trech;       /* 轴线伸展填充容器 */
}
.flexcan > div {
    width: 80px;
    background-color: #F1F1F1;
    margin: 10px;
    font-size: 30px;
    line-height: 75px;
    text-align: center;
}
</style>
```

```
<body>
<h3>弹性盒子</h3>
<h4>弹性容器的样式属性</h4>
<div class="flexcan">
    <div>1</div>
    <div>2</div>
    <div>3</div>
    <div>4</div>
    <div>5</div>
</div>
</body>
```

8.5.2 弹性子项

弹性容器的直接子元素会自动成为弹性子项，弹性子项通常在弹性盒子内一行显示。在默认情况下，每个容器只有一行。弹性子项支持的属性有 6 种。

1. order

用于指定弹性子项相对于同一容器内其余子项的排列顺序，取值为整数。

number|initial|inherit

order 属性的默认值为 0，设置值越小，排列越靠前。

2. flex-grow

用于指定弹性子项的放大因子，即相对于其余子项的放大比例，取值为数值。

number|initial|inherit

当容器主轴上存在剩余空间时，flex-grow 才有意义。flex-grow 属性的默认值为 0，表示不放大。当容器空间有剩余时，如果所有子项的 flex-grow 属性值都为 1，则它们将等分剩余空间，如果一个子项的 flex-grow 属性值为 2，其他子项都为 1，则前者占据的剩余空间将比其他项多 1 倍。

3. flex-shrink

用于指定弹性子项的收缩因子，即相对于其余子项的收缩比例，取值为数值。

number|initial|inherit

当容器主轴空间不足且禁止换行时，flex-shrink 才有意义。flex-shrink 属性的默认值为 1，表示收缩。当容器空间不足时，如果所有子项的 flex-shrink 属性值都为 1，则它们等比例缩小以适应容器，如果一个子项的 flex-shrink 属性值为 2，其他子项都为 1，则前者比其他项缩小了 50%。flex-shrink 属性值为 0 时表示不缩小，为负值时无效。

4. flex-basis

用于设置弹性子项的默认基准值，取值为长度单位或百分比。

number|auto|initial|inherit

flex-basis 属性定义了在分配多余空间之前，子项占据的主轴空间（main size）。浏览器依据这个属性，计算主轴是否有多余空间。flex-basis 的默认值为 auto，即项目的本来大小。flex-basis 通常设为与 width 或 height 属性一样的值，这样子项将占据固定空间。flex-basis 的设置值将覆盖 width 或 height 的属性值。

5. flex

复合属性，为 flex-grow、flex-shrink 和 flex-basis 属性的简写。

flex-grow flex-shrink flex-basis|auto|none|initial|inherit

默认值为 0 1 auto，后两个属性可选。flex 属性有两个快捷值：auto（1 1 auto）和 none（0 0 auto）。建议优先使用 flex 属性，而不是单独写 3 个分离的属性，因为浏览器会推算相关值。

6. align-self

用于指定弹性子项在垂直主轴方向上的对齐方式，会覆盖容器的 align-items 属性所设置的默认对齐方式，与 align-items 属性的取值相同。

align-self 属性的默认值为 auto，用于指定弹性子项继承其父容器的 align-items 属性，如果没有父容器，则值为 stretch。align-self 属性允许某个子项设置与其他子项不一样的对齐方式。

使用弹性盒子可以轻易地实现前面 3.6 节的布局，如例程 8-8 和例程 8-9 所示。

例程 8-8　flexlayout.css

```css
#container {
    width: 800px;
    margin: auto;
    display: flex;       /* 弹性容器 */
    flex-direction: column;  /* 垂直排列子项 */
}
#header {
    /* 容器中的项目 1，弹性子项内是正常渲染的 */
    /* 容器的 align-items 属性的默认值为 strech，子项未设置宽度，水平方向会自动伸展 */
    background-image: url(../html/images/bg1.jpg);
    height: 100px;
    text-align: center;
}
#htitle {
    padding-top: 8px;
    padding-left: 240px;
}
#navigate {
    /* 容器中的项目 2，未设置宽度，水平方向会自动伸展 */
    background-color: #d3effc;
    text-align: center;
    display: flex;       /* 容器可嵌套，子容器 1，其中的子项默认横向排列 */
    justify-content: center;  /* 子容器内的项目水平居中 */
}
#navigate > div {
    margin: 8px 12px;/* 一级导航链接，加大前后之间的间隔 */
}
#main {
    /* 容器中的项目 3，未设置宽度，水平方向会自动伸展 */
    display: flex; /* 子容器 2，其中的子项，一级导航链接，默认横向排列 */
}
#menu {
    /* 子容器 2 中的项目 1*/
    background-color: #f5fbfb;
    width: 172px;
    height: 440px;
    text-align: center;
}
#menu > h2 {
    margin-bottom: 4px;
    font-size: 18pt;
}
#menu > div {
    margin: 8px 0; /* 二级导航项，调整上下间距 */
}
#content {
    /* 子容器 2 中的项目 2，无须浮动 */
    height: 408px;
    padding: 16px;
    flex: 1;       /* 子容器的主轴水平，设置子项在水平方向上伸展 */
}
```

```css
#footer {
    /* 容器中的项目 4 */
    background-color: #d3effc;
    text-align: center;
    line-height: 24px;
    padding:8px;
}
```

例程 8-9 flexlayout.html

```html
<link type="text/css" rel="stylesheet" href="flexlayout.css" />
<body>
<div id="container">
  <div id="header">
    <div id="htitle">
        <h1>Web 技术基础</h1>
    </div>
  </div>
  <div id="navigate">
    <div><a href="web2_1htmlbasic.html">HTML</a></div>
    <div><a href="web3_1simplecss.html">CSS</a></div>
    <div><a href="web4_1jsoutput.html">JavaScript</a></div>
    <div><a href="web5_1xml.html">XML</a></div>
    <div><a href="web7_1html5added.html">HTML 5</a></div>
    <div><a href="web8_1css3border.html">CSS 3</a></div>
    <div><a href="web9_1jsfunction.html">JavaScript 进阶</a></div>
  </div>
  <div id="main">
    <div id="menu">
        <h2>HTML 标记</h2>
        <div><a href="web2_1htmlbasic.html">基本文档结构</a></div>
        <div><a href="web2_2textformat.html">文本格式化</a></div>
        <div><a href="web2_6simpledivnk.html">超链接</a></div>
        <div><a href="web2_8simplestimage.html">图像</a></div>
        <div><a href="web2_13flashplayer.html">Flash 动画</a></div>
        <div><a href="web2_17dvflv.html">Flash 视频</a></div>
        <div><a href="web2_20ul.html">列表</a></div>
        <div><a href="web2_23simpletable.html">表格</a></div>
        <div><a href="web2_30form.html">表单</a></div>
    </div>
    <div id="content"> 网页内容！</div>
  </div>
  <div id="footer">临沂大学 信息科学与工程学院</div>
</div>
</body>
```

8.6 网格布局

CSS 3 的网格（Grid）布局将容器划分为行和列，形成类似表格的单元格区域，并精细地设置了区域的大小、位置、层次等关系。对于容器中的项目可以在区域内进行组合、定位，从而实现页面中的二维布局。相比 Flexbox 基于轴线，主要解决一维场景下的布局，网格布局方式更加稳定和灵活。

8.6.1 网格布局术语

1．fr 单位

一个 fr（fraction）单位代表网格容器中可用空间的一等份。作为布局单位，fr 被用于在一系列长度值中分配剩余空间。相对于父容器的剩余空间，网格元素根据各自的 fr 数字按比例分配。

2．repeat 函数

repeat()函数用于创建网格中的重复部分，使网格中重复的行或列定义更紧凑。

例如：

grid-template-columns: repeat(6, 1fr);

在容器的剩余空间中创建 6 列网格，每列 1fr 表示所占的空间量相等。

3．网格列（grid-column）

垂直方向布局的单元格区域。

4．网格行（grid-row）

水平方向布局的单元格区域。

5．网格轨道（grid-track）

网格行或列被统称为轨道。

6．网格线（grid-line）

网格行之间或网格列之间的交线。行之间的交线被称为行线（row lines），列之间的交线被称为列线（column lines）。行线和列线分别比行数和列数多 1。行线与列线默认有编号，可以在布局时进行寻址定位。列线从左到右编号，行线从上到下编号，列线 1 位于网格的左边界，行线 1 位于网格的顶边界。

7．单元格

网格行和列交叉的区域，又称网格单元，是网格布局中的最小单位。

8．网格间距（gutter）

网格行之间或网格列之间的间距，又称槽。

9．网格区域（grid-area）

跨越多个单元格组成的区域。

8.6.2　网格容器

将 HTML 元素的 display 属性设置为 grid 或 inline-grid 时，HTML 元素就成为一个网格容器，容器中的所有直接子元素将成为网格元素。设置网格容器特征的样式属性如下。

1．grid-template-columns

用于定义网格布局中的列数及宽度，取值为一个用空格分隔的列表。其中，每个值指定相应列的尺寸。

例如：

grid-template-columns: 60px auto 100px;

grid-template-columns 属性的取值如下，含义如表 8-4 所示。

none|auto|max-content|min-content|length|initial|inherit

表 8-4　grid-template-columns 样式属性值及含义

属 性 值	含 义 描 述
none	默认值。在需要时创建列
auto	列的尺寸取决于容器的大小及列中元素内容的大小
max-content	根据列中最大的元素设置每列的尺寸
min-content	根据列中最小的元素设置每列的尺寸
length	设置列的尺寸，且为合法的长度值

属 性 值	含 义 描 述
initial	设置为默认值，等价于 none
inherit	从其父元素继承此属性

2．grid-template-rows

用于定义网格布局中的行数及宽度，取值为一个用空格分隔的列表。其中，每个值指定相应行的尺寸。grid-template-rows 属性的取值如下，含义同 grid-template-columns。

none|auto|max-content|min-content|length|initial|inherit

例如：

grid-template-rows: 100px auto;

3．grid-template-areas

用于定义网格布局中的区域，取值为用空格分隔的网格元素名，或者用点号表示的未命名网格元素。网格元素名用 grid-area 样式属性定义，见 8.6.3 节。grid-template-areas 属性的取值如下：

none|itemnames

例如：

```
.item1 {
   grid-area: area1;
}
.grid-container {
   display: grid;
   /* 在 5 列的网格中，类名为 item1 的网格元素横跨 2 列 */
   grid-template-areas: "area1 area1 ...";
}
```

grid-template-areas 可以同时定义多个区域，每个区域的定义放在引号内，各个区域用空格分隔。

4．grid-template

复合属性，为 grid-template-rows、grid-template-columns、grid-template-areas 属性的简写。

5．grid-auto-columns

用于设置网格容器中列的默认尺寸。该属性只影响未设置尺寸的列。grid-auto-columns 属性的取值如下，含义如表 8-5 所示。

auto|max-content|min-content|length

表 8-5 grid-auto-columns 样式属性值及含义

属 性 值	含 义 描 述
auto	默认值，由容器尺寸决定列的尺寸
fit-content()	相当于公式 minmax(auto, max-content)
max-content	根据列中最大的项目设置每列的尺寸
min-content	根据列中最小的项目设置每列的尺寸
minmax(min,max)	设置大于或等于 min 且小于或等于 max 的尺寸范围
length	用合法的长度值设置列的尺寸
%	用百分比值设置列的尺寸

6．grid-auto-rows

用于设置网格容器中行的默认尺寸。该属性只影响未设置尺寸的行。grid-auto-rows 属性的取值如下，含义同 grid-auto-columns。

auto|max-content|min-content|length

7. grid-auto-flow

用于设置容器的项目如何在网格中排列。该属性的取值如下,含义如表 8-6 所示。

row|column|dense|row dense|column dense

表 8-6 grid-auto-flow 样式属性值及含义

属 性 值	含 义 描 述
row	默认值,通过填充每一行来放置项目
column	通过填充每一列来放置项目
dense	放置项目以填充网格中的任何单元格
row dense	通过填充每一行来放置项目,并填充网格中的任何单元格
column dense	通过填充每一列来放置项目,并填充网格中的任何单元格

8. grid

复合属性,为 grid-template-rows、grid-template-columns、grid-template-areas、grid-auto-rows、grid-auto-columns、grid-auto-flow 属性的简写。

9. grid-column-gap

用于设置网格布局中列间隙的大小,取值为任何合法的长度值,如像素或百分比。默认值为 0。

10. grid-row-gap

用于设置网格布局中行间隙的大小,取值为任何合法的长度值,如像素或百分比。默认值为 0。

11. grid-gap

复合属性,为 grid-row-gap 和 grid-column-gap 属性的简写。

12. justify-content

当网格项目的总宽度小于容器宽度时,网格容器也支持 jsustify-content 样式属性,该属性用于设置网格内的项目在水平方向上的对齐方式。justify-content 属性的取值及含义与 Flexbox 布局中弹性容器的该属性的取值及含义相同。

13. align-content

当网格项目的总高度小于容器高度时,网格容器也支持 align-content 样式属性,该属性用于设置网格内的项目在垂直方向上的对齐方式。align-content 属性的取值及含义与 Flexbox 布局中弹性容器的该属性的取值及含义相同。

8.6.3 网格元素

网格容器内包含网格元素,又称网格项目。在默认情况下,网格容器的每一列和每一行处都有一个网格元素,可以设置网格元素跨越多个列或行。设置网格元素样式的属性如下。

1. grid-column-start

用于设置网格元素在网格容器的哪一列上开始显示。该属性的取值如下,含义如表 8-7 所示。

auto|span n|column-line

表 8-7 grid-column-start 样式属性值及含义

属 性 值	含 义 描 述
auto	默认值,项目将随着流放置
span n	规定项目将横跨的列数
column-line	规定从哪一列线开始显示项目

2. grid-column-end

用于 grid-column-end 设置网格元素在网格容器的哪一列线处停止显示，决定了网格元素横跨多少列。该属性的取值及含义与 grid-column-start 属性的取值及含义相同。

例如：

```
.item1 {
    grid-column-start: 2;      /* 该网格元素从第 2 列线开始显示 */
    grid-column-end: span 3;   /* 该网格元素横跨 3 列 */
}
```

3. grid-column

复合属性，是 grid-column-start 和 grid-column-end 属性的简写。该属性较常用，以代替 grid-column-start 和 grid-column-end 设置网格元素显示的开始和结束列线。

例如：

```
.item1 { grid-column: 3 / 5;}          /* item1 在第 3～5 列线内显示，横跨 2 列 */
.item2 { grid-column: 1 / span 2;}     /* item2 从第 1 列线开始横跨 2 列，在第 1～3 列线内显示 */
```

4. grid-row-start

用于设置网格元素在网格容器的哪一行上开始显示，与 grid-column-start 属性的取值及含义相同。

5. grid-row-end

用于设置网格元素在网格容器的哪一行线上停止显示，决定网格元素横跨多少行。该属性的取值及含义与 grid-row-start 属性的取值及含义相同。

例如：

```
.item1 {
    grid-row-start: 2;       /* 该网格元素从第 2 行开始显示 */
    grid-row-end: span 3;    /* 该网格元素横跨 3 行 */
}
```

6. grid-row

复合属性，是 grid-row-start 和 grid-row-end 属性的简写。该属性较常用，以代替 grid-row-start 和 grid-row-end 设置网格元素显示的开始和结束行线。

例如：

```
.item1 { grid-row: 3 / 5;}           /* item1 在第 3～5 行线内显示，横跨 2 行 */
.item2 { grid-row: 1 / span 2;}      /* item2 从第 1 行开始横跨 2 行，在第 1～3 行线内显示 */
```

7. grid-area

grid-area 属性有两个用途：一是对网格元素进行命名，命名的网格元素可以被容器的 grid-template-areas 属性引用，以定义该网格元素的显示区域，见 8.6.2 节 grid-template-areas；二是作为复合属性，是 grid-row-start、grid-column-start、grid-row-end、grid-column-end 属性的简写，直接定义该网格元素的显示区域。

例如：

```
.item1 { grid-area: 2 / 1 / 3 / 2; }            /* 第 2～3 行线、第 1～2 列线之间的区域 */
.item2 { grid-area: 2 / 2 / span 2 / 3; }       /* 第 2 行线开始横跨 2 行、第 2～3 列线的区域 */
.item3 { grid-area: 2 / 1 / span 2 / span 3;}   /* 第 2 行线开始横跨 2 行、第 1 列线开始横跨 3 列的区域 */
```

例程 8-10　gridcontainer.html

```
<style>
.grid-container {
    width:520px;
    background-color: #1E90FF;
    padding: 10px;
    display: grid;                /* 网格容器 */
    grid-column-gap: 20px;        /* 列间距 */
```

```css
    grid-row-gap: 10px;              /* 行间距 */
    /* 列数及各列的宽度，按列排列项目时，列数会根据项目数而变化 */
    grid-template-columns: 80px auto auto auto auto;
    /* 行数及各行的高度，按行来排列项目时，行数会根据项目数而变化 */
    grid-template-rows: 80px 80px auto;
    grid-auto-flow:column;           /* 按列排列项目 */
    /* 最后一个项目排在左上横跨 2 行 2 列 */
    grid-template-areas: 'grid7 grid7 .' 'grid7 grid7 .';
}
.grid-item {
    background-color: #F1F1F1;
    padding: 20px;
    font-size: 30px;
    text-align: center;
}
.grid-item:first-child {
    grid-area: 2 / 3 / 4 / 5;    /* 第 1 个项目位于第 2 行第 3 列，横跨 2 行 2 列 */
}

.grid-item:last-child {
    grid-area: grid7;            /* 将最后一个项目命名为 grid7 */
}
.grid-item:nth-child(2) {
    grid-area: 1 / 5 / span 2 / 6;  /* 第 2 个项目位于第 1 行第 5 列，横跨 2 行 */
}
.grid-item:nth-child(3) {
    grid-area: 3 / 1 / 4 / span 2;  /* 第 3 个项目位于第 3 行第 1 列，横跨 2 列 */
}
</style>
<body>
<h1>网格布局</h1>
<div class="grid-container">
   <div class="grid-item">1</div>
   <div class="grid-item">2</div>
   <div class="grid-item">3</div>
   <div class="grid-item">4</div>
   <div class="grid-item">5</div>
   <div class="grid-item">6</div>
   <div class="grid-item">7</div>
</div>
</body>
```

上述例程为网格布局示例，显示效果如图 8-1 所示。

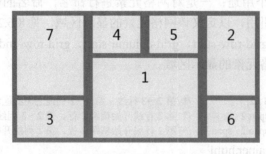

图 8-1　网格布局示例显示效果

使用网格布局可以很简单地实现前面 3.6 节的布局，如例程 8-11 和例程 8-12 所示。

例程 8-11　gridlayout.css

```css
body {
    display: grid;                        /* 网格容器 */
    grid-template-columns: 20% auto;      /* 定义网格列数及其宽度 */
```

```css
}
#headbox {
    /* 网格容器中的项目 1 */
    height:100px;
    grid-column: 1 / 3;                         /* 跨 2 列显示 */
    display: grid;                              /* 子网格容器 */
    grid-template-columns: 2fr 800px 3fr;       /* 定义子网格列数及其宽度 */
}
#hbefore {
    /* 子网格容器中的项目 1 */
    background-color: #E9F6FE;
}
#header {
    /* 子网格容器中的项目 2 */
    background-image: url(../html/images/bg1.jpg);
    text-align: center;
}
#htitle {
    padding-top: 8px;
    padding-left: 240px;
}
#hbehind {
    /* 子网格容器中的项目 3 */
    background-color: #E0F2FC;
}
#navigate {
    /* 网格容器中的项目 2 */
    height: 40px;
    background-color: #d3effc;
    text-align: center;
    grid-column: 1 / 3;            /* 跨 2 列显示 */
}
#navigate > div {
    display: inline-block;         /* 也可以用嵌套表格布局导航菜单项 */
    margin: 8px 12px;
}
#menu {
    /* 网格容器中的项目 3,不跨列 */
    background-color: #f5bfbfb;
    height: 440px;
    text-align: center;
}
#menu > h2 {
    margin-bottom: 4px;
    font-size: 18pt;
}
#menu > div {                      /* 二级导航项,调整上下间距 */
    margin: 10px 0;
}
#content {                         /* 网格容器中的项目 4,不跨列 */
    height: 408px;
    padding: 16px;
}
#footer {                          /* 网格容器中的项目 5 */
    background-color: #d3effc;
    text-align: center;
    line-height: 24px;
    padding:8px;
    grid-column: 1 / span 2;       /* 跨 2 列显示 */
}
```

例程 8-12　gridlayout.html

```html
<link type="text/css" rel="stylesheet" href="gridlayout.css" />
<body>
<div id="headbox">
  <div id="hbefore"></div>
  <div id="header">
    <div id="htitle">
      <h1>Web 技术基础</h1>
    </div>
  </div>
  <div id="hbehind"></div>
</div>
<div id="navigate">
  <div><a href="web2_1htmlbasic.html">HTML</a></div>
  <div><a href="web3_1simplecss.html">CSS</a></div>
  <div><a href="web4_1jsoutput.html">JavaScript</a></div>
  <div><a href="web5_1xml.html">XML</a></div>
  <div><a href="web7_1html5added.html">HTML 5</a></div>
  <div><a href="web8_1css3border.html">CSS 3</a></div>
  <div><a href="web9_1jsfunction.html">JavaScript 进阶</a></div>
</div>
<div id="menu">
  <h2>HTML 标记</h2>
  <div><a href="web2_1htmlbasic.html">基本文档结构</a></div>
  <div><a href="web2_2textformat.html">文本格式化</a></div>
  <div><a href="web2_6simpledivnk.html">超链接</a></div>
  <div><a href="web2_8simplestimage.html">图像</a></div>
  <div><a href="web2_13flashplayer.html">Flash 动画</a></div>
  <div><a href="web2_17dvflv.html">Flash 视频</a></div>
  <div><a href="web2_20ul.html">列表</a></div>
  <div><a href="web2_23simpletable.html">表格</a></div>
  <div><a href="web2_30form.html">表单</a></div>
</div>
<div id="content"> 网页内容！ </div>
<div id="footer">临沂大学 信息科学与工程学院</div>
</body>
```

8.7　响应式设计的概念

响应式网页设计指根据用户的设备环境，如屏幕尺寸、分辨率等因素，网页显示能进行自动调整，以提供更适合当前环境的阅读和操作体验，并对已有和即将出现的新设备有一定的适应能力。简单地说，就是设计多套网页布局方案，根据客户端呈现媒体的不同而使用不同的网页布局进行显示。其中的媒体查询可以使用 JavaScript 脚本，CSS 3 之后即可在选择器中加入媒体查询。响应式网页设计有时也称自适应设计，在一般情况下，将其统称响应式设计。响应式网页设计涉及下面一些技术概念。

8.7.1　逻辑像素

像素是图像中最小的单位，一个不可分割的点，对应到物理设备上（如计算机屏幕），就是屏幕上的一个光点。通常，分辨率就是长和宽上像素点的个数，这里的像素是设备像素（Device Pixels）。设备像素对应屏幕上的光点，现在显示屏的分辨率已经达到人眼无法区分单个像素的程度了。因此，在实际开发中通常使用逻辑像素，也就是 CSS 像素。1px CSS 像素可能对应多个设备像素，如 iPhone X 中，1 个 CSS 像素对应 3×3 的 9 个设备像素点。这个比值 3 被称为设备像素比（Device Pixel Ratio，DPR）。设备像素比可以在浏览器中通过 JavaScript 代码获取：window.devicePixelRatio。像素是一个固定单位，响应式布局一般不用固定像素，经常用到的是相对单位。

8.7.2 视口

视口（viewport）即显示区域，可将其细分为布局视口（layout viewport）、视觉视口（visual viewport）、理想视口（idea viewport）。

1．布局视口

早期为 PC 机设计的网页，如果按原大小在手持设备上显示，则文字、图像等看上去太大，需横向滚动很长才能浏览，有时甚至无法浏览。而将网页缩小到屏幕大小，内容又显得太小，有可能看不清楚。这样就需要定义一个合适的显示区域，将网页缩放到此区域时，内容大小适中，横向滚动也不长，可较为方便地进行浏览。这个虚拟的显示区域被称为布局视口，通常意义下的视口即布局视口。iOS 和 Android 的布局视口基本都是 980px。可以在浏览器中通过 JavaScript 代码获取布局视口的宽度和高度，代码分别为 document.documentElement.clientWidth 和 document.documentElement.clientHeight。

2．视觉视口

视觉视口可简单理解为物理屏幕的可视区域，如手机屏幕，不同设备的视觉视口一般不相同。视觉视口为承载虚拟的布局视口的实体容器，用户可以在视觉视口中拖动或缩放网页来获得更好的浏览体验。可以在浏览器中通过 JavaScript 代码获取视觉视口的宽度和高度，代码分别为 window.innerWidth 和 window.innerHeight。

3．理想视口

如果专门针对移动端设计网页，使用布局视口就不合适了，此时需要另一种布局视口，它的宽度和视觉视口相同，用户不需要缩放和拖动网页就能获得良好的浏览体验，这就是理想视口。通常使用<meta>标记将布局视口设置为理想视口。

4．视口设置

<meta>标记设置的视口是布局视口，设置格式如下：

<meta name="viewport" content= "width=device-width, initial-scale=1">。

名/值对 width=device-width 部分将布局视口的宽度设置为设备的屏幕宽度；initial-scale=1 部分设置加载页面时布局视口相对于理想视口的缩放比例。这两者的作用其实一样，只是前者对于 iPhone、iPad 来说，无论是竖屏还是横屏，宽度都是竖屏时 ideal viewport 的宽度，而后者对于 windows phone 上的 IE 浏览器来说，无论是竖屏还是横屏都把宽度设为竖屏时 ideal viewport 的宽度。两者同时设置可以解决不同设备之间的兼容性问题。如果两者设置不一致，浏览器通常取两个中较大的那个值。

viewport 属性的取值及含义如表 8-8 所示。

表 8-8　viewport 属性的取值及意义

名称	取值及含义
width	正整数|device-width，视口宽度，单位是 CSS 像素，如果等于 device-width，则为理想视口的宽度
height	正整数|device-height，视口高度，单位是 CSS 像素，如果等于 device-height，则为理想视口的高度。网页在纵向上通常滚动显示，视口高度属性在布局中并不重要，一般很少使用
initial-scale	0~10，初始缩放比例，允许小数点
minimum-scale	0~10，最小缩放比例，必须小于等于 maximum-scale
maximum-scale	0~10，最大缩放比例，必须大于等于 minimum-scale
user-scalable	yes|no，是否允许用户缩放页面，默认是 yes

8.7.3 vw 与 vh 单位

响应式设计的网页布局中常用的是相对单位，除%、em、rem（root em，相对于根元素的em。em 的大小相对于元素自身的 font-size，rem 的大小相对于<html>的 font-size）之外，CSS 3 针对视口还增加了两个相对单位，即 vw 和 vh。

1．vw

vw（viewport width），视口宽度单位，1vw = 1%视口宽度。

2．vh

vh（viewport height），视口高度单位，1vh = 1%视口高度。

注意，vw、vh 与百分比不同，vw、vh 相对于视口，而百分比是相对于父元素的宽度和高度。

8.7.4 媒体查询

媒体查询（Media Query）是 CSS 2 中引入的功能，在 CSS 3 中得到了改进。该功能可以探测客户端的媒体类型和媒体特征，以便针对不同类型和特征的媒体使用不同的样式规则。

媒体查询可以探测和判断用户显示设备的类型、视口的宽度和高度、设备的宽度和高度、方向（手机或平板电脑的横屏与竖屏模式）、分辨率等。媒体查询使用@media 标识符，语法格式如下：

```
@media not|only mediatype and (mediafeature and|or|not mediafeature) {
    CSS Style Definition;
}
```

其中，not、only、and、or 是逻辑运算关键字，在媒体查询表达式中是可选的。如果使用 not 或 only，则必须指定媒体类型。媒体类型和媒体特征分别如表 8-9 和表 8-10 所示。

表 8-9 媒体类型

媒体类型	描述
all	默认，用于所有媒体类型设备
print	用于打印机
screen	用于计算机屏幕、平板电脑、智能手机等
speech	用于朗读页面的屏幕阅读器

表 8-10 常用媒体特征

媒体特征	描述
min-width	视口的最小宽度
max-width	视口的最大宽度
width	视口的宽度
orientation	portrait | landscape，当前设备的方向
min-device-width	设备屏幕的最小宽度
max-device-width	设备屏幕的最大宽度
device-width	设备屏幕的宽度
min-aspect-ratio	视口最小的宽高比
max-aspect-ratio	视口最大的宽高比
aspect-ratio	视口的宽高比
min-device-aspect-ratio	设备屏幕最小的宽高比

媒 体 特 征	描 述
max-device-aspect-ratio	设备屏幕最大的宽高比
device-aspect-ratio	设备屏幕的宽高比
min-resolution	设备的最小分辨率
max-resolution	设备的最大分辨率
resolution	设备的分辨率
color	色深，即每个像素的比特值，常见的有 8、16、32 位。如果设备不支持彩色，则为 0
color-index	颜色查询表（color lookup table）中的条目数量。如果设备不使用颜色查询表，则为 0

媒体查询表达式除了可以作为选择器使用，还可以作为<style>标记的 media 属性的取值，参见 3.3.2 节。

CSS 2 中支持的设备有 tv（电视和网络电视）、tty（等宽的字符网格，如电报等）、projection（投影设备）、handheld（PDA 等设备）、braille（盲文触摸式反馈设备）、aural（语音合成器），这些设备在 CSS 3 中已被废弃。

媒体查询表达式中支持的媒体特征较多，常用的媒体特征如表 8-10 所示。

与宽度对应的还有最小、最大高度及高度，另有最小、最大色深与最小、最大颜色查询表条目数及其他的媒体特征，此处就不一一列出了。

将媒体查询过程中对设备的选择称为设备断点分割，下面是百度 Web 生态团队总结的一套比较具有代表性的设备断点。

```
/* 很小的设备（手机等，小于 600px） */
@media only screen and (max-width: 600px) { }
/* 比较小的设备（竖屏的平板，屏幕较大的手机等，大于 600px） */
@media only screen and (min-width: 600px) { }
/* 中型大小设备（横屏的平板，大于 768px） */
@media only screen and (min-width: 768px) { }
/* 大型设备（电脑，大于 992px） */
@media only screen and (min-width: 992px) { }
/* 超大型设备（大尺寸电脑屏幕，大于 1200px） */
@media only screen and (min-width: 1200px) { }
```

8.7.5 响应式设计原则

响应式网页设计就是利用媒体查询进行设备选择，对不同类型和特征的设备设计不同的布局样式。以下是响应式网页设计应遵循的一些规则。

（1）移动优先（Mobile First）设计。优先设计移动设备的布局样式，即针对小设备的样式放在样式表的前面，这将使页面在移动设备上显示得更快。

（2）根据屏幕尺寸进行断点分割，一般不要针对设备类型进行媒体选择。

（3）CSS 媒体查询的断点要尽量少，JavaScript 的判断也要尽量少。

（4）网页布局尽量使用相对尺寸；对于移动设备，尽量使用弹性布局、网格布局等新的布局技术。

（5）由于以 CSS 像素计的屏幕尺寸和宽度在设备之间变化很大，因此内容不应依赖特定的视口宽度来呈现良好的效果。

（6）一行文字不能太长。有研究表明，一行有 45～90 个英文字符是最好的，对于汉字来说，一行文字合理的数量应该是 22～45 个字符。

（7）图片尺寸不要超出 viewport。如果图像的宽度大于视口的宽度，则可能导致视口水平滚动，应调整图片尺寸以适应视口的宽度。

例程 8-13　response.css

```css
/* 设置容器的高度，以便子容器出现滚动条而不是自动伸展 */
html,body{
    height: 100%;
}
body{
    font-size: 10px;
    background: rgb(149,194,215);
    display: flex;            /* 弹性容器 */
    flex-direction: column;   /* 垂直排列子项 */
}
a{
    text-decoration: none;
}
.tophead{
    /* 子项1，不放大，可缩小 */
    /* 宽度未设置，容器的 align-items 默认值为 strech，横向自动扩展 */
    flex:0 1 auto;
}
.logotxt{
    background: white;
    text-align: center;
    font-family: "华文中宋","华文宋体","微软雅黑";
    font-size: 37px;
}
.thumbnail-item{
    display: inline-block;
    min-width: 120px;
    max-width: 120px;
    border:1px solid white;
}
.thumbnail-image{
    display: block;
    width: 100%;
}
.thumbnail-title{
    display: block;
    margin: 0;
    padding: 4px 10px;
    background: rgb(96,125,139);
    color:rgb(202,238,255);
    font-size: 18px;
}
.detail-container{
    flex: 1 1 auto;
    display: flex;            /* 弹性容器，使唯一的子项 detail-frame 在横向纵向上居中对齐 */
    justify-content: center;  /* 弹性子项在水平方向上居中对齐 */
    align-items: center;      /* 弹性子项在垂直方向上居中对齐 */
}
/* 该块元素的作用，一是利用 flex 进行图像的水平垂直方向的对齐 */
/* 二是确定文本位置的依据*/
.detail-frame{
    position: relative;
    text-align: center;
}
.detail-image{
```

```css
            width: 90%;
    }
    .detail-title{
            position: absolute;
            bottom: -16px;
            left: 4px;
            font-family: "华文宋体";
            color: white;
            text-shadow: rgba(0,0,0,0.9) 1px 2px 9px;
            font-size: 40px;
    }
    /* 媒体选择，小屏幕时的样式 */
    @media only screen and (max-width: 768px) {
            .main{
                    flex:1 1 auto;              /* 子项 2，可放大，可缩小 */
                    display: flex;              /* 子容器 */
                    flex-direction: column;     /* 小屏幕纵向排列 */
            }
            .thumbnail-list{
                    flex: 0 1 auto;             /* 子容器的子项，不放大，可缩小 */
                    order: 2;                   /* 小屏幕在子容器中排第 2 项，位于下方 */
                    display: flex;              /* 三级子容器，小屏幕子项默认横向排列 */
                    /* 三级容器中的子项之间等间距排列，两头不留空 */
                    justify-content: space-between;
                    list-style: none;
                    padding: 0;
                    white-space: nowrap;        /* 溢出不换行 */
                    overflow: auto;             /* 溢出时自动出现滚动条 */
            }
            .thumbnail-item{
                    display: inline-block;
                    min-width: 120px;
                    max-width: 120px;           /* 小屏幕时的宽度 */
                    border:1px solid white;
            }
    }
    /* 媒体选择，大屏幕时的样式 */
    @media only screen and (min-width: 768px){
            .main{
                    flex:1 1 auto;              /* 子项 2，可放大，可缩小 */
                    display: flex;              /* 子容器 */
                    flex-direction: row;        /* 大屏幕横向排列 */
                    overflow: hidden;           /* 内容溢出时隐藏 */
            }
            .thumbnail-list{
                    flex: 0 1 auto;             /* 子容器的子项，不放大，可缩小 */
                    order: 0;                   /* 大屏幕在子容器中排第 1 项，位于左侧 */
                    display: flex;              /* 三级子容器 */
                    flex-direction: column;     /* 三级子容器，大屏幕子项纵向排列 */
                    /* 三级容器中的子项之间等间距排列，两头不留空 */
                    justify-content: space-between;
                    list-style: none;
                    padding: 0;
                    white-space: nowrap;        /* 溢出不换行 */
                    overflow: auto;             /* 溢出时自动出现滚动条 */
                    margin-left: 20px;          /* 大屏幕左侧留有间距 */
```

```css
        .thumbnail-item{
            display: inline-block;
            min-width: 120px;
            max-width: 260px;      /* 大屏幕时的最大宽度 */
            border:1px solid white;
        }
        /* 相邻兄弟选择器,.thumbnail-item 之后紧邻的.thumbnail-item */
        .thumbnail-item+.thumbnail-item{
            margin-top: 20px;
        }
    }
```

例程 8-14 response.html

```html
<!DOCTYPE html>
<html>
<head>
    <meta charset="UTF-8">
    <title>Response Layout</title>
    <!-- 视口设置 -->
    <meta name="viewport" content="width=device-width,initial-scale=1">
    <link rel="stylesheet" type="text/css" href="response.css">
    <script type="text/javascript">
        function imgnav(imgobj) {
            detailimg=document.getElementById("dimg");
            dimg.src=imgobj.src;
        }
    </script>
</head>
<body>
    <div class="tophead">
        <h1 class="logotxt">响应式布局之花</h1>
    </div>
    <div class="main">
        <ul class="thumbnail-list">
            <li class="thumbnail-item">
                <a href="#">
                    <img class="thumbnail-image" src="images/peony_red.jpeg" alt="Red Peony" onClick="imgnav(this)">
                    <span class="thumbnail-title">红牡丹</span>
                </a>
            </li>
            <li class="thumbnail-item">
                <a href="#">
                    <img class="thumbnail-image" src="images/rose_red.jpeg" alt="Red Rose" onClick="imgnav(this)">
                    <span class="thumbnail-title">红玫瑰</span>
                </a>
            </li>
            <li class="thumbnail-item">
                <a href="#">
                    <img class="thumbnail-image" src="images/chrysanthemum.jpeg" alt="Chrysanthemum" onClick="imgnav(this)">
                    <span class="thumbnail-title">菊花</span>
                </a>
```

```html
            </li>
            <li class="thumbnail-item">
                <a href="#">
                    <img class="thumbnail-image" src="images/tulip-red.jpg" alt="Red Tulip" onClick= "imgnav(this)">
                    <span class="thumbnail-title">红郁金香</span>
                </a>
            </li>
            <li class="thumbnail-item">
                <a href="#">
                    <img class="thumbnail-image" src="images/lily.jpeg" alt="Lily" onClick="imgnav(this)">
                    <span class="thumbnail-title">百合花</span>
                </a>
            </li>
            <li class="thumbnail-item">
                <a href="#">
                    <img class="thumbnail-image" src="images/peony_white.jpg" alt="White Peony" onClick="imgnav(this)">
                    <span class="thumbnail-title">白牡丹</span>
                </a>
            </li>
            <li class="thumbnail-item">
                <a href="#">
                    <img class="thumbnail-image" src="images/rose_white.jpeg" alt="White Rose" onClick="imgnav(this)">
                    <span class="thumbnail-title">白玫瑰</span>
                </a>
            </li>
            <li class="thumbnail-item">
                <a href="#">
                    <img class="thumbnail-image" src="images/chrysanthemum_white.jpeg" alt="White chrysanthemum" onClick="imgnav(this)">
                    <span class="thumbnail-title">白菊花</span>
                </a>
            </li>
            <li class="thumbnail-item">
                <a href="#">
                    <img class="thumbnail-image" src="images/tulip_purple.jpeg" alt="Purple Tulip" onClick="imgnav(this)">
                    <span class="thumbnail-title">紫郁金香</span>
                </a>
            </li>
            <li class="thumbnail-item">
                <a href="#">
                    <img class="thumbnail-image" src="images/peony_pink.jpeg" alt="Pink Peony" onClick="imgnav(this)">
                    <span class="thumbnail-title">粉牡丹</span>
                </a>
            </li>
        </ul>
        <div class="detail-container">
            <div class="detail-frame">
                <img class="detail-image" src="images/peony_red.jpeg" alt="image" id="dimg">
                <span class="detail-title">百花齐放</span>
```

```
            </div>
        </div>
    </main>
</body>
</html>
```

8.8 变形与动画

CSS 3 增加了变形和动画相关属性，通过这些属性可以实现以前需要使用 JavaScript 代码才能实现的功能。借助位移、旋转、缩放、倾斜 4 种几何变换，CSS 3 提供了 Transition 动画，比 Transition 更强大的是 Animation 动画。

8.8.1 变形

CSS 3 提供的变形功能可以对 HTML 组件进行常见的几何变换，包括位移、旋转、缩放、倾斜 4 种变换，也可以使用变换矩阵对 HTML 组件进行变形。这些变换可以控制 HTML 组件，使其呈现出更丰富的外观。

CSS 3 为变形支持提供了如下两个属性值。

1. transform

该属性用于变形设置，支持一个或多个变形函数。CSS 3 提供的变形函数如下。

（1）translate(tx[,ty])：该函数用于设置 HTML 组件横向上移动 tx 距离，纵向上移动 ty 距离。其中，ty 参数可以省略，默认值为 0，表明纵向上没有位移。

（2）translateX(tx)：该函数用于设置 HTML 组件横向上移动 tx 距离。

（3）translateY(ty)：该函数用于设置 HTML 组件纵向上移动 ty 距离。

（4）scale(sx,sy)：该函数用于设置 HTML 组件横向上缩放比为 sx，纵向上缩放比为 sy。sy 参数可以省略，如果省略 sy，则 sy 默认等于 sx，也就是保持纵横比缩放。

（5）scaleX(sx)：该函数相当于执行函数 scale(sx,1)。

（6）scaleY(sy)：该函数相当于执行函数 scale(1,sy)。

（7）rotate(angle)：该函数用于设置 HTML 组件顺时针旋转 angle 角度。

（8）skew(sx[,sy])：该函数用于设置 HTML 组件沿着 *X* 轴倾斜 sx 角度，沿着 *Y* 轴倾斜 sy 角度。其中，sy 参数可以省略，如果省略 sy，则 sy 默认值为 0。

（9）skewX(sx)：该函数用于设置 HTML 组件沿着 *X* 轴倾斜 sx 角度。

（10）skewY(sy)：该函数用于设置 HTML 组件沿着 *Y* 轴倾斜 sy 角度。

（11）matrix(m11,m12,m21,m22,dx,dy)：这是一个基于矩阵变换的函数。其中，前 4 个参数将组成变形矩阵；dx，dy 负责对坐标系统进行平移。

2. transform-origin

该属性用于设置变形的中心点。该属性值应该指定为 xCenter, yCenter。其中，xCenter，yCenter 支持如下几种属性值。

（1）left：用于指定旋转中心点位于 HTML 组件的左边界。该属性值只能指定给 xCenter。

（2）top：用于指定旋转中心点位于 HTML 组件的上边界。该属性值只能指定给 yCenter。

（3）right：用于指定旋转中心点位于 HTML 组件的右边界。该属性值只能指定给 xCenter。

（4）bottom：用于指定旋转中心点位于 HTML 组件的下边界。该属性值只能指定给 yCenter。

（5）center：用于指定旋转中心点位于 HTML 组件的中间。如果将 xCenter，yCenter 都指定为 center，则旋转中心点位于 HTML 元素的中心。

（6）长度值：用于指定旋转中心点距离左边界、右边界的长度。

（7）百分比：用于指定旋转中心点位于横向、纵向上的百分比位置。

通过为 transform 指定不同的变形函数，即可在页面上实现对 HTML 组件的变形。

例程 8-15 transform.html

```
<!doctype html>
<html>
<head>
<meta charset="utf-8">
<title>CSS 3</title>
<style type="text/css">
div {
    width: 80px;
    height: 50px;
    background-color: #D3E2F5;
    border: 1px solid black;
    margin: 40px;
    padding: 16px;
}
div#div1 {
    transform: rotate(30deg);
    -ms-transform: rotate(30deg); /* IE 9 */
    -moz-transform: rotate(30deg); /* Firefox */
    -webkit-transform: rotate(30deg); /* Safari and Chrome */
    -o-transform: rotate(30deg); /* Opera */
}
div#div2 {
    transform: skew(20deg, -10deg);
    -ms-transform: skew(20deg, -10deg); /* IE 9 */
    -moz-transform: skew(20deg, -10deg); /* Firefox */
    -webkit-transform: skew(20deg, -10deg); /* Safari and Chrome */
    -o-transform: skew(20deg, -10deg); /* Opera */
}
</style>
</head>
<body>
<h3>CSS 3 变形示例</h3>
<div id="div1">旋转的 div 元素。</div>
<div id="div2">倾斜的 div 元素。</div>
</body>
</html>
```

8.8.2 Transition 动画

CSS 3 可以使用样式属性实现 Transition 动画功能。Transition 动画通过指定 HTML 组件的某个 CSS 属性以动画效果发生改变，并且设置改变时经历一段时间，以平滑渐变的方式进行，从而达到动画的效果。Transition 动画的 CSS 属性如下。

1. transition-property

该属性用于指定对 HTML 元素的哪一个 CSS 属性进行平滑渐变处理。该属性可以指定 background-color、width、height 等各种标准的 CSS 属性。

2. transition-duration

该属性用于指定动画平滑渐变的持续时间。

3. transition-timing-function

该属性用于指定动画速度变化的曲线函数。取值为渐变的速度函数名称，如表 8-11 所示。

表 8-11 渐变速度函数

速度曲线函数	速度变化说明
linear	线性速度，动画从头到尾的速度是相同的
ease	默认。动画以低速开始，然后加快，在结束前变慢
ease-in	动画以低速开始
ease-out	动画以低速结束
ease-in-out	动画以低速开始和结束
cubic-bezier(x1,y1,x2,y2)	三次贝塞尔函数生成的速度曲线，参数为两个控制点的相对坐标，取值 0~1

三次贝塞尔曲线通过起始点、终止点及中间两个控制点来绘制出一条光滑的曲线，详见 7.6.2 节。其中，起始点固定值为 $P_0(0,0)$，终止点固定值为 $P_3(1.0,1.0)$，两个动态控制点 $P_1(x1,y1)$、$P_2(x2,y2)$ 对应 cubic-bezier(x1,y1,x2,y2) 中的 4 个参数，如图 8-2 所示。通过改变 P1、P2 两点的坐标值，来控制贝塞尔曲线的弯曲状态。transition-timing-function 属性以曲线的形态来控制动画过程中速度的变化。三次贝塞尔曲线完全可以替代其他的属性值：ease 相当于 cubic-bezier(0.25,0.1,0.25,1.0)；linear 相当于 cubic-bezier(0,0,1.0,1.0)；ease-in 相当于 cubic-bezier(0.42,0,1.0,1.0)；ease-out 相当于 cubic-bezier(0,0,0.58,1.0)；ease-in-out 相当于 cubic-bezier(0.42,0,0.58,1.0)。

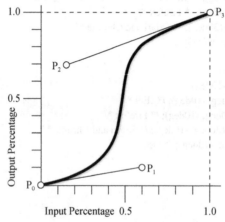

图 8-2 三次贝塞尔曲线示意图

4. transition-delay

该属性用于指定延迟时间，也就是指定经过多长时间的延迟才开始执行平滑渐变。

5. transition

该属性为复合属性，可同时指定上述 4 个属性值。

使用 Transition 动画需要添加各浏览器厂商的前缀，如-moz-、-webkit-、-o-等。

例程 8-16 transition.html

```
<!doctype html>
<html>
<head>
<meta charset="utf-8">
<title>CSS 3</title>
<style type="text/css">
div {
    width: 120px;
    height: 75px;
    background-color: #D3E2F5;
```

```
        border: 1px solid black;
        margin: 40px;
        padding: 16px;
        transition: width 2s, height 2s;
        -moz-transition: width 2s, height 2s, -moz-transform 2s; /* Firefox 4 */
        -webkit-transition: width 2s, height 2s, -webkit-transform 2s; /* Safari and Chrome */
        -o-transition: width 2s, height 2s, -o-transform 2s; /* Opera */
    }
    div:hover {
        width: 200px;
        height: 150px;
        transform: rotate(180deg);
        -moz-transform: rotate(180deg); /* Firefox 4 */
        -webkit-transform: rotate(180deg); /* Safari and Chrome */
        -o-transform: rotate(180deg); /* Opera */
    }
    </style>
</head>
<body>
<h3>CSS 3 Transition 动画</h3>
<div>将鼠标移动到 div 元素上,查看动画效果。</div>
</body>
</html>
```

8.8.3 Animation 动画

CSS 3 提供了比 Transition 功能更强大的 Animation 动画。Animation 动画需要先定义多个关键帧,再使用属性来指定动画执行过程中的关键帧,浏览器将会负责计算、插入关键帧之间的虚拟动画帧,从而实现功能更丰富的 Tween 动画。

1. 关键帧的定义

CSS 3 使用@keyframes 标识符定义关键帧,语法格式如下:

```
@keyframes 关键帧名称{
    from|to|百分比{
        属性1:属性值1;
        属性2:属性值2;
        …
    }
    …
}
```

其中,from|to|百分比用于定义关键帧的位置。from 代表动画开始帧;to 代表动画结束帧;百分比则指定关键帧的出现位置。例如,10%表示关键帧出现在动画进行了 1/10 的时间处。一个关键帧定义可以包含多个关键帧。

2. Animation 动画属性

CSS 3 为 Animation 动画提供了如下几个属性。

(1) animation-name:用于指定动画名称。该属性指定一个已定义的关键帧。

(2) animation-duration:用于指定动画完成一个周期所需要的时间。

(3) animation-timing-function:用于指定动画速度变化的曲线函数,取值如表 8-11 所示。

(4) animation-delay:用于指定动画延迟多长时间才开始执行。

(5) animation-iteration-count:用于指定动画的循环执行次数,infinite 表示无限次播放。

(6) animation-direction:用于指定动画运行的方向,取值为 normal|alternate(轮流反向播放)。

（7）animation：复合属性。该属性的格式为 animation-name animation-duration animation-timing-function animation-delay animation-iteration-count animation-direction，使用该属性可以同时指定以上 6 个属性。

例程 8-17　Animation.html

```html
<!doctype html>
<html>
<head>
<meta charset="utf-8">
<title>CSS 3</title>
<style type="text/css">
div {
    width: 100px; height: 62px;
    margin: 16px; padding: 40px;
    color: white; line-height:1.8;
    background: red;
    position: relative;
    animation: myfirst 5s linear 2s infinite alternate;
    /* Firefox: */
    -moz-animation: myfirst 5s linear 2s infinite alternate;
    /* Safari and Chrome: */
    -webkit-animation: myfirst 5s linear 2s infinite alternate;
    /* Opera: */
    -o-animation: myfirst 5s linear 2s infinite alternate;
}
@keyframes myfirst {
    0% {
        background:red;
        left:0px; top:0px;
    }
    25% {
        background:yellow;
        left:200px; top:0px;
    }
    50% {
        background:blue;
        left:200px; top:200px;
    }
    75% {
        background:green;
        left:0px; top:200px;
    }
    100% {
        background:red;
        left:0px; top:0px;
    }
}
@-moz-keyframes myfirst /* Firefox */ {
    /* Firefox 的动画帧定义 */
}
@-webkit-keyframes myfirst /* Safari and Chrome */ {
    /* Safari and Chrome 的动画帧定义 */
}
@-o-keyframes myfirst /* Opera */ {
    /* Opera 的动画帧定义 */
}
</style>
</head>
```

```
    <body>
    <h3>CSS 3 Animation 动画</h3>
    <div>Animation 动画效果。</div>
    </body>
    </html>
```

本 章 小 结

  CSS 3 是目前最新的 CSS 标准。本章介绍了 CSS 3 新增加的基本功能，包括新增的选择器和各种样式属性。CSS 3 新增了许多伪类选择器，扩展了伪类的应用范围。结构性伪类选择器根据 HTML 元素之间的结构关系进行筛选定位，与 DOM 根据节点之间的父子、兄弟关系访问结构化文档类似。UI 元素状态伪类选择器主要根据 UI 元素的状态进行筛选定位，扩展了早期<a>标记支持的状态伪类，将:hover、:active 等伪类功能应用在了普通元素上。CSS 3 新增了伪元素::selection 选择器，用双冒号取代了伪元素的单冒号表示法，这是 W3C 为了区分伪类和伪元素所做的尝试。CSS 3 新增了"~"连接的兄弟选择器，还提供了特殊的标识符 @font-face、@keyframes，分别用于定义服务器字体和 Animation 动画的关键帧。CSS 3 提供了许多复杂的样式属性，使得以往很多需要使用图片和脚本来实现的效果，现在利用 CSS 3 的样式属性编写短短几行代码就能实现。本章主要介绍了渐变边框、圆角边框、图片边框、块框阴影、分列显示、弹性盒布局、网格布局、变形、动画等样式属性，以及响应式网页设计的概念，并对一些重要的样式属性通过例程进行了演示。目前，CSS 3 已经基本得到各主流浏览器的支持，但在使用 CSS 3 新的样式功能时，仍须评估浏览器的支持情况。对于移动端，由于其浏览器较新，通常能够较好地支持 CSS 3 的新功能。

思 考 题

1. 针对具体的网页元素，写出 5 个结构性伪类选择器。
2. 针对具体的网页元素，写出 5 个 UI 元素状态伪类选择器。
3. 举例说明如何定义和使用粗体的服务器字体。
4. 定义 div 的样式：宽度为 400px，高度为 60px；边框宽为 2px，实线，黑色；左上、右上的圆角边框半径为 40px，左下、右下的圆角边框半径为 16px。
5. 定义 div 的样式，用最简单的 CSS 属性将 div 内的文章进行分栏显示。
6. 定义 div 的样式：宽度为 80px，高度为 50px；背景色为#D3E2F5；边框为实线，宽为 1px，黑色；以 div 的右下角为中心，顺时针旋转 30°。
7. 设置 Transition 动画的复合属性是什么？
8. 设置 Animation 动画的复合属性是什么？

第 9 章　JavaScript 进阶

（视频学习）

　　JavaScript 是一种功能非常完善的编程语言，除了应用于客户端，还可以应用于服务器端编程。由于 Web 服务器端技术层出不穷，各种高级语言种类繁多，Web 组件不断丰富，因此 JavaScript 在服务器端的应用远不如在客户端广泛。JavaScript 是一种复杂编程的语言，虽然其语法类似于 C++、Java，并且大量地使用了对象，但是严格来说，JavaScript 并不是一种面向对象的编程语言。JavaScript 采用了面向对象的思想，只是一种基于对象的语言。JavaScript 的对象模型与 C++和 Java 中的对象模型完全不同，C++和 Java 中的对象是静态的，在编译时，对象的数据成员、方法的数量及类型是固定不变的；而 JavaScript 的对象是动态的，对象的数据成员和方法的集合在执行时是可变的。JavaScript 的继承机制也与 C++和 Java 不同，JavaScript 中的继承是基于原型的继承（prototype-based inheritance），使用原型对象模拟继承的技术。JavaScript 的类是由函数定义的，函数是 JavaScript 语言基于对象的基础和核心。

9.1　JavaScript 函数高级功能

　　JavaScript 中的函数比高级语言中的函数功能更丰富。JavaScript 中的函数完全可以作为一个类使用，而且它还是该类唯一的构造器。与此同时，函数本身是 Function 实例。JavaScript 代码复用的单位是函数。JavaScript 语言基于对象的基础是函数。

9.1.1　函数定义

　　JavaScript 是弱类型语言，因此定义函数时，既不需要声明函数的返回值类型，也不需要声明函数的参数类型。JavaScript 的函数有 3 种定义方式。

1．命名函数

命名函数是普通的函数定义方式，定义命名函数的语法格式如下：
```
function functionName (parameter- list) {
    statements;
}
```
例如：
```
<script type="text/javascript">
    function fn1(x1,x2) {
        return x1 + x2;
    }
</script>
```

2．匿名函数

匿名函数就是没有函数名的函数。匿名函数常嵌套于其他函数内，内层的函数可以使用外层函数的所有变量，即使外层函数已经执行完毕。定义匿名函数的语法格式如下：
```
function (parameter- list) {
    statements;
};
```
例如：
```
<script type="text/javascript">
    var fn2=function(x1,x2) {
        return x1 + x2;
```

    };
</script>

3. Function 对象

JavaScript 函数是 Function 的实例,所以可以用 new 创建 Function 实例的方式来定义函数。通过创建 Function 对象来定义函数的语法格式如下:

  var funcName=new Function(p1,p2,…,pn,body);

Function 类构造器参数的类型都是字符串,参数个数不受限制,可以接收一系列的字符串参数。其中,p1 到 pn 表示所创建函数的参数名称列表,最后一个字符串参数 body 是所创建函数的函数体语句,函数体的各语句以分号(;)分隔。funcName 就是所创建函数的名称。

例如:

```
<script type="text/javascript">
    var fn3=new Function("x1", "x2", "return x1 + x2;");
</script>
```

需要注意的是,p1 到 pn 是参数名称的列表,即 p1 不仅可以代表一个参数,也可以是一个逗号隔开的参数列表,如下面的函数定义与前面的定义等价。

例如:

```
<script type="text/javascript">
    var fn3=new Function("x1,x2", "return x1 + x2;");
</script>
```

使用 new Function()的形式来创建一个函数并不常见,因为一个函数体通常会有多条语句,如果将它们以一个字符串的形式作为参数传递,那么代码的可读性较差。

函数的 3 种定义方式基本上是等价的。命名函数在同一个<script>标记中可以先调用函数,再定义函数,匿名函数和直接利用 new Function 对象创建的函数都不允许先调用后定义。尽管 JavaScript 是一种解释型的语言,但是它会在函数调用时,检查整个<script>标记中是否存在相应的函数定义,只有通过 function funcName()形式定义的命名函数才会被检查到。JavaScript 中所有<script>标记中的代码都在同一个上下文环境中运行,后面<script>标记中的代码可以调用前面<script>标记中定义的函数和变量,但必须遵循先定义后调用的原则。

例程 9-1 fundefine.html

```
<script type="text/javascript">
alert(fn1(2,3));    //只有命名函数 fn1 允许先调用后定义,fn2、fn3、fn4 都不能提前调用
function fn1(x1,x2) {
    return x1 + x2;
}
var fn2=function(x1,x2) {
    return x1 + x2;
};
var fn3=new Function("x1,x2", "return x1 + x2;");
var fn4=fn1;    //匿名函数基本上等价于这里的两行代码
var fn1=null;
//3 种函数对象的内容、作用、类型基本一致
alert(fn1);         //fn1 的内容为空
alert(fn2);
alert(fn3);
alert(fn4);
alert(fn1(2,3));    //fn1 不能再被调用
alert(fn2(2,3));
alert(fn3(2,3));
alert(fn4(2,3));
alert(typeof(fn1));//fn1 的类型已不再是 function
alert(typeof(fn2));
alert(typeof(fn3));
```

```
alert(typeof(fn4));
</script>
```

匿名函数的语法简单、可读性好，可以有效地防止函数重命名。匿名函数可以被方便地赋值给一个变量，赋值为对象的属性，作为函数的参数传递，并且作为函数的结果被返回。在 JavaScript 程序设计中，匿名函数得到了广泛的应用。

定义匿名函数时，可以直接在函数体之后加上括号立即进行函数调用。

例程 9-2   fundefine2.html

```
<script type="text/javascript">
var fn2=function(x1,x2) {
    return x1 + x2;
}(2,3);
var fn3=new Function("x1,x2", "return x1 + x2;")(2,3);
alert(fn2);
alert(fn3);
alert(typeof(fn2));
alert(typeof(fn3));
</script>
```

在这段程序中，fn2、fn3 的值为 5，其类型为 number。fn2、fn3 是返回的值，而不是创建的函数，因为括号"()"比等号"="有更高的优先级。这样的代码可能并不常用，但当用户想在很长的代码段中进行模块化设计，或者想避免命名冲突时，这是一个不错的解决办法。

9.1.2 函数的特性

JavaScript 的函数非常特殊。定义一个函数后可以得到 4 项内容：普通函数、对象、对象的方法、类。

1．普通函数

函数的最大作用是提供代码复用。JavaScript 像 C 或 Java 语言一样，将需要重复使用的代码块定义成函数，以便在多处调用，由此提供更好的代码复用功能。

例程 9-3   funorig.html

```
<script type="text/javascript">
var fnx=function(x1,x2) {
    return x1+x2;
};
alert("23,65,12.8 之和是："+ fnx(fnx(23,65),12.8));
</script>
```

2．对象

JavaScript 函数是 Function 类型的对象，定义函数就是创建 Function 类的一个实例。

例程 9-4   funobj.html

```
<script type="text/javascript">
var fnx=function(x1,x2) {
    return x1+x2;
};
alert("fnx 的类型是："+ typeof(fnx));
alert("fnx 是 Function 的实例，如："+ (fnx instanceof Function));
alert("fnx 是 Object 的实例，如："+ (fnx instanceof Object));
</script>
```

尽管函数本身也是一个对象，但是它与普通的对象还是有区别的，它同时也是对象构造器，所有 typeof 返回"function"的对象都是函数对象，因此也称这样的对象为构造器（constructor）。也就是说，所有的构造器都是对象，但不是所有的对象都是构造器。

3. 对象的方法

定义一个函数时,该函数通常会被附加给某个对象,作为该对象的方法。默认定义的函数在不依附其他对象的情况下均为全局函数,它将附加到 window 对象上,作为 window 对象的一个成员,可以直接使用 window 对象调用。window 对象实现了核心 JavaScript 所定义的所有全局属性和方法。

例程 9-5　funmethod.html

```
<script type="text/javascript">
var fnx=function(x1,x2) {
    return x1+x2;
};
alert("56 + 98 = " + window.fnx(56,98));
</script>
```

4. 类

定义函数的同时,也定义了一个与函数同名的类。

例程 9-6　funclass.html

```
<script type="text/javascript">
var fnx=function(x1,x2) {
    return x1+x2;
};
var fnxobj=new fnx();
alert("fnxobj 的类型是: " + typeof(fnxobj));
alert("fnxobj 是 fnx 的实例, 如: " + (fnxobj instanceof fnx));
alert("fnxobj 是 Object 的实例, 如: " + (fnxobj instanceof Object));
</script>
```

9.1.3　类属性

JavaScript 函数不仅仅是一个函数,更是一个类,函数本身是此类唯一的构造器。使用 new 关键字创建此类的对象,就会执行类的构造器,即该函数,并返回一个 Object,该 Object 不是函数的返回值,而是函数自身产生的对象。JavaScript 函数作为类,其中定义的变量,根据声明方式,可以将其分为私有属性(局部变量)、实例属性、类属性 3 种。

1. 私有属性

私有属性即局部变量,是在函数中以普通方式声明的变量,即以 var 关键字声明的变量。类似于 Java 类中以 private 修饰的字段,私有属性的作用域只限于函数体内,在函数之外不能访问局部变量。

2. 实例属性

在函数中以 this 前缀修饰的变量是实例属性,类似于 Java 类中以 public 修饰的字段,或者以 getter 和 setter 方法定义的属性。实例属性是属于单个对象的,在函数之外,必须通过对象来访问。

3. 类属性

在函数中以函数名前缀修饰的变量是类属性,类似于 Java 类中以 static 修饰的静态变量。类属性是属于类本身的,必须通过类来访问。

同一个类(函数)只占用一块内存,在同一时刻类属性只有唯一的值。同一个类每创建一个对象,系统就会为该对象分配一块内存,同一个类的各个对象的实例属性值是各不相同的。

例程 9-7　funattr.html

```
<script language="javascript">
```

```
function Student(name,gender,birth) {
    //定义 Student 的类属性
    Student.school;
    Student.location;
    Student.sncount;
    //定义实例属性
    this.snum = ++Student.sncount;        //将类属性 sncount 加 1 并赋给实例属性 snum
    this.name = name;//将形参（局部变量）name 的值赋给该实例属性
    this.gender=gender;
    this.birth=birth;
    this.school=Student.school;
    this.location=Student.location;
}
Student.school = "临沂大学";
Student.location = "临沂市双岭路";
Student.sncount="201309270100";
student1=new Student("陈淑敏","女","1992-12-6");
student2=new Student("王逸如","男","1993-8-19");
document.write("<br />对象 Student 具有的属性为：" + "<br />");
for(var prop in Student) {
    document.write("Student." + prop + " = " + Student[prop] + "<br />");
}
document.write("对象 student1 具有的属性为：" + "<br />");
for(var prop in student1) {
    document.write("student1." + prop + " = " + student1[prop] + "<br />");
}
document.write("对象 student2 具有的属性为：" + "<br />");
for(var prop in student2) {
    document.write("student2." + prop + " = " + student2[prop] + "<br />");
}
</script>
```

9.1.4 函数的调用

定义一个函数之后，JavaScript 提供了 3 种调用函数的方式，分别是直接调用、以 call() 方法调用、以 apply() 方法调用。

1．直接调用

直接调用函数是最常见、最普通的函数调用方式。这种方式直接以函数附加的对象作为调用者，在函数名后的括号内传入参数来调用函数。前面的函数调用都是直接调用方式。

2．call()

call()和 apply()方法可以修改函数执行的上下文，函数体中的 this 指针将被替换为 call() 或 apply()方法的第 1 个参数。通过 call()方法调用函数的语法格式如下：

函数引用.call (调用者,参数 1,参数 2, …);

直接调用函数与通过 call()方法调用函数的关系如下：

调用者.函数 (参数 1,参数 2,…) =函数.call (调用者,参数 1,参数 2, …)

直接调用函数的调用者只能是函数所属的对象，而通过 call()方法调用函数可以灵活地指定其他调用者。当 call()方法传递的参数为 null 时，或者不传递参数时，调用者为 window 全局对象；当传递的参数为 this 时，调用者为当前上下文对象，即 call()语句所在的对象。

例程 9-8　funcall.html

```
<script type="text/javascript">
    function AType(name)
    {
        this.name = name;
```

```
            //定义一个 info 方法
            this.info = function()
            {
                    alert("本对象名是：" + this.name);
            }
        }
        var anobj = new AType("anobj's Name");
        //调用 anobj 对象的 info 方法
        anobj.info();
        var name = "A Property of window";
        //以 window 对象作为调用者来调用 anobj 对象的 info 方法
        anobj.info.call(window);
        //anobj.info.call(null);
        //anobj.info.call();
</script>
```

3．apply()

apply()方法与 call()方法基本相似，apply()方法的第 2 个参数是一个数组对象，数组对象的每个元素对应的是被调用的方法的各参数。当 call()方法调用函数时，从第 2 个参数开始，逐个传递参数，而 apply()方法是通过直接传入一个数组对象来传递多个参数的。

例程 9-9　funapply.html

```
<script type="text/javascript">
    function func1(){
        this.prop="func1 的属性；";
        this.prog1=function(x1,x2){
            var calc=x1 + x2;
            alert(this.prop + "prog1 计算结果：" + calc);
        }
    }
    function func2(){
        this.prop="func2 的属性；";
        this.prog2=function(x1,x2){
            var calc=x1 + "" + x2;
            alert(this.prop + "prog2 计算结果：" + calc);
        }
    }
    var obj1=new func1();
    var obj2=new func2();
    obj1.prog1(26,38);                    //显示 func1 的属性，prog1 计算结果：64
    obj2.prog2(26,38);                    //显示 func2 的属性，prog2 计算结果：2638
    obj1.prog1.apply(obj2,[26,38]);       //显示 func2 的属性，prog1 计算结果：64
    //obj1.prog1.call(obj2,26,38);        //同上等价
    obj2.prog2.apply(obj1,[26,38]);       //显示 func1 的属性，prog2 计算结果：2638
    //obj2.prog2.call(obj1,26,38);        //同上等价
</script>
```

9.1.5　函数的独立性

虽然定义函数时将函数定义成某个类的方法，或者定义成某个对象的方法，在引用函数时要按其定义时的类或对象层次来查找，但是 JavaScript 的函数永远是独立的。严格地说，JavaScript 的函数并不从属于其他类或对象，而是可以被分离出来独立使用的，或者成为另一个对象的方法，或者使用 call()和 apply()方法以任何调用者来执行。

例程 9-10　funindepend.html

```
<script type="text/javascript">
    //定义 Dog 函数，等同于定义了 Dog 类
    function Dog(name, age, bark) {
```

```
            //将 name、age、bark 形参赋值给 name、age、bark 实例属性
            this.name = name;
            this.age = age;
            this.bark = bark;
            //使用内嵌函数为 Dog 实例定义方法
            this.info = function() {
                    return this.name + "的年纪为:" + this.age + ",它的叫声:" + this.bark;
            }
    }
    //创建 Dog 的实例
    var dog = new Dog("Pluto", 4, "汪汪,汪汪……");
    //创建 Cat 函数,对应 Cat 类
    function Cat(name, age, bark) {
            this.name = name;
            this.age = age;
            this.bark = bark;
            //将 Dog 实例的 info 方法分离出来,以 Cat 的实例来调用
            this.info=dog.info.call(this);       //将结果赋给 info 实例属性
            /*        //info 实例方法
            this.info=function() {
                    return dog.info.call(this);
            };       */
    }
    //创建 Cat 实例
    var cat = new Cat("Kitty", 3, "喵喵,喵喵……");
    alert(dog.info());
    alert(cat.info);
    //alert(cat.info());
</script>
```

9.1.6 函数的参数

1. 参数传递

与 Java 完全类似,JavaScript 参数传递也全部采用值传递。对于基本类型的参数,如整数、浮点数、字符串等,当通过实参调用函数时,传入函数里的并不是实参本身,而是实参的副本,因此在函数中修改参数值并不会对实参有任何影响。对于复合类型的参数,如对象、数组等,因复合类型的变量并未持有对象本身,只是一个引用,该引用指向实际的 JavaScript 对象。当把复合类型的变量传入函数时,传入的依然是变量的副本,只是该副本和原变量指向同一个 JavaScript 对象,因此修改副本所引用的对象,与修改原变量引用的对象一样,都会影响复合类型的实参内容。

例程 9-11   funparamtrans.html

```
<script type="text/javascript">
    function fnchparam(param1) {
            //对参数值赋值,对实参不会有任何影响
            param1 = 20;
            document.write("函数执行中 param1 的值为:" + param1 + "<br/>");
    }
    var x = "abc";
    //输出函数调用之前 x 的值
    document.write("函数调用之前 x 的值为:" + x + "<br />");
    fnchparam(x);       //输出函数内部修改后的参数值
    //输出函数调用之后 x 的值
    document.write("函数调用之后 x 的值为:" + x + "<br />");
</script>
```

例程 9-12　funparamtrans2.html

```
<script type="text/javascript">
    function Person(age) {
        this.age=age;
    }
    var p1=new Person(20);
    function fnchparam2(person) {
        person.age = 18;    //修改 person 的 age 属性,将改变实参 p1 的 age 属性值
        //输出 person 的 age 属性值
        document.write("函数执行中 person 的 age 值为: " + person.age + "<br />");
        person = null;      //将 person 变量直接赋为 null,并不会修改实参 p1
    }
    document.write("函数调用之前 p1 的 age 值为: " + p1.age + "<br />");
    //调用函数
    fnchparam2(p1);
    //输出函数调用后 p1 实例的 age 属性值
    document.write("函数调用之后 p1 的 age 值为: " + p1.age + "<br />");
    document.write("p1 对象为: " + p1);    //p1 并不是 null,仍然是一个对象
    //p1 对象本身并未传入函数,传入函数的仍然是 p1 的副本
</script>
```

2．参数类型检查

JavaScript 是弱类型语言,在函数定义中,不定义返回值,参数列表也没有类型声明,调用时也不要求实参与形参严格匹配,传递的实参可以比形参个数多,或者实参个数比定义的形参少,没有传入实参的参数值为 undefined。实际上函数名是函数的唯一标识,JavaScript 没有函数重载的特性。如果先后定义两个同名的函数,它们的形参列表并不相同,这也不是函数重载,这种方式会导致后面定义的函数覆盖前面定义的函数。

例程 9-13　funovload.html

```
<script type="text/javascript">
    function OvLdTest(name) {
        alert("第一个带 name 参数的 OvLdTest 函数: " + name);
    }
    //第一个 OvLdTest 函数将被覆盖
    function OvLdTest() {
        alert("第二个不带参数的 OvLdTest 函数! ");
    }
    //无论是否传入参数,程序总是调用第二个 OvLdTest 函数
    OvLdTest("Hello");
</script>
```

JavaScript 函数的形参列表无类型声明,给函数调用埋下了隐患。函数调用时无法进行参数的类型检查,用户传递的参数可能与函数体中的运算要求不匹配,导致函数在运行时出现错误,使程序异常中止,降低程序的健壮性。实际上,这个问题并不是 JavaScript 独有的,而是所有弱类型语言共同存在的问题。解决这个问题,可以在函数体中增加对参数类型进行判断的逻辑代码。如果函数需要应用参数,则先判断参数类型,并判断参数是否包含了将要使用的属性、方法。只有当这些条件满足时,程序才开始真正进行参数的处理。

例程 9-14　funparamcheck.html

```
<script type="text/javascript">
    function Person(age) {
        this.age=age;
    }
    var p1=new Person(20);
    //定义函数 changeAge,函数需要一个参数
    var changeAge=function(person, age) {
        //首先要求 person 必须是对象,而且 person 的 age 属性为 number
```

```
            if (!(typeof person == 'object') || !(typeof person.age == 'number')) {
                    //第一个参数的类型不符合要求，输出提示信息，并返回
                    document.writeln("第一个参数不是 Person 类型！" + "<br />");
                    return;
            }
            //判断第二个参数的类型
            if(typeof age == 'number') {
                    //第二个参数满足要求，执行函数所需的逻辑操作
                    document.write("函数执行前 person 的 Age 值为：" + person.age + "<br />");
                    person.age = age;
                    document.write("函数执行中 person 的 Age 值为：" + person.age + "<br />");
            }
            else {
                    document.writeln("第二个参数的类型不为整数！" + "<br />");
            }
    }
    //分别采用不同的方式调用函数
    changeAge();
    changeAge(p1,"hello");
    changeAge(p1,35);
</script>
```

3. arguments 对象

在函数中除了声明函数时指定的形参，还有一个代表所有参数的 arguments 对象。arguments 是进行函数调用时，由 JavaScript 创建的一个隐含对象，它封装了函数调用所传递的所有实参，可以 arguments[index]这种数组的访问形式简单地获取各个实参值。arguments 对象存储的是实际传递给函数的参数，而不局限于函数声明所定义的参数列表。因此，在定义函数时，即使不指定参数列表，调用函数时也可以传递参数，并通过 arguments 引用到实参，这给编程带来了很大的灵活性。

例程 9-15   funarguments1.html

```
<script type="text/javascript">
    function fnarg(){
            for(var i=0;i<arguments.length;i++){
                    alert("第" + i + "个实参值：" + arguments[i]);
            }
    }
    fnarg("实参 X");
    fnarg(26,"Hello",8);
</script>
```

例程 9-16   funarguments2.html

```
<script type="text/javascript">
    function fnarg(a,b){
            alert("参数 a 的实参值：" + a);
            alert("参数 b 的实参值：" + b);
            for(var i=0;i<arguments.length;i++){
                    alert("第" + i + "个实参值：" + arguments[i]);
            }
    }
    fnarg("Hello");
    fnarg(18,"abc",6);
</script>
```

arguments 是一个类似数组但不是数组的对象，说它类似是因为它具有数组一样的访问性质，可以用 arguments[index]这样的语法获取实参值，且拥有数组长度属性 length。但使用 prototype 对 Array 进行扩展后（见 9.1.7 节），arguments 对象并不会体现这些扩展。arguments 对象还具有数组没有的一个属性 callee，它表示对函数对象本身的引用，这有利于实现无名函

数的递归或保证函数的封装性。

例程 9-17　funarguments3.html
```
<script type="text/javascript">
    var accum=function(n){
        if(1==n)return 1;
        //else return n + accum(n-1);
        else return n + arguments.callee(n-1);
    }
    alert("100 之内的数累加之和=" + accum(100));
</script>
```

对于 JavaScript，函数名仅仅是一个变量名，在函数内部调用 accum，相当于调用一个全局变量，不能很好地体现出是调用自身，所以使用 arguments.callee 属性会是一个较好的办法。

与 arguments 的 length 属性相似，函数对象也有一个属性 length，它表示函数定义时所指定参数的个数，而非调用时实际传递的参数个数。

例程 9-18　funarguments4.html
```
<script type="text/javascript">
    function fnarg(a,b){
        alert("函数定义时声明的形参个数：" + fnarg.length);
        alert("调用函数时传递的实参个数：" + arguments.length);
    }
    //alert("函数定义时声明的形参个数：" + fnarg.length);
    fnarg(6,18,"Hello");
</script>
```

9.1.7　类的扩展

JavaScript 对象都是相同的基类（Object 类）的实例，对象之间并没有明显的继承关系。JavaScript 是一种动态语言，允许自由地为对象增加属性和方法，当程序为对象的某个不存在的属性赋值时，即可认为是为该对象增加属性。

例程 9-19　fundynattr.html
```
<script type="text/javascript">
    function Person(age) {
        this.age=age;
    }
    var p1=new Person(20);
    p1.name="John";
    p1.info=function() {
        alert("姓名：" + this.name + "；年龄：" + this.age);
    }
    p1.info();
</script>
```

JavaScript 虽然具有类和对象的概念，但是不支持继承机制，只能通过一种特殊的手段来扩展原有的类。JavaScript 的所有类（函数）都有一个 prototype 属性，该属性指向一个对象的引用，这个对象被称为原型对象。原型对象包含类实例共享的方法和属性，类的所有对象会从原型对象上继承属性和方法。为 JavaScript 类的 prototype 属性增加方法、属性时，可以视为对原有类进行了扩展，所有基于原有类的对象都将具有新增的方法、属性。

例程 9-20　funprototype.html
```
<script type="text/javascript">
    function Person(name,age) {
        this.name=name;
        this.age=age;
    }
```

```
        var p1=new Person("John", 20);
        Person.prototype.info=function() {
                alert("姓名：" + this.name + "；年龄：" + this.age);
        }
        var p2=new Person("Smith", 32);
        p1.info();
        p2.info();
</script>
```

JavaScript 并没有提供真正的继承，当通过某个类的 prototype 属性动态地增加方法或属性时，其实是对原有类进行了修改，并不是真正产生了一个新的子类。所以，JavaScript 提供的继承机制只是一种伪继承。

JavaScript 语言在定义函数的同时，即定义了一个同名的类，而且该函数就是类的构造器。当创建一个类的实例时，该构造函数将被执行一次。如果在类中定义了实例方法，每次创建一个新的实例，就会在实例中保存一份方法代码。当创建该类的多个对象后，系统中就会有实例方法的多个备份，这会引起性能下降，甚至造成内存泄露。另外，如果在实例方法中返回局部变量，就会扩大局部变量的作用域，使得局部变量可以在函数之外被获取到。因为实例方法只需要一份就够了，所以应尽量避免在函数定义（类定义）中直接定义实例方法，而应当使用类的 prototype 属性为类添加实例方法。虽然可以在任何时候使用 prototype 属性为类增加方法和属性，但是通常建议在类定义结束后立即增加该类所需的方法，这样可以避免造成不必要的混乱。

JavaScript 对象内部包含一个内部指针（在很多浏览器中，这个指针名字为 __proto__）指向构造函数的 prototype。当读取对象的某个属性时，都会执行一遍搜索，目标是具有给定名字的属性。搜索首先从对象实例开始，如果在实例中找到该属性则返回；如果没有找到则查找 prototype 原生对象；如果还是没有找到则继续递归 prototype 的 prototype 对象，直到找到为止。如果递归到 object 仍然没有找到该属性，则返回错误；如果在实例中定义了与 prototype 原生对象中同名的属性或函数，则会覆盖 prototype 中的属性或函数。

通过使用 prototype 属性，可以对 JavaScript 的内置对象进行扩展。下面的代码为内置类 Array 增加了 indexof 方法，用于判断数组中是否包含了某个元素。

例程 9-21 funextarray.html

```
<script type="text/javascript">
        //为 Array 增加 indexof 方法，并将该函数增加到 prototype 属性上
        Array.prototype.indexof = function(obj)
        {
                var result = -1;    //定义返回值，未找到则为-1
                //遍历数组的每个元素
                for (var i = 0 ; i < this.length ; i ++)
                {
                        //当数组的第 i 个元素值等于 obj 时
                        if (this[i] == obj)
                        {
                                //将 result 的值赋为 i，并结束循环
                                result = i;
                                break;
                        }
                }
                //返回元素所在的位置
                return result;
        }
        var arr = [26, "Hello", 8, "John"];
        //测试为 arr 新增的 indexof 方法
```

```
    alert("Hello 是数组中的第" + arr.indexof("Hello") + "个元素。");
</script>
```

9.1.8 对象的创建

JavaScript 对象与纯粹的面向对象语言的对象存在一定的区别。JavaScript 中的对象本质上是一个关联数组，或者说更像 Java 里的 Map 数据结构，由一组 key-value 对组成。与 Java 中 Map 对象不同的是：JavaScript 对象的 value，不仅可以是值（包括基本类型的值和复合类型的值，此时的 value 就是该对象的属性值），也可以是函数（此时的函数就是该对象的方法）。当访问某个 JavaScript 对象的属性时，不仅可以使用 obj.propName 的形式，还可以采用 obj[propName]的形式。

JavaScript 对象是一个特殊的数据结构，与纯粹的面向对象语言不同，JavaScript 创建对象并不需要先创建类。JavaScript 创建对象主要有以下 3 种方式。

1．new 方法创建

对象可以使用 new 操作符后跟要创建的对象类型的名称来创建，new 关键字将调用构造函数创建对象，这是最接近面向对象语言创建对象的方式。通过这种方式创建的对象简单、直观。JavaScript 中所有的函数都可以作为构造器，使用 new 调用构造函数后可以返回一个对象。

例如：

```
<script type="text/javascript">
    function Person(name,age) {
        this.name=name;
        this.age=age;
    }
    var p1=new Person("John", 20);
</script>
```

2．Object 实例扩展

在 JavaScript 中，Object 是所有类型的基类。可以先创建一个 Object 类的实例，再动态地为该对象增加属性和方法，从而创建各种自定义的对象。Object 的每个实例都具有下列属性和方法。

（1）constructor：对象的构造函数，保存着用于创建当前对象的函数（函数即类，见 9.1.2）。

（2）hasOwnProperty(propertyName)：用于检查给定的属性在当前对象实例中（而不是在实例的原型中）是否存在。其中，作为参数的属性名(propertyName)必须以字符串的形式指定。例如，o.hasOwnProperty("name")。

（3）isPrototypeOf(object)：用于检查传入的对象是否为另一个对象的原型。

（4）propertyIsEnumerable(propertyName)：用于检查给定的属性是否能够使用 for-in 语句来枚举。

（5）toString()：返回对象的字符串表示。

（6）valueOf()：返回对象的字符串、数值或布尔值表示。通常与 toString()方法的返回值相同。

例程 9-22 funextobj.html

```
<script type="text/javascript">
    var person1=new Object();
    person1.name="John";
    person1.age=20;
    function infodisp() {
        alert("姓名："+this.name +"；年龄："+ this.age);
```

```
    }
    person1.info=infodisp;
    person1.info();
</script>
```

注意：将已有的函数添加为对象方法时，不要在函数后面添加括号。因为添加了括号，就表示调用函数。把函数的返回值赋给对象的属性，而不是将函数本身赋给对象的方法。

3. JSON 对象

JSON 指的是 JavaScript 对象表示法（JavaScript Object Notation）。JSON 对象是将 JavaScript 对象以更简洁的形式来表示，从而可以在应用程序之间，或者在互联网上简便、高效地进行传输。JSON 对象是一种存储和交换数据的语法。JSON 格式是纯文本的，独立于语言。JSON 是一种轻量级的数据交换格式，具有自我描述性且易于理解。

JSON 对象由花括号及其中的名称/值对构成，基本的语法格式如下：

{ dataName1 : dataValue1, dataName2 : dataValue2, … }

花括号（{}）是 JSON 对象的标识。数据由名称/值对表示；名称和值之间用冒号（:）分隔；多个名称/值对用逗号(,)分隔。名称/值对中的名称即对象中的字段名称，是字符串，JSON 语法要求使用双引号，但在 JavaScript 语言中可以不用引号。名称/值对中的值可以是数字（整数或浮点数）、字符串（JSON 语法要求在双引号中，但 JavaScript 语言中可以在单引号中）、逻辑值（true 或 false）、数组（在方括号中）、对象（在花括号中）、null。其中的对象还可以是一个 JSON 对象，这样就形成了递归定义，可以表示比名称/值对更复杂的结构，而不仅仅是键和值的简单列表，如图 9-1 所示。在 JavaScript 语言中支持函数类型的数值，可以由 function 关键字定义函数，这样就为 JSON 对象定义了方法。在 JSON 语法中不支持函数类型。

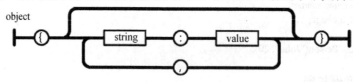

图 9-1　JSON 对象语法示意图

例程 9-23　jsonobj.html

```
<script type="text/javascript">
    //定义一个对象
    var person =
    {
        name : 'John',          //字符串属性
        age : 20,               //数字属性
        gender : true,          //逻辑属性
        schools : ['小学' , '中学' , "大学"],   //数组属性
        //对象属性
        parents :
        {
            name : 'father',
            age : 60,
            address : '深圳'
        },
        //函数对象属性，person 对象的方法
        info : function() {
            alert("姓名： " + this.name
            +"; 性别： " + (this.gender? "男" : "女")
            +"; 年龄： " + this.age
            +"; 父母住址： " + this.parents.address);
        }
    };
```

```
        person.info();
        document.write("初始的 jsonobj：" + person + "<br/>");
        //将 JSON 对象转化为字符串，不识别其中函数
        var jsonstr=JSON.stringify(person);
        document.write("字符串化后的 jsonobj：" + jsonstr + "<br/>");
        //将符合 JSON 语法格式的字符串转化为 JSON 对象
        var jsonobj=JSON.parse(jsonstr);
        //jsonobj.info();    //该方法不再存在
        document.write("对象化后的 jsonobj：" + jsonobj + "<br/>");
        document.write("转化后 jsonobj 的 schools 属性：" + jsonobj.schools + "<br/>");
    </script>
</script>
```

JavaScript 脚本中提供了 JSON 来处理 JSON 对象，JSON.stringify(jsonobj)方法将 JSON 对象转化为字符串，JSON.parse(jsonstr)方法将符合 JSON 语法格式的字符串转化为 JSON 对象。

JSON 是一种轻量级的、跨语言的数据交换格式，目前已经得到大部分主流编程语言的支持，如 Java、C/C++、C#、PHP 等。JSON 既是 JavaScript 对象的简化形式，又是 XML 文档的简化格式。JSON 对象比 XML 格式的数据更小，传输速度更快，更易被解析，是 XML 的有力竞争者。JSON 与 XML 比较，其相似之处与不同点如下。

JSON 与 XML 的相似点：
- 都是纯文本，独立于语言；
- 具有"自我描述性"（人类可读）；
- 具有层级结构（值中存在值）；
- 可通过 JavaScript 进行解析；
- 数据可使用 AJAX 进行传输。

JSON 与 XML 的不同点：
- JSON 没有结束标签；
- JSON 更短；
- JSON 读写的速度更快；
- JSON 能够使用内建的 JavaScript eval()方法进行解析；
- JSON 使用数组；
- JSON 不使用保留字。

9.2 DOM 事件模型

响应用户的交互事件是动态网页的主要内容，进行事件处理是 JavaScript 脚本语言的重要功能。可以将 W3C 组织的 DOM 标准分为 DOM 1、DOM 2、DOM 3 三个版本。DOM 1 主要定义了 HTML 和 XML 文档的底层结构；DOM 2 制定了样式表对象模型，提供了一个全面、完整的事件模型；DOM 3 添加了 DTD 和 Schema 内容模型的处理和文档验证等方面的内容，还添加了一些重要的事件和事件组。在 DOM 2 事件模型之前，HTML 4.0 标准为文档的事件模型提供了第一个规范，业界将其称为 DOM 0 事件模型或基本事件模型。DOM 0 不是 W3C 组织发布的规范，是早期由各浏览器厂家开发并使用的支持 JavaScript 的文档模型。Web 技术中只有 DOM 0、DOM 2、DOM 3 事件模型，并不存在 DOM 1 事件模型。

9.2.1 基本事件模型

前面 4.6 节中介绍的 JavaScript 事件处理即基本事件模型。DOM 0 事件模型几乎得到了所有浏览器的支持，具有非常好的跨浏览器优势，而且简单、快捷。然而，DOM 0 事件不允许为一个事件注册多个监听器（事件处理函数）。

1．事件监听器的绑定

基本事件模型有以下两种绑定事件处理函数的方法。

（1）绑定 HTML 元素的事件属性。

常用的绑定事件处理程序的方法是直接给 HTML 元素的事件属性赋值，属性值可以是一条或多条 JavaScript 语句，也可以调用某个 JavaScript 函数。

例程 9-24　dom0bindele.html

```html
<!doctype html>
<html>
<head>
<meta charset="utf-8">
<title>DOM Event</title>
<style type="text/css">
#outdiv {
    width:240px;
    height:160px;
    background-color:#D3E2F5;
    margin:20px;
    padding:16px;
}
#inndiv {
    width:140px;
    height:60px;
    background-color:#A8C6ED;
    margin:16px;
    padding:16px;
}
</style>
<script type="text/javascript">
    var handler=function() {
        alert(arguments[0] + "的事件监听器程序！");
    }
</script>
</head>
<body onclick="handler('body 元素')">
<div id="outdiv" onclick="handler('外层 div')">
    <p>外层 div</p>
    <div id="inndiv" onclick="handler('内嵌 div')">内嵌的 div</div>
</div>
</body>
</html>
```

将事件处理程序直接绑定给 HTML 的事件属性，需要修改 HTML 页面代码，这将使页面的逻辑更加复杂，不利于团队协作开发。另外，这种绑定方式简单易用，可以在调用 JavaScript 函数时传入参数。

（2）绑定 DOM 对象的事件属性。

将事件处理程序绑定到 DOM 对象的事件属性，首先要在 JavaScript 脚本中获取 HTML 元素对应的 DOM 对象，该 DOM 对象代表触发事件的事件源，然后给 DOM 对象的事件属性设置事件处理程序。属性值通常是一个 JavaScript 函数的引用，不能直接赋值 JavaScript 代码。

注意：DOM 对象的事件属性值只是一个函数的引用，不能在函数名后加括号，加上括号就变成了调用函数，只是将函数的返回值赋给了 DOM 对象的事件属性。

例程 9-25　dom0bindobj.html

```
<!doctype html>
<html>
<head>
<meta charset="utf-8">
<title>DOM Event</title>
<style type="text/css">
#outdiv {
        width:240px;
        height:160px;
        background-color:#D3E2F5;
        margin:20px;
        padding:16px;
}
#inndiv {
        width:140px;
        height:60px;
        background-color:#A8C6ED;
        margin:16px;
        padding:16px;
}
</style>
<script type="text/javascript">
        var handler=function() {
              alert(this.id + "的事件监听器程序！");
        }
</script>
</head>
<body id="pagebd">
<div id="outdiv">
     <p>外层 div</p>
     <div id="inndiv">内嵌的 div</div>
</div>
<script type="text/javascript">
     document.getElementById("pagebd").onclick=handler;
     document.getElementById("outdiv").onclick=handler;
     document.getElementById("inndiv").onclick=handler;
</script>
</body>
</html>
```

注意：获取 DOM 对象的代码必须在 HTML 元素定义之后，如果放在<head>标记内的脚本中，由于在执行此代码时，HTML 元素还没有加载，因此将发生空指针错误。

删除 DOM 0 级事件处理程序的方法如下：

evtSrcOjb.evtAttr = null;

将事件处理程序设置为 null 后，引发该事件将不会有任何动作发生。如果使用 HTML 元素的事件属性指定事件处理程序，那么 HTML 元素对象的事件属性值就是指定的函数或代码，而将相应的属性设置为 null，也可以删除以这种方式指定的事件处理函数。

DOM 0 事件处理函数绑定的两种方式是有差别的：绑定 DOM 对象的事件属性时，事件处理函数在事件源对象的作用域中运行；而绑定 HTML 元素的事件属性时，调用函数时的代码在事件源对象（HTML 元素）作用域中，函数本身已不在这个作用域中。

2. this 指针

DOM 0 事件处理程序作为元素的方法,在事件源对象的作用域中运行,因此事件处理程序中的 this 指针都指向事件源对象,即绑定事件处理程序的 HTML 元素对象本身,如例程 9-26 所示。即使事件处理程序是某个对象的方法,程序中的 this 指针也仍然是事件源的元素对象,而不是处理程序所属的对象。

例程 9-26 dom0this.html

```html
<!doctype html>
<html>
<head>
<title>DOM Event</title>
<style type="text/css">
#outdiv {
    width:240px;
    height:160px;
    background-color:#D3E2F5;
    margin:20px;
    padding:16px;
}
#inndiv {
    width:140px;
    height:60px;
    background-color:#A8C6ED;
    margin:16px;
    padding:16px;
}
</style>
<script type="text/javascript">
    var p=
    {
        id: "pid",
        info: function() {
            alert(this.id + "的事件监听器程序!");
        }
    };
</script>
</head>
<body id="pagebd">
<div id="outdiv">
    <p>外层 div</p>
    <div id="inndiv">内嵌的 div</div>
</div>
<script type="text/javascript">
    document.getElementById("pagebd").onclick=p.info;
    document.getElementById("outdiv").onclick=p.info;
    document.getElementById("inndiv").onclick=p.info;
</script>
</body>
</html>
```

3. 取消默认行为

当动作事件的监听器函数返回 false 时,将取消事件源对象相应动作的默认行为。某些 HTML 元素的动作有自己的默认行为:单击超链接,浏览器将导航到超链接所指向的页面;单击表单的"提交"按钮,将导致表单被提交;单击表单的"重置"按钮,将清除表单中用户输入的内容,重置为默认值;选中单选按钮,将选择该选项,而非同组中的其他单选按钮;

勾选复选框，将增选该选项。如果为这些元素的 onclick 动作添加相应的事件处理程序，那么当事件处理程序返回 false 值时，将取消这些元素单击动作的默认行为。

例程 9-27 dom0canceldef.html

```html
<!doctype html>
<html>
<head>
<meta charset="utf-8">
<title>DOM Event</title>
<style type="text/css">
#outdiv {
    width: 320px; height: 160px;
    margin: 20px; padding: 16px;
}
</style>
<script type="text/javascript">
    var handler=function() {
        return confirm(arguments[0]);
    }
</script>
</head>
<body id="pagebd">
<div id="outdiv">
  <p><a href="http://www.lyu.***.**/" onclick=
    "return handler('确认要导航到临沂大学的主页吗？')">临沂大学</a></p>
  <form>
    <fieldset>
      <legend>表单示例</legend>
      <label for="uname">用户名：</label>
      <input type="text" name="uname" id="uname" title="请输入用户名！"/>
      <input type="submit" value="提交" onclick=
"return handler('确认要提交表单中的数据吗？')"/>
</fieldset>
  </form>
</div>
</body>
</html>
```

注意：事件处理程序中必须显式地使用 return 返回逻辑值；绑定 HTML 元素的事件属性时，也要显式地使用 return 获取事件处理程序的返回值。

4．代码中触发事件

JavaScript 允许在代码中触发事件，即不是由交互行为引发来执行动作，而是在脚本程序中调用 HTML 元素对象的特定方法来执行动作。代码中触发事件的逻辑过程是，先获得 HTML 元素的 DOM 对象，再调用其相应的事件触发方法来执行动作。常用 HTML 元素触发事件的方法如表 9-1 所示。

表 9-1 常用 HTML 元素触发事件的方法

触发事件的方法	相应的事件动作	所支持的 HTML 元素
click()	单击动作	\<input type="submit"\>、\<input type="reset"\>、\<input type="button"\>、\<input type="checkbox"\>、\<input type="radio"\>、\<a\>
blur()	失去焦点	\<select\>、\<input\>、\<textarea\>、\<a\>
focus()	获得焦点	\<select\>、\<input\>、\<textarea\>、\<a\>
select()	选择内容	\<input type="text"\>、\<input type="password"\>、\<input type="file"\>、\<textarea\>
submit()	提交表单	\<form\>
reset()	重置表单	\<form\>

例程 9-28　dom0trigger.html

```html
<!doctype html>
<html>
<head>
<meta charset="utf-8">
<title>DOM Event</title>
<style type="text/css">
#outdiv {
    width: 320px;
    height: 160px;
    margin: 20px;
    padding: 16px;
}
</style>
<script type="text/javascript">
    var handler=function() {
        var form1=document.forms[0];
        form1.submit();
    }
</script>
</head>
<body id="pagebd">
<div id="outdiv">
  <form>
    <fieldset>
      <legend>表单示例</legend>
      <label for="uname">用户名：</label>
      <input type="text" name="uname" id="uname" title="请输入用户名！"/>
      <input type="button" value="提交" name="subm" id="subm"/>
    </fieldset>
  </form>
</div>
<script type="text/javascript">
    document.getElementById("subm").onclick=handler;
</script>
</body>
</html>
```

9.2.2　DOM 2 事件模型

W3C 组织制定的 DOM 2 标准提供了一个全面、完整的事件模型，这种事件模型被称为 DOM 2 事件模型。它是 Web 技术领域最主要的事件模型,通常所说的 DOM 事件模型即 DOM 2 事件模型。Firefox、Chrome、Opera、Safari 等浏览器都支持 DOM 2 事件模型，微软从 IE 9 开始也支持这种事件模型。

1．DOM 2 事件处理机制

当用户在页面上执行某个动作时，实际上页面中有多个元素可以响应该事件。例如，如果单击<div>元素，而该<div>元素又处于另一个<div>元素之内，则用户既单击了内部<div>元素，又单击了嵌套它的外部<div>元素，还单击了网页体<body>元素，而这些元素都可以捕获事件流，进行事件处理。将 DOM 2 事件模型中的事件流传播分为以下 3 个阶段。

（1）捕捉阶段（capturing）：事件从顶级文档树节点开始一级一级向下遍历，直到到达该事件的目标节点。

（2）目标节点阶段（target）：执行目标节点注册的处理程序。

（3）冒泡阶段（bubbling）：事件从目标节点开始一级一级向上上溯，直到到达顶级文档树节点。

2. 事件处理函数的绑定与解绑

注册事件处理程序如下：

addEventListener("eventType", handler, captureFlag);

解除事件处理程序如下：

removeEventListener("eventType", handler, captureFlag);

参数的含义如下。

eventType：事件类型（不加 on），即表示事件源对象的哪一种事件。

handler：事件处理函数，必须为函数对象。

captureFlag：是否为捕获阶段。true 为捕获阶段的事件处理程序，false 为冒泡阶段的事件处理程序，默认值是 false。

addEventListener()方法可以为事件的不同阶段注册不同的处理程序。该方法可以被多次使用，为事件的各阶段注册多个处理程序。事件处理程序中的 this 指针指向事件源对象。

addEventListener()添加的事件处理程序只能使用 removeEventListener()方法来移除。移除时传入的参数与注册处理程序时使用的参数相同，这意味着通过 addEventListener()添加的匿名函数将无法移除。

例程 9-29　dom2bind.html

```
<!doctype html><html>
<head>
<meta charset="utf-8">
<title>DOM Event</title>
<style type="text/css">
#outdiv {
    width:240px;
    height:160px;
    background-color:#D3E2F5;
    margin:20px;
    padding:16px;
}
#inndiv {
    width:140px;
    height:60px;
    background-color:#A8C6ED;
    margin:16px;
    padding:16px;
}
</style>
<script type="text/javascript">
    var handler1=function(evt) {   //第 1 个参数 evt 是事件对象
        //evt.currentTarget 是事件传播到达的节点
        alert(evt.currentTarget.id + "的事件监听器程序！");
    }
    var handler2=function() {
        //第 1 个参数 arguemts[0]是事件对象
        //event.target 是事件的目标节点，即事件发生的节点
        alert(arguments[0].target.id + "阶段" + arguments[0].eventPhase + "的事件监听器程序！");
    }
</script>
</head>
<body id="pagebd">
<div id="outdiv">
    <p>外层 div</p>
```

```html
            <div id="inndiv">内嵌的 div</div>
        </div>
        <script type="text/javascript">
            //绑定捕获阶段的事件处理程序
            document.getElementById("pagebd").addEventListener("click",handler1,true);
            document.getElementById("outdiv").addEventListener("click",handler1,true);
            document.getElementById("inndiv").addEventListener("click",handler1,true);
            //绑定冒泡阶段的事件处理程序
            document.getElementById("pagebd").addEventListener("click",handler1,false);
            document.getElementById("outdiv").addEventListener("click",handler1,false);
            document.getElementById("inndiv").addEventListener("click",handler1,false);
            //绑定捕获阶段的第 2 个事件处理程序
            document.getElementById("pagebd").addEventListener("click",handler2,true);
            document.getElementById("outdiv").addEventListener("click",handler2,true);
            document.getElementById("inndiv").addEventListener("click",handler2,true);
            //绑定冒泡阶段的第 2 个事件处理程序
            document.getElementById("pagebd").addEventListener("click",handler2);
            document.getElementById("outdiv").addEventListener("click",handler2);
            document.getElementById("inndiv").addEventListener("click",handler2);
        </script>
    </body>
</html>
```

以上\<body\>元素和两个\<div\>元素的 click 事件各绑定了 4 个事件处理程序，在捕获阶段执行 2 个，在冒泡阶段执行 2 个。对于事件的目标节点，即事件发生的节点，绑定的所有事件处理程序（不管是捕获阶段的，还是冒泡阶段的）都作为阶段 2，即目标阶段的事件处理程序。事件传递到目标节点时，按绑定时的顺序依次执行事件处理程序。

3．事件对象及其传递

触发事件实际上就是事件源对象在设定的条件下调用事件监听器接口程序。在调用监听器程序之前，事件源对象将创建一个事件对象，并将该对象作为第一个参数传递给监听器程序，即事件处理函数。在事件监听器程序中事件对象是被隐式传递过来的，在事件处理函数中不需要定义参数，也不需要在绑定监听器程序时显式传递该参数。在事件处理程序中可以用 arguments[0]来获取事件对象，也可以使用第一个形参来获取，如例程 9-30 所示。

例程 9-30　dom2arg.html

```html
<!doctype html>
<html>
<head>
<meta charset="utf-8">
<title>DOM Event</title>
<style type="text/css">
#outdiv {
    width:240px;
    height:160px;
    background-color:#D3E2F5;
    margin:20px;
    padding:16px;
}
#inndiv {
    width:140px;
    height:60px;
    background-color:#A8C6ED;
    margin:16px;
    padding:16px;
}
</style>
```

```
<script type="text/javascript">
    var handler=function(evt) {
        var evtsrc="标记为" + evt.target.tagName + "; id=" + evt.target.id +"的事件源引发的事件！" + "事件发生的位置：(" + evt.clientX + " : " + evt.clientY + ")";
        var evtphase=evt.eventPhase==1? "捕获" : (evt.eventPhase==2? "目标节点" : "冒泡");
        var evtstream="事件流在" + evtphase + "阶段，执行标记为" + evt.currentTarget.tagName + "; id=" + evt.currentTarget.id + "的事件处理程序！ ";
        alert(evtsrc + "\n" + evtstream);
    }
</script>
</head>
<body id="pagebd">
<div id="outdiv">
    <p>外层 div</p>
    <div id="inndiv">内嵌的 div</div>
</div>
<script type="text/javascript">
    //绑定捕获阶段的事件处理程序
    document.getElementById("pagebd").addEventListener("click",handler,true);
    document.getElementById("outdiv").addEventListener("click",handler,true);
    document.getElementById("inndiv").addEventListener("click",handler,true);
    //绑定冒泡阶段的事件处理程序
    document.getElementById("pagebd").addEventListener("click",handler);
    document.getElementById("outdiv").addEventListener("click",handler);
    document.getElementById("inndiv").addEventListener("click",handler);
</script>
</body>
</html>
```

事件对象中包含着所有与事件有关的信息，包括事件的元素，事件的类型，以及其他与特定事件相关的信息。例如，鼠标操作事件包含鼠标的位置信息，键盘操作事件包含按下的键的信息。DOM 2 事件模型定义了 Event、UIEvent、MouseEvent、MutationEvent 四个事件对象接口，其继承关系如图 9-2 所示。

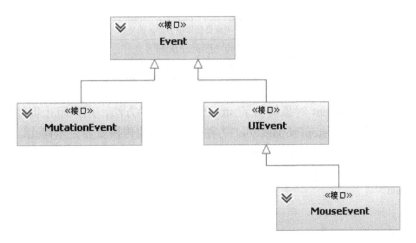

图 9-2 DOM 2 事件继承关系图

DOM 2 事件模型中的每个具体事件传递的事件对象都是上述事件接口的一个实例，事件与事件对象接口的对应关系如表 9-2 所示。

表 9-2　事件与事件对象接口的对应关系

事件对象的接口	事件类型	具 体 事 件
Event	HTMLEvents	abort, blur, change, error, focus, load, reset, resize, scroll, select, submit, unload
MouseEvent	MouseEvents	click, mousedown, mousemove, mouseout, mouseover, mouseup
UIEvent	UIEvents	DOMActivate, DOMFocusIn, DOMFocusOut

Event、UIEvent、MouseEvent 事件对象接口中定义的属性如表 9-3、表 9-4、表 9-5 所示。

表 9-3　Event 事件对象接口的属性

属 性 名	意　　义
type	事件类型，与注册事件处理器时的第一个参数相同
target	事件发生的节点，即事件源
currentTarget	正在处理事件的节点，在捕获阶段与冒泡阶段所处的节点，基本上同 this
eventPhase	事件传播阶段：Event.CAPTURING_PHASE=1；Event.AT_TARGET=2；Event.BUBBLING_PHASE=3
timeStamp	事件发生的时间，Date 对象
bubbles	事件是否沿文档树节点向上冒泡
cancelable	事件是否有默认行为，且可以使用 preventDefault()方法阻止

表 9-4　UIEvent 事件对象接口的属性

属 性 名	意　　义
view	发生事件的窗口，window 对象
detail	提供附加意义的数字，对于 click、mousedown、mouseup 事件，1 代表单击，2 代表双击，3 代表三击

表 9-5　MouseEvent 事件对象接口的属性

属 性 名	意　　义
button	触发事件的鼠标键：0 代表左键，1 代表中键，2 代表右键
altKey, ctrlKey, metaKey, shiftKey	相应的控制键是否被按下
clientX, clientY	鼠标事件发生的位置，相对于浏览器窗口中客户区的坐标
screenX, screenY	鼠标事件发生的位置，相对于用户显示器的坐标
relatedTarget	mouseover 事件返回划过事件源之前离开的节点；mouseout 事件返回离开事件源之后进入的节点

4. 阻止事件传播

DOM 事件模型的 Event 对象提供了 stopPropagation()方法，用来阻止事件流的传播。在事件处理程序中一旦调用 stopPropagation()方法，该事件的传播就会完全停止。如果在事件捕获阶段调用该方法，则事件根本不会进入事件传播阶段。

例程 9-31　dom2stopropg.html

```
<!doctype html>
<html>
<head>
<meta charset="utf-8">
<title>DOM Event</title>
<style type="text/css">
#outdiv {
    width:240px;
    height:160px;
    background-color:#D3E2F5;
    margin:20px;
    padding:16px;
```

```
    }
    #inndiv {
        width:140px;
        height:60px;
        background-color:#A8C6ED;
        margin:16px;
        padding:16px;
    }
</style>
<script type="text/javascript">
    var handler=function() {
        var evt=arguments[0];
        if(evt.eventPhase==3) {
            alert("id=" + evt.target.id + "的" + evt.type + "事件的冒泡传播被阻止！");
            evt.stopPropagation();
        }
        else {
            alert("标记为" + evt.currentTarget.tagName + "; id=" + evt.currentTarget.id +
            "的事件监听器程序！");
        }
    }
</script>
</head>
<body id="pagebd">
<div id="outdiv">
    <p>外层 div</p>
    <div id="inndiv">内嵌的 div</div>
</div>
<script type="text/javascript">
    //document.getElementById("pagebd").addEventListener("click",handler,true);
    //document.getElementById("outdiv").addEventListener("click",handler,true);
    //document.getElementById("inndiv").addEventListener("click",handler,true);
    document.getElementById("pagebd").addEventListener("click",handler);
    document.getElementById("outdiv").addEventListener("click",handler);
    document.getElementById("inndiv").addEventListener("click",handler);
</script>
</body>
</html>
```

5. 取消默认行为

在 DOM 事件模型中，取消事件源相应事件动作的默认行为用 Event 对象的 preventDefault() 方法。只要执行了给定事件的 preventDefault()方法，该事件动作的默认行为就会失效。取消事件动作的默认行为，同时也会阻止事件的传播。

例程 9-32 dom2canceldef.html

```
<!doctype html>
<html>
<head>
<meta charset="utf-8">
<title>DOM Event</title>
<style type="text/css">
    #outdiv {
        width: 320px;
        height: 160px;
        margin: 20px;
        padding: 16px;
    }
</style>
<script type="text/javascript">
```

```
            var handler=function() {
                var prmptstr="确认要提交表单中的数据吗？";
                if(arguments[0].target.id=="lyulink") {
                    prmptstr="确认要导航到临沂大学的主页吗？";
                }
                if(!confirm(prmptstr)) {
                    arguments[0].preventDefault();
                }
            }
        </script>
    </head>
    <body>
        <div id="outdiv">
          <p><a href="http://www.lyu.***.**/" id="lyulink">临沂大学</a></p>
          <form>
            <fieldset>
              <legend>表单示例</legend>
              <label for="uname">用户名：</label>
              <input type="text" name="uname" id="uname" title="请输入用户名！"/>
              <input type="submit" value="提交" id="sbmbtn"/>
            </fieldset>
          </form>
        </div>
        <script type="text/javascript">
            document.getElementById("lyulink").addEventListener("click",handler);
            document.getElementById("sbmbtn").addEventListener("click",handler);
        </script>
    </body>
</html>
```

6．事件转发

DOM 提供了 dispatchEvent()方法用于事件的转发，该方法属于 Node 对象。Node 对象可以调用该方法，将事件直接转发到本 Node 对象所属的元素节点上。dispatchEvent()方法只能转发人工合成事件，不能直接转发系统创建的事件。dispatchEvent()方法的语法格式如下：

```
targetNode.dispatchEvent(Event event);    //将 event 事件转发到 targetNode 节点上
```

DOM 创建人工合成事件的方法如下。

（1）创建事件。

document 对象提供了 createEvent()方法用于创建一个事件对象。

```
document.createEvent(String type);
```

参数 type 用于指定事件类型，可取值为 Events（普通事件）、UIEvent（UI 事件）、MouseEvent（鼠标事件）。

（2）初始化事件。

普通事件的初始化方法为 initEvent()，UI 事件的初始化方法为 initUIEvent()，鼠标事件的初始化方法为 initMouseEvent()。这 3 个初始化方法的原型如下：

```
initEvent(String eventTypeArg, boolean canBubbleArg, boolean cancelableArg);
initUIEvent(String eventTypeArg, boolean canBubbleArg, boolean cancelableArg, Window viewArg, long detailArg);
initMouseEvent(String eventTypeArg, boolean canBubbleArg, boolean cancelableArg, Window viewArg, long detailArg, long screenXArg, long screenYArg, long clientXArg, long clientYArg, boolean ctrlKeyArg, boolean altKeyArg, boolean shiftKeyArg, boolean metaKeyArg, unsigned short buttonArg, Element relatedTargetArg);
```

参数含义如下。

eventTypeArg：指定事件类型。

canBubbleArg：是否支持冒泡。

cancelableArg：是否有默认行为，且可通过 preventDefault()方法取消该默认行为。
viewArg：发生事件的窗口。
detailArg：提供附加意义的数字。
screenXArg, screenYArg：鼠标事件发生的位置，即相对于浏览器窗口中客户区的坐标。
clientXArg, clientYArg：鼠标事件发生的位置，即相对于用户显示器的坐标。
ctrlKeyArg, altKeyArg, shiftKeyArg , metaKeyArg：相应的控制键是否被按下。
buttonArg：触发事件的鼠标键，0 代表左键，1 代表中键，2 代表右键。
relatedTargetArg：与 mouseover、mouseout 事件源相关的节点。

例程 9-33　dom2dispatch.html

```html
<!doctype html>
<html>
<head>
<meta charset="utf-8">
<title>DOM Event</title>
<style type="text/css">
#outdiv {
    width: 320px;
    height: 160px;
    margin: 20px;
    padding: 16px;
}
</style>
<script type="text/javascript">
    //创建一个事件
    var artevent = document.createEvent("Events");
    //初始化事件对象，指定该事件支持冒泡，不允许取消默认行为
    artevent.initEvent("click", true, false);
    //事件处理程序
    var handler=function() {
        alert(arguments[0].target.value + "被单击了！");
        //单击按钮 1，将转发事件到按钮 2，即同时引发按钮 2 的单击事件
        if(arguments[0].target.id=="btn1") {
            document.getElementById("btn2").dispatchEvent(artevent);
        }
    }
</script>
</head>
<body>
<div id="outdiv">
  <form>
    <fieldset>
      <legend>事件转发示例</legend>
      <input type="button" name="btn1" id="btn1" value="按钮 1"/>
      <input type="button" name="btn2" id="btn2" value="按钮 2"/>
    </fieldset>
  </form>
</div>
<script type="text/javascript">
    document.getElementById("btn1").addEventListener("click",handler);
    document.getElementById("btn2").addEventListener("click",handler);
</script>
```

```
</body>
</html>
```

9.3 JavaScript 程序调试

JavaScript 是弱类型语言，大小写敏感，主要操作 HTML DOM 对象；而 HTML DOM 对象只有相应的 HTML 元素加载后才可获取到，因而 JavaScript 程序易发生异常。JavaScript 又是嵌入网页之内，在浏览器环境中运行的，因而在开发环境中很难调试，需要直接在浏览器中调试。早期的浏览器只能显示错误信息，没有调试的功能，现在的浏览器都配备了开发者工具，具有完备的网页调试功能。

9.3.1 显示脚本错误

调试程序最重要的一步是定位错误发生的代码行和错误原因。有了这两个信息，就可以尽快找到引发错误的代码，进而修正它。IE 浏览器显示的网页错误提示恰好能提供这些信息，如图 9-3 所示，所以最简单实用的 JavaScript 程序调试方法，是利用 IE 浏览器的网页错误提示功能。设置 IE 浏览器显示网页错误提示的方法是通过"工具"菜单打开"Internet 选项"对话框，在"高级"选项卡中设置 3 个选项，如图 9-4 和图 9-5 所示。

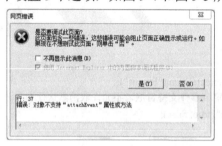

图 9-3　浏览器网页错误提示

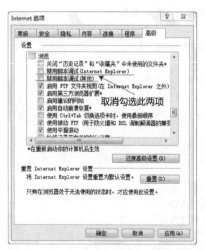

图 9-4　设置浏览器显示网页错误提示 1

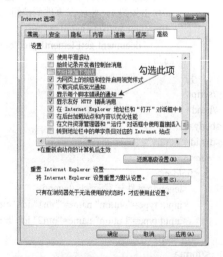

图 9-5　设置浏览器显示网页错误提示 2

9.3.2 开发者工具

目前的主流浏览器都配备了开发者工具，可以在浏览器内进行网页调试。Firebug 是

Firefox 浏览器的一款开发类插件,可以被单独下载、使用,也可以作为插件安装到 Firefox 浏览器中。现在 Firebug 已不再作为独立的程序被更新维护,Mozilla 将 Firebug 中的功能移植到了 Firefox 开发者工具中,使 Firebug 整合到了 Firefox 浏览器,成为浏览器的组成部分 DevTools。其他浏览器的开发者工具的使用方法与 Firebug 类似,界面上也都大同小异,下面以 Firebug 为例介绍开发者工具的界面及用法。

Firebug 集 HTML 查看器、控制台、JavaScript 调试器、CSS 编辑器、网络状况监视器于一体,是开发 JavaScript、CSS、HTML 和 Ajax 的得力助手。Firebug 可以从不同的角度剖析 Web 页面内部的细节层面,给 Web 开发者带来很大的便利。Firebug 的使用简单、直观,在 Firefox 浏览器中可以方便地启用/关闭这个插件,或者针对特定的网页启动这个插件。在浏览器中打开需要测试的页面,从菜单中选择"工具"→"开发者工具"→"查看器"或"调试器"选项启动 Firebug,或者使用 F12 快捷键打开 Firebug。Firebug 默认停靠在浏览器窗口的底部,将当前页面分成上下两个框架,也可停靠在浏览器窗口的侧边,还可以作为单独的窗口显示,如图 9-6 和图 9-7 所示。

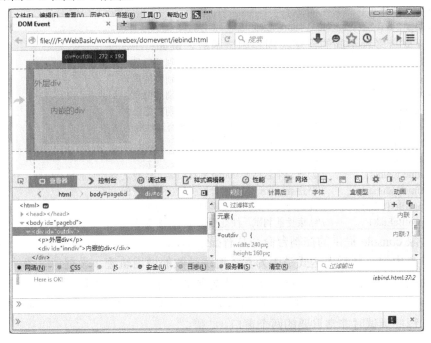

图 9-6　Firefox 浏览器中的 Firebug

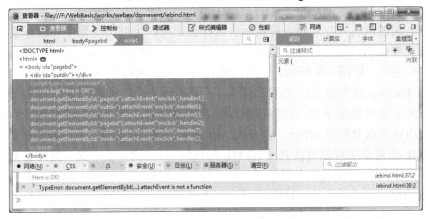

图 9-7　独立的 Firebug 窗口

1. 控制台

控制台能够显示当前页面中的 JavaScript 错误和警告,并提示出错的文件和行号,方便调试,这些错误提示比浏览器本身提供的错误提示更加详细且具有参考价值。控制台下方列出了网络、CSS、JS、安全、日志、服务器类型,每一类下面又有错误、警告等级别,以供选择显示某一类型特定级别的信息。在控制台中还可以查看变量内容,直接运行 JavaScript 语句,即使是大段的 JavaScript 程序也能够正确运行并得到运行期的信息。控制台还有一个重要的作用,即查看脚本中 console.log(info)方法在控制台输出的日志信息。这比单调的使用 alert()方法来打印变量,显然更加方便。最简单的日志输出的语法如下:

```
console.log ( "hello world");
```

console.log()方法可以带多个参数,连续输出多个对象,如果参数是 DOM 对象、函数,则输出信息中包含超链接可以直接单击转到该对象。console.log()方法可以像 C 语言的 printf 语句一样实现格式化输出,支持的占位符有:字符(%s)、整数(%d 或%i)、浮点数(%f)和对象(%o)。

例如:

```
console.log("%s is %d years old.", name, ages);
```

Firebug 支持多种不同的日志级别和调试函数,例如:

```
console.log("日志信息,不带图标,无色彩");        //日志级别的信息
console.info("带有信息图标的日志");              //提示级别的信息
console.warn("带有警告图标的日志");              //警告级别的信息
console.error("带有错误图标的日志");             //错误级别的信息
console.dir(obj);                    //以树状结构显示 obj 对象的所有属性和方法
console.trace();                     //输出代码执行时的堆栈跟踪
console.assert(expression)           //断言表达式是否为 true
console.time(tname)                  //创建一个名称为 tname 的计时器,计算之后代码的执行时间
console.timeEnd(tname)               //停止 tname 计时器的计时并输出执行时间
console.profile([title])             //开始对脚本进行性能测试,title 为测试标题
console.profileEnd()                 //结束性能测试。性能测试在性能标签页查看
```

全局对象 console 提供的控制台命令具有显示信息、占位符、查看变量、显示对象属性、浏览某个节点内容、判断表达式是否为真、追踪函数的调用轨迹、设置计时器计算代码的运行时间等功能,通过了解页面内 JavaScript 脚本程序的各种信息,可以帮助查找和定位代码的问题,从而进行代码的调试。控制台和调试器(有的浏览器开发者工具被称为脚本或源代码)是进行脚本程序调试时非常重要的两个窗口。

2. HTML 查看器

HTML 查看器中显示的是格式化的 HTML 代码,它有清晰的层次,能够方便用户分辨出每一个标签之间的从属并行关系。将鼠标放在标签上时,上部浏览器中相应标签的可视化对象会高亮加黄框显示。标签的折叠功能能够帮助用户集中精力分析代码。源代码上方还标记出了 DOM 的层次,如图 9-8 所示,它清楚地列出了一个 HTML 元素的 parent、child 及 root 元素。配合 Firebug 自带的 CSS 查看器使用,会给<div>+CSS 页面分析、编写带来很大的好处。选择右侧的盒模型选项卡,会将左侧当前选择的元素占用的面积清楚地标示出来,并精确到像素,由此可以分析出 offset、margin、padding、size 之间的关系,如图 9-8 所示。

在 HTML 查看器中可以直接修改 HTML 源代码,并在浏览器中第一时间看到修改后的效果。有时页面中的 JavaScript 会根据用户的动作,如鼠标的 onmouseover,来动态改变一些 HTML 元素的样式表或背景色。HTML 查看器会将页面上改变的内容也"抓"下来,并以黄色高亮标记,让网页的暗箱操作彻底成为历史。

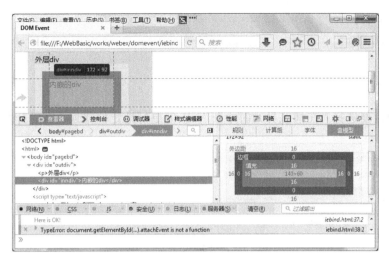

图 9-8　查看器中的盒模型

3．CSS 样式编辑器

Firebug 的 CSS 样式编辑器不仅自下而上列出了每一个 CSS 样式表的从属继承关系，还列出了每一个样式在哪个样式文件中定义。用户可以在该样式编辑器中直接添加、修改、删除一些 CSS 样式表属性，并在当前页面中直接看到修改后的结果，如图 9-9 所示。CSS 样式编辑器是专为网页设计师量身定做的。

图 9-9　CSS 样式编辑器

4．JavaScript 调试器

Firebug 为 JavaScript 提供了一个可靠的调试器，如图 9-10 所示。可以在脚本特定的地方设置断点以终止运行，也可以设置条件断点，以便程序在满足某些条件时终止运行。除此之外，调试器还能够一次一行地进行单步调试，以便用户密切监视执行情况。在使用调试器的时候，堆栈可以提供任何给定时刻的环境快照。这样用户可以查看变量，并监视调用堆栈。

（1）设置断点。

在调试器标签页左侧的面板中选择要显示的脚本，在脚本正文行号的左边单击，可以在此行设置断点，程序运行到此行就会暂停。再次单击可取消断点。在断点处右击，通过右键菜单可以编辑条件设置条件断点，或者停用、删除断点。可以在调试器标签页右边监控面板的"断点"栏中查看断点列表，并对断点进行停用、删除、设置条件等操作。也可以在脚本中用代码设置断点：
```
debugger;   //设置断点
//设置条件断点
if(condition) {
    debugger;
}
```

调试时通常要选择"在捕获异常时中断"，以便更好地定位错误。有的开发者工具还能够设置事件断点。

图 9-10　JavaScript 调试器

（2）单步执行。

设置好断点后，执行页面上的代码，这时脚本就会在断点处中断。如果 JavaScript 脚本未执行，则须检查方法名是否对应，属性名是否正确，是否引入了 JavaScript 文件。当程序运行至断点处后，使用调试器标签页工具栏上的按钮，在断点处进行单步执行。各按钮的含义如下。

Continue（F8）：从断点处继续执行程序，直到下一个断点处或程序结束停止。
Step Over（F10）：单步执行，执行当前语句，在下一条语句处停止。
Step Into（F11）：步入执行，进入当前函数内部执行语句（常用）。
Step Out（Shift+F11）：跳出当前函数，返回到上层调用继续执行。

（3）查看运行时的变量和调用堆栈。

程序在断点处中断，或者单步执行到下一条语句处，调试器会在右侧的监控面板中更新所有的变量。设置断点进行单步执行的目的是观察变量变化，跟踪函数调用栈，从而找出程序错误位置进行调试。在监控面板中可以设置、删除观察表达式，实时察看表达式的值。

5．性能

对于一个已经建成的网站，如果 JavaScript 在性能上有问题或不太完美，可以通过"性能"标签页提供的功能来统计每段脚本运行的时间，查看到底是哪些语句执行时间过长，一步步地排除问题，如图 9-11 所示。

图 9-11　性能分析器

6. 网络监视器

Firebug 的网络监视器同样是功能强大的，它能将页面中的 CSS、JavaScript 及网页中引用的图片载入所消耗的时间以饼状图的形式呈现出来，也许在这里可以找出拖慢网页速度的原因，进而对网页进行调试、优化，如图 9-12 和图 9-13 所示。

图 9-12 网络监视器

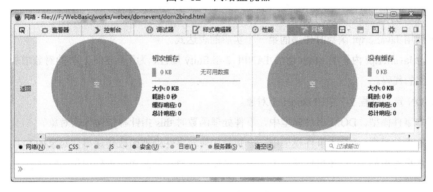

图 9-13 网络性能分析

本 章 小 结

本章介绍了 JavaScript 的 3 个专题：JavaScript 函数、DOM 2 事件模型、JavaScript 程序调试。JavaScript 中的函数比高级语言中的函数功能更丰富。JavaScript 中的函数完全可以作为一个类来使用，而且它还是该类唯一的构造器。与此同时，函数本身是 Function 类的实例。JavaScript 代码复用的单位是函数。JavaScript 语言基于对象的基础是函数。JavaScript 函数集普通函数、对象、方法、类的功能于一身。JavaScript 函数的参数也非常特殊，参数列表没有类型声明，调用时也不要求实参与形参严格匹配，在函数体内可以使用含有实参的 arguments 隐含对象。JavaScript 函数不定义返回值，实际上函数名是函数的唯一标识，也没有函数重载的特性。如果先后定义两个同名的函数，它们的形参列表并不相同，这也不是函数重载，这种方式会导致后面定义的函数覆盖前面定义的函数。

W3C 组织制定的 DOM 2 标准提供了一个全面、完整的事件模型。将 DOM 2 事件模型中的事件流传播分为 3 个阶段：捕捉阶段（capturing），事件从顶级文档树节点一级一级向下遍历，直到到达该事件的目标节点；目标节点阶段（target），执行目标节点注册的处理程序；冒泡阶段（bubbling），事件从目标节点一级一级向上上溯，直到到达顶级文档树节点。注册事件处理程序的方法为 addEventListener("eventType",handler,captureFlag);，解除事件处理程序的方法为 removeEventListener("eventType",handler,captureFlag);。DOM 2 事件模型定义了 Event、UIEvent、MouseEvent、MutationEvent 四个事件对象接口。DOM 2 中阻止事件流传播使用 Event 对象的 stopPropagation()方法，取消事件源相应事件动作的默认行为用 Event 对象的 preventDefault()方法。微软在 IE 9 之前使用自己特有的 IE 事件模型，不与 DOM 事件模型兼容。从 IE 9 开始，同时支持 IE 事件模型和 DOM 事件模型，IE 11 已经完全放弃了 IE 事件模型，只提供对 DOM 事件模型的支持。鉴于此，本书第 2 版不再介绍 IE 事件模型。

  JavaScript 是弱类型语言，大小写敏感，主要操作 HTML DOM 对象，而 HTML DOM 对象只有相应的 HTML 元素加载后才可获取到，因而 JavaScript 程序易发生异常。JavaScript 又是嵌入网页之内，在浏览器环境中运行的，因而在开发环境中很难调试，需要直接在浏览器中调试。早期的浏览器只能显示错误信息，没有调试的功能；而现在的浏览器都配备了开发者工具，具有了完备的网页调试功能。大部分浏览器使用 F12 快捷键来启用开发者工具。

思 考 题

  1. 简述 JavaScript 类中的私有属性、实例属性、类属性的定义方式，对比其与 Java 语言中类变量作用域的关系。

  2. 举例说明 JavaScript 函数的独立性。

  3. 写出调用 JavaScript 函数时传递的第一个实参的表达式。

  4. 写出为 JavaScript 内置类 Math 增加 TANPI_2=Infinity 属性，为所有 String 类的对象增加 test="测试属性的扩展"属性的代码。

  5. 用 JSON 定义例程 9-7 中的 student1 对象。

  6. 在基本事件模型、DOM 事件模型中，事件处理函数时 this 指针各指向什么对象？

  7. 在基本事件模型、DOM 事件模型中，分别是如何向事件处理函数传递事件对象的？

  8. 在基本事件模型、DOM 事件模型中，分别是如何取消事件源相应事件动作的默认行为的？

附录 A 实验指导

扫描以下二维码学习实验指导相关内容。

附录 B Web 技术发展概述

扫描以下二维码学习 Web 技术发展概述相关内容。

附录 C DTD 语法

扫描以下二维码学习 DTD 语法相关内容。

附录 D Schema 语法

扫描以下二维码学习 Schema 语法相关内容。

参考文献

[1] 李刚. 疯狂 HTML 5/CSS 3/JavaScript 讲义[M]. 北京：电子工业出版社，2012.
[2] 王维虎，宫婷. 网页设计与开发：HTML、CSS、JavaScript[M]. 北京：人民邮电出版社，2014.
[3] ROBERT W SEBESTA. Web 程序设计[M]. 6 版. 王春智，刘伟梅，译. 北京：清华大学出版社，2011.
[4] KELLY MURDOCK. JavaScript[M]. 侯彧，刘昕，译. 北京：清华大学出版社，2001.
[5] EMILY VANDER VEER, REV MENGLE. XML[M]. 白俊涛，译. 北京：清华大学出版社，2001.
[6] 聂常红. Web 前端开发技术：HTML、CSS、JavaScript[M]. 北京：人民邮电出版社，2013.